Feng Jiang

教育部人文社会科学研究规划基金项目“明清广州府宗族村落空间形态格局研究”（项目批准号：14YJAZH019）

亚热带建筑科学国家重点实验室自主研究课题“广府宗祠建筑‘四工’匠作技艺研究”（2011ZC18）

中国城市营建史研究书系

吴庆洲／主编

祖先之翼

明清广州府的开垦、聚族而居与宗族祠堂的衍变

冯　江／著

第二版

中国建筑工业出版社

总序

迎接中国城市营建史研究之春天

吴庆洲

本文是中国建筑工业出版社于2010年出版的“中国城市营建史研究书系”的总序。笔者希望借此机会，讨论中国城市营建史研究的学科特点、研究方法、研究内容和研究特色等若干问题，以推动中国城市营建史研究的进一步发展。

一、关于“营建”

“营建”是经营、建造之谓，包含了从筹划、经始到兴造、缮修、管理的完整过程，正是建筑史学中关于城市历史研究的经典范畴，故本书系以“城市营建史”称之。在古代汉语文献中，国家、城市、建筑的构建都常使用营建一词，其所指不仅是建造，也同时有形而上的意涵。

中国城市营建史研究的主要学科基础是建筑学、城市规划学、考古学和历史学，以往建筑史学中有“城市建设史”、“城市发展史”、“城市规划史”等称谓，各有关注的角度和不同的侧重。城市营建史是城市史学研究体系的子系统，不能离开城市史学的整体视野。

二、国际城市史研究及中国城市史研究概况

城市史学的形成期十分漫长。在城市史被学科化之前，已经有许多关于城市历史的研究了，无论是从历史的视角还是社会、政治、文学等其他视角，这些研究往往与城市的集中兴起、快速发展或危机有关。

古希腊的城邦和中世纪晚期意大利的城市复兴分别造就了那个时代关于城市的学术讨论，现代意义上的城市学则源自工业革命之后的城市发展高潮。一般认为，西方的城市史学最早出现于20世纪20年代的美国芝加哥等地，与城市社会学渊源颇深。[1]二次世界大战后，欧美地区的社会史、城市史、地方史等有了进一步发展。但城市史学作为现代意义上的历史学的一个分支学科，是在20世纪60年代才出现的。著名的城市理论家刘易斯·芒福德（Lewis Mumford，1895—1990）著《城市发展史——起源、演变和前景》即成书于1961年。现在，芒福德、本奈

1 罗澍伟. 中国城市史研究述要［J］. 城市史研究，1988，1.

2 近代重庆史课题组. 近代中国城市史研究的意义、内容及线索. 载天津社会科学院历史研究所、天津城市科学研究会主办. 城市史研究. 第5辑. 天津：天津教育出版社，1991.

沃洛（Leonardo Benevolo，1923—）、科斯托夫（Spiro Kostof，1936—1991）等城市史家的著作均已有中文译本。据统计，国外有关城市史著作20世纪60年代按每年度平均计算突破了500种，70年代中期为1000种，1982年已达到1400种。[2]此外，海外关于中国城市的研究也日益受到重视，施坚雅（G. William Skinner，1923—2008）主编的《中华帝国晚期的城市》、罗威廉（William Rowe，1931—）的汉口城市史研究、申茨（Alfred Schinz，1919—）的中国古代城镇规划研究、赵冈（1929—）经济制度史视角下的城市发展史研究、夏南悉（Nancy Shatzman-Steinhardt）的中国古代都城研究以及朱剑飞、王笛和其他学者关于北京、上海、广州、佛山、成都、扬州等地的城市史研究已经逐渐为国内学界熟悉。仅据史明正著《西文中国城市史论著要目》统计，至2000年11月，以外文撰写的中国城市史论著有200多部（篇）。

中国古代建造了许多伟大的城市，在很长的时间里，辉煌的中国城市是外国人难以想象也十分向往的“光明之城”。中国古代有诸多关于城市历史的著述，形成了相应的城市理论体系。现代意义上的中国城市史研究始于20世纪30年代。刘敦桢先生的《汉长安城与未央宫》发表于1932年《中国营造学社汇刊》第3卷3期，开国内城市史研究之先河。中国城市史研究的热潮出现在20世纪80年代以后，应该说，这与中国的快速城市化进程不无关系。许多著作纷纷问世，至今已有数百种，初步建立了具有自身学术特色的中国城市史研究体系。这些研究建立在不同的学术基础上，历史学、地理学、经济学、人类学、水利学和建筑学等学科领域内，相当多的学者关注城市史的研究。城市史论著较为集中地来自历史地理、经济史、社会史、文化史、建筑史、考古学、水利史、人类学等学科，代表性的作者如侯仁之（1911—2013）、史念海（1912—2001）、杨宽（1914—2005）、韩大成（1924—）、隗瀛涛（1930—2007）、皮明庥（1931—）、郭湖生（1931—2008）、马先醒（1936—）、傅崇兰（1940—）等先生。因著作数量较多，恕不一一列举。

由20世纪80年代起，到2010年，研究中国城市史的中外著作，加上各大学城市史博士学位论文，估计总量应达500部以上。一个研究中国城市史的热潮正在形成。

近年来城市史学研究中一个引人注目的现象就是对空间的日益重视——无论是形态空间还是社会空间，而空间研究正是城市营建史的传统领域，营建史学者们在空间上的长期探索已经在方法上形成了深厚的积淀。

三、中国城市营建史研究的回顾

城市营建史研究在方法和内容上不能脱离一般城市史学的基本框架，但更加偏重形式制度、城市规划与设计体系、形态原理与历史变迁、建造过程、工程技术、建设管理等方面。以往的中国城市营建史研究主要由建筑学者、考古学者和历史学者来完成，亦有较多来自社会学者、人类学者、经济史学者、地理学者和艺术史学者等的贡献，学科之间融合的趋势日渐明显。

虽然刘敦桢先生早在1932年发表了《汉长安城与未央宫》，但相对于中国传统建筑的研究而言，中国城市营建史的起步较晚。同济大学董鉴泓教授主编的《中国城市建设史》1961年完成初稿，后来补充修改成二稿、三稿，阮仪三参加了大部分资料收集及插图绘制工作，1982年由中国建筑工业出版社出版，是系统讨论中国城市营建史的填补空白之作，也是城市规划专业的教科书，我本人教过城市建设史，用的就是董先生主编的书。后来该书又不断修订、增补，内容更加丰富、完善。

郭湖生先生在城市史研究上建树颇丰，在《建筑师》上发表了中华古代都城小史系列论文，1997年结集为《中华古都——中国古代城市史论文集》（台北：空间出版社）。曹汛先生评价：

"郭先生从八十年代开始勤力于城市史研究，自己最注重地方城市制度、宫城与皇城、古代城市的工程技术等三个方面。发表的重要论文有《子城制度》、《台城考》、《魏晋南北朝至隋唐宫室制度沿革——兼论日本平城京的宫室制度》等三篇，都发表在日本的重头书刊上。"[1]

贺业钜先生于1986年发表了《中国古代城市规划史论丛》，1996年出版的《中国古代城市规划史》是另一本重要著作，对中国古代城市规划的制度进行了较深入细致的研究。

吴良镛先生一直关注中国城市史的研究，英文专著《中国古代城市史纲》1985年在联邦德国塞尔大学出版社出版，他还关注近代南通城市史的研究。

华南理工大学建筑学科对城市史的研究始于龙庆忠（非了）先生，龙先生1983年发表的《古番禺城的发展史》是广州城市历史研究的经典文献。

其实，建筑与城市规划学者关注和研究城市史的人越来越多，以上只是提到几位老一辈的著名学者。至于中青年学者，由于人数较多，难以一一列举。

华南理工大学建筑历史与理论博士点自20世纪80年代起就开始培养城市史和城市防灾研究的博士生，龙先生培养的五个博士中，有四位的博士论文为城市史研究：吴庆洲的《中国古代城市防洪研究》（1987），沈亚虹的《潮州古城规划设计研究》（1987），郑力鹏的《福州城市发展史研究》（1991），张春阳的《肇庆古城研究》（1992）。龙先生倡导在城市史研究中重视城市防灾（其实质是重视城市营建与自然地理、百姓安危的关系）、重视工程技术和管理技术在城市营建过程中的作用、重视从古代的城市营建中获取能为今日所用的经验与启迪。

龙老开创的重防灾、重技术、重古为今用的特色，为其学生们所继承和发扬。陆元鼎教授、刘管平教授、邓其生教授、肖大威教授、程建军教授和笔者所指导的博士中，不乏研究城市史者，至2010年9月，完成的有关城市营建史的博士学位

1 曹汛. 伤悼郭湖生先生[J]. 建筑师2008，6：104-107.
2 何一民主编. 近代中国衰落城市研究[M]. 成都：巴蜀书社，2007.
3 钱学森，于景元，戴汝. 一个科学新领域——开放的复杂巨系统及其方法论[J]. 自然杂志，1990，1：3-10.

论文已有20多篇。

四、中国城市营建史研究的理论与方法

诚如许多学者所注意到的，近年以来，有关中国城市营建史的研究取得了长足的进展，既有基于传统研究方法的整理和积累，也从其他学科和海外引入了一些新的理论、方法，一些新的技术也被引入到城市史研究中。笔者完全同意何一民先生的看法，城市史研究已经逐渐成为与历史学、社会学、经济学、地理学等学科密切联系而又具有相对独立性的一门新学科。[2]

笔者认为，中国城市营建史的研究虽然面临着方法的极大丰富，但仍应注意立足于稳固的研究基础。关于方法，笔者有如下的体会：

1. 系统学方法

系统学的研究对象是各类系统。“系统”一词来自古代希腊语“systεmα”，是指若干要素以一定结构形式联结构成的具有某种功能的有机整体。现代系统思想作为一种对事物整体及整体中各部分进行全面考察的思想，是由美籍奥地利生物学家贝塔朗菲（Ludwig Von Bertalanffy，1901—1972）提出的。系统论的核心思想是系统的整体观念。

钱学森在1990年提出的“开放的复杂巨系统”（Open Complex Giant System）理论中，根据组成系统的元素和元素种类的多少以及它们之间关联的复杂程度，将系统分为简单系统和巨系统两大类。还原论等传统研究方法无法处理复杂的系统关系，从定性到定量的综合集成法（meta-synthesis）才是处理开放、复杂巨系统的唯一正确的方法。这个研究方法具有以下特点：（1）把定量研究和定性研究有机结合起来；（2）把科学技术方法和经验知识结合起来；（3）把多种学科结合起来进行交叉研究；（4）把宏观研究和微观研究结合起来。[3]

城市是一个开放的复杂巨系统，不是细节的堆积。

2. 多学科交叉的方法

中国城市营建史不只是城市规划史、形态史、建筑史，其研究涉及建筑学、城市规划学、水利学、地理学、水文学、天文学、宗教学、神话学、军事学、哲学、社会学、经济学、人类学、灾害学等多种学科，只有多学科的交叉，多角度的考察，才可能取得好的成果，靠近真实的城市历史。

3. 田野与文献不能偏废，应采用实地调查与查阅历史文献相结合、考古发掘成果与历史文献的记载进行印证相结合、广泛的调查考察与深入细致的案例分析相结合的方法。

4. 比较研究

和许多领域的研究一样，比较研究在城市史中是有效的方法。诸如中西城市、

沿海与内地城市、不同地域、不同时期、不同民族的城市的比较研究，往往能发现问题，显现特色。

5. 借鉴西方理论和方法应考虑是否适用中国国情

中国城市营建史的研究可以借鉴西方一些理论和方法，诸如形态学、类型学、人类学、新史学的理论和方法等。但不宜生搬硬套，应考虑其是否适用于中国国情。任放先生所言极有见地：

任何西方理论在中国问题研究领域的适用度，都必须通过实证研究加以证实或证伪，都必须置于中国本土的历史情境中予以审视，绝不能假定其代表客观真理，盲目信从，拿来就用，造成所谓以论带史的削足适履式的难堪，无形中使中国历史的实态成为西方理论的注脚。我们应通过扎实的历史研究，对西方理论的某些概念和分析工具提出修正或予以抛弃，力求创建符合中国社会情境的理论架构。

在借鉴西方诸社会科学方法时，应该保持警觉，力戒西方中心主义的魅影对研究工作造成干扰。[1]

6. 提倡研究的理论和方法的创新

依靠多学科交叉、借鉴其他学科，就有可能找到新的研究理论和方法。

比如，拙著《中国古城防洪研究》第四章第三节“古代长江流域城市水灾频繁化和严重化”中，研究表明，中国历代人口的变化与长江流域城市水灾的频率的变化有着惊人的相关性。从而得出“古代中国人口的剧增，加重了资源和环境的压力，加重了城市水灾”的结论。[2]这是从社会学的角度以人口变化的背景研究城市水灾变化的一种探索，仅仅从工程技术的角度是很难解答这一问题的。

五、中国城市营建史的研究要突出中国特色

类似生物有遗传基因那样，民族的传统文化（包括科学），也有控制其发育生长，决定其性状特征的“基因”，可称“文化基因”。文化基因表现为民族的传统思维方式和心理底层结构。中国传统文化作为一个整体有明显的阴性偏向，其本质性特征与一般女性的心理和思维特征相一致；而西方则有明显的阳性偏向，其特征与一般男性的心理和思维特征相一致。

在古代学术思想史上，西方学者多立足空间以视时间；中国学者多立足时间以视空间，所以西方较多地研究了整体的空间特性和空间性的整体，中国则较多地探寻了整体的时间特性和时间性的整体。[3]

世界上几乎每个民族都有自己特殊的历史、文化传统和思维方式。思维方式有极强的渗透性、继承性、守常性。从文化人类学的观点看，思维方式的考察对于说明世界历史的发展有重要的理论价值。在社会、哲学、宗教、艺术、道德、语言文字等方面，中国与欧洲鲜明显示出两种不同的体系，不同的走向，不同的格调。[4]

1 任放．中国市镇的历史研究与方法［M］．北京：商务印书馆，2010.
2 吴庆洲．中国古城防洪研究［M］．北京：中国建筑工业出版社，2009.
3 田盛颐．中国系统思维再版序．刘长林著．中国系统思维——文化基因探视［M］．北京：社会科学文献出版社，2008.
4 刘长林著．中国系统思维——文化基因探视［M］．北京：社会科学文献出版社，2008.
5 赵冈．中国城市发展史论集［M］．北京：新星出版社，2006.
6 吴庆洲．中国古代的城市水系［J］．华中建筑，1991，2：55—61.
7 吴庆洲．中国古城防洪研究［M］．北京：中国建筑工业出版社，2009.
8 吴庆洲．仿生象物——传统中国营造意匠探微［J］．城市与设计学报，2007，9：155—203.

由于“文化基因”的不同，中国城市的营建必然具有中国特色，中国的城市是中国人在自己的哲学理念指导下，根据城市的地理环境选址，按照自己的理想和要求营建的，中国的城市体现的是中国的文化特色。中国城市营建史一定要注意中国特色、研究中国特色、突出中国特色。

我们运用现代系统论的理论，也要认识到中国古代的易经和老子哲学也是用的系统论观点，认为天、地、人三才为一个开放的宇宙大系统，天、地、人三才合一为古人追求的最高的理想境界，这些都投射到了城市营建之中。

赵冈先生从经济史的角度出发，发现中国与西方的城市发展完全不同。第一，中国城市发展的主要因素是政治力量，不待工商业之兴起，所以中国城市兴起很早。第二，政治因素远不如工商业之稳定，常常有巨大的波动及变化，所以许多城市的兴衰变化也很大，繁华的大都市转眼化为废墟是屡见不鲜之事。此外，赵冈的研究还发现中国的城乡并不似欧洲中世纪那样对立，战国以后井田制度解体，城乡人民可以对流，基本上城乡是打成一片的。[5]赵冈先生的研究成果显现了中国城市的若干特色。

中国城市营建史中有着太多的特色等待着更多的研究者去做深入的发掘。即以笔者的研究体会为例：

中国的古城的城市水系，是多功能的统一体，被称为古城的血脉。[6]这是一大特色。

作为军事防御用的中国古代城池，同时又能防御洪水侵袭，它是军事防御和防洪工程的统一体，[7]为其一大特色。

研究城市形态，可别忘了，我国古人按照周易哲学，有“观象制器”的传统，也有“仿生象物”的营造意匠。[8]

只有关注中国特色，才能发现并突出中国特色，才能研究出真正的中国城市营建史的成果。

六、研究中国城市营建史的现实意义

中国古城有6000年以上的历史，在古代世界，中国的城市规划、设计取得了举世瞩目的成就，建设了当时最壮美、繁荣的城市。汉唐的长安城、洛阳城、六朝古都南京城、宋代东京城、南宋临安城、元大都城、明清北京城都是当时最壮丽的都市。明南京城是世界古代最大的设防城市。中国古代城市无论在规模之宏大、功能之完善、生态之良好、景观之秀丽上，都堪称“当时世界之最”。

吴良镛院士指出：

> 中国古代城市是中国古代文化的重要组成部分。在封建社会时期，中国城市文化灿烂辉煌，中国可以说是当时世界上城市最发达的国家之一。

其特点是：城市分布普遍而广泛，遍及黄河流域、长江流域、珠江流域等；城市体系严密规整，国都、州、府、县治体系严明；大城市繁荣，唐长安、宋开封、南宋临安等地区可能都拥有百万人口；城市规划制度完整，反映了不得逾越的封建等级制度等等；所有这些都在世界城市史上占有独特的重要地位。……中国古代城市有高水平的建筑文化环境。中国传统的城市建设独树一帜，'辨方正位'，'体国经野'有一套独具中国特色的规划结构、城市设计体系和建筑群布局方式，在世界城市史上也占有独特的位置。[1]

中国古人在城市规划、城市设计上有相应的哲理、学说以及丰富的历史经验，这是一笔丰厚的文化与科学技术遗产，值得我们去挖掘、总结，并将其有生命活力的部分，应用于今天的城市规划、城市设计之中。

20世纪80年代之后，我国的城市化进程迅速加快，但城市规划的理论和实践处于较低水平，并且理论尤为滞后。正因为城市规划理论的滞后，我们国家的城市面貌出现城市无特色的"千城一面"的状况。出现这种状况有两种原因：

一是由于我们的规划师、建筑师不了解我国城市的过去，也没有结合国情来运用西方的规划理论，而是盲目效仿。正如刘太格先生所认为的："欧洲城市建设善于利用山、水和古迹，其现代化和国际化的创作都具有本土特色，在长期的城市发展中，设计者们较好地实现了新旧文明的衔接，并进而向全球推广欧洲文化。亚洲城市建设过程中缺少对山水和古迹的保护，设计者中'现代化'、'国际化'的追随者较多，设计缺少本土特色。"即亚洲的"建设者自信不足，不了解却迷信西方文化，盲目地崇拜和模仿西洋建筑，而不珍惜亚洲自己的文化。"[2]事实上，山、水在中国古代城市的营建中具有十分重要的意义，例如广州城，便立意于"云山珠水"。只是由于当代人对城市历史的不了解，山水才在城市的蔓延和拔高中逐渐变得微不足道，以至于成了被慢慢淡忘的"历史"了。

二是中国古城营建的哲理、学说和历史经验，尚有待总结，才能给城市规划师、建筑师和有关决策者、建设者和管理人员参考运用。城市营建的历史本身是一种记忆，也是一门重要而深奥的学问。中国城市营建史研究不可建立在功利性的基础之上，但城市营建的现实性决定了它也不能只发生在书斋和象牙塔之内，对处于巨变中的中国城市来说，城市营建在观念、理论、技术和管理上的历史经验、智慧和教训完全应该也能够成为当代城市福祉的一部分。

中国城市营建史之研究，有重大的理论研究价值和指导城市规划、城市设计的实践意义。从创造和建设具有中国特色的现代化城市，以及对世界城市规划理论作出中国应有的贡献这两方面，这一研究的理论和实践意义都是重大的。

1 吴良镛．建筑·城市·人居环境［M］．石家庄：河北教育出版社，2003．
2 万育玲．亚洲城乡应与欧洲争艳——刘太格先生谈亚洲的城市建设［J］．规划师，2006，3：82—83．

七、中国城市营建史研究的主要内容

各个学科研究城市史各有其关注的重点。笔者认为，以建筑学和城市规划学以及历史学为基础学科的中国城市营建史的研究应体现出自身学科的特色，应在城市营建的理论、学说，城市的形态、营建的科学技术以及管理等方面作更深入、细致的研究。中国城市营建史应关注：

（1）中国古代城市营建的学说；

（2）影响中国古代城市营建的主要思想体系；

（3）中国古代城市选址的学说和实践；

（4）城市的营造意匠与城市的形态格局；

（5）中国古代城池军事防御体系的营建和维护；

（6）中国古城防洪体系的营造和管理；

（7）中国古代城市水系的营建、功用及管理维护；

（8）中国古城水陆交通系统的营建与管理；

（9）中国古城的商业市街分布与发展演变；

（10）中国古代城市的公共空间与公共生活；

（11）中国古代城市的园林和生态环境；

（12）中国古代城市的灾害与城市的盛衰；

（13）中国古代的战争与城市的盛衰；

（14）城市地理环境的演变与其盛衰的关系；

（15）中国古代对城市营建有创建和贡献的历史人物；

（16）各地城市的不同特色；

（17）城市营建的驱动力；

（18）城市产生、发展、演变的过程、特点与规律；

（19）中外城市营建思想比较研究；

（20）中外城市营建史比较研究，等。

八、迎接中国城市营建史研究之春天

中国城市营建史研究书系首批出版十本，都是在各位作者所完成的博士学位论文的基础上修改补充而成的，也是亚热带建筑科学国家重点实验室和华南理工大学建筑历史文化研究中心的学术研究成果。这十本书分别是：

（1）苏畅著《〈管子〉城市思想研究》；

（2）张蓉著《先秦至五代成都古城形态变迁研究》；

（3）万谦著《江陵城池与荆州城市御灾防卫体系研究》；

（4）李炎著《南阳古城演变与清“梅花城”研究》；

（5）王茂生著《从盛京到沈阳——城市发展与空间形态研究》；

（6）刘剀著《晚清汉口城市发展与空间形态研究》；

（7）傅娟著《近代岳阳城市转型和空间转型研究（1899—1949）》；

（8）贺为才著《徽州村镇水系与营建技艺研究》；

（9）刘晖著《珠江三角洲城市边缘传统聚落的城市化》；

（10）冯江著《祖先之翼——明清广州府的开垦、聚族而居与宗族祠堂的衍变》。

这些著作研究的时间跨度从先秦至当下，以明清以来为主。研究的地域北至沈阳，南至广州，西至成都，东至山东，以长江以南为主。既有关于城市营建思想的理论探讨，也有对城市案例和村镇聚落的研究，以案例的深入分析为主。从研究特点的角度，可以看到这些研究主要集中于以下主题：城市营建理论、社会变迁与城市形态演变、城市化的社会与空间过程、城与乡。

《〈管子〉城市思想研究》是一部关于城市思想的理论著作，讨论的是我国古代的三代城市思想体系之一的管子营城思想及其对后世的影响。

有六位作者的著作是关于具体城市的案例解析，因为过往的城市营建史研究较多地集中于都城、边城和其他名城，相对于中国古代城市在层次、类型、时期和地域上的丰富性而言，营建史研究的多样性尚嫌不足，因此案例研究近年来在博士论文的选题中得到了鼓励。案例积累的过程是逐渐探索和完善城市营建史研究方法和工具的过程，仍然需要继续。

另有三位作者的论文是关于村镇甚至乡土聚落的，可能会有人认为不应属于城市史研究的范畴。在笔者看来，中国古代的城乡在人的流动、营建理念和技术上存在着紧密的联系，区域史框架之内的聚落史是城市史研究的对象。

另一方面，正是因为这些著作来源于博士学位论文，因此本书系并未有意去构建一个完整的框架，而是期待更多更好的研究成果能够陆续出版，期待更多的青年学人投身于中国城市营建史的研究之中。

让我们共同努力，迎接中国城市营建史研究之春天的到来！

吴庆洲

华南理工大学建筑学院 教授

亚热带建筑科学国家重点实验室 学术委员

华南理工大学建筑历史文化研究中心 主任

再版序言

吴庆洲

冯江所著《祖先之翼——明清广州府的开垦、聚族而居和宗族祠堂的衍变》是我所主编的“中国城市营建史书系”首批十本中的一本，书系至今已经出版两批共16本，正文前是我所撰写的“总序”。本次《祖先之翼》再版，冯江邀请我为本书单独作序，借此回顾一下本书的写作过程。

《祖先之翼》根据冯江的博士学位论文修改成书，作为他的硕士和博士导师，我指导了他两篇学位论文的写作。在博士论文选题时，他选择了研究明清广州府的宗族村落和宗祠，虽然他从硕士阶段开始就经常随我一起去考察村落和古建筑，但这个选择多少让人感到有些意外，因为他的硕士学位论文《秩序的消弭与再生》是关于西方理想城市批判的，更多显示出对西方城市与建筑理论的兴趣，他在华南理工大学建筑学院主讲的课程也是外国建筑史和当代西方建筑理论。视线从西方回到身边的乡野，研究对象从理想城市转向广州府的宗族乡村和祠堂，在我看来是摆脱了新鲜感的诱惑，转而植根乡土，为具有深度和独创性的建筑历史研究开辟了可能。学术轨迹上的转变，受到了他所景仰的建筑史学者陈志华先生的影响，陈先生是我在清华读书时的老师，一直教授外国建筑史课程，后来开展对乡土聚落和乡土建筑的系统研究，成为我国乡土建筑史研究的开创者之一。

冯江的博士论文写作历时五年，最初从细致的田野工作和非正式的地方文献中寻求个案研究的点滴突破，之后借鉴人类学方法较为系统地建立起动态研究的框架，在看似相去甚远的事件、人物、典籍、现象和建筑之间建立起逻辑上的关联，寻找宏大的社会史和微观的空间史之间的契合，从而在建筑之外对建筑史学的一些基本问题进行了阐释。

《祖先之翼》一书很重要的特点是将历史人类学方法引入建筑史研究，这一新的尝试与冯江长期以来受到人类学的影响不无关系。自1998年开始，他便受到刘东洋先生的言传身教，从这位令人尊敬的人类学导师那里获益良多，并在写作《中国建筑文化之西渐》的过程中逐渐熟悉了海外汉学对中国城市与建筑的历史研究。近年来，冯江从历史人类学家刘志伟教授的著述中寻找到了诸多线索，为此他曾经连续几年在刘志伟教授的学术田野沙湾和沥滘进行跟踪研究，本次再版所补充的沙湾绎思堂研究，就是在《祖先之翼》初版发表之后完成的。正是因为历史人类学的引入，本书将空间史置于动态的区域开发史和华南宗族与社会发展的过程中，展现了建筑史研究的另一种路径。

《祖先之翼》出版以后，不仅得到了建筑史学界的关注，也被史学学者和艺术人类学者视为各自领域的学术进展[1]，说明他的研究衔接了多个研究领域，并且得到了多个角度的回应。对此，我感到十分欣慰，自龙庆忠（非了）先生以来，华南的建筑史研究既强调立足于地域史，也同时注重边界的拓展和多学科的融合，没有持续的努力耕耘，是难以一窥多学科融合之堂奥的。

《祖先之翼》的研究只是一个开始，冯江仍然在继续宗族乡村和宗祠建筑方面的研究，在《建筑学报》2014年9、10期合刊上发表的民国中山模范县唐家湾空间实验就是宗族乡村试图走向花园城市的典例。华南仍然有更为丰富的宗族乡村和宗祠建筑的个案不能被纳入既有的史学叙述之中，祝青年建筑史学人继续在学术田野上精耕细作，享受学术的乐趣，是为序。

2016年5月4日

国际青年节

于广州

1 赵现海. 2010年明史研究综述. 中国史研究动态［J］. 2010年4期。吕屏. 宗祠建筑的历史人类学审视——评《祖先之翼：明清广州府的开垦、聚族而居与宗族祠堂的衍变》［J］. 三峡论坛. 2013年4期

目录

总序

再版序言

第一章　引言— 001

第一节　研究范畴— 003

一、地理范畴— 003
二、时间范畴— 004
三、对象范畴— 005
四、词汇表— 006

第二节　研究明清广州府宗族祠堂的意义— 008

一、学术意义— 008
二、社会现实意义— 010

第三节　研究方法与工具— 012

一、对传统建筑史学方法的坚持— 013
二、历史人类学方法的引入— 014
三、研究工具— 017

第二章　明清广州府乡土聚落与宗族祠堂衍变研究的学术基础— 019

第一节　海内外关于华南宗族的研究— 020

一、海外汉学对华南宗族与乡村社会的研究— 020
二、国内对华南宗族的历史研究— 023
三、海内外华南宗族研究对宗祠建筑研究的启发— 025

第二节　岭南区域开发史研究概述— 026

一、关于岭南区域开发进程的历史研究 — 026
二、区域开发史研究对建筑史研究的启示— 028

第三节　建筑史研究中关于岭南乡土聚落和宗祠建筑的探索— 029

一、岭南地域建筑史研究回顾— 029
二、关于宗祠建筑的历史研究— 032
三、区域和聚落视野中的广州府宗族祠堂问题— 034

第三章　广州府的开垦与聚族而居— 037

第一节　河谷地带和民田区的耕耘与宗族的初兴— 038

一、分水岭与西江、北江、东江河谷地带的早期开发— 038
二、明初广州府民田区的耕耘— 043
三、黄佐与《泰泉乡礼》：明初广州府乡间的教化与儒化— 052

第二节　沙田拓殖与宗族的力量— 057

一、明清广州府的沙田拓殖— 057
二、沙田的垦殖、族田与造族运动— 060
三、案例解析：碧江的聚族与造族— 063

第三节　明代广州府籍士大夫对祠堂制度的影响— 067

一、走上明朝历史舞台的广州府籍士大夫— 067
二、打击淫祠与宗族建设— 073

第四节　明清鼎革、迁界禁海与沿海乡村重建— 075

一、明清鼎革与迁界禁海— 075
二、复界之后的沿海土地开发与乡村重建— 078
本章小结— 080

第四章　广州府的聚族而居与村落格局的变迁— 083

第一节　广州府地区的地理环境及其对村落选址的影响— 084

一、从方志舆图看广州府的地理环境特点— 084
二、广州府的地形与宗族村落选址— 092

第二节　广州府村落的格局及其主要影响因素— 101

一、广州府村落的基本范式— 101
二、主导村落格局的自然因素：水、风与阳光— 106
三、主导村落格局的社会因素：宗族— 109

第三节　祠堂的庶民化与广州府村落梳式布局的逐步形成— 114

一、“大礼议”、“推恩令”与广州府祠堂的勃兴— 114
二、广州府宗族祠堂的勃兴与梳式布局的形成— 119
三、案例解析：东莞横坑，从中心式布局转向梳式布局— 120

第四节　从《佛山脚创立新村小引》看梳式布局村落的营建过程— 125

一、《佛山脚创立新村小引》— 125
二、对《佛山脚创立新村小引》的解读— 127
三、梳式布局村落的范例：三水大旗头— 131
本章小结— 138

第五章　广州府祠堂形制的渊源与流变— 141

第一节　广州府宗族祠堂的基本形制— 142

一、构成广州府祠堂形制的基本元素— 142
二、广州府宗族祠堂总体形制的基本范型— 153
三、广州府宗族祠堂中门、堂、寝的基本形制— 163

第二节　广州府宗族祠堂的形制渊源— 170

一、从先秦宗庙到庶民宗祠的礼仪制度— 170
二、庶民宗祠形式制度的来源— 173
三、门塾制度— 179

第三节　广州府宗族祠堂的形制衍变— 184

一、明代以前祠堂的兴衰— 184
二、明代宗族祠堂的兴起与形制探索— 186
三、广州府宗族祠堂的形制衍变过程— 193
四、案例解析：留耕堂— 201
五、清代广州府城市中合族祠的纷现— 205
本章小结— 222

第六章　广州府宗祠建筑材料与构造的地域适应性— 225

第一节　广州府宗祠建造中的料与工— 226

一、广州府宗祠建筑的主要用材及其地方性色彩— 226
二、建造工艺及其地方性色彩— 235
三、从南社简斋公祠重建碑记看宗祠建造中的料与工— 245

第二节　案例分析：佛山兆祥黄公祠— 249

一、兆祥黄公祠中的地方性材料— 250
二、兆祥黄公祠的地方性工艺— 255

第三节　沙湾绎思堂寝堂的木构架与榫卯— 258

一、道大祠乎，祠大道乎？— 258
二、绎思堂寝堂的木构架组件— 260
三、绎思堂寝堂木梁架榫卯— 262
本章小结— 266

第七章　广州府宗族祠堂纪念性的转移— 269

第一节　广州府宗族祠堂的社会文化意义— 270

一、宗族祠堂的精神意义— 270
二、广州府宗族祠堂的世俗功能— 272
三、从配享标准看纪念性的指向— 274

第二节　广府祠堂表达纪念性的方式— 276

一、广州府祠堂建筑中表达纪念性的元素— 276

二、广州府宗族祠堂中的仪式— 283
三、祠堂的日常管理— 286

第三节　广府祠堂纪念性的转移— 287

一、广州府宗祠社会文化意义的嬗变— 287
二、案例分析：花县塱头— 289
本章小结— 300

结语— 303

附录：广府主要城市各级文物中的宗祠— 309

参考文献— 321

图录— 328

致谢— 333

再版后记— 335

第一章 引言

岭南之著姓右族，于广州为盛；广之世，于乡为盛。其土沃而人繁，或一乡一姓，或一乡二三姓。自唐宋以来，蝉连而居，安其土，乐其谣俗，鲜有迁徙他邦者。其大小宗祖祢皆有祠，代为堂构，以壮丽相高。每千人之族，祠数十所；小姓单家，族人不满百者，亦有祠数所。其曰大宗祠者，始祖之庙也。庶人而有始祖之庙，追远也，收族也。追远，孝也；收族，仁也。匪谮也，匪谄也。岁冬至，举宗行礼。主鬯者必推宗子，或支子祭告。则其祝文必云：裔孙某，谨因宗子某，敢昭告于某祖某考，不敢专也。其族长以朔望读祖训于祠，养老尊贤，赏善罚恶之典，一出于祠。祭田之入有羡，则以均分。其子姓贵富，则又为祖祢增置祭田，名曰烝尝。世世相守，惟士无田不祭，未尽然也。今天下宗子之制不可复，大率有族而无宗。宗废故宜重族，族乱故宜重祠，有祠而子姓以为归，一家以为根本。仁孝之道，由之而生，吾粤其庶几近古者也。[1]

这是明末清初的著名学者屈大均（1630—1696）在《广东新语·宫语》中的一段文字，记述了当时广州府宗祠的盛况和乡人祠祭的情形。广州府村落棋布，祠堂众多，尤其在乡间，无论宗族大小，代代都建造高大壮美的祠堂。庶民家族建造大宗祠的目的在于敬宗收族，以秉承孝道，福泽族人。祠堂为宣读伦理、制定族规之所，每年的冬至，在宗子或支子的主持下，全族行祭祖之礼；每月的朔日和望日，族长在祠堂申读祖训。对祖先的祭祀在经济上依靠祭田来支持，那些或富或贵的族人增置烝尝，此乃宗族福祉之所系。屈大均自谓明朝遗民，心怀对先朝文化的追念，感慨清初“宗子之制不可复”。他将祠堂之盛视为仁孝之道的象征，由衷赞美了其时的广东颇有古风。

在广州府的地方志中，亦多有关于明清广州府祠堂的记载，《佛山忠义乡志·乡俗》：“乡中建祠，一木一石，俱极选采，在始建者务求壮丽，以尽孝敬而肃观瞻。”《同治广州府志·卷一》引《顺德志》云：“俗以祠堂为重，大族祠至二三十区，其宏丽者所费数千金。”和中国其他地区一样，在明清广州府，是乡村而不是城市规定着地域的生活方式[2]，乡村的祠堂也被移植到了城市里，城市中的合族祠在清代纷纷出现。

作为传统意义上的政治和文化的边陲，广州府为什么会出现如此兴盛的祠堂之风？是对钟鸣鼎食、世家大族的向往？对先祖垦疆拓边的纪念？还是因应时势同时又为时势所造就的独特社会现象和文化景观？

今天，走进历史上隶属于广州府的乡间，虽然受近三十余年来快速经济发展和大规模城乡建设的影响，许多村落的传统风貌已经大为改变，但是仍然可以随处看到大大小小的祠堂建筑乃至密集的祠堂建筑群。有些已经闲置甚或倾圮，有些被改成了幼儿园、学校、老年人打麻将消磨时光的处所或者红白喜事时举办宴

1 屈大均，《广东新语》，卷十七，宫语·祖祠，465.

2 参见：牟复礼. 元末明初时期南京的变迁［M］//（美）施坚雅主编. 中华帝国的晚期城市. 北京：中华书局. 2000：117。文中牟复礼还用很生动的方式描述了乡村和城镇的关系：农村就像一张网，上面挂满了中国的城镇。

3 自《韩昌黎文集校注·卷八》。

4 有学者认为“广府”是明代以来的说法，但显然“广府”一词在唐代文献中就已出现。本节所引《旧唐书》和韩愈上表均表明唐代即有“广府”这一说法，且《旧唐书》中“广府”显系广州都督府的简称，而韩文中前一“广府”指广州都督府，后一“广府”指府治所在地广州。黄启臣在《广州外贸史》中亦指出，《唐六典》、《大唐求法高僧传》、《唐大和尚东征传》中均有关于“广府”的记载。

席的酒堂，但在更多得到良好保存的祠堂里，祭祖活动仍然在继续，族人维持着日常的祭扫，堂上悬挂着龙舟，神主牌被擦拭得干干净净，系上红绸，整齐地摆放在寝堂中的神橱里。到了清明、冬至等重要节日或者重装之后的入伙等重要时刻，祠堂里就点上香，在氤氲的烟云和南狮的舞动中，把献给祖先的金猪抬到摆着供果、糕点和酒的香案前，尽量小心翼翼地遵循着复杂的仪式程序和禁忌，可谓古风犹存。祠堂乃先祖魂灵之所栖，族人心念之所系，宗族福祉之所依，时至今日，仿佛仍然为后人们提供着来自祖先的庇荫，承载着族人心理上的认同感和归属感。

广州府的宗族祠堂具有独特的魅力，其历史上的兴盛、演变过程的复杂、存在形式的多样性和传承的延续性，参与书写了区域垦殖和宗族发展的历史，见证了乡土聚落格局的变迁和传统建筑的演进，因此有着重要的学术研究价值。

第一节　研究范畴

本书研究的地域范畴是明清时期的广州府所辖地区；时间范畴以明、清为主；具体的研究对象是宗族庶民化以后的村落、宗族祠堂及其相关现象，尤重对衍变的探讨。

一、地理范畴

《隋书·地理志》载：“南海郡旧置广州，梁、陈并置都督府。平陈，置总管府。”韩愈《潮州刺史谢上表》中云：“臣所领州，在广府极东界上，去广府虽云才二千里，然来往动皆逾月。”[3]后晋沈昫《旧唐书》卷四一《地理四》中亦载：“广州中都督府，隋南海郡。武德四年，讨平萧铣，置广州总管府，管广、东衡、洭、南绥、冈五州……七年，改总管为大都督。九年以端、封、宋、洭、泷、建、齐、威、扶、义、勤十一州隶广府。”在唐代文献中，隋唐都督府、总管府的简称方式之一是取全名中的首字和末字，“广州都督府”便简称为“广府”，这是通常所说的“广府”一词的由来和最初的使用[4]。

本书研究的并非具有民系和亚文化意义的广府地区，而是明清时期的广州府所治州县，有必要甄别本书对“广州府”和“广府”两个近似概念的使用。

“广府”既是一个历史地理的范畴，也是一个社会文化范畴。在客家学研究的开拓者罗香林教授提出“民系”的概念之后，“广府”一词也被用于称呼岭南地区使用粤方言的汉民系。在长时期的移民和开发过程中，广东在唐至元间逐渐形成了广府、客家、福佬三大汉民系，这是不同时代、不同境遇下的南迁汉人用不同方言和文化建构自己汉人身份的结果。文化是民系认同的标志，三种民系使用不同的方言，也形成了各自相对独立的文化类型，其中广府系定型于唐宋，使用粤方言（也称广府话、白话）[1]。广府系主要分布于河谷平原、三角洲平原、山地丘陵以及河口近岸、海湾等多种地形，地域上连成一片，呈地带性和板块性或两者相结合分布，此即广义的“广府”或“广府地区”的地理范围。粤方言区又可分为广府、高廉、罗广、四邑四个片区，其中人口最多、经济最发达的当属广府片，分布在今广州、佛山、肇庆、东莞、中山、珠海、深圳、清远、云浮、龙门等县市，还包括香港、澳门和韶关的局部[2]，此即狭义的“广府”或“广府片”的地理范围，也是文化地理中界定的粤中广府文化区的大致范围。

本书中的“广州府”于明代才行设立，但实际上以元代的广州路为大致范围，亦有学者认为这是文化意义上的“广府”所对应的真正范围，因为这一境域中的居民，长期处于同一中级行政区划之中，民风民俗的融合时间长达七百余年，故而形成了具有共同特征的地域性民系文化。[3]元时广州路属江西行省广东道，至元十六年（1279）设广东道宣慰司，广州置下路总管府，领南海、番禺、东莞、增城、香山、新会、清远七县，至元三十六年（1299）另设广州录事司管理广州城厢居民[4]。

明代始设广州府，《明史·地理志》载：“广州府，元广州路，属广东道宣慰司，洪武元年为府。”明代广州府初领南海、番禺、东莞、增城、香山、新会、清远、阳山八县[5]，当时岭南进入全面持续开发的阶段，有明一代立县较多，洪武十四年（1369）增置连州，领阳山、连山二县，景泰三年（1452）增置顺德县，弘治二年（1489）增置从化县，六年（1493）增置龙门县，十一年（1498）增置新宁县[6]，嘉靖五年（1526）增置三水县，万历元年（1573）分东莞县置新安县[7]，至此，广州府领有南海、番禺、增城、顺德、东莞、新安、三水、龙门、香山、新会、新宁、从化、清远、连州、阳山、连山一州十五县[8]。

清时广州府辖番禺、南海、增城、东莞、新会、清远、香山、新安、顺德、新宁、从化、三水、龙门、花县一十四县（图1-1），连州于雍正七年（1729）成为直隶州，嘉庆十八年（1813）清远析出部分用地至佛冈军民厅。广州府的行政建置多有变化，分合、废置无常，但总体上以狭义的珠江三角洲为经济和文化的核心。

以明清时的广州府所辖州县对应当前的行政范围，约相当于今广州、佛山、东莞、深圳、中山、珠海、香港、澳门、新会、台山各地以及惠州、清远的部分地域，这是本书所研究的主要地理范畴。广州府从民国初年始不再作为行政区域存在，本文以“广府”对应明清广州府所辖范围。但根据论述的需要，或会涉及广义的广府地区。

二、时间范畴

在时间范畴上，本书以明、清时期为主，这是广州府作为行政区存在的时期，也是宗族最发达、祠堂建设最为集中的时期。为了论述的连贯性和思考的整体性，亦会上溯至祠堂的起源和宋、元时期，下延至关于祠堂的一些当代问题。

1 司徒尚纪. 岭南历史人文地理［M］. 广州：中山大学出版社，2001：29.
2 参见《广州市志》十七卷，笔者根据当前的行政辖区进行了修正。
3 陈泽泓. 广府文化的定义和特征［M］// 李明华主编. 广州：岭南文化中心地. 香港：中国评论学术出版社，2007.
4《元一统志》载一司八县，《元史·志第十四·地理五》和《新元书·地理志》均载一司七县，差别在于怀集一县，因怀集较早划入贺州，故采七县之说。
5《永乐大典》卷一一九〇五《广州府》。
6 今台山。
7 今深圳、香港。
8《明会典》卷十六《州县·二》。
9 该书第五章和第十章中分别讨论了广东与香港的客家祖屋与祠堂。详见：吴庆洲. 中国客家建筑文化研究（上、下）［M］. 武汉：湖北教育出版社，2008.

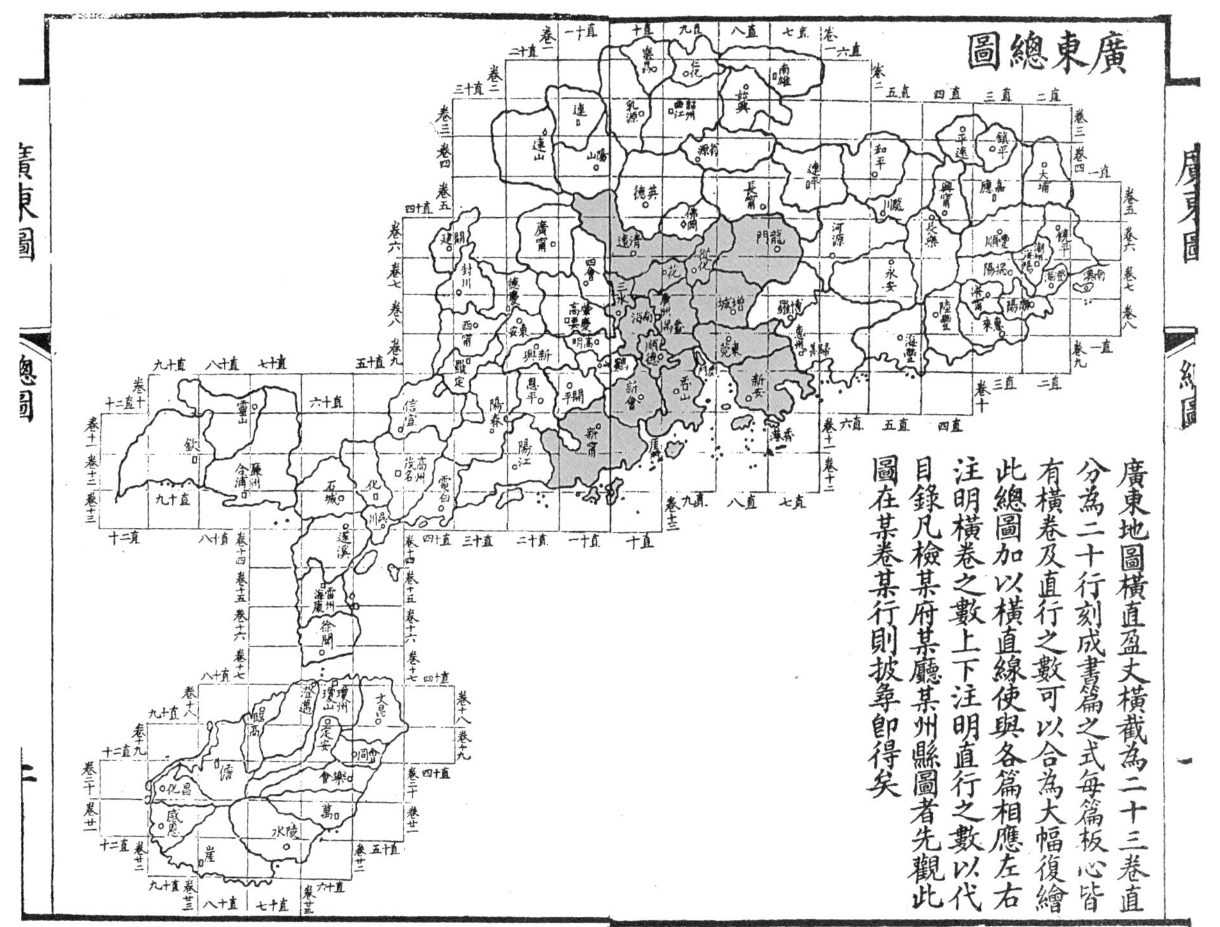

※图1-1　清代末年广州府的范围

底图为同治年间《广东图》中的“广东总图”，蓝色部分为当时广州府的行政辖区，包括番禺、南海、顺德、香山、东莞、增城、从化、花县、三水、新会、新宁、新安、清远、龙门一十四县。

在地方文献和谱牒中，广州府地界内有宋代和元代祠堂的相关记载，但广州府民间祠堂的真正普及是在明代嘉靖年间庶民建家庙解禁前后，研究中注重讨论宗族发展和祠堂形制的转捩点，尤以明代中叶和清初为重点。

三、对象范畴

本书所论为广州府的宗族祠堂，即宗族或宗族分支供奉祖先牌位、祭祀祖先的建筑，包括祖祠、房祠、支祠、家庙等常见的类型，也包括以书室、书塾、家塾或遗塾为名的私伙太公、生祠，以及以书院为名的合族祠等衍生类型和相关现象。本书所界定的宗族祠堂范畴不包括为社会所公祭的祖庙、先贤祠，如佛山祖庙、三水胥江祖庙、广州名宦祠、仰高祠等，以及墓祠、为无主孤魂建造的义祠和供奉鬼神的祠庙，但为便于理解和辨析广州府的宗族祠堂，书中偶有论及。此外，本书所讨论的宗族祠堂以广府系为主，对于从化、增城、花都、东莞、新安等区县的客家民系建筑中的祠堂，略有涉及但未展开论述，相关研究可参见吴庆洲先生的《中国客家建筑文化研究》一书[9]。

本书的研究对象以有关宗族祠堂的各种现象为主，包括其议建、选址、与村落布局的关系，尤其是在梳式布局形成中的作用、建造目的和过程、形制及其演变、建成后的使用，关乎与祠堂建造相关的各种因素：社会组织和政策法令等制度因素，材料、工具、施工、具有气候适应性的构造、防灾等技术因素，区域开发中的生产与贸易等经济因素，风水、装饰和仪式等民间文化因素等。

概言之，从物质形态的角度，本书的研究对象涉及广州府村落的格局、公共空间、宗祠的形制、装饰等，从抽象的角度，本书的研究对象涉及村落中的公共生活、祠堂建筑对纪念性和思想性的表达等。

四、词汇表

与明清时期相比，今日的宗族现象和对祠堂的使用、祠祭的仪式已经大为不同，社会状态产生了巨大的变化，许多词汇的含义也发生了改变或者不再为今人所熟悉，如屈大均文中的“大小宗”、“大宗祠”、“始祖”、“慁”、“宗子”、“支子”、“族长”、“祭田”、“烝尝”等。因此，需要梳理明清时期宗祠建造的语汇和语境，这对于宗祠建筑研究不可或缺，又由于本书涉及较多海外汉学、宗族史、区域史和艺术史方面的内容，不一定为建筑史研究者熟悉，为便于阅读和讨论，列出本书中除常用建筑术语之外的部分词汇如下。

华南（South China）：广义的华南即中国南方，地理上指秦岭—淮河以南的广大区域。在人类学、社会学和海外汉学中常用的华南概念包括今广东、广西、海南、香港、澳门、台湾、福建中南部以及江西和湖南的一部分，也是本书所采纳的华南范畴。[1]

岭南（Lingnan）：亦称岭外、岭表。岭南泛指五岭（越城岭、都庞岭、萌渚岭、骑田岭、大庾岭）山地以南广大地区。《晋书・地理志下》将秦代所立的南海、桂林、象郡称为“岭南三郡”，其所对应的范围北枕五岭，南临大海，西连云贵，东接福建，包括今广东、广西东部、香港、澳门和海南岛，以及越南北部部分地区，面积约30万平方公里。杜佑《通典》中谓岭南当唐、虞、三代为蛮夷之国，百越之地，非禹贡九州之域，古谓之雕题。习惯上，历史地理和建筑史研究的“岭南”概念大致对应人类学和社会学研究中的“华南”范畴，本书中岭南所指与此一致。亦有研究者以岭南为广东的代名词[2]。

广府（民）系（Guangfu ethnology）：岭南三大汉民系之一。狭义的广府民系是指粤海民系，以广州为中心分布于珠三角及周边地区，以粤语中的广府话为母语，以珠玑巷为民系认同，有着自己独特文化、语言、风俗、建筑风格的汉族民系。广义的广府民系则包括全广东甚至所有地区的粤语族群。

宗法：即宗子之法，或大宗小宗之法。[3]《礼记·大传》：“别子为祖，继别为宗，继祢为小宗。有百世不迁之宗，有五世则迁之宗。百世不迁者，别子之后也。”在

1 亦有学者以明清广东、广西、福建三个布政使司的辖地为华南的地理范围，如王双怀《明代华南农业地理研究》。

2 参见广东省人民出版社岭南文库各书前言。

3［清］程瑶田.《宗法小记》。另参见：李文治，江太新. 中国宗法宗族制和族田义庄［M］. 北京：社会科学文献出版社，2000：1.

4 程维荣. 中国近代宗族制度［M］. 上海：学林出版社，2008：4.

5 参见：陈忠烈. “众人太公”与“私伙太公”［J］. 广东社会科学，2001，1：70—76.

6《牧野巽著作集》第六卷，参见：钱杭. 血缘与地缘之间——中国历史上的联宗与联宗组织［M］. 上海：上海社会科学院出版社：41—42.

7 Maurice Freedan, Chinese Lineage and Society: Fukien and Kwangtung, London, Athlone Press, 1966.

8［清］张廷玉等,《明史》卷七十七志第五十三《食货志一・田制》。

9 万历《福州府志》卷二十七载：“土田之目有二：曰官田，曰民田。若职田、若学田，若废寺田，若没官田，若官租地，皆系于官。”

10《古今图书集成·经济汇编·食货典·田制部》，农政全书二，《农桑诀・田制篇》。

11 谭棣华. 清代珠江三角洲的沙田［M］. 广州：广东人民出版社：1993：5—6.

宗族中，嫡长子一系具有率领余子祭祀祖先即宗祧继承的权力，地位尊崇，称大宗；余子则为小宗。[4]《礼记·曲礼下》："支子不祭，祭必告于宗子。"

宗族、房、支（Lineage, Clan, Branch）：《尔雅·释亲》谓"父之党为宗族"。本书所论的宗族是指明代之后才在民间真正产生的具有族田、宗祠和族谱的庶民化宗族。宗族组织的元素包括祖先信仰与仪式、继嗣观念与制度、宗族公产等。在广州府的宗族之中，五世可分房，三代可立支派。

祠堂（Ancestral Hall）：清代赵翼在《陔余丛考》中谓"今世士大夫家庙曰祠堂"，在本书中指宗族庶民化之后的家族祠堂，即宗族或宗族分支供奉祖先牌位、祭祀祖先的建筑，包括大宗祠、房祠、支祠、家庙、合族祠、私伙厅、生祠等不同的形式，但不包括为社会所公祭的祖庙、先贤祠、墓祠、为无主孤魂建造的义祠和供奉鬼神的祠庙。

私伙太公（Private Taigong）：粤人俗称始祖为"太公"，私伙太公是在广州府常见的一种衍生祠堂类型，通常以个人的名或字命名，偶或用姓氏或地望，冠以书舍、书室、书斋、书塾、家塾、遗塾等名，粤俗亦称"书房太公"。形制上往往以一厅堂为主，堂内设神台、龛，以置神主、香火，民间又称"厅"、"祖厅"、"香火堂"。[5]

联宗（Higher-order Lineage）：将血缘关系不明确的分散居住的同姓甚至不同姓的宗族结合起来，在各宗族的上层构造之上建立的象征各宗族团结的组织，通过对远祖的祭祀来实现联合。[6]英国人类学家弗里德曼（Maurice Freedman）将这一宗族联合组织称为higher order lineage（上位世系群或高层宗族）。[7]

合族祠（Assembled-clan Hall）：联宗修建的祠堂，亦称联宗祠。

官田、民田：据《明史·食货志》，"明土田之制，凡二等：曰官田，曰民田。初，官田皆宋、元时入官田地。厥后有还官田，没官田，断入官田，学田，皇庄，牧马草场，城壖苜蓿地，牲地，园陵坟地，公占隙地，诸王、公主、勋戚、大臣、内监、寺观赐乞庄田，百官职田，边臣养廉田，军、民、商屯田，通谓之官田。其余为民田。"[8]民田是指按照民田科则征纳田赋的土地，相对于官田而言。[9]

沙田（Sand Farmland）：明清广东沿海土地的税则名称，一般指沿海濒江地带由江河带来的泥沙积成的田地和田坦，除自然形成的之外，还需人工围筑加速成田。亩无常数，税无定额，有时听民耕垦。[10]广东的沙田垦殖是明清区域开发中的重要事件，沙田主要集中在今中山、番禺、顺德、东莞、宝安、新会、南海、台山、斗门等地[11]。

疍家（Dan People/Tanka）：疍家（疍的正体字为蜑，疍家亦作蛋家、艇家、水上人等）是广东、广西和福建一带一种以船为家的渔民；属于汉族，但不属于汉族中的广府民系，而是一支特有的民系，往往以海、河为家，居无定所。疍家原本主要生活在珠三角、粤西沿海，在其他闽粤桂沿海地区亦有分布，一部分在康熙年间的海禁时期被集中安置。20世纪50年代开始疍家陆续上岸。

梳式布局（Comb Shape Layout）：广府村落的主要形态格局之一，建筑群总体上排列整齐，沿纵深方向形成密集的巷道，形似梳齿，故名。按照本文的观点，梳式布局形成于明末，与祠堂的庶民化有着密切的关系，村落中宗祠所处位置的差异导致了不同类型的梳式布局。

纪念碑性（Monumentality）：纪念碑或纪念物的纪念功能及其持续。"纪念碑性"和"纪念碑"（monument）均源于拉丁文*monumentum*，二者的关系类似内容与形式、所指与能指的关系，"纪念碑性"的具体内容决定了纪念碑或纪念物的社会、政治和意识形态等多方面的意义。[1]"纪念碑性"是西方艺术史和建筑史中的重要概念，本书中大多数情况下使用更加符合中文习惯的"纪念性"，只有在讨论与明确的物质形态相对应的意义时才使用"纪念碑性"一词。

地方性（Regional Character/ Regionality）：本书中用以表述在特定地域内得到稳定的广泛应用的建筑元素、建造方式和风格特征等，主要针对建造在环境、技术和文化上的地域适应性。地方性并不意味着某元素、技术、特征一定起源于本地，或专属于本地。

门塾制度（Men & Shu）：一种门与塾台相结合的上古制度，在广府地区的明清祠堂头门中较为常见，而在中国其他地区这一制度的运用则颇为少见。门塾制度起源于商周时期，作为一种深入日常生活的教化空间的形式在汉代开始逐渐得到广泛使用，从明代开始常见于广府地区的祠堂头门。

第二节　研究明清广州府宗族祠堂的意义

一、学术意义

本书研究源自一系列关于岭南传统聚落与乡土建筑的提问，这些问题是相互联结、依次递进、逐渐呈现出来的。

在气候相仿、同样是以移民为主的地区，广州府没有像客家地区一样形成用围屋、杠屋那样的大体量建筑物来容纳众多家族成员的方式，而选择了以较小体量的建筑形成致密的聚落，除了一般认为的受形成时期、所处地形这些宽泛因素的影响之外，有没有更加具体的事件、人物和条件在影响着决策者们的选择？

为什么在官方力量相对较弱的边陲地带反而形成了以梳式布局为代表的如此规则的村落形态？我们今天看到的传统村落是从建村之初就采用了这样的强调秩序感的形态，还是逐渐演变而成的？如果是逐渐演变形成的，那么究竟定型于何时，具体过程如何？村落形态的结构与乡村社会的构造有着密切的关联，哪种力量在擘画着历史上的村落格局？

1 参见：巫鸿. 礼仪中的美术［M］. 北京：生活·读书·新知三联书店，2005：48.

2 刘兵. 若干西方学者关于李约瑟工作的评述——兼论中国科学技术史研究的编史学问题［J］. 自然科学史研究，2003，1.

在中原的诸多传统被历史的风云际会荡涤殆尽的同时，广州府的传统文化反而获得了强大的生命力，并且一直延续至今，为何在一个工商业非常发达的地区，宗族得到了良好的发育，宗法伦理和礼教的观念得到崇尚？在历史上，广府村落中的公共生活和公共空间的状态是单调、沉闷还是多姿多彩的？那些关于历史上中国的村落缺少公共空间的言论是否符合历史事实?

这些问题呼唤对广州府的宗族祠堂进行更深入和系统的研究，因为它们都通过这种特别的建筑类型联系在了一起，宗族祠堂成为了解开谜题的关键。

在形态上，祠堂联系着村落中的公共空间与私密空间，是广州府乡村社会构造的形态体现者。对于一个相对完整的宗族而言，虽然在不同历史时期和不同情况下对进入其中的人有着某些限制，但是祠堂和祠堂前的场地仍然可以被认为是家族甚至整个村落的公共空间，对于受限制不能进入或者使用祠堂建筑的人来说，它则是一种准公共空间。因其公共性和重要性，祠堂建筑往往在村落的格局中占据着主导地位，是村落公共空间体系中的重要节点，而且常常是民宅在方位和尺度上的引领者。

在形制上，祠堂是广府地区很常见又很特殊的建筑类型，衔接着官式建筑和民间建筑。和大多数民宅相比，无论在平面形制、建造规模上，还是在构架、立面造型和装饰上，祠堂都与官式建筑有着更多的相似之处，具有许多官式建筑的特点。事实上，最初的品官家庙的确是三品以上的官员才能修建的，因此可以说祠堂是民居建筑中的一种特殊类型。

在技术上，祠堂建筑比普通民居使用了更加考究的材料和工艺，有着更多、更精致的装饰，涉及的工种更多，建造过程中的仪式色彩更强。同时又需要适应本地炎热潮湿的气候、特殊的地形和复杂的社会现实，因此具有独特的学术价值。广州府地处沿海，历史上是瘴气弥漫之地，而后经人工填海形成了大面积的沙田区，人口以不同时期陆续南迁的移民为主，在这样特殊的地理和文化条件之下，既深受中原汉文化的影响并和北方祠堂的建筑形制、技术和装饰遥相呼应，同时也产生了丰富的地方性做法，这对岭南地域建筑史研究有着重要的意义。因为宗祠往往集一房、一族甚至多个宗族的力量修建，财力相对雄厚，为先进工艺的使用和先进观念的引入创造了经济上的可能性，代表着一个地区民间建筑技术的最高水平。英国学者白馥兰（Francesca Bray）甚至认为宗祠是体现整个社会科技发展水平的指针，生活在其中的人被培养着基本的知识、技能以及这个社会特定的价值观。[2]

在使用上，祠堂是整个宗族的精神和心理认同之所系，因为它是宗族许多最重要的公共事务所发生的地点。祠堂中的仪式、禁忌和各种章程，事实上帮助了宗族组织的发展和成熟，成为明清以来宗法宗族制度不可缺少的一部分，也通过其使用强化了社会的秩序，濡染其使用者。祠堂成为见证家庭成员重要时刻、承载家族公共礼仪和重要公共事件的场所，关于祠堂的规定繁缛复杂，对各种情况的考虑可谓巨细靡遗，祠堂成为宗族的象征，被赋予了神秘的意义和精神力量。

在现象上，有关祠堂的制度变迁、祠堂建筑的修建、位置的选择、形制的衍变、对乡村社会组织和继嗣的影响，以及明清以来祠堂在广州府民间的普及程度、今天仍可随处发现的丰富遗存和对民间宗族活动复兴的影响，都使得它在本地区的传统聚落、乡村生活甚至城市生活中具有不可替代的作用，对于建筑史研究具有特别的价值。

由是观之，祠堂同时是物质形态和社会空间的关键性节点，它正是寻找许多广州府地域建筑史基本问题的答案的理想线索，蕴藏着更深入探讨广府传统聚落和乡土建筑研究诸多疑问的可能途径。

有关本地区的历史人类学、地理学、社会学、经济史等学科多年来的研究进展，已经为更进一步的广州府祠堂建筑的历史研究做好了准备，颇有助于对长时段的自然史[1]和社会心理的理解、梳理祠堂与村落演变的历史过程并建构起中时段的描述，同时又为深入到短时段的情境之中体察细微的变化提供了背景。但是这些学科的研究长期以来缺乏在空间形态和建筑实物研究方面的系统支持。建筑史学者以往对本地区坚持不懈的现场工作、文献研究和比较分析也为结合社会经济史与建筑史进行宗祠研究提供了良好的基础，无论是在聚落形态、大木构架、类型与形制、建筑文化、装饰风格还是物理分析方面，都积累了大量的成果，亟待在与社会经济史相结合、进行深入的动态研究方面取得进一步的进展。从更广阔的历史视野来研究广府地区的祠堂，此其时也。

在学术意义上，本书以区域社会经济史的视角，通过基于田野调查的深度案例分析，结合社会空间和形态空间两种维度，衔接传统民居研究和乡土聚落研究，剖析区域开发进程中村落和祠堂建筑的关系，对广州府村落和祠堂的一些基本问题进行阐释，是对地域建筑史研究的深化，也是动态研究方法在地域建筑史研究中的尝试和应用。

二、社会现实意义

语言既是联系人群的纽带，也在使用不同语言的人群之间形成了边界。因为语言的关系，广府不仅在地理上，而且在文化上保持着相对的独立性和完整性。在建筑上，广府也成为一个相对完整的区域，广府系乡土建筑近与周边的客家建筑、远与潮汕和湘赣系的建筑在聚落形态、材料选择、建筑形制与造型风格上都具有明显的差异，因此构筑起了自身的体系化特征，而广州府则是广府系建造活动最活跃、建筑最有代表性的区域。因为商品经济较为发达，文化上相对比较开放，广州府活跃着来自其他地区的工匠，一些重要的建筑材料也从周边甚至域外运来，所以其民居建筑也与周边地区其他民系的建筑产生了相互影响。对于地域

1 按照法国年鉴学派历史学家布罗代尔已为人熟知的观点，自然环境的变迁属于长时段的结构史，此处虽沿用了这一划分，但应注意到明代以来广州府尤其是珠江三角洲的环境变迁存在着较强的人为干预，也可以被看作是中时段的动态史。

2 此处的家塾实际上是邓氏家族的祠堂，见：曹劲. 乡土文化精神的复兴与延续［J］. 新建筑，2004（6）。为何祠堂会以家塾为名，本书第五章中有详细的论述。

3 香港特区政府古物古迹办事处和广东省文物考古研究所共同完成的香港大埔头村敬罗家塾修复工程获得了2001年联合国教科文组织颁发的亚太文化遗产保护奖优秀奖（Award of Merit），陆元鼎教授主持的从化太平镇钱岗村广裕祠修复工程获得了2003年该奖项的卓越奖（Award of Excellence），吴庆洲教授主持的佛山兆祥黄公祠修复工程获得了2005年度的荣誉奖（Honorable Mention）。资料来源：http://www.unescobkk.org.

建筑史来说，广州府的乡土建筑是一个非常有价值的研究样本。

明清以来，广州府的开发进程可谓波澜壮阔，在几百年从沧海到桑田的开发过程中，宗族起到了重要的作用，伴随着宗族的良好发育，人们在自己开垦和生活的大地上建造了数量庞大、类型丰富的宗祠建筑。至今，我们仍能在广府的乡间看到数以千计的明清祠堂遗存，而且这些遗存有着非常广泛的空间分布和连续的时间分布。

在当下的乡村里，许多村民的新宅早已超过了祠堂的高度，但是祠堂建筑在整个村落中的地位仍难以代替，祠堂的装饰——无论其形式还是内容——仍然被看作是村落中的最高艺术成就，在一代代的讲述之中成为传奇。当经济的快速发展为广府乡村带来了越来越殷实的家底之后，看似与现代社会背道而驰的宗族活动却在城市化、工业化和商品化的浪潮中悄然复兴，修缮祠堂的热潮亦随之到来，既有出于旅游开发的目的由商业资本缮修的祠堂，也有政府出资修葺的文物，但更多的宗祠是族人们自发捐资整修或重新装点的，捐款修祠堂被看成是一件特殊的善举，许多平时开支节俭的族人在捐资修祠堂时毫不吝啬，对祠堂中举办的活动也趋之若鹜。

祠堂以其旺盛的生命力和独有的魅力，在广府地区今天的村落空间形态和日常生活尤其是公共生活中发挥着意义，对于乡土社会的组织起到了非常关键的作用。

此外，祠堂建筑的历史文化价值再次引起了广泛的关注，被看作是广府地方性文化的重要载体，这种文化因为对近现代中国具有特别意义而将古代与现代、地方与国际连接了起来。香港敬罗家塾[2]修复、从化钱岗广裕祠修复、佛山兆祥黄公祠修复等行动先后获得了联合国教科文组织亚太文化遗产保护奖[3]，表明祠堂所传承的独特传统文化和对当代社会生活的价值受到了国际历史文化保护领域的关注。事实上，该奖项的主要评价标准并非历史建筑本身的质量和修缮的难度，而更加看重其民间性、社区性、地方性、真实性及其自觉传递、传统建造工艺的延续，这也为我国的历史建筑保护提供了可供借鉴的视角。

祠堂近年来成为广东省迅速增加的各级文物保护单位中最重要的亚类型之一。广州陈氏书院（俗称陈家祠）和从化广裕祠目前已是全国重点文物保护单位，在2008年11月公布的第五批广东省文物保护单位的56处古建筑中，共有14项为祠堂建筑或者祠堂建筑群。而广州、佛山、东莞、中山、珠海、江门、深圳等地的市级文物保护单位和登录文物中，祠堂成为增加最快的类型。

广州府的祠堂既是乡村生活中的关键性社会空间，也是本地区村落甚至部分城镇在形态上的重要节点。作为村落公共空间体系的主导因素，祠堂承载了村落公共生活中最具有强烈精神意义的那一部分，并且在经历了多次战乱、社会变革、文化运动和大规模建设活动的冲击之后仍然在广州府地区保留有大量的遗存，在乡村生活中发挥着不可替代的作用。20世纪80年代以来，乡村政治与社会体制发生了深刻的变动，中国的乡村宗族组织在沉寂了近四十年后有了一个重新活跃的适当机会。宗祠是宗族组织的重要象征、公共事务的管理中心和公共活动的经常发生地，修葺祠堂成了宗族活动中最重要的事务之一。同时，本地区的快速城市化一方面导致了城市迅速蔓延，村落被卷入城市或者在建设方式上受到多种观念的冲击，极大改变了村落的建成景观；另一方面随着生产方式的改变，本地乡村人口尤其是青壮年大量到城市务工或者迁到城市居住，越来越多的外来人口进入村落的日常生活，改变了乡村的人口构成和生活方式。虽然经济一直保持着强劲、快速的增长，但传统的社会组织方式、伦理体系、文化归属感和心理认同感都在日渐涣散，全国范围内对农村建设的关注也使得乡村再次处于十字路口，可以说，当前正处于乡村文化重建和转型的重要时期，是乡村社会组织和管理等一系列制度的转变时期，也是祠堂建筑兴废的转折点。由此产生了研究广州府宗族祠堂的必要性和迫切性，既需要认识历史语境中的祠堂，真正剖析清楚祠堂的建造目的、功能、形制演变及其原因，也需要思考它们在未来的角色。

今天的乡村里，有很多闲置的祠堂，部分祠堂被出租用于非公共目的甚至作为简易工厂的厂房，遭受到了不恰当的改建，或者处于对建筑有较大损坏的使用情形之下。在大量新的乡村建设活动不断冲击传统建筑的存在、公共空间体系日渐涣散的今天，对于探讨如何更好地使用数量众多且有着特殊意义的祠堂建筑来说，本研究同样具有学理上的作用。另外，由于祠堂在较长时间里被视为落后甚至反动的宗法制度和封建文化的代表，而在三十多年的时间里成为民间不敢轻易触及的敏感领域，有些成了生产队的办公地点，有些变成了储藏杂物的仓库，或者干脆被闲置，各种装饰被刀削斧劈或被灰水覆盖，祠堂的许多传统建造技艺已经接近丧失，熟悉地方性做法的民间工匠迅速减少，在最近的祠堂修缮活动中，出现了较多因为不熟悉祠堂的传统做法而发生的不恰当修缮，材料、色彩、形制和装饰的错用较为多见。因此整理祠堂的地方性材料、构造和装饰对于日渐频繁的祠堂修缮活动具有现实意义和技术价值。

在文化意义上，对广州府宗族祠堂的研究是对本地区历史文化保护的基础支持，无论从技术上还是观念上，都有助于把握不同历史时期祠堂的衍变、充分理解祠堂的历史价值及其地方性特点、正确解读祠堂建筑的各个要素在文化上的意义。此外，对宗族祠堂的研究对于广州府的无形文化遗产的传承，同样具有重要的推动作用。

在社会意义上，对广州府祠堂的深入研究是对本地区宗族现象和民间大量自发修缮活动的思考和响应，现实生活中的宗族复兴唤起了学术界对宗祠的重新注视，思考祠堂在当今的乡村生活、村落形态乃至乡村社会秩序和伦理重建中的作用，此其时也。

第三节　研究方法与工具

本书以宗族祠堂这一建筑类型为主要研究对象，但不止于采用静态的类型研究方法，而是将传统的建筑史实证研究方法与对人类学、社会学、经济史、自然史研究方法的借鉴结合起来，除对祠堂建筑和所在的村落或街区进行较为详细的调研和测绘外，尝试扩展研究的维度。

一、对传统建筑史学方法的坚持

自20世纪80年代以来，对乡土建筑和风土聚落的研究逐渐在中国建筑史的研究领域中占据了引人瞩目的位置。以陈志华、陆元鼎、常青诸先生为代表的许多建筑史学者无论是在研究的地域范畴上还是在深入程度上，无论是从切入研究的角度还是在研究的方法上，都作出了有益的探索和思考，积累了大量的案例，已经初步建立起了乡土建筑研究的基本范型，逐步树立了从静止的建筑类型研究走向动态过程考察、从物质形态和空间描述为主转向与社会文化分析更紧密结合的观念，这为进一步深化和丰富乡土聚落与传统建筑研究、对以往研究进行系统性理论思考提供了良好的基础。

我国对乡土聚落和民居建筑的研究近年来受到了多种源于欧美的形态分析方法的影响，例如类型学、城市形态学、行为心理学和空间句法等，除此之外，还受到来自其他学科例如人类学、社会学、文化地理、经济史和艺术史研究方法的启迪，对建筑史学研究产生了冲击，甚至有人对传统建筑史学方法的有效性和合理性产生了怀疑。

毫无疑问，缤纷的新方法、新词汇带来了新的认识和研究途径，建筑史学也需要经常从相关的学科中获得启迪，这既与建筑学学科的综合特性有关，也与史学观念的发展有关。与此同时，笔者深信传统建筑史学研究方法和相关的实践对当今的传统聚落与乡土建筑研究具有不可替代的作用。

传统的建筑史实证研究强调对建筑形制、结构、构造、材料、形式特征的忠实记录和对细微差异的分析与辨别。笔者近年来结合建筑测绘实习教学和科研，分别对广州、佛山、肇庆、东莞、中山、江门等地的十余处村落和三十余座祠堂进行了档案精度的测绘，从而较为深切地理解了广州府宗族祠堂建筑的一般特征和多样性。

作者作为主要设计人员参与了佛山兆祥黄公祠等祠堂建筑的修缮，期间通过详细测绘、残存痕迹观察、与工匠和当地老者的交流以及施工中的反复试验，得以理解典型祠堂建筑的结构、构造、材料、装饰、尺度、工艺、施工组织和程序，建立起对祠堂建造过程的基本认识，培养了对建筑材料、构造和形式风格的识别能力，逐步概括出了广州府宗族祠堂建筑的一些地方性特点。

近年来，笔者主持或参与了多个传统村落的历史文化保护规划和相关研究，包括现为中国历史文化名村的番禺大岭村、顺德碧江村、三水大旗头村、中山翠亨村、东莞南社村，以及较好保留了村落历史形态痕迹的小洲村、黄埔村、横坑村、塘尾村、松塘村、石牌村、大墩村、沙滘村、望头村等，熟悉和掌握了广州府不同村落的地形特征以及建村所考虑的主要因素，通过对聚落的边界、公共空间体系、肌理、结构、交通与人的行为等进行分析，了解不同村落的形态特点，对梳式布局的形成进行了详尽研究，提出了其形成原因、建设过程和大致定型时期。

另外，通过与意大利费拉拉大学之间联合进行的广州小洲村工作坊，以及与加利福尼亚大学伯克利分校之间的佛山大墩村工作坊，笔者与多位海外学者一起对广州府具体村落的历史演变、形态分析、保护策略等进行了视野更为开阔、观念更加开放的探讨，注意到了制度、经济、文化心理和生态等对聚落形态和建筑的影响。

建筑史学的经典方法仍然是乡土建筑研究的根基，新的研究方法不能替代对传统村落和建筑本身的直观认识和细致考察，新的视角和新的工具的价值之一在于挖掘传统建筑史学的潜能和推动其发展，而不是消灭传统建筑史学方法。

二、历史人类学方法的引入

广州府是明清以来华南人口最密集、经济和文化最兴盛的地区，宗族发达，宗祠建筑密布，波澜壮阔、跌宕起伏的区域发展进程带来了很多复杂、独特的现象，对于这些现象，不仅有必要给予集中的关注，从而建立起更完整和更系统的了解，更加深入到历史切面和对细微差异的辨别，而且还需要引入新的研究方法，才能够更好地建立起合理的解释和分析，回答一系列有关岭南乡土建筑和风土聚落的提问。本书借鉴历史人类学的观念、视角和研究方法，以翔实的田野调查为基础，进行深度的案例研究，以区域开发进程为线索、通过对祠堂建筑纪念碑性的讨论来对广州府祠堂建筑的衍变进行动态和多维度的考察，对相关的历史现象进行阐释。

和所有的学科一样，建筑史学研究不应戴上方法的桎梏。区别于静态的类型研究，本书的动态研究强调对空间、时间和事件的完整呈现，尤其重视拐点与轨迹的寻找与再现，将村落和祠堂的研究与区域发展的历史进程紧密结合在一起。动态研究是认识复杂演变过程中诸多现象的有效方式。

在聚落研究层面上，将村落的建设看成是一个存在着转型和重构的变动的过程而不是单纯的线性发展，尤其注意不把现存的传统村落的形态看成是建村之初的擘画或经营的自然延续，而注意到不同时期的添加、改变和有意识的重新书写；宗族祠堂则存在着历次的重建、修缮、改建和扩建，并非总是沿袭旧制，而是加入了新的观念和新的因素，有时甚至会改变原来的形制。

建筑层面上的动态研究主要表现在对空间维度和时间维度的拓展上。在空间维度上，一是到宏观地理环境和聚落视野中去寻找影响甚至决定祠堂选址、布局、建造的空间形态因素；一是向细节的渗透，探讨意识形态如何固化在物质形态之中，宏观的空间形态如何渗透到微观的建筑形式之中，偏向于对技术条件和事件

1 刘东洋．案例研究的要素与要点——民族志案例研究的若干要点及其对建筑研究的几点启示．2006冬月青年建筑学术论坛书，待刊稿。本书关于人类学方法的部分从刘东洋博士处所获教益良多。

2 吉尔兹．在翻译中发现。转引自：Peter Blundell Jones. Modern Architecture through Case Studies.

偶然性的探讨。那些更宏观和更微观的因素并非是建筑史的背景与派生，而是广州府祠堂建筑研究的一部分。在时间维度上，对建造的探讨也分别向前后进行了延伸，一是向建造之前的溯源，回到社会—历史的语境之中去，到制度的、经济的、民俗的语境中寻找影响甚至决定祠堂建造的观念和技术因素；一是向建造之后的延续，包括建筑的使用和维护，建筑和人、活动的变迁，与行为（而非功能）、意义的关联，空间和建筑对人的教化、濡化和异化，建造的前后同样是建造的一部分，因而也是建筑史研究的一部分。

乡土建筑研究已经越来越重视将建筑放到地形上去，放到村落乃至区域中去，在一个相对较为宏观同时也更加具体的背景中进行建筑史研究；同时，建筑史学的发展也越来越注重将建筑和空间的研究放到社会中去，放到时间中去，建筑不再主要被看作一种处于线性发展过程、普适性规律之中的静止“客体”，而更多地被视为一种复杂的过程和社会现象——无论是其建造、使用还是更加漫长的演变；乡土建筑不再仅仅被看作一种本体的模型和器物而注重了与习俗、仪式、制度的关联。近年在乡土聚落、传统民居和民族建筑研究领域的论著中，可以看到有越来越多的研究者在进行这样的尝试。

要研究宗祠，离不开已有的宗族研究。宗祠的意义不仅在于作为物质空间支持某种功能，它还是宗族组织中的重要因素，和族田、族谱共同构筑了宗族的基本框架，因此宗祠建筑研究需要置入宗族研究的语境之中。同时，因为宋明以来广府宗族的出现和发展与整个区域的开发进程息息相关，故此与区域开发进程的结合是解释诸多宗祠现象的有效途径甚至必由之路。支撑本书动态研究的是三个相对独立又相互关联的学术领域，分别是华南地区的宗族研究、岭南区域开发史研究、岭南地域建筑史研究，本书的研究方法受到来自这些领域的影响，并努力寻找诸领域的交织和不同方法的结合。

田野调查（fieldwork/field research）是社会人类学的研究方法，指的就是研究者直接在场的体验、观察和阐释，由田野调查获得的对异域或者他者文化和社会的描述和记录常被称为民族志（ethnography），现在也被用于对本民族中某些群体和某些现象的观察记录[1]。田野调查与我国建筑史学中的“外业”或者说现场调研有颇多共同之处，但更加强调在场体验，强调设问的针对性、可操作性、结构性和日常性，避免“简单答案、狭隘的实证主义”，而是“在现象中研究现象”。田野调查式的历史研究，正如吉尔兹（Clifford Geertz）所言，提倡“从对待事物的那种法则性与审判性的态度，向对待案例和阐释的态度的转变”[2]，强调对研究对象的深描（thick description）。

基于田野调查的案例研究在最近几年来的建筑史研究中受到了推崇，英国建筑人类学者布伦德尔·琼斯（Peter Blundell Jones）就曾经这样评述：“以案例研究作为方法，这样的启示来自于一个深刻意识到将自己的叙述强加在别人身上是危险的那么一个学科：就是社会人类学。历史学和人类学一样，是去创造一种叙述，使得时间拥有意义，历史学同样也存在着在不同版本之间进行比对的问题。”[1]陈志华等建筑历史学者在乡土聚落和传统建筑的研究中已完成了许多高质量的案例研究。

本书的许多重要结论都来自深度的案例分析。近年来，笔者结合测绘教学和科研，对广府不同片区、不同特点的聚落和祠堂进行了多次不同深度的调查，并完成了基于田野调查的系列案例研究，部分成果已经发表。结合聚落进行深度调研的包括：

广州：海珠小洲村与简氏祠堂群，黄埔古村与祠堂群，番禺南村旧镇区与邬氏祠堂群，番禺石楼大岭村及陈氏祠堂群，番禺沙湾旧镇与祠堂群，番禺小谷围穗石村与林氏祠堂群、北亭村、南亭村与关氏祠堂群，花都塱头村落与黄氏祠堂群，增城莲塘村、坑背村，从化太平钱岗村、钟楼村、木棉村；

佛山：顺德北滘碧江村落与苏氏和赵氏祠堂群，杏坛逢简旧村与祠堂群，乐从大墩村与梁氏家庙，三水乐平大旗头村与郑氏祠堂群，南海西樵简村、松塘村、丹灶苏村，禅城张槎大江村，高明朗锦村、蛇塘村；

东莞：寮步横坑村落与钟氏祠堂群，茶山南社村与谢氏祠堂群，石排塘尾与李氏祠堂群，长安上沙村；

中山：南朗翠亨村、左步村、茶东村及祠堂群，黄圃鳌山村，古镇海洲麒麟村，三乡古鹤村，大涌镇安堂村；

肇庆：封开杨池村、高要槎塘村和黎槎村等；

对祠堂建筑进行单独考察的包括广州陈氏书院、刘氏家庙、开平风采堂、顺德乐从沙滘陈氏大宗祠（本仁堂）、乐从黄氏大宗祠（厚本堂）、花都资政大夫祠以及广州大、小马站附近的书院建筑群等。

个案的积累并非是为了给广府宗祠建立一个一般性的模型或者谱系，而是为了“类型性特殊性和个体性特殊性的挖掘”[2]。

本书还借鉴了巫鸿具有历史人类学色彩的美术史研究方法，他在《中国早期艺术和建筑中的纪念碑性》、《武梁祠》和《礼仪中的美术》等著述中，讨论了艺术和建筑中的思想性和纪念碑性的问题，而宗族祠堂作为具有高度思想性和纪念碑性的建筑类型之一，与巫鸿的研究题材有着诸多的相似之处，纪念碑性和纪念物的相互关系一直贯穿在广州府祠堂的发展过程之中，对于二者间关系的研究成为本书的重要内容。

历史学者刘志伟在《地域社会与文化的结构过程——珠江三角洲研究的历史学与人类学对话》一文中回顾了他与两位海外人类学者萧凤霞（Henlen Siu）、科大卫（David Faure）之间的合作以及合作过程中历史学和人类学方法的结合，在对珠江三角洲的社会和文化研究中，历史人类学方法带来了诸多新的视角和途径，取得了具有开创性意义的研究成果，验证了英国人类学家列维–施特劳斯（Claude Levi-Strauss）的判断：“正是这两门学科的结盟才使人们有可能看到一条完整的道路。”[3]

在研究方法上，历史人类学也十分切合乡土聚落和乡村地区的传统建筑研究，

1 Peter Blundell Jones. Modern Architecture through Case Studies. Introduction.
2 李春香，陈志华. 流坑村［M］. 石家庄：河北教育出版社，2003：总序，IV.
3 莱维–斯特劳斯. 结构人类学［M］. 谢维扬，俞宣孟译. 上海：上海译文出版社，1995：29.
4 冯江. 龙非了：一个建筑历史学者的学术历史［J］. 建筑师，125期：40–49.
5 参见：黄海妍. 在城市和乡村之间——清代广州合族祠研究［M］. 北京：生活·读书·新知三联书店，2008.
6 参见：李龙潜. 族谱与明清广东社会经济史的研究——兼评所见族谱中的经济史料［M］//李龙潜. 广东明清社会经济研究. 上海：上海古籍出版社，2006.
7 参见：刘志伟. 附会、传说与历史真实——珠江三角洲族谱中宗族历史的叙事结构及其意义［M］//上海图书馆编. 中国谱牒研究. 上海：上海古籍出版社，1999.

本书尝试引入了这一方法。

三、研究工具

本书的主要研究工具包括地方志、谱牒、村史、碑铭、测绘、契约文书、访谈、历史地图、形态学分析等。

自龙庆忠（非了）先生以来，华南就素有借助地方志、碑铭、笔记、契约文书等素材进行建筑史和城市史研究的传统[4]，这也是傅衣凌当年在福建乡村社会研究中常用的方法。近年来，随着对民间文献的整理日益完善，谱牒、村史也成为有效的研究工具。广州出版社出版的村史丛书以及部分村落自行编纂油印的村史为本研究提供了方便。除了已经公开发表的《闽粤族谱（侨乡卷）》和《岭南族谱撷录》所涉及的上百本族谱以及广州中山文献馆、佛山博物馆收藏的族谱之外，笔者和研究同伴们还在历次的传统村落调研活动中收集到了十余本各家族自行刊印的族谱，包括番禺沙湾留耕堂何氏族谱、东莞寮步横坑钟氏族谱、顺德碧江苏氏族谱、顺德乐从大墩村史、花都朗溪黄氏族谱、番禺大岭江夏堂陈氏族谱、中山黄圃刘氏族谱、佛山大江敦本堂梁氏族谱、广东梁氏源流考人物录等，其中多本为明清时期所修的旧谱，为深入的案例研究提供了条件。对于广府地区村落格局的研究有着重要意义的还包括近年来在民间收集到的《立村佛山脚章程》、广州陈氏书院兴建章程[5]等，可以印证对广州府村落格局形成的研究，以及了解建造合族祠的过程和该类祠堂的性质。

现代家谱研究的倡导者潘光旦1930年就在《家谱与宗法》一文探讨了谱法与宗法的关系，说明家谱是宗族制度的组成部分。族谱的内容一般包括发凡起例、户口、婚姻、世系（宗族成员及血缘关系）、族田、族产、宗庙、坟墓、宗规家训、宦绩、传记、著述等，记录了大量有关广府地区的农业和手工业生产、商业、建筑、风水等方面的社会经济史料[6]，宗谱中多有记载村落地理格局的风水图示以及祠堂或合族祠建筑的示意图。在使用族谱资料的时候，应注意普遍的附会和编纂者的主观倾向。[7]

祠堂建筑内或者村落中保存着的碑铭记录着许多有价值的信息，或关于建造、修缮的过程和花费，或关于祠堂的使用章程，对宗族祠堂建筑的研究颇有裨益。本书整理了东莞南社简斋公祠、番禺穗石林氏大宗祠内的碑记以及立于大岭村柳源堂和凝德堂前的多块公禁碑，其中包含了对建筑史研究有重要价值的历史信息。

历史地图表意气息浓厚，可以将其视为一种彼时的心理认知地图，图中的聚落形态也常常是拓扑变形之后的结果，虽然绝大多数表现聚落格局的历史地图并不采用墨卡托投影法因此也并不十分精确，但只要能正确解读，就能发现其中蕴涵着丰富的信息，本书主要使用了多本地方志中的舆图和近代城镇地图。

当代城市形态学的发展为历史研究提供了有效的工具，对图底关系（Figure-ground）、肌理、公共空间体系的讨论支持了本书诸多关于聚落形态的结论。

第二章

明清广州府乡土聚落与宗族祠堂衍变研究的学术基础

本书的研究分别从区域、聚落和建筑三个层面展开，相应的学术支撑是华南宗族研究、岭南区域开发史和岭南地域建筑史研究，有必要对这三个学术领域进行简要的综述，以帮助建立本书的叙述语境。综述的内容既与各研究领域的特点有关，也重点关注与本书关联程度较高的方面。

对华南地区宗族、区域开发史和传统建筑的研究由来已久。华南因为保留有诸多独特的社会和文化现象，保存有大量的地方文献记录，而受到包括海外汉学研究者在内的人类学、历史学以及社会学研究者的高度关注。发达的宗族组织和相关的宗族宗法制度、空间形态、民间习俗、文献记载毫无疑问非常吸引研究者们的注意力，华南因此成为与宗族相关的学术研究的重要田野，弗里德曼、萧凤霞、科大卫、王斯福、刘志伟、陈春声等都基于此完成了各自的代表性研究成果。在建筑学领域，龙庆忠、夏昌世、陆元鼎、邓其生、吴庆洲、程建军、郑力鹏、黄汉民、龙炳颐、曹春平等一大批建筑学者对岭南地区的地域建筑史研究保持了持续的关注，陈志华、刘先觉、张复合、赵辰等建筑史学者对乡土聚落和传统建筑的研究也扩展到了华南，研究者们在具体研究对象的选择和关切的角度上有着不同的侧重，取得了丰硕的研究成果也带给后来者多元的启迪。

第一节　海内外关于华南宗族的研究

对华南地区宗族研究的关注首先来自海外汉学，关于西方人类学和国内学者对宗族与乡村社会组织的研究，王铭铭、常建华、钱杭等人均进行过细致的整理，各自完成了详尽的综述，本章主要参考和较多引用了以上学者的工作。

一、海外汉学对华南宗族与乡村社会的研究

宗族问题是作为解决社会文化分析范型讨论的题材而进入西方人类学者视野的。王铭铭回顾了20世纪以来海外人类学对中国南部和东南部的区域民族志研究，认为根据民族志田野工作和文献研究法的差异，存在着一个从荷兰学者德格鲁特[1]（J. J. M.de Groot）的弗雷泽（James Frazer）式进化论、经葛学溥（Daniel Harrision Kulp）及弗里德曼[2]（Maurice Freedman）不同的功能论，到目前相对复杂而开放的理论取向的演变过程。英国著名人类学者弗里德曼是华南宗族理论最重要的研究者之一，他的研究主要体现在分别于1958年和1966年出版的著作《Lineage organization in Southeastern China（中国东南的宗族组织）》和《Chinese lineage and society ：Fukien and Kwangtung（中国宗族与社会：福建与广东）》之中。弗里德曼所讨论的是明代之后才在广东和福建民间真正产生的宗族村落和具有族田、宗祠、族谱的庶民化宗族，在英语中对译为lineage（世系群）和tsung-tsu[3]。

1 或译为高廷。
2 也译为傅立曼、傅利曼。
3 钱杭在《莫里斯·弗利德曼和〈东南部中国的宗族组织〉》一文中讨论了弗里德曼对不同对译的使用，以及lineage、clan等术语在理论的细微差别，并认为只有Chinese lineage才能直译为“宗族”。
4 王铭铭. 宗族、社会与国家——对弗里德曼理论的再思考［M］//社会人类学与中国研究. 桂林：广西师范大学出版社：2005.
5 同上。
6 同上。

弗里德曼提出了两个互相关联的问题：宗族如何适应中国社会的现实并如何在中国社会的构造过程中扮演角色？中国宗族的结构与功能是什么？他区分了可被转让、出租、交易和分割的私产和一旦建立便不可被分割的祖产，认为宗族成立的根本原因正是在于共同祖先的认定和祖产的建立，他还注意到了同一个汉人宗族内部的社会分层现象、宗族裂变的不平衡以及平均主义外表下地方领导权事实上的不平等。弗里德曼认为华南社会结构是以宗族和地方社会的结合为基础组织起来的，他把宗族看成华南社会的基层组织单位，将中国划分为国家、秘密社团、宗族三个层级，他认识到了宗族与宗族、宗族与国家之间的微妙关系，以及士绅、富人对宗族的实际控制。弗里德曼发现广东、福建的宗族现象最为发达，他将原因归结到了东南地区的三大特点：边陲状态、水利和稻作经济的发达。[4]

王铭铭认为，弗里德曼之所以在研究课题没有独创性的前提下仍然被看作中国汉人宗族理论的先驱者，与当时西方社会人类学理论的发展趋势有关。弗里德曼从学派（埃文思—普里查德与福忒思的新功能论）的解读（结构），走向地方性知识（中国宗族）的悖论（反结构），又回到学派的解读（结构）。

巴博德（Burton Pasternak）针对“边陲社会论”提出了反驳。通过在明清时期的“边陲地区”台湾进行的深入田野调查，巴博德发现，“边陲地区”及其社会经济特色与宗族的发展不一定有必然的联系，“边陲社会论”并不能真正解释中国社会现实与历史发展，他用生动的语言形容了乡村组织原则的复杂性和多样性，“在所有中国村落里，都可能存在两种以上或多或少互相对立的行为模式、制度与信仰。一种是广义的合作性、凝聚性的原则，其作用在于促使社区形成一个共同体。另一种原则是自我观照的、裂变的，其作用在于强调分立与差异性。……汉人社区就像复调音乐一样，其特点取决于何种音调成为主旋律。但是，其他的音调不一定没有声音，而且它们随着时间的推移也可能变成主旋律。”[5]

其后，更加熟悉华南地区历史和现实的本土学者批评弗里德曼的研究对中国宗族本身的系谱和文化特点把握不够，他们通过重视对中国典章制度的分析和田野调查的结合，试图建构本土化的宗族理论。陈其南提出了宗族以“房”为中心的理论，认为“房”的观念才是厘清汉人家族制度的关键。王崧兴等学者的进一步研究证明，宗族组织仅仅是中国汉人社会不同类型的组织原则之一，祖籍认同、地域分化、超宗族组织、祭祀圈和信仰圈都可能成为社会组织方式。

马丁将宗族组织分为单姓村、多宗族村落和有主导姓的多姓村三种类型，他指出弗里德曼的研究集中在单姓村之上，因而忽略了宗族可以以不同方式在不同的地方和社会场合存在的事实，聚落、祠堂、族产可以在不同形态的村落中存在，应该注意到宗族村落和宗族现象的多样性。[6]

萧凤霞（Helen Siu）从20世纪70年代后期就开始从事珠江三角洲的田野调查，她和科大卫、刘志伟等人对珠江三角洲乡村社会的合作研究，是人类学和历史学的对话与合作，三位学者合作或分别撰写了多篇学术价值很高的论文，如科大卫、刘志伟《宗族与地方社会的国家认同——明清华南地区宗族发展的意识形态基础》，萧凤霞、刘志伟《宗族、市场、盗寇与疍民——明以后珠江三角洲的族群与社会》，刘志伟《地域空间中的国家秩序：珠江三角洲沙田—民田格局的形成》，科大卫和萧凤霞合作主编了《Down to Earth: The Territorial Bond in South China（植根乡土：华南社会的地域联系）》。

英国人类学家王斯福（Stephan Feutchwang）在1974年出版的《An Anthropological Analysis of Chinese Geomancy（中国风水的人类学分析）》中研究了台湾、福建等省的民间建造中所信奉的风水，他将风水看作一种关于择址布局和建造的文化现象，认为风水不仅是一种象征主义和巫术，还是考察生者与死者居住空间分布的一种美学和技术。

除人类学家之外，研究中国经济史和技术史的其他学者对华南地区的历史研究也建树颇丰。

施坚雅（William Skinner）采用区系理论（regional system theory）来研究中国的经济史和城市史，他主编的《中华帝国晚期的城市》已为国内学界所熟悉。施坚雅等人的工作更加专注于基于中心地理论（Central Place Theory）的经济地理研究，也有意识地加入了社会学的成分，分析宗族的时间－空间分布。本书荟萃了不同领域的历史学者，包括芮沃寿[1]（Arthur F. Wright）、牟复礼（Frederick W. Mote）、伊懋可（Mark Elvin）、斯波义信、裴达礼[2]（Hugh Baker）、王斯福等，其中裴达礼讨论了传统城市中的大家族，颇多采自广州府的实例。

日本学者很早就开始了对中国宗族的研究，在20世纪的三、四十年代，牧野巽、清水盛光、仁井田陞等学者的研究证明，以宗法、族谱、祠堂、共有地为特征的宗族起源于宋代。近年来较为活跃的宗族研究者是井上彻、铃木博之等人，20世纪80年代井上彻就曾发表《宗族的形成及其构造——以明清时代的珠江三角洲为对象》，2008年他的著作《中国的宗族与国家礼制》中译本出版，该书在第三部中以珠江三角洲地区为例研究了清代宗族的状况；铃木博之1994年发表了《明代宗祠的形成》，指出明代徽州自嘉靖以降宗祠丛生。井上彻在《明末广州的宗族——从颜俊彦〈盟水斋存牍〉看实像》一文中通过对十个诉讼例子的分析，结合当时的其他文献记载和史实，认为在明末时以宗族为主的宗族体制已经在广州地区扎下了根。[3]

德国学者鲍希曼（Ernst Boerschmann）1906年－1909年间就曾经考察广州陈家祠并拍摄了多张照片，不过他的兴趣在于探讨中国建筑整体上的文化景观，而没有专门讨论祠堂建筑。

本书研究使用了部分海外汉学尤其是人类学的概念和方法，这并不意味着要

1 也译为武雅士。
2 中译本译为休·贝克，本处采用了其中文名。
3《盟水斋存牍》由曾任广州府推官的浙江桐乡人颜俊彦所著，成书于崇祯五年（1632年），收录了从崇祯元年到四年颜俊彦在任期间的判牍。书中所记内容涉及广泛，亦有与宗族相关的诉讼，从中可以侧面了解明末广州宗族的情况。
4 参见：《王国维学术经典集》（上），128-143。有学者认为殷商时期已有宗法制的萌芽。
5 转引自：常建华. 二十世纪的中国宗族研究［J］. 历史研究，1995，5.
6《从人类学的观点考察中国宗族乡村》（《社会学界》第九卷，1937年），转引自：常建华. 二十世纪的中国宗族研究［J］. 历史研究. 1999（5）。常建华对左云鹏的多个观点表示了质疑，他指出左云鹏将族长混同于族正，对族正史料时间的理解存在错误。

把本书置入西方人类学的研究体系之内，而是尝试建立和西方研究者的学术对话，从中获得有益的启示，从中国问题和中国关怀出发，去寻找宗祠研究对建筑史学、当代建筑学乃至当代乡土社会的意义。

二、国内对华南宗族的历史研究

20世纪末，常建华以《二十世纪的中国宗族研究》的长文综述了20世纪中国大陆学者的宗族研究成果。和弗里德曼所主要探讨的是宋明以来华南地区的庶民宗族不同，此处的宗族是指由共同祖先界定出来的父系群体，从原始社会末期直到当前。

常建华认为，20世纪初，宗族问题在国人争取民族独立和自强的探索中了进入自己的视野，并且相关的讨论已经超越了学术和历史的范畴而与政治和现实密切关联。受严复所译《社会通诠》的影响，宗族长期以来基本上被看作是落后的、消极的现象，而封建社会亦被等同于宗法社会。陈独秀和毛泽东都曾经在文章中批评宗法社会，宗法遗制还被李达等人看成是造成中国社会发展迟滞的原因。但是也有利用宗族实行地方自治的主张，孙中山就把宗族视作民权的基础。

早期宗法制度的研究者有王国维、丁山等。1917年，王国维发表了《殷周制度论》，断定殷商时期没有宗法制与嫡庶制[4]，他还在《明堂庙寝通考》一文中讨论了有关明堂的建筑制度。1934年，丁山在《宗法考源》中认为“宗法之起，不始周公制礼，盖兴于宗庙制度。殷之宗庙，以子能继父者为大宗，身死而子不能继位者，虽长于昆北，亦降为小宗。宗法者，辨先祖宗庙昭穆亲疏之法也”[5]。这段论述表明了建筑在宗法制度中的作用。

国内较早对华南宗族和乡村社会进行研究的是20世纪二三十年代的一批社会学家、人类学家和历史学者。最初的研究者包括陈翰笙、林耀华等主要用功能论方法进行研究的学者，进行民俗研究的顾颉刚、容肇祖等人，以及进行社会历史调查的傅衣凌、梁方仲、陈序经等人。林耀华最早从纯学术的角度开启了华南宗族研究，他把宗族看成一个功能体，其基本单位是家族，他从祠堂入手进行探讨，还提出“今宗族乡村四字连用，乃采取血缘与地缘兼有的团体的意义，即社区的观念”[6]。方法上他主要受到了结构—功能论的影响。

对宗族史的研究亦于20世纪二三十年代展开，吕思勉1929年的《中国宗族制度小史》是第一部中国宗族简史，其后多位学者对宗法制度和宗法社会的形态特点进行了断代史研究，其中有关南北朝门阀士族的研究较多。傅衣凌使用了“乡族”的概念，他注意到了宗族是地缘关系和血缘关系的结合，把宗族作为地域结构的一部分。而左云鹏1964年发表的《祠堂族长族权的形成及其作用试说》一文中认为，族权要素是祠堂、族产、族规和族长，指出宋元时代已有把祠堂和祭田相结合的事实，族权在明中后期完备，士民不得立家庙的禁限在明中期被打破，到清代宗族组织已经极为普遍，雍正四年清政府设族正。[1]

20世纪80年代以后，宗族研究成为取得快速发展的学术领域之一，无论是通史、通论，还是分时期研究、分地域研究和对专门议题的讨论，都有众多学者参与其中且取得了诸多成果。

徐扬杰在《中国家族制度史》一书中对中国的家族制度进行了历史分期，他认为，从原始社会末期产生到20世纪50年代初，共经历了原始社会末期的父家长家族、殷周时期的宗法式家族、魏晋至唐代的世家大族式家族、宋以后的近代封建家族四种不同形式。冯尔康等在《中国宗族社会》一书中根据宗族发展史的三条标准，把殷周到现代的宗族分为五个阶段：先秦典型宗族制，秦唐间世族、士族宗族制，宋元间大官僚宗族制，明清绅衿富人宗族制，近现代宗族变异时代。他还在《中国古代的宗族和祠堂》一书中论述了祠堂的祭祖与教化、族人的经济和政治生活、宗族的谱牒编纂。李文治则从土地关系入手分析了宗法宗族制在不同历史时期的形式和性质。常建华先后撰写了《宗族志》、《明代宗族研究》等著作，在《宗族志》一书中他系统论述了中国宗族制度的基本内容，包括对家庙祠堂以及科举制下祠堂族长宗族制的讨论。钱杭所著《中国宗族制度新探》一书是研究方法上的新探索，作者改变以往宗族研究以功能探讨为本体结构的方法，运用社会人类学方法得出了许多新的见解，他强调历史感、归属感、道德感和责任感四种心理需求才是汉族宗族存在的根本原因，另外，钱杭的《在血缘和地缘之间》一书首次全面地讨论了联宗现象。黄海妍的《在城市与乡村之间——清代以来广州合族祠研究》是采用历史人类学方法针对广州合族祠的专门研究。

在对不同历史时期宗族进行的研究中，“中国家庭·家族·宗族研究系列丛书”可谓其中的代表性成果。在殷周宗族和家族制度研究中，田昌五以宗族的兴衰作为划分上古史的标志，他认为井田制是宗族社会中计算、分配土地和征敛赋役的制度；谢维扬、裘锡圭、朱凤瀚、钱宗范、钱杭等学者都有相关的论著发表；与建筑较为相关的研究是李西兴《从岐山凤雏村房基遗址看西周的家族公社》和朱凤瀚的《殷墟卜辞所见商王室宗庙制度》，朱文论述了商王室宗庙的设置原则与意义、附属祭所的作用及宗庙制度对王室统治的作用等问题。

在秦汉两晋南北朝和隋唐五代的宗族研究中，值得注意的是与汉代祠堂相关的画像石研究。巫鸿在《武梁祠》一书中回顾了一千年来关于武氏祠的学术研究，包括费慰梅、信立祥等人的探讨，信立祥指出祠堂在汉代至少还有“庙祠”、“食堂”和“斋祠”三种不同叫法，都与古代的宗庙建筑有关，巫鸿的这本著作是美术史研究领域中非常难得、非常精彩的对汉代画像艺术思想性的深入研究。

对宋元明清时期的宗族研究则加强了断代、专题、区域和关于个案的研究，宗族制度被看成是社会制度，研究视野也得到了较大的扩展。冯尔康《族规所反映的清人祠堂和祭祀生活》一文论述了宗约确定祠堂组织法、祭祀及其方法的族

1 同上.
2 王铭铭. 社会人类学与中国研究［M］. 桂林：广西师范大学出版社，2005：80-89.

规、祠堂维护宗族等级制等问题。常建华对左云鹏、李文治提出的明朝取消庶民不得立家庙禁限的观点进行了重新考释，指出这其实是一种误解，事实上明朝只允许庶民祭祀始祖，这是“议大礼”推恩所致，客观上为宗祠的普及提供了契机，不存在明朝鼓励民间建祠立庙以发展族权的情形。王铭铭认为，明清时期宗族普遍存在的前提是宋明理学庶民化宗法论的提出以及明清时期社会统治形式的转型，但这并不意味着宗族村落完全是官方的政治发明，宗族在民间（尤其是农村地区）的广泛发展，不仅是由于政府社会控制政策造成的，而且还与长期以来民间对贵族式的宗法制的景慕与模仿、地方权力的网络建构、地方社会的公共领域的发展有密切的关系，民间同时利用了官方提供的机遇达成了自己的愿望，按照自己的意愿解释或者在行动事实上改变了官方意愿。他在福建的田野调查证明宗族村不是一种孤立的现象，而往往是较大的地区性组织的一个部分。[2]

在明清时期宗族的区域研究方面，主要有傅衣凌、郑振满、陈支平、王铭铭等人的福建宗族研究，叶显恩、谭棣华、罗一星、刘志伟、萧凤霞、科大卫等学者对广东尤其是珠江三角洲的宗族研究，叶显恩等的徽州宗族研究，许华安等的江西宗族研究，以及多位学者的江浙宗族研究，都对各地域的宗族形态及其发展变迁作出了深入的探讨，且产生了不同区域间的比较研究，其中关于华南地区明清时期宗族的研究成果最为丰硕。

三、海内外华南宗族研究对宗祠建筑研究的启发

海外汉学和国内人类学、宗族学对中国宗族尤其是华南宗族的研究为宗祠建筑的研究提供了坚实的学术支撑和方法启迪，前文述及的宗族研究虽然不一定针对华南地区，但从问题的产生到研究的态度和逻辑，从讨论的视野、语境的建构、切入点的寻找到途径的探索，无疑对建筑史研究有着重要的借鉴意义，甚至可以说是建筑史研究的基础。

西方人类学的华南宗族研究提出了许多在宗族村落和宗祠建筑研究中需要关注的问题，并为本研究提供了语言和工具。弗里德曼对东南宗族为何发达的解释虽然已经被证明是偏颇的，但是对于思考以下问题仍然有启迪之功：广州府为何会产生比华南其他地区更加众多的祠堂？为何边陲地区反而产生了更加强大的维护传统文化的力量？广州府的民田区以种植水稻和甘蔗为主，沙田区则以基塘农业为主，其生产方式对聚落形态和生活方式到底产生了怎样的影响？

巴博德同样提醒了乡土建筑的研究者们不能将聚落形态和建筑衍变研究简单化和静态化。马丁关于单姓村、多宗族村和有主导姓的多姓村的区分则使笔者注意到了从社会组织形态中寻找空间形态组织的答案。而陈其南对弗里德曼的反驳使笔者在研究过程中注意到了以房为中心的祭祀和宗族组织对祠堂数量的影响以及村落梳式布局形成的社会原因。

借用弗里德曼的格式来对宗祠建筑研究提问：宗祠如何适应中国社会和宗族的现实并如何在宗族乃至社会的构造过程中扮演角色？宗祠的深层结构与内在功能是什么？虽然这种提问方式带有浓厚的结构—功能色彩，但是在建筑史研究中，这些问题仍然在等待足够深入的研究和回答。以上的研究反复地提醒建筑史的研究者们将宗祠作为宗族的一个重要组成部分来看待，不应割裂宗祠与宗族其他组成部分的联系，避免孤立和封闭的研究状态。

总体上，从事宗族研究的学者们对于宗祠的研究大多停留在文献上，不能从遍布乡野的祠堂建筑中获得论据，也未注意将建筑史学者们的研究成果引入到宗族研究中去，不能不说是一种遗憾。在宗族的三大构成要素中，族田和族谱在这些学者的笔下显然得到了更充分的讨论，对于宗祠的讨论则不免有隔靴搔痒之感。在广东、福建、徽州、江西、江浙等地的乡间，可以看到为数众多的宗族祠堂建筑，甚至在一些城市里，也有保留较好的祠堂，但是对于不熟悉建筑史研究、缺少建筑历史专业知识的学者们来说，的确难以将祠堂的实例结合到对宗族的研究中去，而这，正是建筑史可以为宗族研究作出独特贡献之处。

第二节　岭南区域开发史研究概述

华南地区的宗族研究与岭南区域开发史研究有着较多的交叉之处，其原因之一就在于宗族在岭南特别是珠江三角洲地区的开发进程中扮演着十分重要的角色。早在20世纪20年代，顾颉刚、傅斯年教授就倡导了历史学、语言学与民俗学、人类学相结合的研究风格，而当代学者结合人类学和历史学的努力也取得了令人信服的成果。

一、关于岭南区域开发进程的历史研究

岭南学界素来重视社会经济史的研究而不以政治史范式为主流，1985年、1987年分别出版的《明清广东社会经济形态研究》、《明清广东社会经济研究》等论文集对珠江三角洲地区的开发、环境变迁、经济形态、宗族与土地制度的研究尤其集中。对本书有重要启发和直接帮助的有曾昭璇、司徒尚纪、陈泽泓、马立博（Marks B. Robert）等人的历史地理研究，以及叶显恩、谭棣华、罗一星、刘志伟、科大卫、萧凤霞等人的社会经济史和历史人类学研究。

曾昭璇先生著述颇丰，研究范围涉及自然地理、地貌学、历史地理、人类地理学、方志学以及民族学和民俗学等诸多领域，他出版了《珠江三角洲历史地貌学研究》等著作，对珠江三角洲的地貌类型、发育模式、历史时期河道的演变和三角洲的开发进行了长期而系统的研究。他提出冲缺三角洲的复合过程就是珠江

1 吴正，王为. 曾昭璇先生的学术思想及其贡献［J］. 地理研究，2007，26（6）.
2 见《封建宗法势力对佛山经济的控制及其产生的影响》（《学术研究》1982年第6期）、《关于清中叶珠江三角洲宗族的赋役征收问题》（《清史研究通讯》1985年第2期）以及《论珠江三角洲的族田》等论文.
3 常建华. 二十世纪的中国宗族研究［J］. 历史研究，1999，5.
4 见《中国社会经济史研究》1992年第4期.
5 载于《中国谱牒研究》，上海古籍出版社，1999.
6 见《历史研究》2006年第6期.

三角洲的发育过程。曾昭璇还倡导人类地理学研究，对岭南文化的起源和发展进行了探讨。[1]

司徒尚纪也对广府地区的历史地理、人文地理进行了长期的研究，包括不同民系之间的比较，以及和黄伟宗等一起展开的关于岭南文化和珠江文化的讨论。陈泽泓作为地方志编撰者，对岭南文化和岭南建筑的研究着重史料的整理和分析。马立博的《Tigers, Rice, Silk, and Silt: Environment and Economy in Late Imperial South China（虎、米、丝、泥：帝制晚期华南的环境与经济）》一书讨论了明清时期岭南地区自然环境的变迁与区域开发之间的关系，分析了人的经济活动和自然环境之间的相互作用和影响。

历史学界对珠江三角洲地区的开发进程与宗族现象的研究更为集中。叶显恩和谭棣华是较早讨论宗族与经济的研究者，他们认为珠江三角洲的宗族制是与商品经济相适应的，其宗法势力是佛山城市从经济性向政治性、从生产性向消费性转化的重要原因。[2]谭棣华在《清代珠江三角洲的沙田》一书中，研究了沙田区内的宗族占有形态以及宗族经济和宗族械斗问题。叶显恩比较了徽州和珠江三角洲的宗族，认为明代中叶以后珠江三角洲宗族组织的经济功能是商业行为，而不是徽州的道义经济。比较普遍的观点是，由于优越的地理位置、生态、交通条件和人口的压力、国际市场扩大等多种因素，从明中叶起，珠江三角洲商品性农业发展迅速，与此同时，沙田的开发与宗族制和商业化相互促进，土地所有制以乡族集团地主所有制为特点[3]。

罗一星在《明清佛山经济发展与社会变迁》一书中讨论了明清时期的佛山宗族组织，探讨了佛山城市化过程中的宗族现象。通过对石头霍氏、冼氏、简氏、李氏等宗族的分析，他认为嘉靖、万历年间南海士大夫集团的兴起对佛山宗族组织的发展起到了决定性的作用，这一研究结论为许多研究者采信。而清代，随着佛山商品经济的进一步繁荣和大量侨寓人士的迁入，佛山的宗族组织在宗子制度、尝产形态、组织形式等方面都发生了明显的变化。

刘志伟教授发表了多篇重要论文，如《系谱的重构及其意义：珠江三角洲一个宗族的个案分析》[4]、《传说、附会与历史真实：珠江三角洲族谱中宗族历史的叙事结构及其意义》[5]、《从乡豪历史到士人记忆——由黄佐〈自叙先世行状〉看明代地方势力的转变》[6]、《明清珠江三角洲地区里甲制中“户”的衍变》等。他以番禺沙湾何氏为对象的个案研究考察了宗族在沙田开发中扮演的重要角色、何氏对宗族历史和谱系的编造以及沙田开发对宗族形态的影响。他阐明了不同宗族房派等社会群体在图甲中的关系，对赋役制度和宗族关系的讨论梳理了宗族的经济功能和社会组织的构造与机制，对建筑史研究同样有着重要的参考价值。刘志伟和萧凤霞、科大卫等合作者在研究方法上强调历史学与人类学的结合，重视王朝典章制度与基层社会的互动，关注国家话语在地方社会的表达与实践。科大卫与刘志伟合作的《宗族与地方社会的国家认同——明清华南地区宗族发展的意识形态基础》一文比较系统地表达了他们对珠江三角洲宗族问题的看法，认为应该超越血缘群体或亲属组织的角度来考察明清华南宗族的历史，将华南地区的宗族发展视为明代以后国家政治变化和经济发展的一种表现，一种文化的发明。科大卫在《明清珠江三角洲家族制度的初步研究》[1]中讨论了宗族与入住权问题。萧凤霞考察了中山小榄的菊花会，认为在珠江三角洲地区，边缘村落演变为财富和文化的“超级中心”是同宗族的剧烈分化和重组相联系的，市场网络在区域的动态变迁中并不是首要的决定因素，而受宗族的分化与共同体形成的过程所制约。[2]

黄淑娉主编的《广东族群与区域文化研究》一书是基于17个市、县的实地调查、采用人类学四领域（体质人类学、民族学、语言人类学和考古人类学）的理论方法所作的对广东族群与区域文化的研究，主要研究了广府、潮汕和客家三民系的体质形态、文化特点及其历史发展和现实变化。书中叙述了广东的自然情状和人文环境，指出各族群文化乃是在其居住区域适应特定环境而创造和生成。

周大鸣等的《当代华南的宗族与社会》则探讨了宗族复兴与乡村治理的重建、宗族结构与村落政治、宗族历史与族群互动等专题，多角度地解释了宗族在当代乡村社会结构中的功能与价值。

二、区域开发史研究对建筑史研究的启示

岭南区域开发史的研究立足社会经济史，注重人类学方法与历史学方法结合，同时注意到了经济、社会、文化、环境之间的交织和相互影响，将区域发展历程中人类的经济活动、社会组织、文化形成和环境变迁结合起来进行研究，强调环境变迁的历史是岭南区域开发史研究中不可或缺的一部分。而且，历史学者们很早就产生了研究方法上的自觉，既重视民间史料的收集和使用，也注重对具体证据在逻辑上的详细考察，避免将社会、经济、文化、环境之间的复杂关系进行简单理解，而是从细微处着手，敏锐地把握华南的特点，以精细的逻辑演绎建构起对观点的支撑，将细致的分析置于整体的观念之中。

大量的岭南区域开发史研究表明，虽然近代以来中国汉族传统社会的宗法宗族制已趋于衰微，但在广东，以聚族而居、建庙祭祖、创立公产为特征的宗族组织，却始终是社会结构中的稳定要素。华南地区的宗族研究与区域开发史研究有着较多的交叉之处，虽然学者们研究的具体对象和讨论内容不同，但是都共同关注了地域社会秩序和社会文化的结构化过程问题。宗族的发展是以区域开发的过程为线索的，这也启示了建筑史研究者们应该把对广州府乡土聚落和宗祠建筑的研究放到区域开发进程的宏观背景中去讨论，而不应局限于建筑

1 见《清史研究通讯》1988年第1期.
2 黄志繁. 二十世纪华南农村社会史研究［J］. 中国农史，2005，1.
3 陈春生. 走向历史现场. “历史·田野”丛书序言，亦刊于《读书》2006年9期.
4 同上。
5 吴庆洲. 继承先师事业，培育精英人才［J］. 新建筑，2004，4.
6 冯江. 龙非了：一个建筑历史学者的学术历史［J］. 建筑师，125期.

自身。

仅仅从建筑出发在很多时候并不能得到对建筑现象的合理解释和对建筑问题的合理回答，建筑作为社会、经济和文化的表现，与更为宽泛的社会、经济、技术和文化诸领域有着紧密的联系，在初始自然环境恶劣、土地也并不肥沃的南方，人对自然进行了持续的加工和改变，人与水、人与地的关系中饱含着拓殖的艰辛，纠结着各种复杂的社会和经济因素，聚落的空间形态往往是社会形态的反映，建筑的缓慢变化之中也蕴含着技术、审美和建造观念的变化，如果不能将建筑置于历史的真实语境之中进行探讨，而囿于形制、形式、空间等范畴，则容易流于空洞，不能体现出聚落、建筑与大地的深厚关联和根植感。

岭南社会经济史研究强调“走向历史现场”[3]，将历史的理论、方法和区域发展的事实结合起来，既有宏大的视野，也有精微的辨析，强调“不应该过分追求具有宏大叙事风格的表面上的系统化，而是要尽量通过区域的、个案的、具体事件的研究表达出对历史整体的理解”[4]，史料的选择不拘泥于正史和政书，从而产生靠近历史真实的有力度的研究。

同时，需要正确看待区域开发和建筑之间的相互影响，不能将建筑看作社会发展的被动反应和附庸。区域的社会经济发展创造了建筑发展的条件，也提出了对建筑在功能和精神上的要求，反过来，建筑本身是区域开发的一部分，它既受更宏大的社会背景的影响，也作为一种行业、事件发生的一类场所、同时包含了器物与精神的空间，推动了历史的整体前进。

第三节　建筑史研究中关于岭南乡土聚落和宗祠建筑的探索

一、岭南地域建筑史研究回顾

龙庆忠（非了）先生于1934年发表于《中国营造学社汇刊》第五卷第一期的《穴居杂考》被认为是我国乡土建筑学的首篇论文[5]，另外，他和夏昌世等教授一起共同开创了岭南地域建筑史的研究，从20世纪40年代开始，龙先生就带领学生到潮州、梅州、粤中、广西、江西等地进行了传统建筑测绘与考察，并先后完成了《古番禺城的发展史》（1983）、《广州怀圣寺光塔》（1984）、《瑰伟奇特、天南奇观的容县古经略台——真武阁》（1984）、《天道、地道、人道与建筑的关系》、《南海神庙》等多篇论文，提出了古建筑保护、保管和保修的理论，奠定了岭南地域建筑学和乡土建筑研究的基础。笔者曾在《龙非了：一个建筑历史学者的学术历史》[6]一文中，通过分析他幼时接受的多年私塾教育和青年时期留学东京对他的影响，以及人生境遇对他的冲击，解析了他的学术观和学术方法，梳理了分别源自国学和科学的两条学术线索；通过对其论文所引用的参考文献的考察，剖析了他的学术来源，揭示了他对“礼”、笔记和地方志等文献的重视；通过与平行的时代人物和事件的比较，发掘了龙先生的治学特点和独特思考，以及他试图将为学之道和为相之道结合在一起的努力。受右派身份的影响，龙先生公开发表的论文并不多，目前可收集到的计有21篇，主要收录于1990年10月出版的《中国建筑与中华民族》一书中，这其中关于建筑之道、制度和文化研究的共6篇，偏向于社会文化史角度；宗教建筑研究、建筑考古、民居研究和古建筑尺度研究的15篇，偏向考古学和科学技术史，而建筑和城市防灾则是两者的结合。另外，他指导完成了12篇硕士论文和5篇博士论文，根据所研究的内容来分别，城市与建筑防灾研究6篇，城市史研究4篇，建筑文化研究4篇，木构建筑研究2篇，民居研究1篇，显然城市与建筑防灾研究、城市史研究和建筑文化占据了最重要的分量，同时，这些研究总体上具有明显的地域色彩，且十分强调对人群的关怀。[1]

龙庆忠先生所开创的社会文化史和技术史两条线索由后来的华南建筑史学者继承和发展，传统建筑的建造法则、古建筑保护与修缮一直得到了坚持，城市防洪发展成为了城市与村落水系研究、以水为纽带的聚落和城市历史研究，社会文化史的研究则在后来结出了岭南地域建筑史和民居建筑研究的硕果，也引导了更多的后来者投身于制度史研究领域。

夏昌世先生是中国营造学社社员，是我国第一代建筑师和建筑学者中少有的博士。1932年在德国图宾根大学（Universität Tübingen）艺术史研究院通过博士答辩后，曾经与营造学社的同仁赴苏州测绘古建筑，于1934年陪同中国营造学社评议、来自德国的中国建筑研究者鲍希曼一起对中国各地的建筑进行了长达一年的艰苦考察，20世纪50年代是夏昌世先生建筑创作的高峰期，他设计了华南土特产展览交流会水产馆、鼎湖山教工休养所、华南工学院校园建筑群、中山医学院教学楼群和第一附属医院等。在进行高水平创作的同时，他也保持了对民居建筑的研究，1953年9月，他与陈伯齐、龙庆忠、杜汝俭、陆元鼎、胡荣聪等人一起赴北京收集民族建筑的有关资料，成立民族建筑研究所并任所长。从60年代开始，他转向对园林尤其是岭南园林的研究，发表了一系列研究论文，出版有专著《园林述要》（1995）和《岭南庭园》（与莫伯治合著，曾昭奋整理，2008）。其后，邓其生、刘管平、陆琦等人继续了岭南园林方面的研究。

陆元鼎先生在民居研究方面取得了丰硕的成果，先后出版了《广东民居》、《岭南人文·性格·建筑》等著作，主编有《中国传统民居与文化》（一、二辑）、《民居史论与文化》、《客家传统民居与文化》、《中国传统民居营造与技术》、《中国民居建筑》（三卷本）、《中国民居建筑年鉴（1988－2008）》等书，他还和学生们一起对岭南民居进行了多方位的研究，尤其是从民系的角度对岭南民居建

1 同上。
2 杨永生，王莉慧编．建筑史解码人［M］．北京：中国建筑工业出版社，2006：158.

筑进行了系统性研究，通过历次中国民居学术会议和海峡两岸传统民居（青年）学术研讨会进行了交流和整理，其代表性的成果是一系列的博士论文和出版物，包括潘安《客家民系与客家聚居建筑》、余英《中国东南系建筑区系类型研究》、郭谦《湘赣民系民居与建筑文化研究》、戴志坚《闽海民系民居与建筑文化研究》、王健《广府民系民居与建筑文化研究》、刘定坤《粤海民系民居与建筑文化研究》、唐孝祥结合典型案例与美学理论完成的《近代岭南建筑美学研究》和谭刚毅从图像、文献与实物遗存相结合的角度完成的《两宋时期中国民居与居住形态研究》等。陆元鼎教授对民居的讨论所涉广泛，他系统论述了村镇民居中有关梳式布局、民间丈竿法、门光尺法、民居通风体系等方面的问题，提倡从民系的角度和民居形成的规律出发，采用人文、方言、自然条件相结合的方法来研究民居。[2]

在传统建筑技术研究方面，邓其生先生从20世纪七八十年代开始就陆续发表了有关岭南建筑材料、地方性构造、工艺和修缮技术的论文，他同时关注建筑技术和建筑文化。他所指导的博士汤国华2002年完成了《岭南传统建筑适应湿热气候的经验和理论》的学位论文，研究了岭南传统建筑的防太阳热辐射、隔热、通风散热、防雨、防潮和防虫等技术议题。此外，他还指导曹劲、彭长歆、蔡凌、潘莹、林哲等完成了岭南秦汉建筑考古、岭南近代建筑与建筑师、侗族建筑、江西民居、明代王府形制与桂林靖江王府研究等方面的博士学位论文。

吴庆洲先生注重从建筑文化与建筑技术相结合的角度研究传统建筑，他先后完成了《建筑哲理、意匠与文化》、《中国军事建筑艺术》、《中国客家建筑文化》等专著，主编有《广州建筑》，对城市与建筑中的仿生象物、象天法地、景观集称文化、建筑装饰、传统哲学对建筑和城市的影响等问题进行了系统的研究，对岭南地区大量的历史建筑进行了深入的个案分析，他主张在历史文化视野中研究岭南传统建筑和历史城市，注重对防灾尤其是古代城市防洪的研究，先后完成了《中国古代城市防洪研究》和《中国古城防洪研究》两本具有重要学术价值的专著。在传统聚落形态研究以及结合形态研究进行的历史文化保护方面，吴庆洲教授和他所主持的华南理工大学建筑历史文化研究中心、东方建筑文化研究所进行了积极的探索并付诸实践，对顺德碧江、中山翠亨、三水大旗头、番禺大岭、汕尾碣石等村镇进行了全面而深入的历史研究并编制了保护规划，对广州佛山、中山和东莞等市域开展了空间范围广大的地域建筑历史研究和历史文化保护策略与技术研究。在地域性的传统建筑研究方面，吴庆洲教授尤重实地的深入调研和测绘记录，对粤东客家与潮汕地区、粤中广府地区和粤西山区的传统建筑进行了大量的测绘，注意考辨不同地区之间在形制、形式和技术上的差异，他所主持的佛山兆祥黄公祠修复工程获得了2005年联合国教科文组织亚太文化遗产保护奖荣誉奖，鲍家屯水碾房修复项目获2011年亚太文化遗产保护奖最高奖。吴庆洲先生指导博士后、博士和硕士研究生结合水系、堤围和社会文化变迁开展传统聚落和乡土建筑研究，积极探索新技术在历史文化资源管理中的应用。吴庆洲先生指导的博士学位论文主要集中于城市史、地域建筑史、建筑美学等方面，已完成的博士学位论文包括林冲《骑楼型街屋的发展与形态的研究》、肖旻《唐宋建筑尺度规律研究》、刘晖《珠三角城市边缘传统聚落形态的城市化演进研究》、李芗《中国东南传统聚落的生态历史经验》等，杨大禹、谢小瑛、贺为才分别对云南佛教建筑、东南亚宗教建筑和徽州城市村镇水系营建与管理进行了讨论，苏畅、邱衍庆、万谦、刘剀、张蓉等分别完成了关于管子营城思想以及佛山、荆州、汉口、成都等城市的历史研究，此外，还有杨小彦的《等级空间初探》和袁忠的《中国古典建筑的意象化生存》等偏重建筑美学理论的博士论文。

程建军教授完成了《岭南古代殿堂建筑构架研究》一书，定义了岭南的殿堂建筑并对形制、木结构等方面进行了系统的研究，在《开平碉楼——中西合璧的侨乡文化景观》一书中运用了计算机模型分析方法对开平的近代聚落进行了通风方面的研究，还对开平梳式布局村落的建造过程进行了讨论。程建军教授对中国古代的建筑设计思想、理论以及风水学说进行了长期的研究，发表了《中国古代建筑与周易哲学》、《中国风水罗盘》等专著，以及古代建筑形制、尺度与模数等方面的学术论文。近年来，程建军教授开展了关于东莞村落与祠堂建筑的研究、潮汕地区建筑研究以及澳门古建筑的测绘与研究，并以此为基础完成了大量的建筑遗产保护实践，指导学生完成了数篇与祠堂有关的硕士论文。

在田野工作方面，华南地区的多所建筑院校和研究机构坚持对本地区的历史建筑进行测绘和调查，积累了丰富的第一手素材。清华大学的陈志华、李秋香等学者在梅县的工作给岭南乡土建筑的研究带来了一股新风。张复合教授等开展了对开平碉楼的研究。

香港学者也长期关注民居研究，香港大学龙炳颐教授于1991年出版了《中国传统民居建筑》一书，黄华生、廖淑琴编有两册《香港大学建筑系测绘图集》，其中上册为《香港历史中式建筑》。澳门传统建筑研究方面，东南大学与澳门特别行政区政府文化局共同开展研究，由刘先觉、陈泽成主编成《澳门建筑文化遗产》一书，程建军教授也对澳门的近代建筑及其保护进行了长期的研究。诸多学者的努力帮助澳门历史城区于2005年成功列入世界文化遗产名录。

二、关于宗祠建筑的历史研究

2005年出版的《中国建筑艺术全集——会馆建筑・祠堂建筑》一书中，编著者以图片为主介绍了广州陈家祠、潜口司谏第（汪氏家祠）、呈坎宝纶阁（罗氏宗

1 巫纪光，柳肃等编著. 中国建筑艺术全集——会馆建筑・祠堂建筑［M］. 北京：中国建筑工业出版社，2003.

2 见《建筑师》122期。

祠）、泉州黄氏（十世）宗祠、绩溪胡氏宗祠和周氏宗祠、歙县的敦本堂、清懿堂与郑氏宗祠、黟县敬爱堂和追慕堂十三座祠堂，这些祠堂分别位于广东、湖南、徽州和闽南，其中广东一座，徽州九座，湖南两座，闽南一座，编著者在文中认为现存的祠堂建筑遗存不多[1]，应该说与该书编纂之时建筑史界还不是很了解祠堂建筑的保留状况有关。事实上，仅广府地区便有数以千计的不同类型和规模的宗族祠堂，徽州、江浙、江西、湖南、福建和广东等地都分布有大量保存完好的宗祠建筑。

近年来关于宗祠建筑的重要研究成果之一是陈志华先生撰文、李秋香主编的《宗祠》一书，2006年由生活·读书·新知三联书店出版，虽非主要针对岭南，但在学术上对宗祠研究具有很高的价值。书中对有关宗祠的国家礼制和影响宗族发展的重要观念进行了梳理，尤其是与祠堂建筑比较相关的内容。陈志华先生认为宗祠之设南北大不同，南方盛而丽，北方少且陋，并讨论了其原因。他区分了祠堂的不同类型及产生其分别的制度原因，讨论了宗族的内聚功能以及宗祠在村落布局中的作用，十分精辟地指出了“村落选址总是要把水和土地放在第一位，其次则是安全”。陈志华还以徽州、江西、浙江、四川、广州等地的宗祠为例，讨论了宗祠的建筑形制。

李晓峰等对鄂东南的家族祠堂、吴国智对潮州宗祠、李秋香对培田的宗祠、章立等对江浙的宗祠、夏泉生等对无锡惠山的祠堂群、多位建筑历史学者对徽州祠堂建筑进行了研究并有相关成果发表，叶珉关注了徽州的宗族组织与村落形态之间的关系。

对于明清广州府祠堂建筑的具体研究、专门讨论和较为深入的案例分析以华南的本地研究者为主。

吴庆洲先生在多篇论文中对广东的典型祖庙和祠堂进行了文化上的阐释，包括德庆悦城龙母祖庙、佛山祖庙、广州陈家祠等，文一峰、吴庆洲的《祭祀及宗教文化与建筑艺术》一文在词源学考证的基础上，通过对广府地区主要祠庙的分析，研究了建筑中表现的结社文化的基本观念，揭示了建筑的基本文化观念及其形态原型。[2]程建军教授在《广州陈家祠建筑制度研究》中讨论过广州陈家祠的形制，并考证了“坫、左右阶”的制度。肖旻提出可借鉴营造法式的分类方法，以“样、造、作”相结合展开对广府宗祠建筑的研究。谭刚毅等讨论了从化广裕祠的祠堂修复，并且在《两宋时期的中国民居与居住形态》一书中对宋代的宗族与宗祠展开了研究；曹劲发表了有关香港敬罗家塾修复的论文；赖瑛对广府地区和潮汕地区的多个祠堂进行了较深入的案例分析。

早在1989年，谢红宇就在邓其生教授的指导下完成了《从血缘文化与宗庙角度进行岭南祠堂建筑的探讨》，可谓岭南地域建筑史中祠堂建筑研究的发端。近年来陈楚、石拓、阮思勤、王平先后完成了有关广府祠堂的硕士学位论文。陈楚的论文《珠江三角洲明清时期祠堂建筑的初步研究》在理解宗法制度的基础上对珠三角的祠堂进行了概述。石拓在《明清东莞广府系民居建筑研究》(2006年)中对东莞南社、塘尾等村落的格局进行了讨论，并对东莞不同时期的祠堂建筑进行了统计，发表了多座祠堂的测绘图和较为详尽的测绘数据，结合明代祠堂和五开间祠堂的重点案例讨论了东莞祠堂建筑的特点。论文注意到了不同自然地理特征和不同民系对民居建筑的影响，并对东莞民居与南番顺地区的民居进行了比较。阮思勤的硕士学位论文《顺德碧江尊明祠修复研究》(2007年)是对具体祠堂的案例研究，对广府地区的五座明代祠堂的格局、尺度和木构架特点进行了比较，结合对尊明祠周边环境变迁的历史研究，讨论了尊明祠的初始格局，提出了基于研究的修缮建议。

部分文物工作者也加入了对广府宗祠的研究，郭顺利对广府地区宗祠的形制和个案都曾经作出过讨论，彭全民调查和整理了深圳广府宗祠的择地、命名、形制和工艺特点等。[1]

从建筑史学的角度来看，以上的研究已经为广府宗祠的研究积累了良好的基础，但同时也呼唤着一些新的努力，需要梳理关于广州府宗祠的术语体系、加强叙述的系统性和逻辑性而摆脱简单的经验性归纳，也需要针对广府宗祠的差异性和特殊性进行更加深入的研究。

三、区域和聚落视野中的广州府宗族祠堂问题

为什么在广州府这样的政治和文化上的偏远或者说边陲地带，会出现数量众多的彰显严格社会秩序和空间秩序的祠堂建筑？建设的顺序是否真的如古人声称的那样先立祠、后立宅？

祠堂主导甚至主宰着广州府村落的格局，在广州府，极为普遍的梳式布局村落究竟形成和盛行于何时？如果说村落在建村之初并没有这样的擘画，那么是什么原因导致了村落形态的改变或者重构？祠堂建筑群是在怎样的形态演变过程中被放在了村落的前列？

在长时段的视野中貌似样式稳定、变化缓慢的祠堂建筑，其鼎建目的、实际功用、形制和建造的演变，是否存在着未被人们关注的更细微和更剧烈的振动？这些变化又如何积淀在了人们的生活观念之中从而影响了历史的方向？能否建立起广州府宗族祠堂在历史进程中不断变化的通观描述，勾勒出宗祠的建设和衍变在空间上的轮廓和时间上的节奏？

宗祠建筑的空间特点、建造方式与广州府的其他建筑之间存在着怎样的异同？具有哪些独特的地方性特点？这些地方性特点的具体构成和形成原因是什么？在广州府的不同地点，宗祠建筑是否存在着较为明显的差异？宗祠真的只是纯粹表达精神的建筑吗？

1 见郭顺利《广东南海曹边村曹氏大宗祠实测勘察与研究 》，彭全民《深圳广府宗祠的调查与研究》，均刊于《岭南考古研究（7）》，中国评论学术出版社，2008年9月。

宗祠因纪念性需要而产生，在明清数百年的发展历程中，宗祠的纪念性是始终稳定的还是在不停演变？建筑实物形态的变化是否与纪念性的演化一致，宗祠的思想性和纪念性又如何通过建筑表达出来？

这些关于广州府宗祠建筑的诸多相互关联的提问，是本书展开和逐渐深入的研究线索。

第二章

广州府的开垦与聚族而居

历史上，广府地区经济和文化的中心存在着一个从西往东、从北往南迁移，即从粤西的广信和粤北的曲江转向南番顺地区的过程，这与广府地区的移民和开发进程从西江河谷平原和粤北分别沿西江和北江向珠江三角洲逐步推进相一致。在下部三角洲得到较充分的发展之后，发生了西北江三角洲平原向粤西、粤北地区的逆向再开发过程，以南番顺地区为核心的珠江三角洲反过来以经济和文化发达地区的姿态逆流而上给粤西和粤北带来了巨大的影响。在东江流域，区域开发经历了相似的进程，最初的发展从东江上游向东莞、增城、从化方向推进，而后从下游反向影响上游。在明清时期的广州府，伴随着快速开垦的，是聚族而居的定居方式。

第一节　河谷地带和民田区的耕耘与宗族的初兴

一、分水岭与西江、北江、东江河谷地带的早期开发

在地理上，分水岭组织了水向不同方向的流动和汇聚，肥沃而平坦的河谷地带因易于开发，成为先民定居时的优先选择。水的流动支持了水力运输时代各种各样的往来，成为商业、语言和习俗传播的纽带；水的汇聚方向划分了面向不同河流的地文区域，也连接了不同标高的聚落，渐渐基于地理上的疆界建立起不同的人文区域。

由大庾岭、骑田岭、萌渚岭、都庞岭、越城岭等连绵山岭形成的南岭，就是一道巨大的分水岭，岭北的水主要汇入了湘江和赣江水系，而岭的南面，是河汊纵横的珠江水系。南岭在很长的时间内被看成是一道难以跨越的屏障，在中原的人们看来，五岭以南是一块处于蛮荒状态的化外之地、瘴疠之区。从秦汉开始，来自中原的力量逐渐向岭南挺进，通过修建水利工程、道路和关隘，中原和岭南之间的交通得以开辟，战争、大规模的移民和军屯在军事、经济和文化上连接了中原和岭南之地。

不同的地理特征、发展线索、文化纽带和族群构成，促使岭南形成了不同的亚文化，广府、客家、潮汕是其中最主要的三种。岭南文化成为这些亚文化的统称，但珠江在区域开发和文化传播中的作用却并没有在这一命名中得到体现，可能正是因为这一命名是从北方遥望南中国的人们做出的。珠江是由千百条河流构成的一个巨大的河网，其中尤以西江、北江和东江为最主要的干流，岭南的早期开发顺着这些河流展开，而西江和北江在思贤滘相交之后，在下游形成了河涌纵横、水网密布的河网区[1]，经过大规模的沙田开垦和工商业的发展，这一区域在明清时期成为岭南最富庶之地。正如牟复礼所言，古代的中国曾经在理论和实际社会实践上建成了一个开放的社会，人们获得了自由占有土地和迁移住址以及改

1 吴庆洲．中国古城防洪研究［M］．北京：中国建筑工业出版社，2009：364．
2 牟复礼．元末明初时期南京的变迁//施坚雅主编．中华帝国晚期的城市［M］．北京：中华书局．2000：114．
3《史记·货殖列传》云："番禺亦其一都会。"番禺此处指广州。

变生活方式的权利，很早就打开了地理流动与社会流动的实际通道。[2]在明代中叶之前，岭南是一个可以相对自由地获取土地和建立起新的聚落、发展新的生活方式的地区。从公元前214年秦始皇略定岭南起，汉民有组织地从黄河流域和长江流域向南迁移至岭南、桂林和象三郡，与越人杂居，这种迁移过程此后一直没有间断。

从秦汉至隋唐，西江沿岸是岭南开发自西向东推移的最重要的交通线和经济走廊。西江是珠江的主流，得灵渠（兴安运河）凿通之便，从湖南、广西方向顺江而下的早期移民可由湘江经灵渠入桂江，接西江达广州，这一通道时称越城岭桂州道。许多移民在广信（今封开）一带停止了迁徙和跋涉，在西江河谷地带开垦土地并定居下来。其时还有通贺江的九嶷山道和下番禺的牂牁江道也会于西江。汉武帝在岭南置九郡，其中苍梧郡和南海郡大部分处在西江流域，封开、梧州一带有“初开粤地”之说，西江谷地和贺江谷地成为秦汉时期岭南的经济和文化发达地区，而此时虽然番禺已经成为岭南一都会[3]，但珠江三角洲大片土地尚未成陆，只在一些台地和较高的坡地上进行了最初的开垦。隋唐时期西江地区继续走向兴盛，唐置梧州，将信安郡分置端州、康州、新州和泷州，据《新唐书・地理志》载，唐代天宝年间新、端、泷、康州共计33137户，人户密度远在广州之上。

中原文化最初主要经西江传播到岭南，汉代的交趾刺史部大部分时间设在苍梧郡治广信，广信遂成重要的聚居地和岭南早期文化中心之一。岭南第一位状元莫宣卿就出自唐代的广信，他于大中五年（851）高中状元，而南番顺地区的第一位状元、南汉时期的简文会殿试夺魁则是在六十九年之后的乾亨四年（920）。在西江地区，开村较早、现状保存较好的村落有怀集大岗扶溪村、封开河儿口西村、高要黄岗白石村、肇庆端州睦岗蕉园村、鼎湖坑口蕉园村、沙浦桃溪村等。怀集大岗扶溪村为百越村落，不过现在生活在那里的石姓家族主要是洪武末年从福建迁来的。封开县河儿口西村最初也是越人村落，是唐代状元莫宣卿的故里。高要黄岗镇的白石村位于北岭山和西江之间，于唐武德年间建村。端州睦岗蕉园村和鼎湖坑口蕉园村的梁家都将始迁祖追溯到南宋宁宗时的宣徽院签判梁肇基，他于宁宗六年（1195）经南雄珠玑巷到肇庆城东定居，其后在城郊开村。鼎湖沙浦桃溪村（1216）开村于南宋嘉定年间。

大庾岭道开通之后，西江在南北往来中的航运地位逐渐让位于北江，灵渠所在的越城岭道渐渐衰落。沿着北江南下的移民造就了韶州和南雄附近的大片地区，粤北因为连通岭南和岭北的大庾岭通道、骑田岭通道和萌诸岭—九嶷山通道三条大通道而成为南北交通的要冲。为避战乱，大批移民主要在晋永嘉年间、唐安史之乱期间和南宋靖康年间到来，由于交通上的原因，从湘赣地带翻越梅岭的移民最先停留在了粤北，然后才定去留，粤北地区的人口因此骤增。南朝时期，粤北地区的人口密度大大超过了粤东地区和珠江三角洲[1]。大规模南迁的中原汉人带来了中原的文化和技术，促进了粤北地区的开发，唐宋时期，粤北的文明已经辉映岭南了。唐代皇甫堤在《韶阳楼记》中说："岭南之属州以百数，韶为大，其色清南北之所同，贡朝之所途"。韶州在唐代出现了开元朝的宰相张九龄，他以开凿大庾岭新道而留名青史。唐代初年，中原到广州的重要通道之一是由安徽经鄱阳湖溯赣江向南，越过大庾岭经北江下广府，时称大庾岭虔州道。因"岭东废路，人苦峻极。行径寅缘，数里重林之表；飞梁业截，千丈层崖之半……故以载则曾不容轨，以运则负之以背"[2]，张九龄于开元四年（716）开凿了"坦坦而方五轨，阗阗而走四通"的大庾岭道，加上疏浚了北江，使得珠江水系的浈水和长江水系的赣水连接起来，形成了又一条南北交通的重要纽带。五岭南北交通的重心遂转移至此，"然后五岭以南人才出矣，财货通矣，中原之声教日近矣，遐陬之风俗日变矣"[3]。曲江是唐代广东仅有的四个上等县之一，南雄珠玑巷成为广州府七十六姓自称的入粤渊薮，声称其始迁祖先在珠玑巷停留，后来方到广州府开基建村。

西、北江对于珠江三角洲的上部而言，具有极其重要的滋育作用。虽然广州早在汉代时就已经成为"珠玑、犀、玳瑁、果、布之凑"[4]和国际贸易的重要港口，人口也大大多于肇庆和韶州，但是珠江三角洲乡村地区的膏腴之地还远不是今天的形状，南海、番禺、顺德和香山的许多地方当时还是汪洋大海，被视为瘴疠之区，并不适合定居（图3-1）。

沿东江上溯，在上游下船之后可翻过南岭与赣江相接，东江流域也因此成为早期重要的经济和移民走廊。始皇三十三年（前214）置南海郡时，即辖有龙川、博罗二县，辖境基本涵盖了东江流域。龙川"据上游，当江赣之冲，为汀漳之障，则固三省咽喉，四州门户，可不谓岩邑哉"[5]，首任龙川县令赵佗经略于此，曾上书始皇请求移民实边，也引入中原的技术和生产工具，兴修水利，凿井灌田，"厥土沃壤，草木渐包，垦辟定规制。"[6]秦亡，赵佗继任南海都尉，于番禺自立南越国。隋开皇十一年（591），设循州总管府统领粤东诸州。唐时，粤东设潮、循二州，东江流域的发展已可媲美西江，不过，据刘恂《岭表录异》，"潮、循多野象"，足见总体开发水平仍然较低。至宋，大批客家先民迁徙至此，东江流域进入大规模开发时期，其时有望县二，上县三，中县三，无下县，苏轼被贬至惠州，多有歌咏惠州风物的诗文，"一自坡公谪南海，天下不敢小惠州"[7]。元代受战争影响，东江流域诸县均为下县，发展陷入停顿。

宋代以降，珠江三角洲逐渐成为岭南人口和经济发展的重心所在。宋代时西江和北江地区已经不再是移民的主要定居地了，珠江三角洲的人口迅速增加，宋代广州府客户占总户的比例达到了55%[8]。西江、北江三角洲出现了围垦的高潮，例如宋代高要和四会的榄江围、金西堤，元代高要的陈鸭塘围、高明和鹤山的陶筑围、大沙围、三洲围、南岸四围、罗郁围和秀山围等[9]。不过当时的开发强度不

1 李海东等．粤北区域经济地理的历史变迁［J］．热带地理．2003，4：339-344．
2《开大庾岭路记》，《张曲江集》卷十。
3［明］丘浚，《唐丞相张文献公开大庾岭路碑阴记》。
4［汉］司马迁，《史记·货殖列传·地理篇》。
5 清嘉庆《龙川县志》，三省指粤、赣、闽。
6［唐］韦昌明，《越王井记》。韦昌明为龙川的第一位进士。
7 清代惠州士人江逢辰《白鹤峰和诚斋韵》中的诗句。
8［宋］王存等撰，《元丰九域志》。
9 司徒尚纪．西江经济走廊的历史变迁［M］//何其锐主编．两广西江流域开发研究．广州：广东经济出版社，1997．

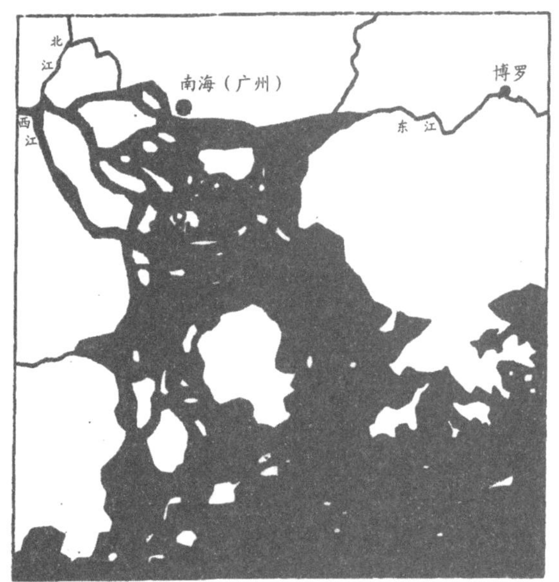

公元2年

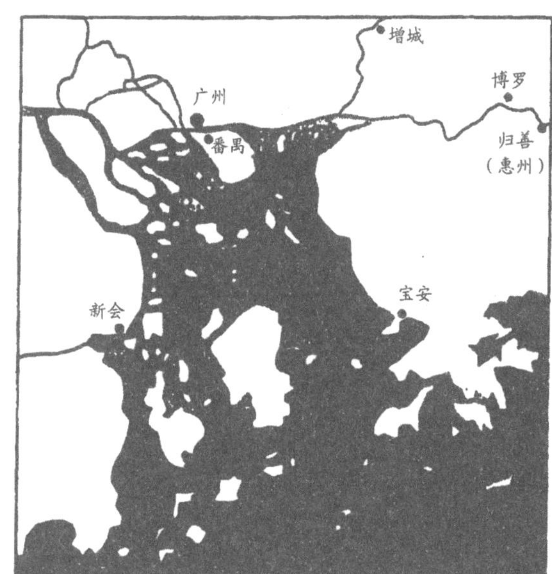

公元742年

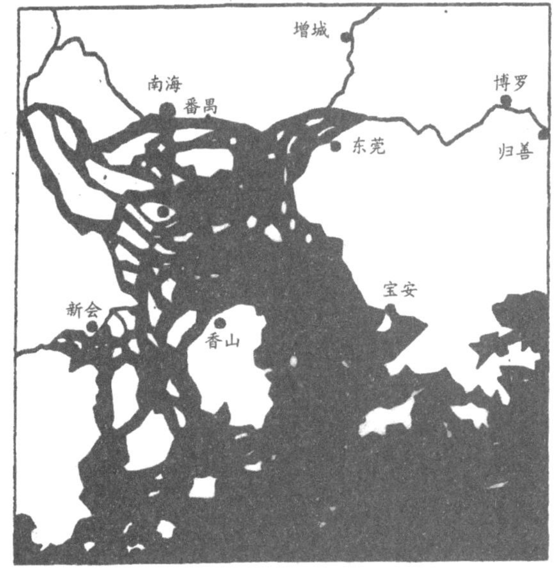

公元1290年

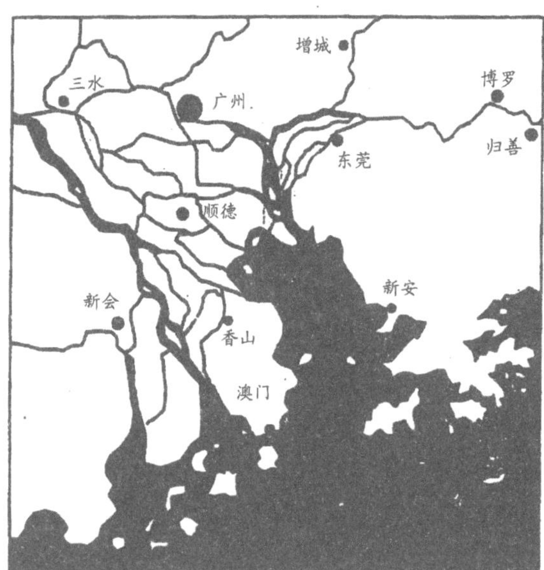

公元1820年

※图3–1　珠江三角洲的成陆过程
（来源：笔者根据马立博《Tigers,Rice,Silk & Silt》插图整理、重绘）

高，河流中尚有鳄鱼出没，约在南宋以后，鳄鱼方绝迹。围垦成为广州府土地开发的重要形式，也逐渐为海拔较低、易受洪水和潮汐侵袭的地区提供了聚居的可能性，广州府的大量村落都号称开基于南宋，虽然未必可信，但南宋的确有许多新的地区得到了开垦，为定居创造了条件，只是受人口、政策和开发程度的限制，聚族而居的宗族村落此时并未形成。

宋元之际的战争带来了又一次移民潮，大量的中原居民为躲避战祸而迁至岭南，据《元史・地理》，广州路当时有170216户，1021296人，也就是说，平均每户约7人，这还不是一个由宗族构成的社会组织形态，可见当时宗族尚未真正发展起来。从今天可以寻找到的各种村志、族谱来看，南宋是开村较为密集的时期，虽然已经开始产生了宗族的意识，但显然当时的宗族尚未在乡间普及，村落以多姓村为主。

科大卫认为，宗族的发展实践是宋明理学家利用文字的表达改变国家礼仪、在地方上推行教化和建立起正统性的国家秩序的过程和结果，他将从宋代至清中叶的珠江三角洲的礼仪演变过程分为四个阶段，其中第一次演变始于北宋元祐二年（1087）广州知州蒋之奇初到任，行释奠礼，扩建广州学宫，把兴办学校、祭祀孔夫子和前代贤吏变成一种官方的宗教活动，所祭祀的前代贤吏主要是广东出身的士人。第二个重要的演变阶段则是理学在广东的出现，约在蒋之奇兴建儒学之后五十年，理学的中心最初在韶州，淳祐二年（1242）广州知州方大琮为《朱子家礼》作序，恢复乡饮酒礼，广州遂成为理学在广东的中心。[1]

在地方史志、典籍和族谱的记载中，岭南从宋代起即有建设宗祠的活动，佛山冼氏大宗祠、东莞黎氏大宗祠都声称始建于南宋，番禺何氏大宗祠、东莞林氏宗祠、清远邓氏宗祠都称始建于元，虽然目前所存的宗祠遗构没有真正建于宋元时期的，但自南宋始，广州府的宗族和祠堂已经开始初现端倪了。新会张氏在宋庆元元年（1195）的《安祖遗书》中提到已设立烝尝，将田塘计租375石“交与长孙张清掌奉祀”，“祀典祭田皆其经营手置。”[2]据南宋嘉定十五年（1222）所刻《安定郡祠志》[3]，肇庆渡头的梁氏宗祠（世德宗祠）始建于嘉定十三年（1220）春，渡头梁氏始祖梁夔为北宋“咸平戊戌（998年）进士，两敕端州刺史”，并定居于城东。为了开垦端州，碑文中言道，其祖“始由南雄珠玑巷招集二十九姓来此高要，开辟芦州，子孙遂奠其居，乐其业”。渡头梁氏四世祖梁岩叟曾任端州学正，祠堂由其孙所建，正是这些学而优则仕的官宦之家最早产生了发展宗族和建立宗祠的意识，这也是面对新环境的现实压力所萌发的策略。渡头梁氏不仅依靠本姓宗族，也召集他姓前来共同耕耘。为造就强大的宗族，梁氏“鼎建祠堂，设立烝尝，将土名大坑、马头、王怖、钟婆塘等租，又祠后湾头园，祠西莲塘鱼埠，祠南巽峰山鱼埠及黄坭塞埠等处，共一顷□十亩零，借此收成，以供祭扫、编修之用。”渡头世德宗祠是目前所知的广府地区最早的祠堂之一，其碑记也是聚族而居

1 科大卫．国家与礼仪：宋至清中叶珠江三角洲地方社会的国家认同［J］．中山大学学报（社会科学版）．1999，5．原文中将“淳祐”误为“淳佑”。相关史料参见［明］黄佐《广东通志》。科大卫还援引了《宋丞相崔清献公集》外集后卷《祠堂诗序》，提到了元大德二年崔与之家祠建成，宋末进士何成子撰写祭文，曰：“荣其子孙，耀其乡邦。”

2 光绪六年新会张氏《清河族谱》，卷一，遗言，转引自：谭棣华．珠江三角洲的沙田［M］．广东：广东人民出版社，1993：72.

3《安定郡祠志》现藏于肇庆市博物馆，碑文见1987年版《肇庆市文物志》。

4 明初所定里甲制度以110户为里，推丁粮多者十户为长，余百户为十甲，甲十户，名全图，不足者为半图。城中曰坊，近城曰厢，乡都曰里。见《明书・赋役志》。转引自：王双怀．明代华南农业地理研究［M］．北京：中华书局，2002.

5 参见：王双怀．明代华南农业地理研究［M］．北京：中华书局，2002：82。此为约数。

6《大明一统志》卷七九《广州府》。

7 许玢．肇庆地区西江流域广府村落形态研究［D］．华南理工大学硕士学位论文，2008.

的早期例证。

二、明初广州府民田区的耕耘

（一）明初广州府的耕耘与开垦

明初，广州府北距五岭，南负重溟，领一州十县1249里[4]，地广约30934.3平方公里[5]。照《读史方舆纪要》的说法，“连山北峙，巨海东环，所谓包山带海，险阻之地也”。广州府是广东布政司的治所，民俗得华风之杂，“人物富庶，商贾阜通”[6]。

进入明代以后，广州府的开发同时在河谷地带和山地、平原的交接地带展开。元末明初，由于何真的献城，虽然不免有小的战乱和动荡，广州府一带总体上并没有经历很惨烈的战争，所以相对平缓地适应了朝代的交替。

根据各地的方志记载，明代西江河谷地区和珠江三角洲处于双向的流动和开发过程之中。在讨论西江和北江流域的开发时，需要避免武断、静态的判断，目前保留下来的传统风貌较为完整的村落中，有许多并非建村于唐宋时期而是在明代甚至清代才真正建立的，或者虽然建村较早，但现在可以看到的遗存却是相对晚近时期建成的。应避免将肇庆和韶关地区的开发看成简单的线性发展过程，虽可以从中窥见一些较早时期的遗痕，但却不能想当然地认为是对过往的简单延续。在肇庆府，既有持续的开村立寨，也有旧村落的更替。部分原有的村落因为各个家族发展的不均衡或者有他姓家族迁出另辟新村，从杂姓聚居的多姓村变成了有主导姓的村落甚至单姓村，有些则因为新迁入了强势的家族而导致了社会构成的重组和村落形态的变化。据《张氏族谱》记载，扶利村的张氏始祖张耀亭于嘉靖十二年（1533）和家人从韶州府曲江县黄塘乡迁至四会，在青龙山下创办“扶利”打铁铺，从此世居于此并以扶利为村名。据封开罗董镇杨池村叶家的族谱记载，开基祖叶翰彪在明末南迁至此。据《侯氏宗枝》记载，封开汶塘村侯姓于明万历年间从侯村分出一支至此开枝散叶。怀集凤岗镇孔洞村位于烂柯山下，村中的大姓成氏经数度迁徙后于宣德年间定居于此，当时村中还有陈、黄、钱、何等人家，成氏与钱氏联姻，天启间钱氏举族迁往甘洒镇钱村，钱家将原来的房屋、天地、山林尽数赠予成家，成家遂成大姓。同样位于烂柯山下的高要蚬岗村开村于650多年前，村落呈环形布局，且祠堂较多，俗称“八卦十六祠”，村中有李、叶、邓、尹、石、钟、何、陈等17个姓氏，李姓为大姓，开基祖李秀卿于明初自南海小塘迁移至此，现已开枝散叶至五坊十五里，其他的姓氏也是在明代不同时期移居而来。封开县杏花镇杏花村伍氏于明弘治年间（1502）从高要新桥塘边村搬来，后来成为村中最大的姓氏。高要的武垄村、怀集的沙洲寨、四会的石寨村等也都开创于明代，而怀集的何屋村则在康熙年间由客家何姓家族创立。[7]

洪武十年（1377），广州府有186583户，659028人[1]，是华南地区户数和人口最多的府，平均每户3.53人，这一数据在整个明代相对稳定，说明以核心家庭为基本社会单位的特点较为一贯，不过此时的广州府宗族发育还处在很初步的阶段。[2]洪武、弘治、万历三朝广州府的人口密度分别是21.3、19.4和20.4，洪武间在广东各府中次于雷州，弘治时次于潮州，万历时则次于潮州和南雄。人口密度和人口总数虽有波动，但与肇庆府的快速下降相比，仍属平稳。

明清时期，西江沿岸的土地围垦进入高潮。在羚羊峡一带、西江、北江和绥江的交汇地带以及西江三角洲，出现了大量的围田，形成了四会与三水间的大兴围和灶岗围，鹤山古劳围，新会天河围，顺德龙山围、大成围、大洲围、龙江鸡公围、马营围等。在沿海的香山、新会一带，形成了西海十八沙、东海十六沙等。水利工程伴随着土地的开发也得到快速发展，万历间珠江三角洲及其邻近各县灌溉农田占耕地总面积比重已经大为提高，高要、三水在80%以上，四会为65%，高明、鹤山各为20%，新会为7.5%等。[3]无论平原低地还是山区，土地的开发、耕耘都达到一个较高的水平，一时，曾经的瘴疠之地农桑被亩，鸡犬相闻。

洪武年间多次诏令各地垦荒，鼓励私人开垦，十三年（1380）八月“令各处荒闲田地，许诸人开垦，永为己业，俱免杂泛差徭。三年后并依民田起科”。[4]“民间田土，许尽力开垦，有司毋得起科。”[5]从洪武十年（1377）到天顺六年（1462）的85年间，广州府的田地从36000.33顷迅速增加到92160顷，为华南垦田最多的府，南海、番禺、东莞、香山、新会、增城、清远等县少则增两千余顷，多则增两万两千余顷。[6]

位于广州府中南部的珠江三角洲在明初得到了广泛开发，各地建围极多，与江、河、海争田，通过在河滩、海涂或沼泽地垦辟农田，珠江三角洲不断向南推移，进入了土地开发的新阶段。有明一代，珠江三角洲出现了桑园围、良凿围、筲尻围、波湾围、茶步围、良安围、白驹围、大成围、大洲围、天河围、石角围、长岗围等规模较大的围，修筑的堤堰不少于180条、22万零400丈，比宋元两朝所建的堤围还要多出10万零3800丈，捍田一万余顷，围海造田的数量也超过万顷。[7]此时广州府的田地包括洋田、围田、沙田、涂田、柜田、架田、圃田等，足见开发方式之多样，利用之精细。[8]

地理学上注意到了珠江三角洲的海岸残丘形成的不同高度的台地线，这些残丘在三角洲成陆以前是海中的岛屿，从新会圭峰山经荷塘、均安、了哥山、大良、番禺沙湾到市桥的一列台地基本上将西北江三角洲分成了围田区和沙田区，即老三角洲和新三角洲两大部分。位于西北部的是西北江三角洲的老沙区，即围田区，也是刘志伟在《地域空间中的国家秩序——珠江三角洲“沙田—民田”格局的形成》中所言的民田区。对应于今天的行政辖区，则大致包括了三水自思贤滘以下的部分，花都的炭步、乐平、赤坭等镇，禅城（包括历史上的佛山镇、石湾镇和

1《永乐大典》卷11907.

2 广州府在明代中期的户均人口数约为3.60，晚期为3.21，说明无论宗族发达程度如何，分爨之后的家庭始终以灵活的核心家庭为主。可以作为比较的是，肇庆府洪武二十四年（1391）的户均口数为4.67，潮州府万历二十年（1592）的户均口数为5.33，梧州府宣德七年（1432）的户均口数为6.60，桂林府景泰三年（1452）的户均口数为7.19，都明显高于广州府。以上数据根据万历《广东通志》、嘉靖《广西通志》、道光《福建通志》计算，参见王双怀. 明代华南农业地理研究［M］. 北京：中华书局，2002：75–76.

3 参见：司徒尚纪. 西江经济走廊的历史变迁［M］//何其锐主编. 两广西江流域开发研究. 广州：广东经济出版社，1997.

4 赵冈. 中国传统农村的地权分配［M］. 北京：新星出版社，2006：95.

5《明会典》卷一七《田土》.

6 王双怀. 明代华南农业地理研究［M］. 北京：中华书局，2002：114–116.

7 同上，130页，179页。参见《珠江三角洲农业志》(二).

8 同上，138–140页。明代“田”为水地，“地”为旱地。屈大均在《广东新语·地语》中有载：香山土田凡五等。一曰坑田，山谷间稍低润者，垦而种之，遇涝水流沙冲压，则岁用荒歉。二曰旱田，高硬之区，潮水不及，雨则耕，旱干则弃，谓之望天田。三曰洋田，沃野平原，以得水源之先者为上。四曰咸田，西南薄海之所，咸潮伤稼，则筑堤障之，俟山溪水至而耕，然堤圮，苗则槁矣。五曰潮田，潮漫汐干，汐干而禾苗乃见。每西潦东注，流块下积，则沙坦渐高，以蒉草植其上，三年即成子田，子田成然后报税，其利颇多。见《广东新语》卷二地语“沙田”条。

9 屈大均,《广东新语》卷二，地语·沙田。

10 刘志伟. 地域空间中的国家秩序——珠江三角洲“沙田–民田”格局的形成［J］. 清史研究，1999，2。本节中关于沙湾的讨论皆参见该文。

11 科大卫. 国家与礼仪：宋至清中叶珠江三角洲地方社会的国家认同［J］. 中山大学学报（社会科学版），1999（39），5：68.

12 刘志伟. 从乡豪历史到士人记忆——由黄佐《自叙先世行状》看明代地方势力的转变［J］. 历史研究，2006，6：49–69。何真、陈琏与容悌与的例子均来源于该文。

南庄），南海，番禺沙湾水道以北各镇（不包括小谷围），顺德的龙江、容桂、大良、乐从、陈村以及北滘、伦教的西部，新会的潮连、荷塘等地；而沙田区则包括了今番禺沙湾水道以南的大片地区（东涌、榄核、大岗、潭州）和小谷围岛、南沙、顺德东部、珠海、中山北部和东部的各街镇。屈大均在《广东新语》中云："或曰：古时五岭以南皆大海，故地曰南海。其后渐为洲岛，民亦蕃焉。东莞、顺德、香山又为南海之南，洲岛日凝，与气俱积，流块所淤，往往沙潬渐高，植芦积土，数千百畮膏腴，可跰而待。"[9]

在珠江口东岸的新安也同样有较早得到开发的围田区和稍晚的沙田区之分，沙田区位于西部沿珠江口一线，香港亦有地名为沙田，但受地球自转以及河流水流方向的影响，其沙田区的范围不如西岸的香山、顺德、番禺大，主要集中于东江主流与东引河、太平水道之间的地带。东莞的祠堂建设相对较早，说明东莞的宗族发展也相对较南番顺地区相对为早。据茶山《南社谢氏族谱》，南宋末年会稽（今浙江绍兴）人谢希良之子谢尚任因战乱南迁，几经迁徙之后定居南社，历明、清近六百年发展而渐趋兴盛。据石排塘尾《陇西李氏家乘》记载，宋末李栎由东莞白马逃来塘尾，被黎姓人家收留并以女儿许配，历近六百年的发展，李氏逐渐兴旺，至光绪年间达到鼎盛。南社谢姓和塘尾李姓均在当地有约六百年的定居史，且均有较早的建祠记载和明代宗祠遗构，说明二者均借助了宗族的组织形式来开垦田地、实现经济与文化上的发展。

珠江三角洲民田区和沙田区的分布示意见图3-2。

如刘志伟所言，在珠江三角洲地区的土地开垦史中形成的"沙田—民田"格局，呈现了一个复杂的社会与文化结构的形成过程。民田区和沙田区的区分并不是自然形态，而主要表现于"在地方社会历史发展过程中形成的一种经济关系，一种地方政治格局，一种身份区分，一种'族群'认同标记。"[10]

广州府许多宗族的历史实际上是从明初入籍开始这一事实，说明明代初年是广州府社会发展进程中一个相当重要的时期。从洪武到成化、弘治年间，是科大卫所说珠三角地方社会礼仪演化的第三个历史阶段，在里甲体制的主导下，以地方和中央的税收和财政关系为核心，族谱、田产、拜祭相互发展[11]。而从聚落史的角度来看，这正是聚族而居的特征。

在实现王朝统治的过程中，明初在岭南采取了户籍登记制度，原来散居各处的许多无籍土著和流动人口，通过户籍登记而成为明王朝的编户齐民，这成为后来宗族发展的一个重要前提。[12]地方大族有清楚文字记录的历史就是从这时开始的。一个能够获得正统性认同的宗族历史无疑从得到定居权开始，入籍就是定居合法化的最有力证明。伴随着田地垦殖和编户制度的，是逐渐萌发的宗族意识，尤其是从官员和文人开始。

何真（1321－1388），东莞人，元至正二十三年（1363）因平定叛乱授荣禄大

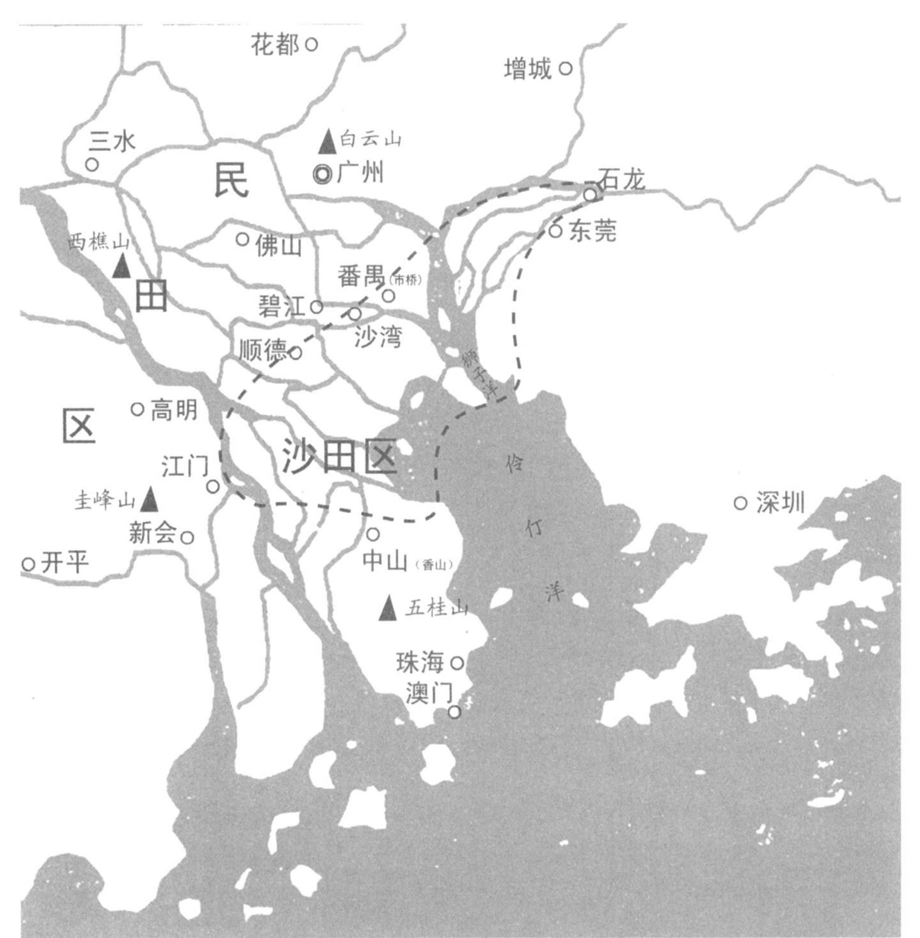

※图3-2 珠江三角洲民田区与沙田区的大致分布
（来源：笔者根据参考文献的文字绘制）

夫，洪武元年（1368）归顺明朝，洪武二十年（1387）被封为东莞伯，次年卒，谥忠靖。何真在“洪武五年，公事余，辑录家记与义祠遗训”，并曾给大儒宋濂阅览。获封东莞伯后，何真命其子何崇祖“携家记并遗训及诗文回惠，藏于义祠”。洪武二十六年（1393），受胡惟庸、蓝玉案牵连，何真数子被诛，“阖族丧于非命，祠废记亡”。[1]可见在明代初年，何真这样的官员已经非常注重家族的历史了，义祠虽然不以家庙为名，但从将家记、遗训和诗文藏于其间以及何真家族的遭遇导致“祠废记亡”来看，该祠与何家关系重大，可以认为实际上就是以义祠之名所立的家庙。

生于洪武三年、曾任礼部左侍郎的陈琏（1370—1454）是明初广东著名文人，在户部尚书黄福为陈琏的父亲陈宗彝撰写的墓碑铭中，可以一窥当时广东情状之鳞爪：

> 警敏嗜学，十三丧父，哀毁如成人。事母李□孝闻。时庐陵林性翁讲学乡塾，获从之游，得闻圣贤性理之学……元季，岭海绎骚，奉母避兵他所……洪武戊申，国朝平定岭海，始回故居，督僮仆，治农圃，家日□

1 同上。
2《泰泉集》60卷本，康熙壬戌本。
3 刘志伟. 从乡豪历史到士人记忆［J］. 历史研究，2006，6.
4 同上。
5 转引同上，有节略。

> 裕……葬祭一遵文公家礼，乡邑称之。以族有祭田奉烝尝之祀，而祠堂未建，首捐赀率族人为之。[2]

可以看出，陈家在战事平息、回到故里之后已经有了一定的产业。洪武时期，因为陈宗彝曾学习过圣贤性理之学，所以按照朱子家礼来祭祀祖先，因此获得了乡邑的称颂。陈家在未建祠之时已有祭田来保障烝尝，陈宗彝捐资并号召族人修建祠堂，这都发生在明朝开国之初的几十年里。地方政府邀请地方耆老出席“乡饮”，实际上是为了“把他们纳入王朝权力体系中，并通过他们在乡村社会推行教化”[3]，从而建立礼治秩序，而这正是明初政府所依靠的地方势力、赖以建立其在地方社会的权力基础之所在。在陈琏所著《琴轩集》中，收录有多篇族谱序，很多明初编写的族谱都声称以前的谱牒“毁于兵燹”，这表明在明代前期编撰的族谱基本上都没有可靠的文字记录作为凭据。[4]元末明初的战争也为各个家族在族谱书写中美化家族历史提供了机会，许多前代的事实是通过猜想或者愿望编写的。

香山士人容悌与在《创立烝尝记》中有如下记载：

> 悌与少孤，幼居乡里，无名族烝尝之礼，止问诸亲戚故旧之家，时节讳诞之辰，随家丰俭以奉祀。此吾香山之风俗，随时奉先礼也。吾家自高曾二祖，旧有灶田三十余亩，租百余石，各房轮流掌管奉祀。嗣后失其诚，高曾讳诞，几至缺略。时悌与犹少，未能继志述事，时时独念于心。年十八，忝为庠生，每于窗灯之下，见春露濡而心怀怵惕，见秋露降而心常凄怆……洪武十九年春正月朔日，长幼咸聚于宗舍，悌与以情相告，诸昆弟一闻是语，各皆惊愕，无以自容。遂相以创立春秋二祀，八房之祖考皆与焉……惜乎未立宗子。遂将应祀祖者编定，书于版册，轮流奉祀，其余弟侄未及，以俟后编。嗟乎，人生唯仁义礼乐四事而已……虽寒族贫家，而仁义礼乐不可以不兴，否则不可谓之人也![5]

此文载于洪武十九年（1386）所撰《容氏谱牒》，从中可以看到容悌与的高祖、曾祖辈已有祭祀祖考之礼，而后逐渐轻简，几至不行。从行文中的“诚”、“名族”诸词可以感受到容悌与言辞之痛切，因少而孤，故此容悌与更加能体会对父祖辈的情感。他很强调祭祀祖先是一种关乎“诚”的礼仪，对于高祖、曾祖的讳诞未能在礼节上得到足够的尊重而耿耿于怀。作庠生苦读之时，因露珠而感时伤怀，在伤春悲秋中念及先祖。洪武十九年，容悌与将自己当年的心情告知诸昆弟，大家感同身受、无地自容，由此得以创立春秋二祭。由情而及理，“仁义礼乐”被容悌与看作是人之为人的根本。另外，可以看出当时像容悌与这样的士大夫已经有了强烈的“名族”意识，虽然自己是寒族贫家，但他认为精神上应该像过去的世家大族一样行礼乐诸事，这会使后世的族人产生出自名门世家的感受，也就是通过对礼仪的重视和践行，在心理上营造“名族”的身份感。文中提到了“宗舍”，但并未言明是祠堂。从后文来看，容悌与虽然创立了烝尝，并未建立宗祠，版册由各房“轮流奉祀”。

陈琏、容悌与等学者因为注重文献且往来多有鸿儒，因此留下了关于自身家乘的记述。透过这些记述，可以看到明代初年的东莞、香山等地，社会比较稳定，学问开始兴起，乡间的礼教化已经展开。对于读书人家和士大夫所在的家族来说，祭祖已经较为普遍，烝尝之祀因为易于实现故而已是钟鸣鼎食之家的常见现象。兴修祠堂成为这些家族很重要的愿望，祠堂被看成是敬宗、祭祖和宣示身份的必要场所，但因为耗费、制度等方面的原因，和祭祖的推行相比，祠堂的兴起显然要慢一些。族田的设置与增加是维系和发展宗族的物质基础，也正是因为族田提供的公共福利和宗祠所承载的情感依归，造成了越来越多的聚族而居的现象，如嘉庆《龙山乡志》所记：“其先多从外省迁粤，有同一姓而分数宗者，有数姓而合一宗者，有族大丁口至数千者，或数百口、数十口者，要皆聚族而居。”[1]就明初的发展情形来看，宗族的规模较小，人口较多的村落也以多姓聚居为主，但聚族而居已经成为较为普遍的现象。

不独读书之人，那些地方的乡豪也力图借助礼仪、族谱、祖祠等形式来建构“士人记忆”。正如刘志伟所指出的，从宋至清，从“乡豪历史”转向“士人记忆”的过程是持续进行的，乡豪向士人尤其是“地主兼士人”转变的愿望是一以贯之的，只是在不同的时期有着不同的表现，策略上有着细微的调整。[2]明代是一个实现了文化和社会转型的朝代，明初，广州府便产生了新兴的士大夫势力，在朝廷实施乡村教化的过程中与朝廷相互借重，帮助朝廷建立社会文化规范和地方秩序，不仅起到了文化上的主导作用，也因此获得了基层的实际控制权力。在广州府的乡村教化和经济开发过程中，宗族被人为创造出来，因此被看作是一种文化的发明[3]，乡村秩序的重构并非一朝一夕之功，也不是一帆风顺的，而存在着一个长期的过程，以及回环反复的变化。

朝廷采用刚柔相济或说软硬兼施的方法来治理地方，实现王朝的有效统治，看起来多少缓解了元末高度激化的社会矛盾。因为何真献广州城，所以广府地区没有像江南地区那样经受极其惨烈的战事。在广州府，朝廷一方面剿叛、征兵、屯田、编户、制里甲，一方面通过荐举、科考等途径制造本地的士绅阶层，并将其作为濡染和儒化地方的力量。在士绅的推动下，《朱子家礼》日渐在乡间普及，广州府开始形成由地方士绅主导的乡村社会秩序。

就在朝廷的意识形态引导开始取得成效但还未及贯彻的时候，黄萧养的起义开始冲击整个地区的观念和利益格局。正统十四年（1449），南海冲鹤堡农民黄

1［清］温汝能纂,《龙山乡志》，卷三,《氏族》。

2 刘志伟. 从乡豪历史到士人记忆［J］. 历史研究，2006（6）.

3 科大卫. 国家与礼仪：宋至清中叶珠江三角洲地方社会的国家认同［J］. 中山大学学报（社会科学版），1999（5）.

4 有关黄萧养的起义，参见清《廿二史札记·明代先后流贼》及屈大均《广东新语·人语·盗》。

5 民国18年版《顺德县志》。

萧养在龙眼村率众起义，其时，南海、番禺、香山各县农民纷纷响应，义军屡创官军，攻陷佛山，围广州。黄萧养自立为“顺民天王”，建元“东阳”，册封文武官员，队伍至十余万人，拥有战船八百余艘，“海寇之雄，莫过萧养”。景泰元年（1450），朝廷调集精兵围歼义军，两军对阵于广州，“萧养中流矢死，俘其父及党羽，皆伏诛。”[4]之后，朝廷为了加强管治，于景泰三年四月二十七日（1452年5月16日），把南海县的东涌、马宁、西淋、鼎安四都三十七堡及新会县的白藤堡划出设置新县，取“顺天明德”之意，命名“顺德”。[5]

黄萧养的叛乱被平定之后，在广府地区的乡村建立起王朝的统治秩序就显得更加必要。如何建立起乡间的稳定秩序呢？由谁来实现？黄萧养之乱显示了地方认同、族群认同的危机，也带来了创立更合理基层组织的压力。如果国家不能有效地组织好边陲地区的社会秩序，类似黄萧养起义的事件就有可能再次发生。国家借助了士绅来帮助建立起乡村的组织，而士绅也乐于将自己的价值观贯彻在乡间，并且借此树立起士绅在乡村的社会地位和公共事务上的主导权，以及书写历史的话语权。

因为庶民不能建家庙，所以淫祠泛滥，是继续禁止庶民的祭祀活动而维持等级差异和品官的特权，还是疏导民间的愿望和清理混乱的局势？事实上，一些士绅和地方官员已经在主动寻求秩序的建构和宗族凝聚力的形成。

中央王朝继续采用了强制性措施和礼教濡化两种手段，军队和官府承担着镇压的作用，而礼教的濡化仍然依靠士大夫们来主导。明代建立之初，来自江南的士大夫更加接近王朝权力的中心，但是在江南士大夫群体因为各种原因受到压制之后，广州府涌现出了一批在学术和政治上具有全国性影响力的士大夫，他们同样有对社会稳定的期望，同时他们熟悉政权统治的机制、方式和技巧，能够在朝廷的意识形态、政治手段和地方社会的实际情形之间建立起桥梁，因此成为朝廷倚重的地方力量，主导了广州府乡村社会秩序和文化规范的建立，宗族和宗祠就是在这样的历史背景中悄然兴起的。元代所压抑的热望在明代终于得到宣泄，宗族最初由官宦和士绅推动，而后迅速在民间蓬勃发展，其中饱含着对文化正统的认同和对故土的眷念。宗祠主导的宗族村落大量建成，在广州府终于形成了较为普遍的聚族而居的居住情态。

（二）民田区村落案例：塱头

塱：河、湖边的低洼地。

塱头，是个在低洼地边上的村子，坐落在湖沼边的小冈上，旧称塱溪（图3-3）。

直到现在，村子仍然四面都是水塘或者河涌，周围是大片平坦的农田，有一条鲤鱼涌从村前绕到东面，流入村子北面的巴江河，祖祠中的对联描述的就是这里的风水格局：

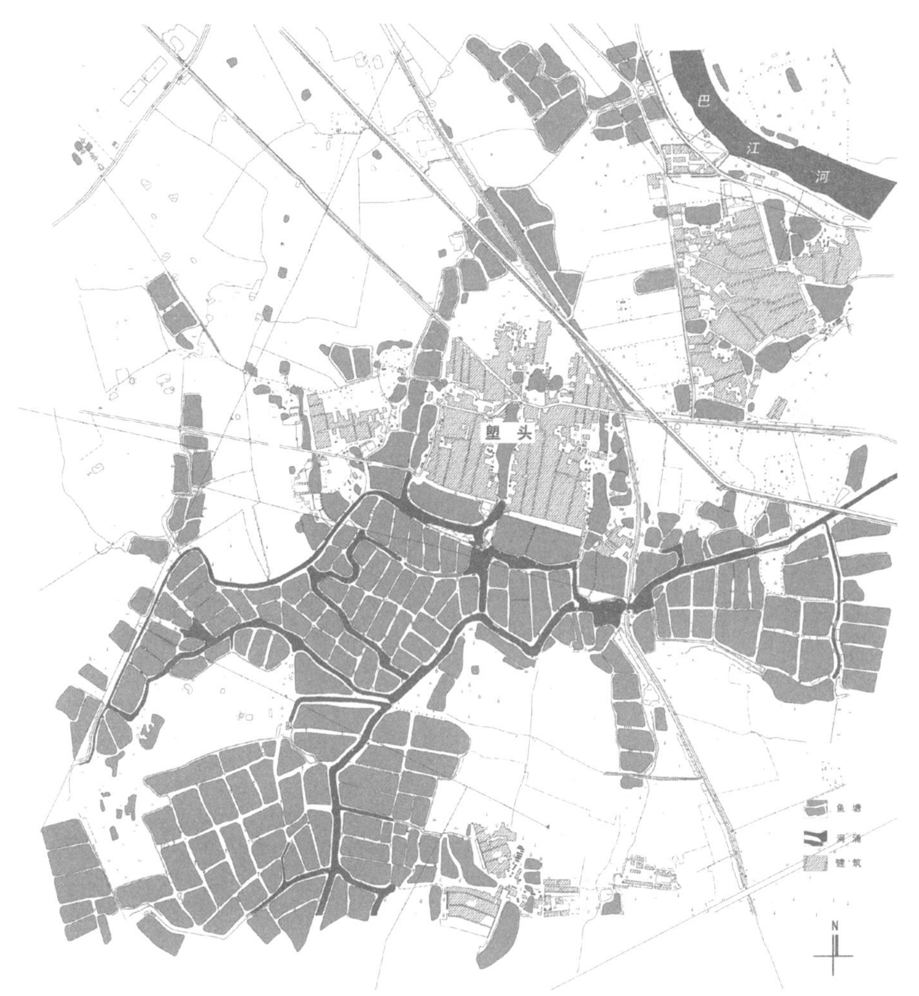

※图3-3　塱头村落与周边水系（来源：自绘）

之水绕门前千顷汪洋流泽远

丫山环座后双峰矗峙效灵长

塱头旧属南海县，清代属广州府花县水西司，现属广州市花都区炭步镇。塱头周边河汊纵横，水上交通便利，可经巴江河顺流而下广州城。耕地土壤属山谷冲积土和河流冲积土，气候温和，有着理想的耕作条件，至今仍以农业为主要的生计来源。整个村子现有六百多户约两千人，黄姓为主导姓。广东的黄氏家族奉宋孝宗淳熙年间状元、后被贬迁至新会的居正公黄由为居正派始迁祖，据村史所载，居正派七世黄仕明在塱头放鸭建村，为塱头黄姓肇基祖，十一世乐轩公建祖祠，十二世时塱溪分为塱西、塱中、塱东三大房，分据村落的西头、中间和东头。

塱溪村落格局的定型和宗族的快速发展与黄家的十四世祖黄皞有着莫大的关系。黄皞，字时雍，号栎坡，塱西长房，生于明正统庚申岁（1440），成化乙酉

1（明）焦竑编辑，《国朝献徵录》之一百二卷，云南左参政黄公皞墓碑。

2 黄衷（1474–1553），字子和，别号病叟，弘治进士，授南京户部主事，出为湖州知府，历福建转运使、广西参政、云南布政使，终兵部侍郎。著有《海语》一书，后由黄皞之子黄学准增注.

3 参见:《花都报》2003年12月15日第四版，与族谱所记大同小异。

科举人，曾任吏部员外郎、奉直大夫、云南左参政，官至三品，吏民称其铁汉公，祠堂中有纪念他的对联：叁藩传铁汉，五桂嗣燕山。黄皞致仕之后回归乡里，正德壬申（1512）孟冬四日卒，享年七十有三。其墓志铭见载于《国朝献徵录》[1]，由南海人、进士黄衷[2]撰写，赞扬他沈毅有略，且工诗文，"公雅，善吟咏，晚年屏居，诗益隽永，遗稿藏于家"。墓志铭常因私谊而有溢美之嫌，但黄皞的确获得了来自朝廷的认可，嘉靖十三年（1534），广州惠爱大街六约所立的四牌楼中有一座忠贤坊，旌表四十九位乡贤，黄皞便是其中之一。

塱头人津津乐道的木鹅传说的主人公就是黄皞，说的是黄皞为官时因得罪东厂而遭诬告下狱，宪宗派钦差重审、抄检其府第并赴塱头故居察看，发现屋宇简陋，足见黄皞清廉，遂官复原职，并赏木鹅一只，准许黄皞在原籍巴江河一带，放木鹅三天，凡木鹅浮经河涌的两岸三里内的土地，都封赏给黄皞作为黄家世袭之地，另赐银两允其建祖祠府第。放木鹅时，适逢涨潮，木鹅随潮汐上溯，向赤坭、白坭浮去，远离塱头村几十里的土地都归塱头所有。黄皞心有不忍，依夫人之计使人将木鹅引入港汊，让其停止浮动。邻村有放牛娃见坑中有只木鹅，觉得好玩，就抱回村里放在村前鱼塘，结果连这口鱼塘也归塱头所有，邻村只好用另一块土地换回，为此向塱头纳租四百余年。友兰公祠内建有一座接旨亭，相传就是当年奉旨放木鹅时的接旨之处，而塱头村东侧鲤鱼涌上的花岗石双孔拱桥"青云桥"，亦为正德年间黄皞所重建。[3]

这一段传说虽有看起来很真实的细节，仍有诸多明显的不严密之处。首先，木鹅传说已经成为一种定式，在广州府，有以弘治年间的状元伦文叙为主角的浮木鹅而圈土地的传说，顺德也有浮木鹅分家产的记载。不知道是一种流行的附会，还是明朝中期赏赐臣下或者分析地产时的通常方式。其次，友兰公祠乃是为供奉十五世友兰公牌位所建，显然比黄皞接圣旨晚得多，最多只能说是为纪念接旨而建。

不过，浮木鹅虽为传说，却因具有明显的象征意味而传递了有价值的信息：塱头在成化年间还是一派草创时期的简陋景象，甚至连村界都还不甚明了，放木鹅实际上是一次圈地和定界的活动，此时很有可能还重勘了风水。自黄皞之后，塱头才较系统地进行各种基础建设，成规模的祠堂建造也自兹而兴。

据族谱所记，南宋时七世黄仕明开村，八世黄朝俸开始建造住宅、修庙、挖鱼塘，十一世祖黄宗善（号乐轩公）始建祖祠、浮桥和重修古庙，黄宗善生于元至正辛丑（1361），享寿五十五岁，故塱头的第一次建祠活动应处在明朝永乐年间（1403－1424），在此之前，神祇扮演着村落守护者的角色。十二世至十六世之间是建设祠堂最集中的时期，鉴于祠堂供奉高、曾、祖、祢四代先祖，因而大多是在被祭祀的祖先去世之后三代以内所建，村中建祠的高潮时期当在正德至万历年间，而十六世之后祠堂建设趋于停滞，直到乾隆年间才为十八世的台华公、湛宇公、玉宇公修建或者命名了书室。最晚建设的祠堂是道光三年（1823）所建的谷诒书室，是一座生祠。从时间上来比较，塱头村的祠堂普遍兴起的时间与南海、顺德、番禺、香山等沙田区的祠堂兴造时间大致相当但稍早，这应该与塱头位于地势相对较高的位置、开垦较早有关。

早在十一世黄宗善时，已立有黄氏祖祠祭祀开村始祖，十二世各兄弟分地立村确定了村落格局的雏形，十三世留耕公、东庄公均考中进士，但塱头村真正对秩序、思想性和纪念性的表达进入成文阶段，却是自黄皞而始，他使数十年前初创的村落格局得到重整、定型和发展，并通过祠堂的建造和族谱的书写构建了流传后世的塱头早期开发史，正是他在弘治乙丑年间编撰了第一部塱溪《黄氏族谱》，也正是他赋予了这座村落一种当时环境之下的正当的纪念性。在其子孙创造了科考的辉煌之后塱头进入了发展的鼎盛时期，形成了后世村落稳定的形态结构和建成景观。

祠堂的纷纷建造带来的另外一个结果，是帮助村落形成了相对稳定的形态格局。沿水的第一排建筑主要被祠堂占据，每座祠堂的北面则陆续建起三间两廊为主的住宅以及部分后建的祠堂，各房支的祠堂与居住空间存在着大致的对应。临水塘的祠堂宽度在11.5～14.2m之间，这也是村落中建筑单体的基本尺度。

据家谱记载，村内还曾建有洪圣大皇古庙、北帝庙、金花庙，而今三座庙宇均已不存，唯有祠堂被保留了下来，由此可以看到祠堂对村落格局更稳定的主导作用。值得注意的是，乐轩公草创祖祠的时候，约当永乐朝，其时庶民建家庙尚未开禁，而塱头作为一个非常普通的村落已经有了名义上的祖祠（虽然可以想见其简陋），既说明建祠有事实上的需要，也表明当时的广州府民间违制建祠已成风气。

三、黄佐与《泰泉乡礼》：明初广州府乡间的教化与儒化

对于中国古代社会来说，礼具有特别重要的意义，礼不仅是对个人行为的规范和约束，更是建立社会秩序、实现社会教化的有效途径。历史上的五礼指吉礼、军礼、嘉礼、凶礼和宾礼，有关祭祖的礼仪属于五礼中的吉礼[1]。有关祭祖的典章制度和哲学思想无疑影响了宋明宗族庶民化以后的宗族观念，中国古代家庙祭祖的礼制以《礼记》“王制”、“祭法”两篇为经典，宋以降对祭祖礼俗的讨论以程颐、朱熹影响最大。

明代初年，在程、朱影响之下，广州府乡间的士大夫效法先贤，产生了用儒家礼仪来教化乡村的努力，出现了许多有关礼仪的规范，即“乡礼”。广州府较早的乡礼是新会知县丁积和大儒陈白沙合编的《礼式》，主要的内容效仿《朱子家礼》[2]。但最具有代表性、影响也最大的当属香山黄佐所制订的《泰泉乡礼》。

黄佐（1490—1566）是明代大儒，香山人，字才伯，号泰泉，正德五年

1 杨志刚. 中国礼仪制度研究［M］. 上海：华东师范大学出版社,2001:156。《尚书·尧典》与《周礼·春官　小宗伯》均按吉、凶、宾、军、嘉的顺序编排，至《开元礼》更改为吉、军、嘉、凶、宾。
2 万历三十七年《新会县志》卷二，46-53。
3《明史·列传一七五·文苑三》。
4 刘志伟. 从乡豪历史到士人记忆［J］. 历史研究，2006，6.

（1510）庚午乡试第一，正德十五年（1520）中庚辰科进士。嘉靖初由庶吉士授翰林院编修、兼左春坊司谏。在“大礼议”中，黄佐反对称兴献王为皇考，遂乞养归乡，顺途拜访王阳明，辩难知行合一之旨。得王阳明之荐，任江西佥事，旋改广西学政，闻母病，引疾乞休，乃致仕，居家九年。其后再度被起用，历编修兼司谏、侍读，掌南京翰林院、南京国子监祭酒、少詹事等职。因与大学士夏言议河套事不合，终去官，建居处于禺山东面，著书立说，成岭南著名学者，与陈献章、丘濬并称。时趋之者众，梁有誉、黎民表、欧大任等名士皆门下弟子。著书39种，数百卷，世称泰泉先生。终年77岁，诏赠礼部右侍郎，谥文裕公。[3]

黄佐学宗程朱，博通典、礼、乐、律、词、章，传世著作众多，包括《礼典》40卷、《泰泉乡礼》7卷、《乐典》36卷、《黄氏家乘》20卷、《广州人物志》24卷、《罗浮山志》12卷、《姆训》1卷、《敷教录》1卷、《泰泉集》10卷、《泰泉全书》60卷、《两都赋》2卷等，与其次子黄在素合撰《广东通志》70卷、《广西通志》60卷、《广州府志》70卷，与廖道南合撰《殿阁词林记》22卷。

刘志伟通过对黄佐《自叙先行状》以及明初地方文献细致、精微的梳理和解析，揭示了其模式化的历史记忆中包含的文化意义，以及元末至明代中叶的社会秩序的趋势，即从乡豪权力支配转向士大夫文化主导。[4]从建筑史的角度，我们同样可以从他的长文中发现许多有价值的信息和可资借鉴的分析。

黄佐在嘉靖《香山县志》中收录了吕楠所撰《香山黄氏家乘序》，其中记述了黄氏家族迁徙至广东后的世系：

> 才伯曰佐，今自宋度支员外郎汉卿鸣筠州来，凡十有四世，自元西台御史宪昭谪南海来，凡八世，自国初温德始有尺籍，隶香山来，凡五世。阙疑而传信，斯谱也大略具矣。于戚!长乐君在天顺中为太学生，曾上六正之疏，时人或比之陈东。

在文徵明所写的《处士黄温德墓志铭》中，可以看到明初黄家的流离、迁徙和“事懋迁以致裕”的梗概：

> 既而宣慰卒，父亦继亡，而天下大乱，岭海阻饥，府君夙遭闵凶，又属时艰，辛苦百罹，数阽于死。已，又被籍为兵，初隶广州卫，徙南海，再徙东莞。

洪武年间，广州府获得了一个相对稳定的发展时期，通过卫所屯垦开发了大量的农田，而海上的贸易仍然繁忙，黄氏家族也在此期间逐渐安定下来并开始出现了士大夫。黄佐的曾祖父黄泗居石岐仁厚坊，经营粮食。黄泗之子黄瑜于景泰七年（1456）中举，天顺初年（1457）陈《六事疏》，成化五年（1469）授广东长乐（今五华）知县，辞官后居省城番山下，世称“双槐先生”。他的事迹见于明弘治十年（1497）番禺谢廷举所撰《明故文林郎知长乐县事双槐黄公行状》：

> 世传仕业，自叠水以来，始潜而弗耀，汇休钟庆，实发于公之身……时番禺东井陈宣之先生以五经授教，遂相与馆于广城，卒业其门，而学益进。讲习之暇，则修堂祠，营居室，凡椟主之制，祭祀之仪，冠婚丧葬，必仿文公《家礼》行之。

依这段行文所言，黄瑜之前数代，都是“潜而弗耀”的光景，到黄瑜之时终于光宗耀祖，其时已经有“修堂祠”的活动了。在谢廷举的叙述中，“修堂祠”被置于“营居室”之前，虽不能认为在建设顺序上一定先立祠而后营舍，但显然在观念上堂祠比居室更加重要。黄瑜按照《朱子家礼》来实行家庭的“椟主之制，祭祀之仪”，以及“冠婚丧葬”诸礼。他创建了家庙，编纂了族谱，在碰到盗贼祸乱的时候不顾其他财物而独独抱着祖先的神主躲避。类似的叙述在广州府的人物传略中屡见不鲜，显见这已经成为一种表彰所记人物重宗佑正的常用方式，并且这种精神往往和忠于社稷相提并论。需要注意的是，黄瑜建家庙是在弘治十年之前。

黄瑜之子、黄佐之父黄畿（1464－1513）自称“粤洲学者”，屈大均在《广东新语》中对黄畿赞许有加，称“粤人著书之精奥，以畿为最”。黄畿秉承先祖之志，割七十亩田供烝尝之用。

黄佐是推行乡村教化的观念传播者和积极实践者，尤其是他于嘉靖九年（1530）所制定的《泰泉乡礼》，成为后来地方推行乡约保甲制的重要范本。《泰泉乡礼》撰于广西提学佥事任上以母病请退归来之后，回广东之后，黄佐“观于乡而知王道之易易，于乎迩可远，固在兹哉。”[1]感于“岭外风俗日侈，伏戎渐盛”，遂撰《泰泉乡礼》，“作乡礼以寓保甲之法”，“乡邦赖之”。[2]在他看来，要广行王道，需要从乡里、乡礼开始，基层社会是落实王道的基础。

《泰泉乡礼》成书之后，尤为广东所重。时广东左布政使徐乾命工锓梓成帙，令书坊刻印通行，未及广被，徐乾已调升。番禺、南海、新会等县冠带耆民欧全、余昌、温宗良等以“乡礼兴而盗贼息，教化行风俗厚”，请有司准行乡礼，仰各府州县乡等处挂论，各家置取乡礼书一部，“俾其讲读，民皆知教，悉依礼式躬行，则风俗有转移之机，共享雍熙悠久之治。”嘉靖十四年（1535）正月，“广东右布政使李中举行四礼，札对府州县严立乡约。”并将《泰泉乡礼》依式翻刊刷印数部，遍发所属州县，每里各给一部[3]。也就是说，黄佐所定的乡礼作为乡约的典范被发送到每一个里，真可谓达到了家喻户晓的程度。

黄氏为香山世家大族，对士大夫家礼知之甚详，奉之唯谨，同时，香山黄家

1 黄佐，《广东通志》卷40《礼乐志五·乡礼》。

2 祝淮修，黄培芳纂《新修香山县志》卷6《列传上·明》。

3 叶汉明．明代中后期岭南的地方社会与家族文化［J］．历史研究，2000（3）．

4 同上。

5 黄佐，《泰泉乡礼》，卷一。

6 别子在古代指诸侯的庶子，别子被后世子孙作为始祖来祭祀，其嫡长子继承别子主持祭祀，被称为宗子，宗子所属的嫡系子孙获得永祀始祖的宗子地位，称大宗。而别子的次子作为“祢”来祭祀的嫡子，以宗子的身份统率亲兄弟，此人被称为继祢小宗，在后面的世代会出现继高祖、继曾祖、继祖、继祢小宗，是为四小宗。在继高祖小宗的下一代，大宗将失去统领四从兄弟的权力，即“五世则迁”，此后，嫡系子孙继承祭祀始祖的大宗地位，但庶系四小宗将随世代延续而向下移动。引自：（日）井上徹．中国的宗族与国家礼制［M］．钱杭译．上海：上海书店出版社，2008.

被誉为“士大夫秉礼亢宗，用夏变夷”的表率，素有齐家泽乡的理想，父祖的经验为黄佐著乡礼提供了家学渊源。乡礼的实行，是士大夫家族伦理向庶民世界的推广，也是以济世安民为己任的儒者对“礼不下庶人”原则的反对。[4]

《泰泉乡礼》共分六卷，系参照朱子家礼、陆氏家训、吕氏宗法、白沙陈氏、宁都丁氏、义门郑氏家范、琼山丘氏仪节以及王阳明保甲约法等范本编成。在卷一“乡礼纲领”中即言明，其本原有三：一曰立教，二曰明伦，三曰敬身。立教以家达乡，明伦以亲及疏，敬身以中制外。除了卷一有与祠堂有关的内容之外，其他各卷分别是乡约、乡校、社仓、乡社、保甲，并没有与祠堂制度有直接关联的条目。在“明伦”的五目中，有两条关于祭祖和祠堂，录于下：

> 一曰崇孝敬。凡居家务尽孝，养必薄于自奉而厚于事亲。又推事亲之心以厚于追远，家必有庙，庙必有主，月朔必荐新。时祭用仲月。冬至祭始祖，立春祭先祖，季秋祭祢。忌日迁主，祭于正寝。或随俗于春秋仲月望日兼祭祖祢。事死之礼，必厚于事生者。庙主之制，同堂异室，则左昭右穆；同堂不异室者，依《家礼》，以右为上。其有嗣续不明、阴育异姓者，众共罚之。
>
> ……
>
> 三曰广亲睦。凡创家者，必立宗法。大宗一，统小宗四。别子为祖，以嫡承嫡，百代不绝，是曰大宗。大宗之庶子，皆为小宗。小宗有四，五世则迁。己身庶也，宗祢宗。己父庶也，宗祖宗。己祖庶也，宗曾祖宗。己曾祖庶也，宗高祖宗。己高祖庶也，则迁，而惟宗大宗。大宗绝，则族人以支子后之。凡祭，主于宗子。其余庶子虽贵且富，皆不敢祭，惟以上牲祭于宗子之家。宗子死，族中虽无服者，亦齐衰三月。祭毕，而合族以食。期而齐衰者，一年四会食。大功以下，世降一等。异居者必同财，有余，则归之宗；不足，则资之。宗族大事繁，则立司货、司书各一人。宗子愚幼，则立家相以摄之。各修族谱，以敦亲睦。或有骨肉争讼者，众共罚之。若肯同居共爨者，众相褒劝。[5]

在“崇孝敬”条中，说明家族必有家庙，家庙中放置神主，每月更换祭品。祭祖的时日是“冬至祭始祖，立春祭先祖，季秋祭祢”，或者根据当地的风俗在仲春、仲秋的望日同时祭祀祖祢，在祖先的忌日，将神主移到正寝进行祭祀。关于神主的摆放，若寝堂中设有多个小室，则依左昭右穆之制，如若寝堂中并未分室，则依照《朱子家礼》，以右为上。

在“广亲睦”条中，论及了宗法，明确说明了大宗和小宗的区分，以及各自祭祀的对象。其规定仿照古制[6]，关于祭祀的规则颇为详尽，如若自己是庶子，则以父亲之宗为宗，如若自己的父亲是庶子，则以祖父之宗为宗，以此类推。若自己的高祖为庶子，则以大宗为宗。只有宗子才能主持祭祀，其余庶子无论有何功名利禄，都不能主持祭祀。当宗子愚笨或者年幼的时候，则立家相协助管理家族事务。

《泰泉乡礼》的成书是在嘉靖颁布祭始祖"推恩令"之前六年，所以其中的一些规定颇能反映黄佐的观点以及当时广州府的情形，在乡礼中，显然宗子掌握着管理家族公共事务的权力，是主持祭祖的唯一合乎礼制的代表，因此也是家族的精神象征。另外，从"家必有庙"也可以体察到当时的广府民间，建家庙祭祖已经是普遍被接受的观念甚至事实了。

冠婚丧祭四礼中，只有祭礼与祠堂较为相关：

> 凡祭礼，所以报本追远，不可不重。近世多不行四时之祭，惟于忌日设祭。前期不斋，临祭无仪，祭毕请客饮酒。皆非礼也。今宜悉依朱子《家礼》，上户立祠，中户以下就正寝设韬椟奉祀，岁时朔望如礼。凡祖祢，逮事者，忌日有终身之丧，是日素服，不饮酒食肉，居宿于外。曾祖以上，不逮事者，服浅淡衣服，礼视祖祢逮事者为杀。
>
> ……
>
> 凡上户，准古礼，庶士得祭门、户、井、灶、中溜，即中宫土地神。是为五祀。有疾病，惟祷于祠堂及五祀，或里社。中户、下户惟祷于祠堂、里社。不许设醮禳星，听信巫觋。违者罪之。

在黄佐的制度设计中，宗族并没有占据主导的地位，只有上户可以立祠，至于"中户、下户惟祷于祠堂、里社"，应该指的是宗族共用的祠堂。他强调应由乡绅和有司来共同治理乡村，由家及乡的儒化依靠官绅通过乡约、社学、社仓、乡社、保甲等来共同完成，而乡绅，或者说乡士大夫，往往就是黄佐这样的致仕回乡的官僚或受到过良好儒家教育的士绅。

《泰泉乡礼》提倡了多种方式来整饬民间的陋俗，以使华夷杂处的岭南在文化上归于士大夫所认同的汉文化的正统，其中的里社、乡约虽非祭祖之所，但有着相似的价值观和文化意涵，也有着共同的原型。《乡礼》可以说绘就了士大夫教化岭南乡村的蓝图，以家族伦理为基点，力图建构一个"以家达乡"的儒化地方社会，进而迈向"修齐治平"的理想，也表达了士大夫以礼治民、以家族文化来实现地方教化的使命感。[1]纪晓岚等在《钦定四库全书总目》卷二十二曾经评价《泰泉乡礼》，认为"大抵皆简明切要，可见施行。在明人著述中，尤为有用之书"。

在《泰泉乡礼》以后，出现了大量的乡村礼仪手册，也称为"家训"，较受称著的是庞尚鹏的《庞氏家训》和霍韬的《霍渭厓家训》，也有许多家训收录在本宗

1 刘志伟．从乡豪历史到士人记忆［J］．历史研究，2006，6：49-69.
2 参见：李秋香主编、陈志华撰文．宗祠［M］．北京：生活·读书·新知三联书店，2006：19.
3 同上，18页。
4《广州日报》，2006年12月30日。

族的族谱之中，礼仪的教化因此渗透到了广州府的诸多村落之中，促进了宗族的兴起。

第二节　沙田拓殖与宗族的力量

在实现乡村组织化的过程中，以《泰泉乡礼》这样的文献作为观念甚至理论上的依据，以官宦和士绅的宗族建设为先导，以族田为福利保障，以祠堂为承载宗族精神和公共活动的场所，宗族得以快速发展，聚族而居的态势更加分明。

宗族的内聚力往往通过族谱、族田和宗祠三种形式来维系。族谱是对世系、房支的记载，是对基于血缘的宗亲关系的确认，大宗祠里一般都设谱房，所谓"家之有谱，犹国之有史也"，宗祠和祖坟的位置、形制和相关的规定通常也见载于族谱。而族田则包括了祭田（烝尝田、香火田，用于祭祀费用）、义田（赡养田，用于备荒、赈贫、优老、恤孤、助婚、赙丧等等）、学田（子孙田、膏火田，用于延师、兴学、助考、赏报、立桅等等）、墓田（用于祖墓护理、祭扫、守墓人生活等等）等，此外，还有田亩用于旌表（贞节、孝义、忠贤等）、灌溉沟洫、道路、桥梁、凉亭（包括施茶、施药、施柴、施草鞋）、长明灯、舟渡、各种"会"（龙灯会、龙船会、丝竹会、唱戏的万年会、习武的关公会和读书人的文会等），族田是实现公共福利的经济基础，往往不能出卖。[2]族田和祠堂有着紧密的联系，清人张永铨在《先祠记》里写道："祠堂者，敬宗者也；义田者，收族者也。祖宗之神依于主，主则依于祠堂，无祠堂则无以安亡者。子孙之生依于食，食则给于田，无义田无以保生者。故祠堂与义田并重而不可偏废者也。"[3]

明清时期，广州府尤其是珠江三角洲的大量族田是通过沙田开发获得的，族田促进了宗族的产生，同时，宗族也是获得沙田开发权利和在竞争中处于相对优势的有力、有效的方式，聚族而居成为一种当时社会现实条件下的理性选择。

一、明清广州府的沙田拓殖

在明初的一百三十余年里，温暖湿润的气候居于主导地位。到16世纪初，华南的气候渐趋寒冷，雪霜线南移，嘉靖十一年（1532）广州、韶州、肇庆等府都发生了大面积的冷害，隆庆三年（1569）九月，广州"大风拔木"，"十二月西樵山大雪，林木皆冻，二日乃解"。万历四十六年（1618），顺德"冬十二月大雪，寒甚，自六日至八日乃已"，从化"大雪三日，雪骤下如珠，次日复下如鹅毛"，崇祯七年（1634）从化"春正月大雨雪，四日至十日不止。山谷有积至二三尺者。"[4]正是在这个小冰期内，广州府尤其是珠江三角洲的沙田得到了大规模的拓殖，随着大量的沼泽和湿地被改造成可耕种的沙田，登革热对定居的威胁也日益降低，过去的"瘴疠之地"变得人丁兴旺、经济繁盛。

早在明初，随着广州府民田区耕耘的渐次展开，更靠近海岸的低地也开始被人工拓殖为沙田。从市桥台地以南、顺德桂洲、香山小榄到新会江门一带的屯田开始，广州府进行了新的大规模沙田垦殖，明清两朝数百年对新沙田区的持续开垦形成了珠江三角洲新的地理景观，导致了地表形态和海岸线的变化，由于不断砍伐森林、垦辟土地、挖掘矿山，大量的泥沙被带到了珠江口，珠江三角洲每年向南推移35米以上。[1]

作为一个从宋代开始才真正快速发育起来的河口三角洲，珠江三角洲的历史首先是广袤的冲积平原的形成以及土地开垦的历史。唐宋以前，三角洲发育缓慢，基本上属于海陆交错的地区，宋代之后开发加快，直到明清时期才因为大规模的沙田开发而真正形成了大片的田地和密集的村镇。《广东新语》中有“沙田”词条，“广州海边诸县，皆有沙田，顺德、新会、香山尤多。”[2]并详细说明了沙田的耕种方式、播种和成熟时节、所种植作物等。

沙田是税则中的名称，在珠江三角洲一般是指明清以后开垦成为耕地的冲积平原。“民田”本来是“官田”的对称，但因为广州府官田比重很小，“沙田”成为一个与“民田”相对的概念，这是从征收赋税的角度来定义的。光绪十二年定《清查沿海沙田升科给照拟定章程》：“然沙坦与民田，历年既久，壤土相连，即各业户，食业有年，自问亦未能辨别。现拟就税论田，如系升税，即属沙田，如系常税，即系民田，如有田无税，则显系溢坦。”[3]沙田“或滨大江，或峙中洲，四围芦苇骈密以护堤岸。其地常润泽，可保丰熟。……或中贯湖沟，旱则平溉；或傍绕大港，涝则泄水。所以无水旱之忧，故胜他田也。”[4]《粤大记》中则称为“潭田”。

前人曾经将沙田成田的阶段形象地描述为鱼游、橹迫、鹤立、草埗和围田。鱼游阶段时江河的泥沙在水下形成浅滩或泥堤，水深二三米，宜于鱼群活动；橹迫阶段时泥沙沉积至低潮时水深一二米，俗谓水坦，小船摇橹已感不便；鹤立阶段时低潮可见露出水面的成坦，俗称白坦，鹤可觅食其上；草埗阶段时沙坦逐渐露出水面，可人工种植芦荻等，又谓草籣；围田阶段可进行人工拍围，即成沙田。从橹迫到草埗，一般约15至20年。民间的一般说法是：鱼游是海，鹤立是沙，种草后可田莳禾时叫下则，种草六年后莳田叫中则，可用牛耕时叫立则，拍围后叫围田。[5]

至万历二十年（1592），广州府垦田104005顷，人均16.5亩，所领各县田地数在万顷以上的有南海、东莞、新会、番禺四县，5000顷以上的有顺德、增城、香山、清远和三水五县。和明初相比，广州府垦田数大幅增加，其概况见表3-1。到明末，广州府的垦殖率达到22.4%，远超广东其他各府，其时垦殖率相对较高的各府中，南雄为15.34%，肇庆为12.01%，潮州为11.96%，全省约为8.46%。[6]广州府的实际开垦数应大于表中的官方统计，足见广州府在明代耕地大量增加。

1 曾昭璇，曾宪珊．历史地貌学浅论．北京：科学出版社，1985.

2［清］屈大均，《广东新语》，51页。

3 转引自：刘志伟．地域空间中的国家秩序［J］．清史研究，1999（2）.

4［明］王圻，《三才图会•地理》卷一六。

5 谭棣华．清代珠江三角洲的沙田［M］．广州：广东人民出版社，1993：6—7。亦可参见《广东自然地理》76页。

6 王双怀．明代华南农业地理研究［M］．北京：中华书局．2002：132.

明代广州府田地概览 表3-1

政区	年份	田地数（顷）	人均（亩）	备注
南海	1377	7530.87	3.99	垦田计增19479.13顷，后期开垦尤多
	1492	15809	17.6	
	1592	27010	13.9	
东莞	1377	7568.04	8.31	垦田计增5566.96顷，主要集中于前期
	1492	12222	8.61	
	1592	13135	12.3	
新会	1377	6483.74	4.77	垦田计增5557.26顷，以前期为主
	1492	11568	15.9	
	1592	12041	16.7	
番禺	1377	5114.63	4.67	垦田计增6824.37顷，开垦速度快持续时间长
	1492	9904	13.7	
	1592	11939	17.3	
顺德	1492	8475	11.5	景泰三年（1452）置顺德县
	1592	8701	13	
增城	1377	4264	7.73	1377至1492年垦田增加4555顷，其后至1592年减少2068顷
	1492	8819	20.6	
	1592	6751	15.4	
香山	1377	2465.79	9.19	垦田计增4204.21顷，明中后期开发尤为集中
	1492	3700	26.9	
	1592	6670	31.3	
清远	1377	1444.42	8.56	垦田计增4459.58顷，主要集中于前期
	1492	4584	61.3	
	1592	5904	57.7	
三水	1572	4570	18.4	嘉靖五年（1526年），建置三水县
	1592	5002	20.1	
新安	1582	4030	11.7	万历元年（1573）析东莞，置新安
	1592	4034	11.7	
新宁	1512	2452	9.62	弘治十二年（1499）置新宁县
	1592	3427	20.8	
连州	1391	1431	3.8	洪武十四年（1381）复置连州，辖连山、阳山
	1592	3092	19.6	
龙门	1512	2251	35.8	弘治九年（1498）置龙门县
	1592	2574	37.5	
阳山	1391	379	5.97	垦田总量与人均垦田数量均增长明显
	1592	2630	42.5	
从化	1512	971	7.69	弘治二年（1489）由番禺划地设从化县
	1592	1839	10.3	
广州府	1377	36000.33	5.46	垦田计增加68004.67顷，约增1.89倍，前期开垦速度较后期为快
	1492	89864	15.0	
	1592	104005.0	16.5	

注：1. 本表选取的时间以清丈较全面的洪武十年（1377）、弘治五年（1492）和万历二十年（1592）为主，明代广州府设县较多，新设县主要选取正德七年（1512）和万历二十年。

2. 本表未计入连山县。

3. 数据来源：王双怀. 明代华南农业地理研究［M］. 北京：中华书局，2002：114-116.

耕地包括官田和民田两部分，但广州府绝大多数是民田，占全部耕地的比例在九成左右。以洪武十年（1377）南海等八县的清丈统计来看，“官民僧道学院等田地塘总计三万六千顷三十三亩”[1]，其中官田557.36顷，学院田793.72顷，僧道田1467.12顷，民田31323.4顷，民田占总数的87%。明初所定田赋，“凡官田亩税五升三合五勺，民田三升三合五勺”，广州府每年上交的税粮都在十万石以上，有些年份甚至达到三十万石。

除了在乡村进行有组织的沙田开发之外，明代中叶的商业也得到了快速发展。嘉靖年间，广州府已有墟市136个[2]，占广东全省的三成，从嘉靖至万历，顺德的墟市从11个增加到36个，东莞由12个增加到29个，南海从19个增加到25个，新会从16个增加到25个。墟市连接了城市与乡村，既促进了区域商业的繁荣，也给乡村人口的聚集和更大规模的沙田开发提供了新的机会。无论是田地的开垦，还是商业的发展，都要求资金与劳动力的相对集中，有组织的宗族和空间上的聚族而居因此十分必要。

二、沙田的垦殖、族田与造族运动

广州府的宗族组织与沙田的垦殖、经营之间存在着密切的关联，多位研究者从定居权、开发权、开发形式等不同角度进行了研究。

傅衣凌在《明清封建土地所有形式》一文中认为集中于南方各乡族的土地往往以义庄、祠田、族田、祭田等形式出现，这些名义上的公田实际上掌握在宗族中的少数地主和富农手中。他还引用清代王检《请除尝租锢弊疏》：“广东人民率多聚族而居，每族皆建宗祠，随祠置有祭田，名为尝租。大户之田，多至数千亩，小户亦有数百亩不等。递年租谷，按支轮收，除祭祀完粮之外，又复变价生息，日积月累，竟至数百千万。凡系大族之人，资财丰厚。”[3]宗族成为强大的社会力量，虽然宗族内部存在阶层分化，但毫无疑问，由于沙田的开发和经营需要投入大量的资金和劳动力，以争夺各种权利和资源，维持正常经营和进行各种防卫，宗族成为沙田开发中获得相对竞争优势的有效组织形式。

明清时期珠江三角洲的沙田开发过程中，一般的贫民不具备围垦沙田的力量，所以沙田开发“一开始就打上了强宗大族、缙绅富豪的印记”[4]，正如《陈在谦与曹勉士论沙田书》所言：“有沙田十亩者，其家必有百亩之资而始能致之也；有百亩者，必有千亩之资而始能致之也，是沙田特富家之绪余耳。”[5]强大的宗族能够集合族的资金和人力进行沙田的拓殖和经营，在社会的秩序还不那么太平的时候，可以“防外侮或外人逆施”，在“棍徒行凶跳局”时能“协力共处”[6]，为了获取在各种竞争甚至斗争中的优势，宗族的势力遂逐渐强大起来。《广东新语》中也有“势豪家”占沙的记载：“粤之田，其濒海者，或数年或数十年，辄有浮生。势豪家名为承饷，而影占他人已熟之田为己物者，往往而有，是谓占沙。秋稼将登，

1《永乐大典》卷一一九〇七。
2 嘉靖《广东通志》卷二四至二六。
3［清］王延熙，王树敏辑，《皇清奏议》卷五十六。转引自傅衣凌文。
4 谭棣华．清代珠江三角洲的沙田［M］．广州：广东人民出版社，1993：88.
5 转引，同上。
6 小榄《何写环堂重修族谱》族规，转引同上。
7《广东新语》卷二，地语·沙田，51。
8 参见：谭棣华．清代珠江三角洲的沙田［M］．北京：中华书局，1993：77.
9 陈翰笙，《广东农村生产关系与生产力》，14-17。这是陈翰笙先生在1934年所做的调查。
10 刘志伟．宗族与沙田开发——番禺何族的个案研究［J］．中国农史，1999，4.

则统率打手，驾大船，列刃张旗以往，多所伤杀，是谓抢割。斯二者，大为民害，顺德、香山为甚。”[7]

祭田在制度上得到了官府的鼓励，可以享受税收上的减免，这也引导了祭田的大量增长。族田是宗族的安身立命之本，与宗族互为表里、相得益彰，族田使“祖垅可保，祠宇可守，远居宗人所由会聚，一脉联固，气魄壮雄，未许外人轻生窥侮”，且关乎族运的兴衰。加之《朱子家礼》言明族田不得典卖，乾隆四年（1739）这一原则得到了法律的确认而成了国家的律令，因此族田就随着世代的发展而逐渐积累起来，其数量之巨达到了令人吃惊的程度。例如沙湾留耕堂在乾隆年间有族田31676亩，顺德北门罗氏在万历年间“祭田亦几万亩”，新会何文懿公尝田为曾任万历南京刑部和工部尚书的何熊祥所留，共6040亩，乾隆间番禺何会祥割田“为始祖尝业，其后子母相生万有余顷”。[8]在广州府，大体上族田每县平均占50%上下，其中顺德和新会高达60%，[9]由于土地的福利与定居的地点在空间上不可远离，族田的发展又反过来强化了宗法宗族制和聚族而居，宗族正是通过这一过程迅速在广州府的民间发展起来，出现了势力庞大的豪族，可以挑起械斗、欺压弱小，甚至可以与地方政府相抗衡，以至于屡有地方官奏请限制烝尝田的规模。

广州府的先民不仅用人工的力量把滩涂开发成耕地，也创造了他们的社会文化关系。明代初年在老三角洲定居下来并拥有新沙田区开发霸权的地方势力，利用种种国家制度和文化象征，把自己在地方上的权力和王朝正统性联系起来，从而获得了控制地方经济资源、运用政治权力、重新定义地方文化等方面的支配性地位，利用文化权力获得了沙田开发中的政治和经济权力。而宗族正是在此时兴起和发展出来的重要文化手段和新制度，是血缘群体的文化系谱。刘志伟在研究沙湾的宗族历史时，注意到了祠堂在当地的社会组织中的特殊文化意义，他精辟地指出，“以番禺沙湾的情况来看，在沙田控制上，宗族的意义其实主要不是一种经营组织，而更多是一种文化资源”，他将这种文化资源称为“祖先的权力”，用来指称特定社会结构下文化权力运用的方式。在沙湾，只有“五大姓”有权参与社区的事务，其资格的判定既非源自人数也非因其财产，而是依据是否在社区中建有祖先的祠堂。[10]生活在沙湾边缘以及沙田区的居民，因为没有祠堂和宗族组织，没有关于宗族和远代祖先的历史记忆，也就失去了宗族这一“文化资源”。因此，虽然他们在沙田拓殖中付出了艰辛的劳动，却不能拥有任何参与社区公共事务的权利，而沦为世仆。宗祠成为一种象征，和那些关于显赫祖先以及名门望族的想象和传说一起，在“埋面”和“开面”之间树立了一堵难以逾越的墙，内外之别实际上是地方社会政治格局中地位的区分。由于吻合来自士大夫文化的价值体系，宗祠成为正统性和正当性的象征，赋予那些有定居历史的宗族以文化上的优势，进而帮助争取一系列社会和经济权利并加以维护，也帮助家族的成员获得社会身份和社会权利，在沙田开发权和控制权的争斗中处于有利的位置。也就是说，造族成为一件非常有利可图甚至势在必行的行动，而有条件造族的是那些本来就在政治和经济上处于相对优势的家族。他们通过编纂族谱、建立祠堂、虚构包含生动细节的有关祖先显赫来历和家族定居沙湾的传说，例如何姓家族就声称始迁祖何人鉴通过探花李昴英向政府承买沙田，而使家族的定居和开发沙田的合法性和合理性得到认可。

明清时期，由于在土地开发和控制方面的争夺越来越激烈，矛盾日益尖锐，土地的开发权与身份的正统性关联起来，正统性身份成为一种潜在资源。明代中叶以后，早年在里甲制里以家庭为单位登记的户籍成了所有宗族成员可以共享的身份证明，因为宗族和祠堂的存在，家族的成员获得了利用祖先开立的户籍而购置土地、参加科举、等级纳税等方面的权利。科大卫认为，宗族是明清社会变迁过程的一种文化创造。[1]为七十余姓所宣称的自南雄珠玑巷南迁的往事以及关于珠玑巷的传说，本质上强调的是这些宗族从原籍取得了政府的迁移文引、合法迁居到珠江三角洲，这与民初实行严格的户籍登记制度有关。这一传说特别强调的入籍问题，使得入籍祖先在家族祭祀中有着特殊的地位。虽然庶民只能追祀两代或者三代先祖，但广州府的宗族往往以始迁祖为宗族祭祀的主要对象，而对于大多数村落来说，辟地建村的开基祖也有着相似的特殊地位。

在宗族发展的过程中，聚族而居的形态发生了明显的变化，珠江三角洲的单姓社区就是在这一过程中出现的，从大量村落的形态肌理分析和祠堂建筑的断代可以得到这一结论。快速发展的宗族使得原有的多姓村落已经不能适应土地和人口的增长，在空间和经济的压力之下，一些强大的宗族吞并了弱小的宗族或者使得其他原本比邻而居的宗族出走他乡去开辟新的定居地，一部分在宗族中居于弱势地位的房支也会选择另辟新村，有主导姓的多姓村和单姓村逐渐成为广州府乡村的主流，大宗族控制着广袤的沙田、墟市和庙宇，炫耀祖先的光荣甚至攀附历史上的同姓名人，并通过科举、捐题等方式来提高社会地位，“演示一些被认为是中国文化认同的正统命题以及身份标志，创造了一套最后为官方和地方权势共同使用的排他的语言。”[2]不仅在现实的水源、生产物资、运输、手工业和贸易等领域的优先权争夺中可以居于强势的地位，而且获得了名正言顺的文化上的优越感。

明代中叶开始，广州府营造宗族的具体方式便是建祠堂、立族规、筑祖坟、建族产、修族谱、兴族学等，建祠堂、筑祖坟是以建筑物的形式为家族的凝聚力和公共礼仪提供物质形态上的载体，建族产提供了实现公共福利的经济基础，三者构成了立祠的根本；立族规是为了实现宗族的内部秩序和推行日常生活中的规训；修族谱是为了明确世系，以清晰的血缘关系来确认宗族成员在整个宗族结构中的地位；兴族学则是为了获取在科举中的成功从而延续家族的繁荣。其中祠堂为系子孙之思的重器，祠堂既是族产的管理形式，本身也是族产的一部分，在聚

1 科大卫. 国家与礼仪［J］. 中山大学学报（社会科学版），1999年5期.

2 刘志伟. 地域空间中的国家秩序——珠江三角洲“沙田–民田”格局的形成［J］，清史研究，1999年2期.

3 谭棣华，曹腾騑、冼剑民编. 广东碑刻集［M］. 广州：广东高等教育出版社，2001：74.

4 顺德市地方志编撰委员会编. 顺德县志. 北京：中华书局，1996：173.

5 清乾隆三十一年（1766），苏珥以《宋太尉晴川公苏氏始祖厚泽记》为题撰并书于屏风上，陈设于种德堂内，后人编印《安舟遗稿》时以《苏氏种德堂永泽记》作篇名收入书中。

6 碧江苏氏自初祖至十七世总谱，明嘉靖四十七年编。

族而居的广州府乡村扮演着空间结构控制者的角色。

在广州府，宗族提供了经济、文化、科举竞争上的多重优势，建立宗祠成了一种文化和社会权利，也成为社会身份的标签之一。并非所有的人都可以建立宗族，有些地方明确规定了世仆不得立祠，如番禺沙湾由王、何、黎、李四姓于光绪十一年五月就以《四姓公禁碑》的形式，申明奴仆没有创立祠宇的权利。碑文全文如下：

> 我乡主仆之分最严，凡奴仆赎身者，例应远迁异地。如在本乡居住，其子孙冠婚、丧祭、屋制、服饰，仍要守奴仆之分，永远不得创立大小祠宇。倘不遵约束，我乡绅士切勿瞻徇容庇，并许乡人投首，即著更保驱逐，本局将其屋宇地段投价给回。现因办理王仆陈亚湛一款，特申明禁，用垂永久。[3]

在珠江三角洲沿海的沙田区，如番禺的东涌、榄核一带，几乎没有任何宗祠，明清时期在这里耕作的，大多是大宗族的世仆，这也是世仆不能立祠的一个证据。

三、案例解析：碧江的聚族与造族

碧江位于顺德北滘镇东部，北邻潭州水道，西靠海岸残丘都宁冈，历史上是顺德的四大圩镇之一，素有“文乡雅集”的美誉，现为全国历史文化名村。

碧江建村始于南宋初年，当时的碧江位于南海县东南部，靠近海岸，由岛丘、潮田和荒坦组成，村落照例选址在靠近山丘的台地上，以避洪水、潮汐和雨涝之患。从苏姓族谱记载看，村中居民超过十余姓氏，均称来自珠玑巷，较早来此定居的有苏、梁、甘、丁、马、刘、仇诸姓，后来陆续有他姓迁来，在数百年的发展过程中，苏、梁、赵逐渐成为村中的大姓。苏氏以北宋苏绍箕为开基始祖，于绍兴元年（1131）迁至碧江。梁姓在宋代中期迁入，渐成望族。赵姓为苏姓表亲，迁来稍晚。

清谭宗浚《希古堂文集》中有记：“宋末有苏晴川者，自南雄州迁居南海碧江乡，迄景泰析县时，以碧江隶顺德，遂世为顺德人。”清龙廷槐《敬学轩文集·宋进士朝奉大夫峨峰苏公墓表》亦有苏氏于北宋末、南宋初移居顺德的记述。[4]苏绍箕原籍福建晋江，北宋时期入仕，官居正一品太尉右丞，是靖康年间的主战派，去世后葬在广州白云山。据《苏氏种德堂永泽记》[5]载，“公先世迁于南雄沙水镇珠玑巷。公举经术精通，备讲读科，授迪功郎，历官至太尉，后避乱广州。州城东北二十里有白云山，历数里，地饶幽致，名为月溪，公栖隐于是。由是兴寺宇，招僧作伴，置田十顷以饭僧众。垂老欲归骨于山，后增田三百亩为子孙墓祭需。既卒葬焉。而公之后人迁居于南海之碧江。”苏姓集中居住在旧村的中心和偏东之处，为村中成陆较早的部分，东面与番禺隔潭洲水道相望。据《苏氏种德堂金精族谱》[6]记，苏氏在南迁之前已属“南、韶诸州缙绅”。二世分为东、西两派，苏绍箕长子苏世量阵亡于杭州，遂以二子苏世矩为宗子，苏世矩在碧江广置田产，以勤耕苦读传家，为东派即碧江派始祖，三子苏世度居广州，为一桥派始祖。南宋时期，从孝宗隆兴元年（1163）至理宗宝祐四年（1256）间，碧江苏姓共有五人考中进士，分别是三世的苏之才、苏之奇、四世的苏光祖、苏希旦和七世的苏天赐，族谱所记最早的家庙“簪缨堂”就是在朝廷中有较高品级的官员们致仕之后筹划和建造的。苏之才和苏之奇分别迁往番禺钟村和大石，但其子孙迁回碧江，分别为钟村房和大石街房。六世苏刘义为苏之奇曾孙，任宋军殿前指挥在岭南抗元，兵败后突围，易名隐居碧江。碧江派后分为南房正派和北厅两大房，一桥派自第八世无嗣后由碧江子孙过继，但仍居碧江，一桥派遂与碧江派合流，成为日后的北便房。到第九世时，碧江的苏姓共有四大房，即南房、北厅、北便房和钟村房，其中南房正派为宗子房，其他各房以及后来逐渐形成的大石街房、下滘苏等房均为小宗。

据碧江苏氏七世苏天赐编修的《碧江苏氏族谱》记载，碧江与番禺沙湾的望族何、李两姓同是南宋初年南迁的移民，世代都有姻亲关系，历来被称为“亲家村”。沙湾李氏七世祖李昴英[1]与苏天赐同为宋理宗时的进士，三世苏之奇兄苏之才成年时迁至番禺钟村，苏天赐之子苏寿翁亦曾住钟村，并于元至元二十九年（1292）荐乡试。[2]碧江与番禺一水相隔，来往密切。

据《苏氏种德堂永泽记》，苏氏家庙“乃遭元季之乱而毁”，就是说簪缨堂在元代毁于兵燹，后八世苏显重建家庙以祀始祖，嘉靖三十八年（1559）苏氏族谱有记[3]：“显，博学，本精于地理，自捐税地，使商建始祖太尉三公庙于市后[4]，遗迹遗像迄今存焉。”因为之前碧江仍属南海，这便成为有文献可据的最早的顺德祠堂之一。

洪武初，碧江先民种植水草和竹子以改善水质，或“塞堑为塘，叠土成基”[5]，也开始种植荔枝、龙眼、柚子和桑树等经济作物，逐渐形成了稻田、果基和鱼塘相结合的耕作模式。这一时期，宗族在垦殖中的作用得到了体现，并影响了村落的格局。苏氏出资致力垦殖，“负郭田为圃，名日基，以树果木，圃中凿池蓄鱼，大至十数亩，若筑□池，则以顷计。”围垦出村边的鱼鳞坦、大涌口等耕地。梁姓则南迁至泮浦，围垦出龙船围。图3-4是《顺德县志》所载《诸堡度分总图》和《龙头堡图》，虽未完全按照科学测绘的方法精确绘制，但从水系形状的明显差异，可以看到明清时期的碧江从浮在海中的沙坦到成陆为沙田的变化。

也是在洪武初年，据《苏氏种德堂永泽记》，“就乡内设望祭坛。日久苦于风雨，作亭覆之。宣德庚戌[6]，就亭址建种德堂……景泰改元，又为盗毁”。种德堂即碧江苏氏的大宗祠，“种德”之意取自“贺知章句云‘但存方寸地，留予子孙耕’，留耕惟在种德，种德即以贻谋，种德也、贻谋也，一以垂泽永也”。又因“时虚斋祖适入翰苑，与陈文恭先生有夙好”，故大儒陈献章为书“种德堂”题匾，“载于邑旧志”；而王文恪“为书‘贻谋’二字匾于祠之寝室”。[7]种德堂始建之后

1 李昴英（1201-1257），字俊明，号文溪，番禺人，崔与之门人，宝庆二年（1226）进士。《宋史翼》、《广州人物传》有传。

2 阮思勤. 顺德碧江尊明祠修复研究［D］. 广州：华南理工大学硕士学位论文，2007.

3 明嘉靖己未（1559年）苏兆鳌重修。

4 今金楼景区南围墙附近。

5（清）何如铨，《重辑桑园围志》。

6 即1430年。

7 苏珥，《苏氏种德堂永泽记》。

8 东涧、北汀、宗徽、宗齐分别为碧江九世南房、北厅、北便与钟村四大房各祖，碧江苏氏四大房自始确立。成化丁未即1487年。引自苏珥《苏氏种德堂永泽记》。

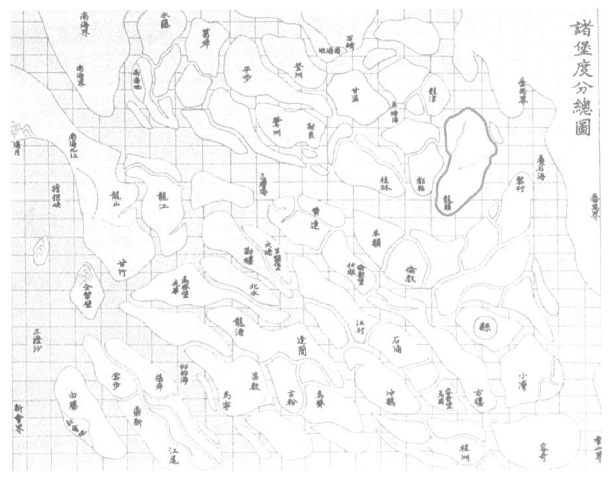

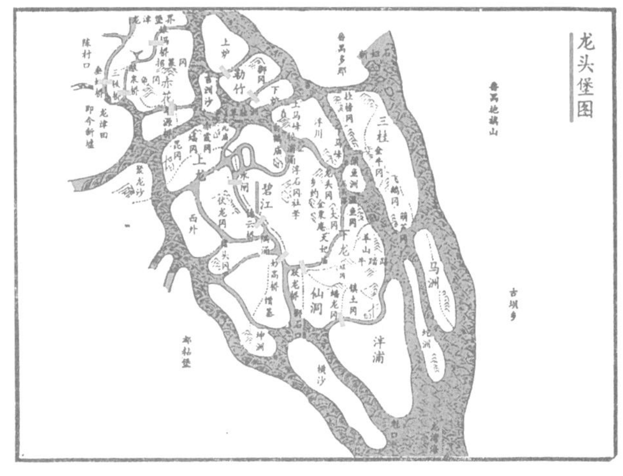

※图3-4　从历史地图看碧江陆地形态的演变
（来源：民国18年版《顺德县志》）

十九年即遭毁坏，苏族于成化间重修，“成化癸卯，东涧、北汀、宗徽、宗齐四祖共置尝业，随其所入，别择村北地建祠，共创于丙午，至丁未堂成”[8]；明代庠生苏兆鳌所编的苏氏族谱《家谱凡例》中提到，“十二世孙子章（南房宗子）、穗伦、彦蕴、道受诸公复建初祖祠宇，广设祭田，垂裕无疆”。景泰中顺德建县，碧江辖于西淋都龙头堡。明代中期，碧江人利用早期围垦坦地的竹子作为材料造纸，碧江造纸业崛起，这为碧江的村落建设提供了经济上的基础。此时，有乡人从南洋购买了大量建造祠堂与家具所需的木材。明代后期，碧江士农工商一齐发展，仍重功名。从嘉靖十四年（1535）到天启二年（1622），碧江共出7名进士。

碧江苏氏重视宗族建设，宗族促进经济和文化的发展，这反过来让苏氏更重视宗族，尤以建造了大量祠堂而闻名（图3-5）。十世苏员智是南房正派的大宗宗子，在世时已是“生太公”。十世北厅分别建有澄碧祠和何求祠。十一世苏观爱分支出尊德堂，金楼家族第十二世至第十五世便是尊德堂的宗子。明末清初，十三世时建造了尊明祠、祖德祠、承德祠，现存于村心街的用斋苏公祠祀奉的是十五世祖苏振昌，祀十七世北厅房苏耀凤的楚珍苏公祠建于清代，其后北便房祠堂建设活动相对活跃，分别有祀十八世南明光禄大夫苏世贤的凯禹苏公祠、建于雍乾

※图3-5　碧江苏氏大宗祠种德堂与赵氏流光堂
（来源：苏禹《碧江讲古》）

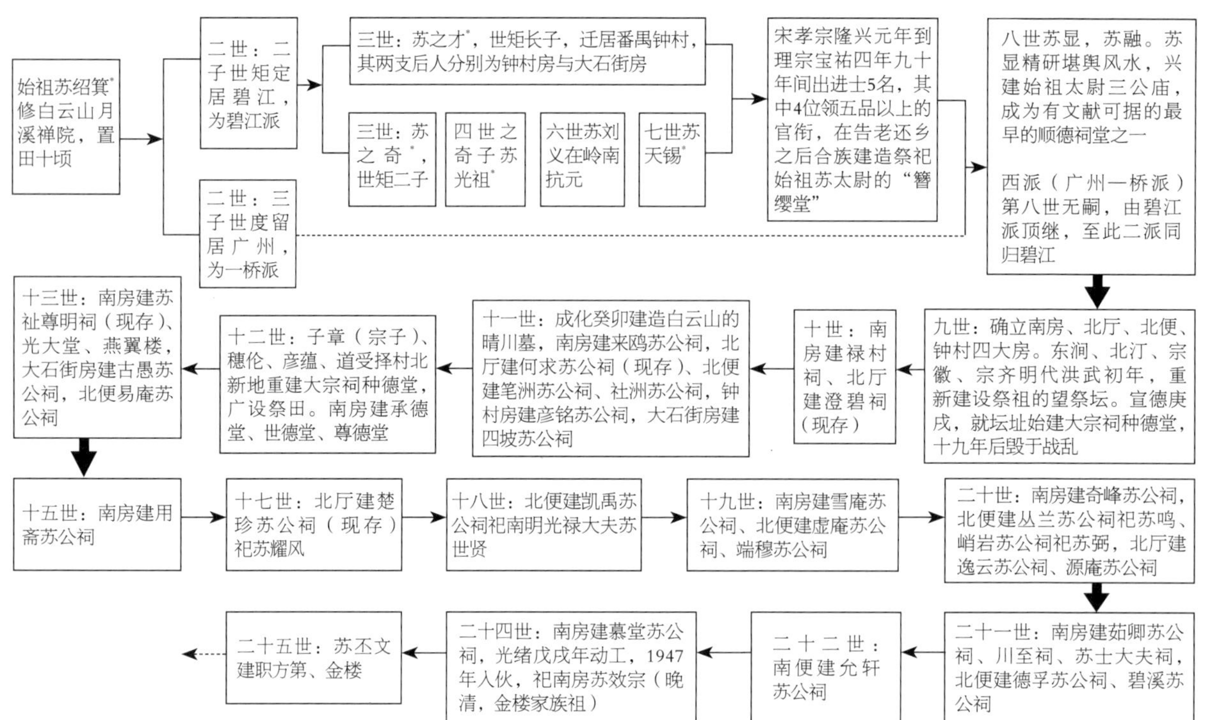

※图3-6　碧江苏氏的世系与宗祠建造
（来源：阮思勤《顺德碧江尊明祠修复研究》）

间祀二十世苏鸣的丛兰祠、祀苏弼的峭岩祠以及祀苏耀凤曾孙苏廷爵的源庵苏公祠等。清雍正元年（1723），金楼家族的二十一世祖苏正学中举，身后子孙建“大夫祠”以祀之。[1]

清初，从顺治十八年（1661）到乾隆三十三年（1768）碧江出进士六人。雍乾年间，苏珥[2]和苏弼开碧江儒商风气之先，碧江发展成为一个颇具规模的手工业造纸基地，形成了三圩六市。此后，碧江百业俱兴，除造纸业与进口木材等产业外，又增加了经营干果、豆类的商家，市场远达华东和西南。清末，随着洋务运动引进蒸汽机进行粮食加工，形成了珠三角一个重要的“谷埠”。清朝后期，二十四世祖南房苏效宗（号慕堂）引领其家族进入苏姓鼎盛时期，将其家族冠名为“怡堂”。清末民初，其子孙建慕堂苏公祠并刻印《苏怡堂家谱》。

碧江苏氏各世系及苏氏祠堂建设活动详见图3-6[3]。

除苏氏家族的自身发展之外，十一世苏彦铭还协助表弟赵草洲携子定居碧江，赵草洲成为后来碧江赵氏的始祖。赵氏定居的“西外坊”至元代还是一片滩涂，但经过数代的经营，赵姓也成为碧江的主要宗族之一，建设了流光堂、裕德堂等宗祠。

广州府有俗语云：“顺德祠堂南海庙”，而顺德祠堂之盛又莫过于碧江，由此可见碧江各宗族对祠堂建设的热衷。祠堂的建设强化和发展了聚族而居，而以宗

1 阮思勤. 顺德碧江尊明祠修复研究[D]. 广州：华南理工大学硕士学位论文，2007.

2 据咸丰《顺德县志》，苏珥，字瑞一，于雍正甲寅举优行，乙卯举博学鸿词，未赴，乾隆戊午科举人，有传。笃学，诗有别趣，文与书称二绝，著有《安舟遗稿》。

3 根据华南理工大学《顺德碧江历史文化区保护规划·基础资料汇编》6页、苏禹先岭表珠浮——中国历史文化名村碧江书稿整理。

4 [明]何良俊撰，[清]沈节甫摘抄，《四友斋丛说摘抄》，见《纪录汇编》卷一百七十七。

5 参见：罗一星. 明清佛山经济发展与社会变迁[M]. 广州：广东人民出版社，1994.

族的聚居为特点的村落反过来又促进了祠堂的大量建设，以至“代为堂构”。

第三节　明代广州府籍士大夫对祠堂制度的影响

随着元末科举制度的复活以及明代政权的建立，江南士大夫更加接近国家权力的中心，产生了通过设立祠堂、义庄、编纂族谱、合爨等方式形成名门宗族的动向，当时在朝中掌郊社宗庙山川百神之典、朝会宴享律历衣冠之制的宋濂、杨士奇都倡导发展宗族和建设祠堂，而受到朱熹影响的福建兴化等地已经产生了多个在寺院、墓祠、影堂之外别立祖祠的例子。宋濂、方孝孺等儒士的文献中记载了当时的士大夫对宋代宗法主义的继承。随着岭南经济和教育的发展，越来越多的岭南士大夫得以进入中央政府，尤以广州府籍为多，这客观上推动了广州府宗族的发展，进而影响了村落的聚居形态。

士大夫成为发起宗族的重要力量，明朝中叶，土地明显开始向少数宗族集中。“宪、孝两朝以前，士大夫尚未积聚，至正德，诸公竞营产谋利”[4]。在广州府，士大夫对宗族的发展、宗祠的建设起到了显而易见的推动作用，尤其是那些在中央朝廷担任高品级官员的士大夫们，对此产生了更深远的影响。

一、走上明朝历史舞台的广州府籍士大夫

来自广州府的官员如方献夫、梁储、霍韬、何维柏等在大礼议中发挥了重要的作用，并因为赞成称兴献王为皇考而得到了嘉靖皇帝的信任，从而成为朝廷重臣，官至高品，其中多位曾出任礼部尚书。京城中的争斗也波及了广州府的宗祠观念和宗族组织的发展，众多的广州府籍士大夫不仅在观念上倡导敬宗收族和儒家礼制，而且通过在家乡的践行来推动地方的教化。这些官员在广州府推行与朝廷一致的正统观念，并通过师生关系或联姻结成同盟，掀起了广州府的沙田开发高潮，推动了宗族组织的发展，在乡里建设了大量的宗祠，形成了广州府祠堂建设的第一次高峰。罗一星将这些在大礼议中有着相似观点和较为紧密的利益联系的南海籍官员称为“南海士大夫集团”[5]，来自广州府的官员成为明代的一个重要团体，不仅有机会影响到中央朝廷的政局，而且对地方的经济、社会和学术发展影响尤大。对于广州府的宗祠制度和宗族发展产生重要影响的还有一些地方官员，以及并未参加大礼议的其他官员，前者以在香山建立家庙并撰写《泰泉乡礼》的黄佐为代表，后者则以花都塱头的黄皞为代表，而一些学者例如庞嵩也起到了推波助澜的作用。

大礼议及随后的推恩令只是一根导火索，将民间积蓄已久的情绪释放了出来，关于礼制的许多观念和活动在民间其实酝酿已久。

如前文所言，早在明初，士大夫或者地方乡绅就已经成为国家实行乡村教化

的主导力量，朝廷先后颁行了《大明令》、《御制大诰》、《洪武礼制》、《教民榜文》、《大明律》，通过推行里社制、里甲制、里老人政策以及设学校、行祀典、均力役、擒盗贼、缉逋逃、籍军户等一系列举措来建立地方社会的秩序。广州府的士大夫担负起了教化乡里的责任，南海唐豫就曾在平步乡订立《乡约十则》，供乡人遵行。[1]其后更有乡礼和诸多士大夫之家的家训。明代中叶，里甲废弛，教法颓微，为端正风俗，地方官绅再次携手，通过乡约保甲制推行以家达乡的儒化，乡约因得到官方的提倡而进入了全盛时期。嘉靖八年（1529）兵部侍郎王廷相提出了恢复义仓制，贮粮于里社，以二三百家为一会，由社长社副管理，民间登记册籍，以备有司稽考，“乃是可寓保甲以弭盗，寓乡约以敦俗”。王廷相的提议得到了采纳并通过户部施行，这一次的努力不再仅仅依靠观念和礼教，而是通过义仓与备荒联系起来，也就加强了社会组织和赈济的色彩，将礼教与社会现实需要、经济利益更紧密地关联起来，对于一向务实的广府人来说，是更加有效的方式。

在广州府，关于祠堂祭祖等礼制问题，前有陈白沙、湛若水的铺垫，后有霍韬、伦文叙、冼桂奇、庞嵩等诸多官员和士绅的推动。另外，朝廷推动教化的努力和民间的愿望纠结在一起，民间利用了政府推动教化的机会而达成自己的愿望，或者说趁机给自己的愿望与活动穿上了一件合乎朝廷意识形态的外衣。

有明一代，广东共有3名状元，6名一甲进士，61名庶吉士，889名进士，6355名举人，广州府科名占据广东半壁江山，举人有3090人，进士457人，而6名一甲进士中除潮州林大钦外，其余5人皆出自广州府，南海、番禺、顺德、东莞在科举考试中考得功名的人数居于前列。[2]另外，许多家族中出现了在科举中连续考取功名的现象，以东莞为例，明代共有18个家族在三代以内至少产生了两个以上的举人[3]，而这无疑有助于宗族的形成，并在价值观念上成为民间向往和效仿的对象。卢子骏在《潮连乡志》中提到了广州府在科考和仕途上的成功被广东人传为美谈：

> 吾粤之科第仕宦。所谈为美谈者，则伦文叙、以谅、以训、以诜，所谓父子四元也。梁储、霍韬、伦文叙、伦以训，所谓五里四会元也。戴璟、霍韬、潘浚、陈绍儒、方献夫、李待问、何维柏、陈子壮，所谓七里八尚书也。

最初，多位重要的学者和集学者、官员于一身的士大夫们树立了宗族的观念，对宗祠的制度进行了讨论；之后，一大批广府籍的官员通过具体的实践推动了祠堂的建设。可以说，正是士大夫们奠定了祠堂的形制并通过乡约、乡礼等形式渗透到了广府地区的广大乡村。邱濬在《南海黄氏祠堂记》简要回顾了祠堂的发展并赞扬了岭南士大夫对礼教的推广：

1 参见：刘志伟．从乡豪历史到士人记忆［J］．历史研究，2006，6.

2 见张颖《明清广东各府科名的兴衰》，转引自李绪柏《明清岭南文化中心广州》，载李明华主编《广州：岭南文化中心地》。

3 郭培贵．明代东莞地区的科举群体及其历史贡献［C］．明清珠江三角洲（东莞）区域史国际学术研究会，2008.

4《广东文献》初集，卷六，《邱文庄公琼台集》。转引自：谭棣华．清代珠江三角洲的沙田［M］．广州：广东人民出版社，1993：72.

5 黄宗羲，《明儒学案》卷五。

6 全祖望，《端溪讲堂策问一》《鲒埼亭集》卷50。

7［清］屈大均，《广东新语》54页，“义田”。

8 见《广州日报》2006年10月18日。

至宋司马氏始以意创为影堂，文公先生易影以祠，以伊川程氏所创之主定为祠堂之制，著于家礼通礼之首。盖通上下以为制也。自时厥后，士大夫家往往仿而行之者，率闽、浙、江、广之人，所谓中州人士盍鲜也。岭南僻在一隅，而尚礼之家不下于他方。[4]

陈献章（1428—1500）是明代中叶的理学大师和书法大家，出生于新会白沙村，又称白沙先生。“有明之学，至白沙始入精微”[5]。陈白沙的学问自成一派，史称江门心学，他一生弟子众多，门下既有饱学鸿儒、专心发扬学问者，也有考得功名、官至极品的当朝重臣大员，无论在思想上还是现实上，对岭南乃至整个国家都产生了很大的影响。一大批声名卓著的广州府籍士大夫出自白沙门下，杰出者如增城湛若水、南海何维柏等，这些弟子在广州、西樵、增城等地创办书院，发明宗旨，白沙之学渐成学派，世称“江门学派”或“广宗”，与王阳明的“浙宗”共成当时的学术主流，交相辉映又互有辩论，“终明之世，学统未有盛于二宗者”[6]。在《陈献章集》中收录有陈白沙分别为绿围伍氏、关西丁氏、汤氏、周氏撰写的四篇族谱序和为潘氏、增城刘氏所写的祠堂记，虽然文章简短，也未描述祠堂的具体情状，但足可见当时修谱和建祠之风已经盛行，而且陈白沙是赞同建祠之举的。

在陈白沙的弟子中，对推广白沙之学贡献最大的当数湛若水，他是增城新塘人士，号甘泉，生于成化二年（1466），卒于嘉靖三十九年（1560），不仅在仕宦生涯中历任南京礼、吏、兵三部尚书并加封太子少保，而且在哲学上形成了“随处体任天理”的思想体系，与王阳明的心学思想遥相呼应，又互有论辩。他在增城建明诚书院，在广州建白云书院，在西樵山建大科书院，共创建了数十所学院，与弟子讲学其中。湛若水还设义田，以周给“族人冠、婚、丧葬者，读书者，给谷有差。”[7]

另外，广州府在明代中期出现了梁储、方献夫、霍韬三位阁老，其中霍韬对宗族发展和祠堂建设的影响尤其值得讨论。

梁储（1453—1527），字叔厚，又字藏用，号厚斋，后更号郁洲，南海石硍乡人（其时属顺德），生于景泰四年。梁储幼年就读乡塾，后到新会师从陈白沙，成化十四年（1478）中会元。正德十年（1515）署理内阁首辅，正德十四年（1519）授光禄大夫、左柱国。嘉靖六年（1527）病逝，谥文康。作为两位太子的老师和《明会典》的编纂者之一，梁储影响了当朝的礼制观念。罗天尺在《五山志林》中记载有其子梁次摅为争夺百顷良田杀死杨家及近邻二百余口，可见梁家在乡间有较大的势力。族人为梁储建“五岭祠”，有图载于族谱。五岭祠沿中轴线分布有头门、“宗开柱国”牌楼、中厅、寝室和后楼，其中头门、中厅和寝室均为五开间，牌楼四柱三门，后楼为三开间。虽然梁氏在石硍乡留下了多座祠堂，但五岭祠20世纪60年代被拆，石材被用于兴修水利或者铺砌路面，部分栏板石2006年10月被发现。[8]梁储出身寒微，而其家终能成为巨家大族，与梁储在科举中的成功有着极大的关联，明初的科举和仕宦之途为广州府创造了发展宗族的机缘。

方献夫（1485—1544），字叔贤，南海丹灶良登乡人。据《南海县志》载，方献夫是丹灶良登孔边村方氏开村之祖方道隆的第八代宗孙。弘治十八年（1505）进士，改庶吉士。嘉靖改元后方献夫还朝，发动大礼朝议，通过引证《礼经》、类比程颐《濮议》中论及的宋仁宗与宋英宗的事例，主张称孝宗为“皇伯考”，兴献王曰“皇考”，另立庙祭祀，“缘议礼骤贵”。因遭廷臣非议，嘉靖四年谢病归。六年，与霍韬同赴召，修《明伦大典》，后三疏引疾，家居十年卒。[1]方献夫官居高品，所言多关乎礼制，且数次谢病归乡，最后在家十年，于家乡产生了重要的影响。方献夫的姻亲中，多有贵胄，包括同朝为权臣的霍韬。

霍韬（1486—1540），字渭先，号兀崖，后改号渭厓，南海县石头乡人。霍姓源自太原，故又称太原霍氏。霍韬生于明成化廿二年（1486），正德九年（1514）会元。霍韬在大礼朝议中援引古礼，揆之事体，主张分开“继嗣”与“继统”，支持明世宗尊生父兴献王为皇考。嘉靖十五年（1536），官至礼部尚书、太子少保，嘉靖三十四年病逝，被追封为太子太保，谥文敏，葬于增城。他致仕回乡后编撰族谱、建造祠堂和书院、立族规、设族产，推行教化。霍韬曾经编印了《霍渭厓家训》，家训内容分田圃、仓厢、货殖、赋役、衣布、酒醋、膳食、冠婚、丧祭、器用、蒙规、汇训等章，申明敬祖、勤俭、守礼等规条。除有家族管理纲领及冠婚丧祭仪节外，还有严厉督责子弟务农力穑、勤俭持家、秉公无私、入孝出弟的规条，《霍渭厓家训》所强调的同样是儒家的道德教化、家族的管理而非简单的祭祖仪规。此外，霍韬还创办了石头书院和四峰书院，著有《岭表书院记》等。霍韬的家族成为地方上的显赫势力，家产多有籍没淫祠所得，其子侄倚仗官户，在乡里接受“引做田人”投献的沙田，曾拖欠税粮，枷死人命。其子霍与瑕亦为进士，号勉斋，“万历丁丑致仕家居二十三载，堡内事无大小，悉向处分。”霍氏营宗祠始于嘉靖四年（1525），霍韬祠俗称七叠祠，是广州府进数最多的祠堂之一，已毁，现存的霍勉斋公家庙、椿林霍公祠、霍氏家庙和石头书院为清嘉庆间重修。霍韬的家族是非常有代表性的以祭祖和打击淫祠之名而发展宗族势力、谋求理想风水和聚居形态格局的例证。

伦文叙（1466—1513），字伯畴，号迂冈，明成化二年生于南海县魁岗堡黎水村伦地。弘治十二年（1499）年会元，己未科殿试状元。伦文叙是明代的第一位广东籍状元，因而对广东民间具有榜样作用和特殊的影响力。他在朝中的职事主要与朝廷文书、奏章、诏谕、制诰、讲学、修纂、编修玉牒等相关，故此对礼制十分熟悉并且推动了家乡在礼制上的实践。另外，伦文叙还是许多民间传说的主人公，他出身寒门，但机智聪敏，“状元及第粥”、“小榄女婿”、“巧改对联”、“三戏柳先开”等故事代代相传，其中大多为后世的虚构和附会，但无论伦文叙是否这些故事的真实原型，他都承载了民间的许多美好愿望，以神童、鬼才和不畏权

1《明史·列传第八十四》。

2 郭棐，《粤大记》卷14。

3 庞尚鹏，《庞氏家训》，长沙商务印书馆，1939年，10页。参见：叶汉明. 明代中后期岭南的地方社会与家族文化［J］. 历史研究，2000（3）.

4［明］王邦直：《陈愚衷以恤民穷以隆圣治事》，［明］陈子龙等编《明经世文编》，卷二百五十一《东溟先生集》。

5 同治《庐江何氏家谱》卷一，转引自：谭棣华. 清代珠江三角洲的沙田［M］. 广州：广东人民出版社，1993：94.

贵的形象成为口传历史的一部分。伦文叙在科举中的成功延续到了下一代，伦家由此成为广州府的世家望族。伦文叙长子伦以谅为正德十五年（1516）解元，同年中进士，选庶吉士。次子伦以训为正德十二年（1517）会元，殿试榜眼。三子伦以诜嘉靖十七年（1538）考中进士。伦以谅在广州越秀山下建有迂冈书院，伦以训于北城建有白山书院。

黄衷（1474—1553），字子和，南海人。明弘治九年（1496年）进士，授以南京户部主事之职。在白云山创有月溪书院，著有《海语》三卷、《矩洲诗集》等。

何维柏（1511—1587），字乔促，号古林，南海县登云堡沙滘村人（嘉靖五年后沙滘划入新建的三水县治下，故何维柏以三水人自称，沙滘村今属南海丹灶镇）。嘉靖十一年（1532）到西樵山读书，与湛若水、霍韬、方献夫等交往，习白沙之学，十四年（1535）中进士，选庶吉士，嘉靖、隆庆、万历三朝为官，历任监察御史、大理寺少卿、都察院左副都使、吏部侍郎、南京礼部尚书等职，万历四年（1577）辞官归乡。“四方从游者众，大会于光孝寺，发明白沙宗旨。名其所居为‘天山草堂’，又辟河南胜地为‘天山书院’，以处从游之士。”[2]七十三岁时往江门拜祭陈白沙祠，修葺白沙祠并撰《明翰林院检讨白沙陈先生记》碑文。万历十五年（1587）病逝，谥端恪，明神宗赐牌坊立于广州大市街（今惠福路）。

庞尚鹏（1524—1580），南海人，嘉靖间进士，累官至左副都御史。隆庆年间，庞尚鹏著家训，以《庞氏家训》为名刊行于世，内容包括“务本业、考岁用、遵礼度、禁奢靡、严约束、崇厚德、慎典守、端好尚”等规条，最后为训蒙歌及女诫。其中遵礼度部分的侍客、嫁娶、节丧及交际礼仪四款已入乡约通行，从中可见“家”与“乡”的息息相关。[3]

嘉靖一朝，因为大礼之争、打击淫祠、经济发展和朝廷政令相对宽松，可谓豪族聚敛财富的主要时期。官宦之家通过宗族的建设迅速成为土地的主要控制者，而且大多展开了成规模的宗族村落和祠堂的建设，“官豪势要之家，其堂宇连云，楼阁冲霄，多夺民之居以为居也；其田连阡陌，地尽膏腴，多夺民之田以为田也。”[4]颇可作为明代中期广州府的写照。万历朝之后，广州府宗族的发展已经成熟，随着更多广州府籍士大夫的涌现，豪族对地方社会的影响已经成为传统，而且更多的地方官员也纷纷效法建宗立祠，宗族的发展渗透到了广州府社会的基层。

何熊祥（1567—1642），字乾宰，又字师帝，别号玄谷，新会司前河村人。万历二十年（1592）进士，选庶吉士。天启元年（1621）任南京工部尚书，次年改任吏部尚书。天启三年（1623）致仕，崇祯十五年（1642）病逝于家，赠太子太保，赐祭葬，谥文懿。何熊祥在乡影响很大，“家居二十余年，混迹渔樵贩市之中……竹笠棕鞋，不知其为尚书也。一旦邑有大事，即身出主之。”[5]他广置祭田，使何家成为新会最大的地主。

黄士俊（1570—1607），字亮垣，号玉嵛，隆庆四年出生于顺德甘竹右滩一个中落的书香之家。万历三十五年殿试夺魁，成为顺德建县后第一位状元。入仕三十年，一度入阁担任宰辅。现杏坛右滩五间三进的黄氏大宗祠即黄士俊的家族祠堂。

李待问（1582—1642），字葵孺，号献衷，佛山镇栅下人。万历三十二年（1604）考中进士，曾任户部尚书。李待问和兄长们热心公共事务，万历间捐资修建祖庙灵应祠端肃门、崇敬门、重修通济桥，天启间修建祖庙崇正社学，崇祯间捐资修建通广州的羊城古道、大修灵应祠、创建明代佛山镇唯一的书院文昌书院。他还购置书田，编修族谱，使李氏家族的地位迅速上升，成为佛山的名门望族，他本人也成为当地新兴士绅集团的首领袖。在栅下陇西，先后建成李氏大宗祠、赠户部尚书李公祠，后被佛山人称为"孖祠堂"。

以上的广州府籍士大夫或学富五车、著作等身，或位高权重、号令一方，无论从观念、制度还是实践上，都成为宗族发展的主要推动力量。

士大夫在建立宗族时，也往往寻求官府的支持。嘉靖十四年（1535）进士、授工部主事和刑部主事的冼桂奇在佛山祖庙铺高第坊建立冼氏宗祠时，向广东承宣布政使司分守岭南道左参政项乔请求给帖，"仰广州府照依所请，给帖付宗子宗信执照，以祀其祖，以统其宗。故违者，许宗子及梦松、梦竹秀才（均桂奇子），具呈于官，以凭重究。梦松、梦竹学成行立，即许为族正，以辅宗子。"既力图通过官府的执照维护宗子的地位，又提出缙绅可为族正辅助宗子，以防止宗子不贤。冼氏族谱明确规定："我族自万历以后，不再立宗子，恪守时祭，以族长执持宗法，有事于庙，则以贵者主祭。"经项乔批准，广州府知府曹达给冼氏颁发了《家庙照帖》，其中说明了冼氏定居佛山和建立家庙的经过：

> 广州府曹为义举大宗祠田、立宗法以行家训事。嘉靖三十一年四月二十一日抄。蒙广东承宣布政使司分守岭南道左参政项批，据南海县西淋都佛山堡一百十九图民籍、养病南京刑部主事冼桂奇、男广州府学生员冼梦松、冼梦竹连名呈称，有始祖冼显祐，自扶南堡迁居佛山堡鹤园坊……正统己巳，黄贼萧养作乱，有保障一乡之功，家声由此大振……生男四人，长曰宗信，即宗子也。自父中乙未进士，即仪建大宗祠堂，立宗信为宗子，以主始祖之祀，以统族人之心。……于嘉靖二十九年正月内，自蠲己地一段，土名古洛，该税一亩零，建大宗祠堂。地理舆情允合，即于本月吉日兴工，起盖寝室头门二座六间，扁曰敦本堂，门帖曰春祀秋尝，咨尔勿忘厥祖，夙兴夜寐，庶几无忝所生。大门前起盖牌坊，连石栏一座，扁曰冼氏家庙。增城湛甘泉先生书额。门帖曰，江山新俎豆，松桂旧门闾。盖先祖号月松、桂轩，志思慕也。左右两门楼，左扁曰致爱门，右扁曰起敬门，俱以栋墙为界，西北以巷为界，西抵大

1 宣统《岭南冼氏宗谱》卷三。

2 参见：叶汉明. 明代中后期岭南的地方社会与家族文化［J］. 历史研究，2000，3.

3 魏校，字子材，弘治十八年（1505）进士，历经南京刑部郎中、兵部郎中、广东按察司副使。

4《明史・列传第八十八》。

5 科大卫. 明嘉靖初年广东提学魏校毁"淫祠"之前因后果及其对珠江三角洲的影响［M］//周天游主编. 地域社会与传统中国. 西安：西北大学出版社，1995：129-132；井上徹. 魏校的捣毁淫祠令研究——广东民间信仰与儒教［J］. 史林，2003（2）：41-51.

6 南宋莆田诗人刘克庄《观社行》中的诗句。

路，以大松二株为界。仍拨土名鸡洲田，税十五亩零以供祀事，候有余力再增之。[1]

项乔的批文则是：给帖付冼宗信，执照前项祠宇田地，俱付宗子掌管，永为共同奉祀之物。其税亩粮俱于祭祀余租办纳，毋至独累。

从观念到制度，再到具体的实践和执行，明代宗族的发展无不受到士大夫的影响，尤其是在明代以前社会基层的组织化程度并不高的广州府，本地籍贯的士大夫占得了宗族发展的先机，并以宗族的方式推动了地方社会的礼教化和社会结构的重组，同时巩固了自身的权威和世家大族的社会地位。明代中叶后，血缘团体的家训和地缘团体的乡约之间产生了整合，祠堂同时成为宣讲圣谕和乡约规条的场所，国家的道德规范渗透到了社会的基层，宗族也借此强调了自己的合法地位和文化上的正统性。[2]士大夫的造族运动成为庶民宗族的范例，民间纷纷效仿品官之家，利用宗祠、族规、族谱等各种文化手段来强化宗族在聚居中的作用，以获取更强大的宗族力量。

二、打击淫祠与宗族建设

《明史》中有一段记载："初，广东提学道魏校[3]毁诸寺观田数千亩，尽入霍韬、方献夫诸家。镆至广，追还之官。韬、献夫恨甚，与张璁、桂萼合排镆。"[4]这一段记载涉及了嘉靖初年提学魏校打击淫祠之事，两广总督姚镆因为追讨霍韬、方献夫所占的寺观田产而与两位当朝权臣有了仇隙。打击淫祠与发展宗族、建立祠堂有着共同的意识形态基础，魏校毁淫祠与广州府的宗族发展之间存在着微妙的联系，尤其是为士大夫之家提供了聚敛土地和财产的机会。

关于魏校毁淫祠，科大卫的《明嘉靖初年广东提学魏校毁"淫祠"之前因后果及其对珠江三角洲的影响》和井上徹的《魏校的捣毁淫祠令研究》两篇论文之中有较为详尽的讨论，本书的相关史料多从中转引。[5]

"粤人自昔尚巫鬼"[6]，一直到明代，广东一地可谓漫天神佛，嘉靖三十七年《广东通志·民物志·风俗》说："俗素尚鬼，三家之里必有淫祠庵观。每有所事，辄求祈谶，以卜休咎，信之惟谨。有疾病，不肯服药，而问香设鬼，听命于师巫僧道，如恐不及。"在明朝统治者和黄佐这样的士大夫看来，对巫鬼的信仰已不是纯粹的宗教问题，而是严重妨碍了地方的教化和政令的施行，成为必须重视的社会问题。

早在洪武三年（1370），朝廷即颁有《禁淫祠制》，为了使"左道不兴，民无惑志"，朝廷同意了中书省所奏，"其僧道建香设醮，不许章奏上表，投拜青词，亦不许塑画天神地祇，及白莲社、明尊教、白云巫觋、扶鸾祷圣、书符咒水诸术并加禁止。"黄佐也认为，应该整饬民间的巫觋陋俗，"惟祷于祠堂里社，不许设醮攘星，听信巫觋，违者罪之”。

正德十六年（1521），苏州府昆山人魏校赴任广东提学副使，在因母丧而离任之前的短短一年时间里，在广州府大毁淫祠，兴社学。魏校所毁的“淫祠”是没有列入明朝“祀典”的地方神祇和佛寺，并且提倡以祭先祖之礼来代替对邪术的迷信：

> “禁止师巫邪术，律有明条。今有等愚民自称师长，火居道士，及师公师婆圣子之类，大开坛场，假划地狱，私造科书，伪传佛曲，摇惑四民，交通妇女，或烧香而施茶，或降神而跳鬼。修斋则动费银，设醮必喧腾闾巷，啗损民财，明违国法。甚至妖言怪术，蛊毒采生，兴鬼道以乱皇风，夺民心以妨正教，弊故成于旧习，法实在所难容。尔等小民，不知死生有命，富贵在天，且如师巫之家，亦有灾祸病死，既是敬奉鬼神，何以不能救护；士夫之家，不祀外鬼邪神，多有富贵福寿。若说求神可以祈福免祸，则贫者尽死，富者长生，此理甚明，人所易晓。今我皇上，一新正化，大启文风，淫祠既毁，邪术当除。汝四民合行遵守庶人祭先祖之礼，毋得因仍旧习，取罪招刑。”[1]

不正统的信仰被看成“乱皇风、夺民心”的行为，因此到了危害统治、律法难容的地步。魏校如此看待自己的使命：“近见得，广东一省系古南越地，称邹鲁。民杂华夷，文献固有源流，淫邪尚当洗涤。与其治于为恶之后，不如化于未恶之先。”[2]魏校首先在广州城和南海、番禺两县展开了捣毁淫祠的行动，他在广州城内拆除淫祠，建立了七个社学和濂溪、明道、伊川、晦庵四所书院，然后转向周边农村，由各县教谕分别实行。打击淫祠得到了广州府籍名宦的支持，方献夫“以尼僧、道姑伤风化，请勒令改嫁，帝从之”，霍韬则奏请“尽汰僧道无牒、毁寺观私创者”。《庞氏家训》在“严约束”一节中也认为：“修斋、诵经、供佛、饭僧，皆诞妄之事，而端公圣婆，左道惑众，尤王法所必诛也。凡僧道师巫，一切谢绝，不许惑于妇人世俗之见。”[3]《粤中见闻》卷十五中还记载了冼桂奇之母的故事，“孺人性方正，闻魏督学毁淫祠，丞取先人旧所宗奉佛像投于水火，妯娌中有怵以祸，曰，倘能降祸，吾自当之。”

魏校将兴办社学和书院与打击淫祠联系在了一起，以社学为兴文德、广教化的途径，以儒学来取代不正当的信仰，“本道已行各处，凡神祠、佛宇不载于祀典者，尽数拆除，因以改建社学。”也产生了积极的结果。据嘉靖《广东通志》，明代广州府共建241所社学，占全省社学的一半以上，其中南海、番禺、顺德社学数列全省前茅。而书院，也在明代中叶以后开始兴盛，诸多士大夫纷纷创建书院，西樵山便有湛若水、方献夫、霍韬等人创建的云谷、大科、石泉、四峰等著名书

1《庄渠遗书》卷9，岭南学政，“为兴社学以正风俗事”。转引自：井上徹．魏校的捣毁淫祠令研究——广东民间信仰与儒教［J］．史林，2003（2）：42。《泰泉乡礼》卷三乡校·谕俗文中有着相似的记载。

2 转引同上。

3 庞尚鹏．庞氏家训．长沙：商务印书馆，1939：10.

4 王元林，林杏容．明代西樵四书院与南海士大夫集团［J］．中国文化研究，2004年夏之卷。

5 道光二年《广东通志》卷242《宦绩录》。

6 科大卫．国家与礼仪：宋至清中叶珠江三角洲地方社会的国家认同［J］．中山大学学报（社会科学版），1999（5）.

院[4]。

毁淫祠的另外一个结果也许是魏校没有预料到的，就是所籍没的数千顷良田尽归方献夫、霍韬等权臣之家，也就是地方志所载的“先是，魏督学毁寺籍其田，巨室争利之。”[5]嘉靖十一年（1532），广东按察司佥事龚大稔弹劾方献夫和霍韬，其所举的罪状中就包括了“夺禅林攘寺产，而擅其利，在二臣犹为细事。甚者若仁王寺基已改先儒朱熹书院，而献夫夺之以广其居，又受奸僧梁鳌投献田土奴畜之，鳌有罪当逮，匿护不以就鞫。”方献夫占据了仁王废寺，而霍韬则“抢占寺院林地，盗取寺院财产”，龚大稔的陈情是“大宗祠地原系淫祠。嘉靖初年奉勘合折毁发卖。时文敏公承买建祠。嘉靖初年又奉勘合折毁寺观，简村堡排年呈首西樵宝峰寺田三百亩作大宗蒸尝。”在《石头录》中，霍韬自己的解释是“嘉靖初，督学魏公大毁淫祠。西樵山宝峰僧以奸情追牒，寺在毁中，邑人黄少卿承买。公以寺在西庄公墓左，与兄弟备价求得之。至是移家居焉。”

由于社学、书院和祠堂都是朝廷实施教化的重要途径，具有相似的意识形态基础，所以在魏校为了制止泛滥的民间信仰而普及儒教，建立社学、书院之时，当地的乡绅“势家”通过购买甚至抢占的方式获得了所毁寺观的产业。在魏校离任之后，许多社学因“莫克修举，寖以废坠，其学地归于势家之所侵没者多矣。”也就是说，打击淫祠在观念上确立了建立宗祠的合法性，提倡了民间从几乎无约束的信仰尤其是巫觋活动中转向祭祀祖先，使得宗族制正统化了。科大卫认为，这正是珠江三角洲礼仪化的第四个阶段，一方面有魏校的毁淫祠活动，同时也有士人兴建家庙的发展。而现在所认识的“传统中国”的“传统”，很大部分就是这一次的演变所创造的。[6]

第四节　明清鼎革、迁界禁海与沿海乡村重建

一、明清鼎革与迁界禁海

对于广州府来说，明朝是一个经济和文化发展非常迅速的时期，也是宗族在士大夫之家的带领之下真正兴起的朝代，民田区聚族而居的格局已经基本形成，大多数的宗族村落也在明朝奠定了基本的形态结构，沙田区得到了大规模的拓殖。

明朝的统治在流民起义和满族入侵的双重夹击之下陷入困境，最终未能逃脱朝代更替的命运。明末清初，无论是城市还是乡村，广州府在朝代的更迭之中因为连续多年的战乱和长达二十余年的迁界禁海而遭受到了巨大的冲击和破坏，顺治一朝广州府发生了诸多灾害和祸乱，还遭遇了屠城，社会、经济和文化均处于停滞甚至倒退的状态，宗族发展和宗祠建设也相应偃旗息鼓。以下记载均据《广东通志稿》，有节略。

·顺治三年十一月，明大学士苏观生等以唐王朱聿𫓹[1]称号于广州，而丁魁楚等则拥桂王朱由榔监国于肇庆[2]。清兵未至而南明陷入内争，桂王遣给事中彭耀、主事陈嘉谟到广州，以诸王礼相见，并备陈宗支伦序和监国先后，苏观生杀使臣彭耀，桂王遂遣兵攻唐王，不克。苏观生在广州用人不察，粉饰太平，招纳海盗而无力节制，导致城内外大扰。

·因彭耀往见苏观生被杀，陈邦彦更改姓名，入高明山中，聚集溃卒于顺德甘竹滩为盗，最多时达二万余人，后为桂王招降。唐王所置广西巡抚张家玉与举人韩如璜结乡兵陷东莞，后为清兵击败。四年四月桂王兵科给事中陈邦彦以兵犯广州，败走。后清兵攻打张家玉于新安，陈邦彦收拾残部下江门据守。八月，桂王东阁大学士陈子壮聚兵南海九江，村兵多疍户番鬼，与陈邦彦相约攻打广州，结果遭遇大败。

·五年春，大饥荒，斗米八百钱。

·夏，四月，提督李成栋叛，以广东附于桂王由榔。广西巡抚耿献忠闻之亦举梧州叛降。

·六年二月，大清兵至信丰，李成栋败死。五月进封尚可喜平南王，耿仲明靖南王，使定广东。八月大风折屋拔树。

·七年二月，大清兵围广州，十一月克广州。

·初继茂与可喜攻下广州，怒其民久相抗，凡丁壮辄诛戮，即城中驻兵牧马，营造靖南平南两藩府，南东相望，继茂尤汰侈，广征材木，采巨石于高要之七星岩，工役无限制，复创设市井，私税，民若之。

·九年，谷贵，县民黄姓绣花针贼掠海上伏诛。

·十年春，大讥，斗米千钱，时饥民群聚为盗，踞茭塘村，发兵剿之，乡落为虚。

·十四年，巡抚金谋知县魏某[3]募乡勇平水口洞贼。

·十七年七月，耿继茂移驻福建。

·逾年，高要知县杨雍建内擢给事中，疏陈广东采买、滥役、私税诸大害，谓一省不堪两藩，清移一藩于他省。

·谨案：《凌旧志》云，可喜等屠城死者七十万人，民居遂空，两藩兵因尽入居住，号为老城文职衙署，俱于新城权设。

在十余年的时间里，广州府是南明政权与清兵的主要战场，兵盗混杂，时局动荡，耿继茂与尚可喜屠城导致七十万人死亡，城外饥民四起，清廷发兵清剿，“乡落为虚”。兵荒马乱之际，人人命悬一线，民生凋敝，宗族的发展和祠堂的建设活动自然也就陷入了停滞。

进入康熙朝之后，广州府又受到了迁界令的巨大影响。为断绝大陆沿海居民与台

1 此即南明绍武政权，仅存41天。

2 是为南明永历政权。

3 本记载引自《采访册》，《广东通志稿》案：时番禺知县为蒋如讼，《采访册》所云魏某则必误矣。

4 屈大均《广东新语》卷二，“迁海”条。

5 即康熙三年（1664）。

湾郑氏王朝的贸易往来，早在顺治十三年（1656）颁布了《禁海令》，严格禁止商民船只私自入海，有违令者，无论官民，俱行正法。康熙元年（1662）二月，实行"迁界令"，即"迁海令"，强令北起北直隶（今河北）、中经山东、江苏、浙江、南至福建和广东的沿海居民分别内迁五十里，不许片帆下海，清廷派满大臣四人分赴各省监督执行，违者施以严刑，以福建沿海执行最为严格，沿海的船只和界外的房屋什物全部烧毁，越界者立斩。屈大均在《广东新语·地语》中记载了广东当时的情形：

> 岁壬寅二月，忽有迁民之令，满洲科尔坤、介山二大人者，亲行边徼，令滨海民悉徙内地五十里，以绝接济台湾之患。于是麾兵折界，期三日尽夷其地，空其人民，弃赀携累，仓卒奔逃，野处露栖。死亡载道者，以数十万计。……先是，人民被迁者以为不久即归，尚不忍舍离骨肉。至是飘零日久，养生无计，于是父子夫妻相弃，痛哭分携，斗粟一儿，百钱一女，豪民大贾，致有不损锱铢，不烦粒米，而得人全室以归者。其丁壮者去为兵，老弱者展转沟壑，或合家饮毒，或尽帑投河。有司视如蝼蚁，无安插之恩，亲戚视如泥沙，无周全之谊。于是八郡之民，死者又以数十万计。民既尽迁，于是毁屋庐以作长城，掘坟茔而为深堑，五里一墩，十里一台，东起大虎门，西迄防城，地方三千余里，以为大界。民有阑出咫尺者，执而诛戮，而民之以误出墙外死者，又不知几何万矣。自有粤东以来，生灵之祸，莫惨于此。[4]

《南明史》、《清史稿》等均有关于广东沿海迁界的记载，"甲寅[5]春月，续迁番禺、顺德、新会、东莞、香山五县沿海之民"。"初立界犹以为近也，再远之，又再远之，凡三迁而界始定"。迁海令使得沿海一片荒芜，千里无鸡鸣，"令下即日，挈妻负子载道路，处其居室，放火焚烧，片石不留。民死过半，枕藉道涂。即一二能至内地者，俱无儋石之粮，饿殍已在目前……"这一延续了二十三年之久的苛政造成了沿海迁界之民背井离乡，"死亡载道者以数十万计"，人为制造了一场惨烈的历史悲剧。

《广东通志稿》记录了康熙初年的以下事件：

> ·康熙元年五月，大水。《凌旧志》
>
> ·二年二月二十六日，暴风疾雨，雷电大作，漂泊船只、淹死人民千计。
>
> ·十月，李荣、周玉反。荣、玉皆疍户，党甚众，其缯船数百，三帆入棹，冲浪若飞。玉纠之，习水战，助海盗。可喜募从征，授以武职，安插沙湾市邸，捕鱼为食。顺治十八年，议迁沿海居民于内地，俾避寇扰。大吏令尽彻缯船，泊港汊，迁其孥于城邑。荣、玉失其故业，遂叛，势甚猖獗，直至城下，焚毁战舰，杀死官兵无算。十二月，官兵追至大海石，

与荣、玉大战，自辰至未，周玉就擒，李荣与余党串匿，寻发兵沙湾，搜捕余党，将抵茭塘，巡检娄君玉以所部无叛党，叩马止之，请以身殉，将兵者悟而止，茭塘民赖以安。

· 三年六月，徙茭塘、沙湾近海各乡居民，空其地为界，外筑石砾，山巅为城，建墩台营房。县令彭襄派茭塘沙湾两司排人户，捐银修筑，民至窘困。十二月，地震有声，谷贵。

· 四年四月十九夜，地震有声，设沿海墩台。沿海民既迁，设五里一墩，十里一台。

· 五年，春旱，冬有雪。

· 六年，春旱，四月大风，六月大雨，七月大风雨。

大赦颁禁六大害，勒石县门。先是巡抚王来任疏陈粤东六大害：一夫役，二派船，三采买，四私抽，五攀害[1]，六擅杀，至是得请勒石禁革，粤民称便。

· 七年二月有白气如枪，长十余长，见西方，四十日乃灭。夏大水。

· 八年，诏令量复迁海居民就业。是年六月，大飓风，至八、九月，凡三作，吹落六榕寺塔顶，坏公私船舰甚多。

· 十三年三月，耿精忠反，潮州总兵刘进忠应之，尚可喜令其子尚之孝率兵讨进忠。

· 十七年夏，地震。

· 十八年九月，蝗。

清代初年，广州府的百姓一直处于艰难的时光之中，除了战争和自然灾害的影响之外，天气也更加寒冷，寒冬的领地向南一直蔓延，甚至影响到了海南岛。顺治十一年（1654），“正月十八日广州大雪”。康熙五年（1666）番禺、南海“冬有雪”。康熙二十二年的寒潮较大，南海、番禺、广州皆有“冬大雪霜”的记载，海南岛的文昌也“冬大寒雨雪，海鱼冻死，槟榔尽枯”。雍正十三年（1735）“正月十三、十四等日，省会一方，微降雪珠”。乾隆二十三年（1758），寒流再次袭击广州府，南海、番禺、顺德皆“正月有雪。”

在清朝统治的最初，广州府动荡的时局中缺少发展宗族和兴建宗祠的动力和经济条件，沿海原本初具规模的宗族村落被破坏殆尽。不过，海禁终于在康熙二十二年（1683）过去，这一年，清军收复台湾，迁界令终止。

二、复界之后的沿海土地开发与乡村重建

康熙八年（1669），在广东巡抚王来任、两广总督周有德的极力请求之下，朝廷诏令量复迁海居民就业。屈大均《广东新语》中亦有这一年再造沿海的记载：

1 原文为“三采买五私抽攀害”，当为笔误。

2 即康熙八年（1662）。

3 屈大均《广东新语》卷二，地语·沙田。

4 谭棣华. 清代珠江三角洲的沙田［M］. 广州：广东人民出版社，1993：70.

“戊申三月[2]，有当事某某者，始上展界之议。有曰：东粤背山而海，疆土褊小。今概于海濒之乡，一迁再迁，流离数十万之民，岁弃三千余之赋。且地迁矣，又在在设重兵以守，筑墩楼，树桩栅，岁必修葺，所费不赀，钱粮工力，悉出闾阎，其迁者已苦仳离，未迁者又愁科派。民之所存，尚能有十之三四乎？请即弛禁，招民复业，一以补国用，一以苏民生，诚为两便。于是孑遗者稍稍来归，相庆再造，边海封疆，又为一大开辟焉。”

在复界以后，由于原来的房屋全部都被烧毁，沿海土地的重新开发和村落的重建再一次面临了定居权和开发权的问题，沙田垦殖区中的居住形态也因之而发生了改变。“盛平时，海无寇患，耕者不须结墩，皆以大船载人牛，合数农家居之。丧乱后，大船为官府所夺，乃始结墩地居”[3]。原本耕种沙田者在大船上居住，因为大船在迁海时被官府夺取或者烧毁，因此在墩地上结屋而居。为了宣示宗族的沙田开发权，宗族意识很快复苏，再次选择了聚族而居的方式，重建或者扩建宗祠成为一种有效的手段。

清代珠江三角洲的沙田，大多为宗族占有，族田一类的土地特别多，其名目多种多样，例如书田、烝尝田、祭田、祠田等。[4]沙田区中一般并无祠堂，但是在沙田的所有者所定居的宗族村落里，为了在区域秩序的重构中获得更高的地位，诸多宗族都选择了重建或者扩建宗祠，以此显示宗族的凝聚力和声望，并宣示本宗族在此定居和开发沙田的正当性。沙湾的何氏就是在康熙八年（1662）复界之后回到沙湾的，并于康熙二十七年（1688）重建了留耕堂，大岭村的显宗祠也扩建于康熙年间，康熙至乾隆年间形成了广州府宗祠建设的第二次高潮。明代的社会格局在朝代更替中被打破，新的宗族村落大量出现，庶民宗族乘机大量兴起，明代以士大夫和品官家庙制度主导的宗族逐渐演变成为庶民和小宗祠堂主导的形式，宗族村落呈现出更复杂的社会形态和空间结构。

清廷同样重视宗族对地方社会组织的作用，标榜以孝治国，把宗族真正当成了国家体制中的基础单位。康熙九年（1670），颁布《上谕十六条》，确定了宗族的功能，内容是：

敦孝弟以重人伦，笃宗族以昭雍睦，和乡党以息争讼，重农桑以足衣食，尚节俭以惜财用，隆学校以端士习，黜异端以崇正学，讲法律以儆愚顽，明礼让以厚风俗，务本业以定民志，训子弟以禁非为，息诬告以全善良，诫匿逃以免株连，完钱粮以省催科，联保甲以弭盗贼，解仇忿以重身命。

比较明太祖朱元璋的“圣谕”和康熙的“上谕”，可以清晰地看到，朱元璋的圣谕主要是观念上的提倡，康熙的“上谕”实际上已经赋予了宗族一定的权力，把宗族当成了国家的基层政府机构和司法机构。

雍正年间颁布《圣谕广训》，言明“立家庙以建烝尝，设家塾以保子弟，置族田以瞻贫乏，修族谱以联疏远”[1]。此时，朝廷强调了宗族在社会福利和社会组织方面的公共职能，将家庙、家塾、族田和族谱看成了宗族的稳定组成部分，说明了它们是承担宗族祭祀、教育、赈济和建立社会联系的具体形式。鼓励“笃宗族以昭雍睦”，奖劝官民设置家庙、家塾、族田、族谱，以形成融洽的宗族关系，普及孝悌的伦理。雍正四年时还曾设立由官府任命的族正，朝廷有意分化大宗族中宗子的权力，建立族权和政权之间的衔接和社会治理上的一致性，但往往为乡绅借用，成为缙绅掌控乡族、强化家族秩序的又一次契机。

族田也在政策上得到了朝廷的保护，乾隆四年（1739），太常寺少卿邹一桂条奏，“凡有不肖子孙将祖尝产私典私卖，以致先人失祀，人鬼含冤，大为不孝，请行严禁。嗣后有敢将尝产私典卖者审实枷责外，仍听伊族法议处，田产断归原尝，买主听向私卖人追收原价，不得逞强踞田产。经部议覆，奉旨通行，钦遵在案，永以为例。”[2]

经过数十年经营，广州府的血缘村落、宗族和宗祠逐渐复兴，礼教行于乡间，清初著名诗人、奉旨来粤祭祀南海神庙的王士祯在《池北偶谈》中就说：“粤东人才最盛，正以僻处岭海，不为江左习气熏染，故尚存古风耳。”曾经在雍正年间任广东按察使的直隶人张渠在《粤东闻见录》中也曾感慨：“粤多聚族而居，宗祠、祭田家家有之。如大族则祠凡数十所；小姓亦有数所……大族祭田数百亩，小姓亦数十亩……吾乡乃邦畿之地，以卿大夫而有宗祠者尚寥寥无几，其尊祖睦族之道，反不如瘴海蛮乡，是可慨也。”[3]康乾之后，广州府乡村逐渐趋于稳定，形成了更多庶民宗族聚居的村落，在世代的繁衍生息中强化和深化了宗族聚居的传统。乾隆二十二年（1757），广州成为唯一合法的通商口岸，在大清帝国闭关锁国的同时，广州府的城市和村庄却因为一口通商的政策而获得了大的发展，精明的广府人借国际贸易之便，大量种植经济作物，并且发展了手工业甚至近代工业。随着社会流动性的增加，广州府的村落与城市的联系大为增强，和沙田开发相似，宗族在这一过程中发挥了重要的作用，成为一边固守传统一边锐意进取的独特的近代化力量。

1842年，《南京条约》的签订结束了广州一口通商的历史，经历了太平天国运动、同治中兴和光绪时期的革新，广州府的村落一方面在固守传统的宗法制度，一面也更加开放和主动地迎接近代社会的到来。

本章小结

广州府经历了从西江、北江和东江的河谷地带向上部三角洲民田区再到下部三角洲的沙田区的开发过程，受到地形条件的影响，不同的地区其拓殖和耕耘的

1 转引自常建华《明代宗族研究》。

2 转引自谭棣华《清代珠江三角洲的沙田》，48页。

3 张渠撰，程明校点，《粤东闻见录》，卷上“宗祠祭田”，广东高等教育出版社，1990年。

方式不同。在这个艰苦的开发进程中，宗族在文人士大夫的倡导下逐渐兴起，成为一种“文化的发明”，主导了广州府乡村的基层社会组织，由此产生了聚族而居的定居方式，造族运动的重要象征是族谱、族田和宗祠，宗祠由此具有了十分重要的精神价值和现实功能。在康熙初年的迁界禁海之后，宗族借助祠堂宣示自己的定居权和开发权，沿海建立了更多的宗族村落。总体上，存在着一个从多姓村逐步转向单姓村或者有主导姓的多姓村的过程。

经历数百年的发展，在黄佐的《泰泉乡礼》以及众多广州府籍士大夫的影响之下，借助推恩令和打击淫祠，广州府的儒化和濡化日渐深入乡间，逐步建立起了较为成熟的礼教体系，宗族祠堂成为村落中的关键性形态空间和社会空间。

第四章

广州府的聚族而居与村落格局的变迁

第一节 广州府地区的地理环境及其对村落选址的影响

一、从方志舆图看广州府的地理环境特点

从古代方志中的舆图可以清楚地看到古人对地理和土地形态的认知。水毫无疑问是广州府最重要的地理要素，且与生产和日常生活有着极为密切的联系，但除了在水上生活的疍民聚居之处之外，绝大多数的建造活动仍然发生在陆地上。广州府的陆地地形有山地、丘陵地、平地和沙田地四种基本形态。本书中对不同地形的区分依据地形学中的一般界定，山地指海拔500米以上、连绵起伏的高地，坡度较陡峻，在主要河流的两侧往往形成河谷地；山丘地指山顶海拔在500米以下、比高300米以内、坡度较平缓的山地，广州府常见的是海拔50米以下、比高30米以下的浅丘地，多见岗丘和洲岛；平地指地形海拔30米以下、比高10米以下的平坦陆地地形，围田区成陆稍早，地形大多为平地；沙田地是指积沙而成的海拔略高于海面（近海处标高一般低于1米）、极为平坦的陆地地形。后三种地形在明清时期的番禺县范围内均有分布，本书以清宣统年间所修《番禺县续志》中的舆图为例，结合当代的卫星图片和航拍图[1]，来分析明清时期广州府的地理环境特点。

（一）方志舆图中的图例

在宣统版的《番禺县续志》中，其舆图部分已经采用了近代的测量和绘图方法，所使用的术语也与当代大致相同。当时的番禺和今天的番禺区范围颇不相同，番禺是广州的古称，从洪武元年（1368）起，番禺便是广州府治所在，广州城西侧属南海县，东侧属番禺县，约以今北京路为界。明清时的番禺县包括了今番禺区、天河区、海珠区、白云区、黄埔区、南沙区的全部以及越秀区、萝岗区的大部分范围，幅员远大于今广州市番禺区。

从《番禺县总图》（图4-1）可以明显地看到自西向东奔流的沙湾水道在地理上的分界作用，在沙湾水道以北、沥滘水道以南，并没有珠江的主干河道，虽然分布着一些较大的河涌和成片的水塘，但控制性的地形是广州府最大量的村落定居地所在的浅丘地与平地；市桥水道的北侧正是珠江三角洲民田区和沙田区的沙湾—市桥分界线，沙湾、钟村一带的青萝嶂、红萝嶂、大夫山等山地的周围分布着一些村庄和墟市，沙湾和市桥则是两个依托河道而发展起来的繁荣的城镇。在沥滘水道以北，分布着一系列的山冈，田狭山多，城内有越秀山，“城东一里乌龙冈，又二里东山，又三里四马冈，又八里鸡笼冈，北为银坑岭，山势绵延”[2]，继续向东，则有孖髻岭、马鞍山、大灵山、铜锣冈、荔支山、牙鹰山，向北有风门坳、朝冠岭，继而向东有萝峰、萝冈、吉山、相对冈、狮山、鱼山、牛山、鸡冠岭、郧旗冈、南冈，鸡笼冈东南有员冈，这些山冈之间形成了数条河涌，包括沙

1 本书中的卫星影像图主要来源于广州市规划局自动化中心、佛山市地理信息中心和东莞市规划局，另有部分截取自GooleEarth,特此致谢。

2《广东通志稿》，206。

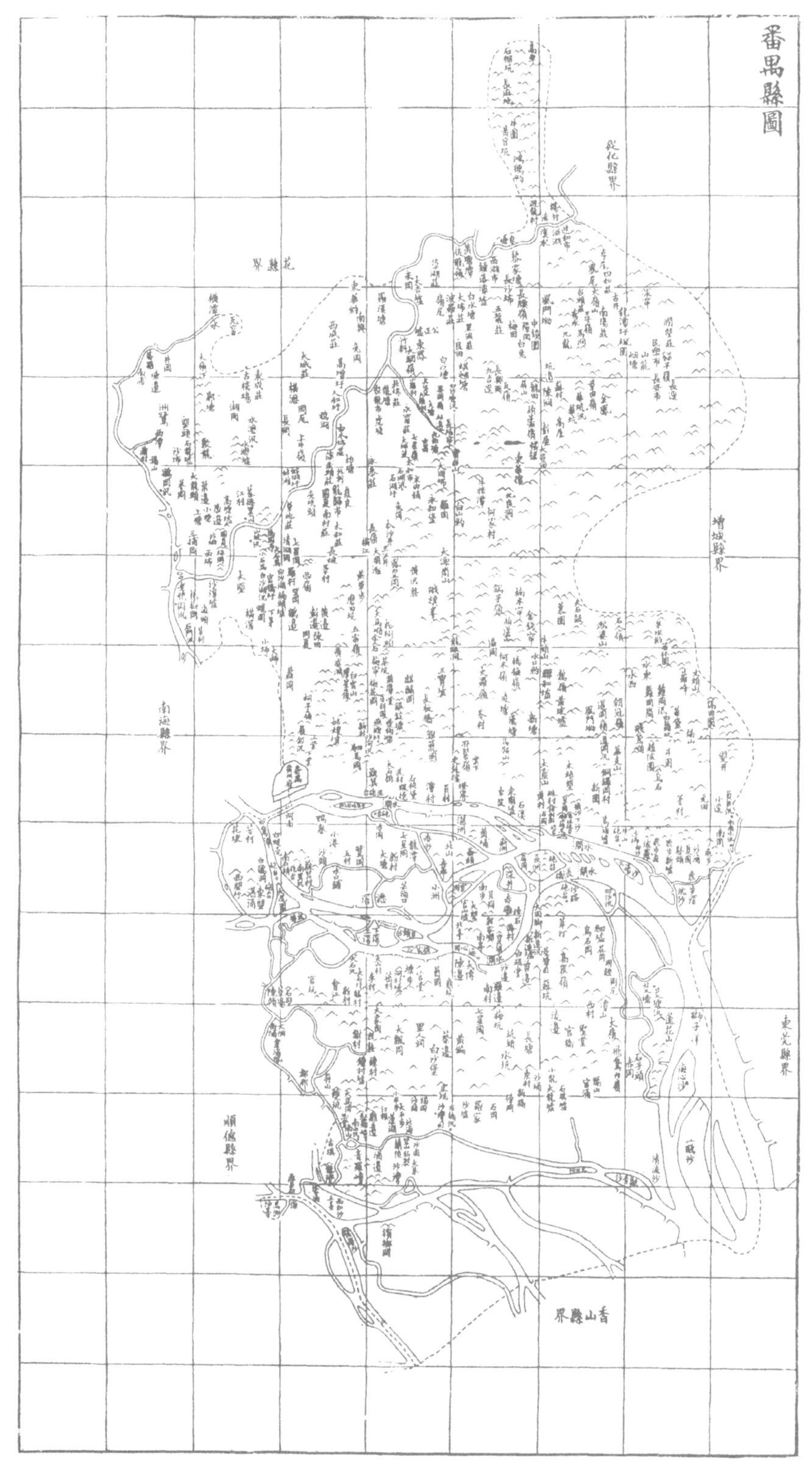

※图4-1　宣统《番禺县续志》中的《番禺县总图》
（资料来源：宣统《番禺县续志》）

河涌、猎德涌、员村涌、车陂涌、乌涌等。城北有白云山，乃省会灵秀所由。城南有龟冈、石壁山、大乌冈、独冈、七星冈等。临狮子洋的番禺东面，乃是扼广州城水口的莲花山，莲花山以南、市桥水道以北，是浅台、平地与砺江涌等河涌交错的区域。在沙湾水道以南，是密集的河网和成片的沙田区，其中主要的河道包括市桥水道、大角头水道、洪奇沥水道、榄核河[1]等，还有石楼以东的莲花山水道，并有珠江八个入海口中的三个：蕉门、洪奇门和横门，被纵横的河汊所环绕的是紫坭、海鸥岛、万顷沙、龙穴岛、横沥、沥心沙等成片的沙田，广袤的沙田一直向番禺以南的顺德和香山延伸。

《番禺县续志》舆图的图例[2]，大抵可分为自然地理环境、建成环境、地标建筑、行政边界和测量标志几类（图4-2）。

自然地理环境包括了土地（尤其是田地）和“河流及小水”，除山脉外，土地被分类为“杂树林”、“桑园”、“竹林”、“菜地”、“禾田”、“果园”、“沙坦与沙洲”、“水草地”和“池塘”。从这一分类来看，当时番禺一地的山脉并非主要的耕种区域，耕作主要在平地和水边展开。番禺的山脉海拔不高，帽峰山最高峰海拔534.9米，摩星岭[3]海拔382米，凤凰山主峰海拔373.3米，黄山鲁山海拔295.3米，大乌岗海拔226.6米，大山乪海拔224.6米，青萝嶂海拔198.2米，十八罗汉山海拔127.3米，浮莲岗海拔116.6米，莲花山海拔105米。虽然绝对海拔不高，但在方志记载中，莲花山却有着“峭拔参天”的美誉。山丘一般并非耕作用地，用于农业生产的土地需向水中拓殖。“水草地”、“沙坦与沙洲”就是处于不同形成阶段的沙田。在番禺，沙田分高、中、低沙田，高沙田的田面高程约为0.6～1米，中沙田的田面高程约为-0.2～0.5米，低沙田的田面高程为-1.9～-1米。从这些图例在舆图中的分布来看，番禺的主要种植作物是桑树、果树、蔬菜和水稻，其他较为成片的植被包括竹林和杂树林。

在总体层面上表明建成环境的元素有城市、村庄、马路、大路、小路、铁路、基围等，此外还有县界、司界、各种地界等。有趣之处在于，用来表示城市的是由不同方向和不同等级的马路交织而成的复杂路网，村庄反而显示出更加整齐和规律的形状，事实上，在清代的番禺县界之内，唯一的城市便是省城广州，当时的广州城分属番禺和南海两县，所以这里的图像应该就是图例设计者心目中广州城的形态印象。至于村落的图例，是整齐的团块而非有机、自由的形状，这应当来自围田区那些典型的宗族村落，表明村落有着高度的组织化，形态较为规则。

与水系相关的元素在图例中被称为“河流及小水”，“河流”指珠江的干流，小水是与干流相连的河涌。因为《番禺县续志》为近代所修，所以图例上除标明了水流方向、急流、水闸、小桥、横水渡外，还标明了颇有近代色彩的轮船停泊处和大桥，显然在此图中水更多表达的是交通方面的意味。至于陆地上的标志点和地标性建筑物，包括了庙宇、亭、寺院、耕种地、教堂、炮台、公署、药库、

1 西江和北江的干流在三水思贤滘相遇，自此以下的珠江西北江水系实际上是一张由无数的水道和河涌交织而成的水网，但由于各种各样的原因，同一条水道分段有着不同的命名，而且即使是同一段水道，根据不同的地理文献、沿岸居民的口传以及水利、航运等不同行业的习惯，往往也有着不同的名字，本处采用的是当代地图中的今名。

2 图中称为“符号”，足见当时已经采用了比较科学的测绘方式和测绘术语。

3 摩星岭为白云山的主峰。

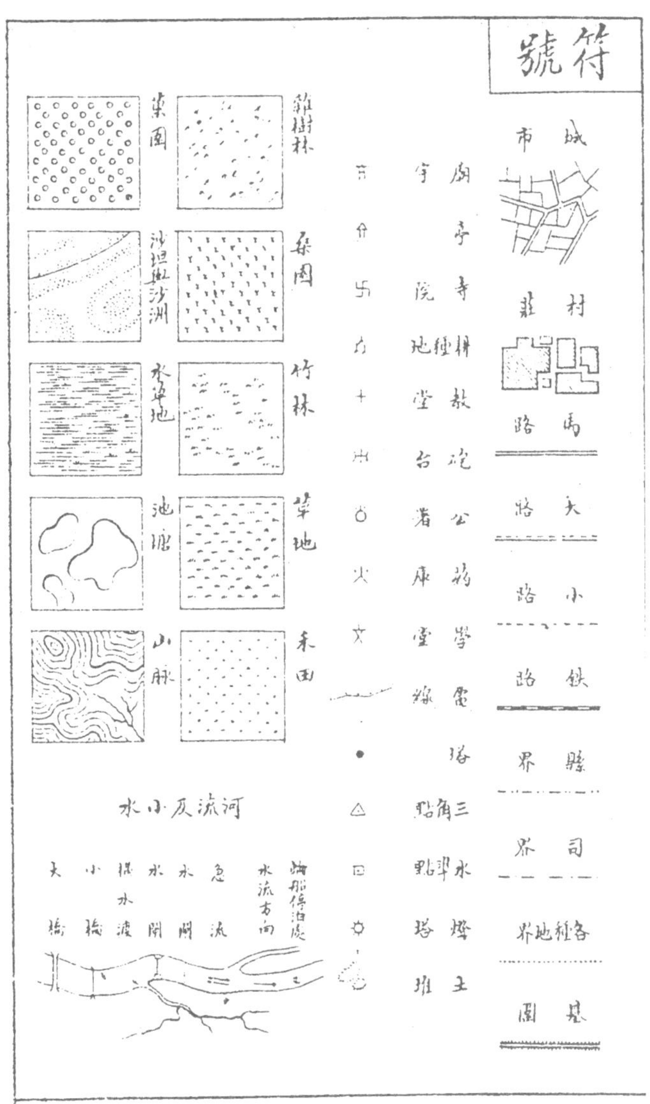

※图4-2 《番禺县续志》中舆图的图例
（来源：番禺县续志）

学堂、电线、塔、三角点、水准点、灯塔和土堆，其中土堆、耕种地为地形要素，三角点、水准点为测量标志，炮台、药库为军事元素，而庙宇、亭、寺院、教堂、公署、学堂、塔、灯塔则为具有地标意义的公共建筑。

番禺的地形可以作为广州府核心地区即珠江三角洲地理环境的标本和切面，虽然山地较少、大部分地区成陆较晚，且该书成书也较晚，但无论从番禺的地形还是舆图的图例，都可了解珠江三角洲乃至广州府的基本地理特征。

除番禺的丘陵地、浅台地和平沙地三种基本地形之外，在开发更早的上游地区，还存在着连绵的山地，山地和主要的河流共同形成河谷地带，河谷地带是山地聚落分布最集中的地形。明清时期，西江河谷地带主要隶属于肇庆府，东江河谷地带主要隶属于惠州府，只有北江河谷位于连州、清远境内的部分隶属于广州府。

（二）从方志看广州府的聚居条件

从古人的舆图再次回到真实的地理，看看明清时期广州府的山和水为先民的聚居提供了怎样的条件和挑战，先民又是如何接受了自然的恩赐并努力去克服或者改善对定居不利的因素。虽然本书的论题看似与社会组织有着更紧密的关联，但是若不能理解广州府的自然地理条件，则不可能真正解释为何在这块土地上会产生独特的村落形态和宗族现象。

《广州通志稿》以阮元《广东通志》结合广各府县志，在“山川略”中列出了广州府内南海、番禺、顺德、东莞、新安、从化、龙门、新宁、增城、香山的诸山和主要的河川。番禺诸山在前节中已经述及，以浅丘为主，邻近各县情形又是怎样的呢？

南海县内的诸山有乌石冈、烟管冈、和顺冈、茶园冈、蟹冈、大帽冈、罗坎墩、虎冈、吐珠冈、黄麖冈、蚺蛇冈、礌冈、赤珠冈、赤霞冈、王借山、郁龙冈、西樵山、海目山、飞凤山、摩髻岭、象山、火尾山、狮山、抛梳岗、龟岗、虎岗、网岗、睡牛岗、松冈、仙人岭、紫竺冈、金银岭、棋子岭、蚬冈、大仙冈、展旗岭、横马山、石门山、旗峰山、平顶冈、灵洲山、文旐岭、凤冈、马冈、三鼋冈、双女山、蜘蛛冈、营冈、凤岭山、龙王井山、虎石冈、庙仔冈、太仓冈、丰堆冈、赤坭冈、白坟冈、金钗冈、白云冈、大崙冈、行运冈、葡萄冈、芙蓉冈、蟠龙冈、珮山、狮头冈、粤秀山、石云山、莺冈、塔坡冈、莲子冈、莘村冈、金瓜冈、五显冈、小帽冈、邓冈、大杉冈、石脑冈、蛇山、亭子冈、腾峰冈、艮牛冈、豹洲冈、鲤鱼冈等[1]，其中以粤秀山、西樵山最著名，粤秀山即越秀山[2]，海拔仅70余米，西樵山“盘亘数十里，上有七十二峰”，其中最高的大科峰海拔约为340米[3]。其他的山大多数以冈为名，往往“不甚高峻，若连若断”，如《广州志》载，王借山仅“高三十余丈”，实际上王借冈海拔高度仅为52米。位于石头乡东南的蛇山不过是一块平地突起的巨石，“长二十余丈，高三丈余”，而九江堡的珮山“山形平远，或二三丈四五丈”，珮山之西的睡牛山“高二十余丈”，有人建墟于此，结果“环岭亭台擅一时之胜”。也就是说，与番禺相似，南海诸山实际上都是海拔不高的丘陵，略微高出平地三五丈的突起也被也被冠以山冈之名，成为引人注目的对象。

顺德县城内有中山、梯云山，跨城有凤山，城边有登俊、拱北、华盖、烟墩等山，他处有老鸦冈、神步山、太平山[4]、大凤山、容山、奇山、飞鹅山、桂山、都宁冈、锦鲤山、了哥山等。顺德的山丘海拔不高，太平山主峰大岭为全县最高峰，海拔仅为172.5米，拱北山高十余丈，都宁冈高约十三丈，可见情形与番禺、南海近似而地势更加平缓。

这些山冈许多没有形成连绵的山脉，也无大的林木出产，加之山上道路开凿不易，反不如用于涵养水土，山丘视为风水之所系，或为屏障、靠山，或为朝山、

1 此处并未尽录原书所列诸山。
2 明清时，粤秀山跨南海、番禺二县界线，因此两县的方志均载有粤秀山。
3 一般文献认为大科峰海拔344米，但近年来有测量数据表明为338.3米。
4 今称顺峰山，大岭处有塔，仍称太平塔。
5 又称大雾山，位于今香港特别行政区辖区内，是香港的最高峰。
6 本节中的山峰海拔高度数据来自各地政府门户网站中的地理概况部分。

砂山、案山。山冈因其地理上的标志性而在聚落的择址和兴造中具有了某种精神上的特殊意义，这既表现于山丘在风水上的重要性，也契合排水、防洪、微气候营造以及游憩等方面的要求。南番顺是广州府的地形最低平处，而花县、香山、新宁、东莞、新安、增城、从化、龙门的山地则相对较多、较高。香山县的黄杨山海拔581米，五桂山主峰海拔531米，其余诸山均在500米以下。花县的最高峰英牙山海拔586米，王子山海拔572米。三水县最高点西平岭海拔591米。东莞地势东南高、西北低，东南多山，银瓶山主峰银瓶嘴海拔高度898.2米，另有莲花山、观音山、大岭山等山的主峰海拔在500米以上。新安县有梧桐山、大鹏山、太平山、南山、大屿山、大帽山、马鞍山、黄坑山、阳台山等，其中梧桐山海拔943.7米，南山望天石海拔972米，大帽山[5]海拔957米。新宁的狮子头海拔为982米，另有北峰山汤瓶嘴海拔922米，瓶峰山“高六百余丈”。增城地势北高南低，县境北部位于南昆山南缘的牛牯嶂海拔1084.3米，为县内最高峰，另有多座海拔超过1000米的山峰，东部为罗浮山余脉，四方山海拔1012米。从化天堂顶海拔达到了1210米。以上各县的地势虽然明显较南番顺地区为高，但山地均不到县境的一成，仍以浅丘台地和平原为主。广州府境内的山地主要位于清远县和龙门县，龙门的南昆山主峰海拔为1228米，清远的石坑崆海拔为1902米，是广州府最高的山峰。[6]

通过以上来自于地方志的对广州府诸山的记录，可以建立起对广州府地势的概略印象，从外围向珠江口，形成了逐级的跌落，最高的山地位于北部的连州，其次是新安县、东莞县东南、龙门县、增城县北部、从化县北部、清远县南部经肇庆府东部到新宁县形成的海拔高度约在1000米的马蹄形山地地带，再低一些的是由东莞县中部、番禺县北部、花县北部、三水县西北、香山县西南部构成的海拔约500米的丘陵地带的边界，在此之内的则是广州府聚居人口最多的浅丘台地和围田区的平地，位于马蹄形最内、最靠近珠江口的陆地，则是由番禺县东南部、顺德东部、香山县东北部、东莞县西部共同构成的大片沙田区。

与广州府的山相比，广州府的水有着更强烈的地域特点，与广州府的聚居、生活有着更紧密的关联，产生了更重要的影响。广州府的先民们在村落的择址和布局的擘画中，必须面对多种形态的水：河流、海洋、暴雨、井水和水塘。

广州府最重要的河流无疑是西江、北江和东江，此外，还有流溪河、增江、潭江、绥江、石马河、西福河、深圳河等河流，大多数河流比今天宽。珠江流速较快，尾端多条水道时合时分，西江、北江、东江三江汇流、八门出海，形成了干流、主干河涌、支涌相互连通的河网，这是珠江三角洲水系最重要的特点之一。河流给广州府带来了造田的泥沙、丰富的水产、饮用和灌溉水源、航道和顺流的航运动力，也带来可能淹没农田、村镇和城市的洪水。由于西江、北江、东江之间的上游洪水并不同时，所以在网河区形成了非常复杂、多变的水情。广州府没有潟湖，河流直接奔涌入海，潮汐顶托河流甚至倒灌入河道，因此缺少相对静止的开阔水面，这也部分地解释了为何岭南的水乡村落与江南湖泊中的水乡呈现出完全不同的风貌。

海洋给广州府提供了漫长的海岸线、有规律的潮汐和逆流而上的航运动力，河流中的淡水受到海潮的顶托，每日随海潮涨落有规律地往返于珠江口。潮汐与河流来水遭遇而激起浊流，让河流的尾段成为不能饮用的咸水，珠江口附近的歌谣民间便称为“咸水谣”。潮汐对于广州府尤其是珠江三角洲网河区具有十分特别的意义，枯水期潮水的影响东可到惠阳县的铁岗，西可达西江的梧州，北可抵北江芦苞以上[1]，正是因为潮水的顶托，所以在非机器动力的水运时代，船只可以借涨潮之机轻松地溯流而上，这是无潮汐内河中的航船十分渴望但无法获得的便利，是自然对广州府的恩赐。为了根据潮汐的涨落来决定起航的时间，船只会在一些相对宽阔且水流较慢的地点聚集，随着合适的时间到来，数不清的客船和货船会启程前往省城广州，从而连接到整个世界，因此产生了佛山、陈村、石龙、碧江、虎门、沙湾、市桥、石岐、九江、官窑等繁荣的市镇以及数量众多的大墟和集村。潮汐对河流的影响随着河道距离的延伸和分支的增加而逐渐减弱，许多河涌两端均与主要水道相连，受潮汐的影响，河涌中的水流会产生双向的流动，每日也必有涨落，高潮位时固然丰盈妖娆，退潮时近岸的河床则不免露出黑色的泥沼，网河区的居民既懂得利用潮汐来调整生产和生活的作息，也习惯了每日水位的涨落和水流的往复。

广州府端午节前后和夏季集中的暴雨带来江河水位的高涨，从而使得每一条细小的河涌都能够从水面到达，但如果在村镇里的积水不能短时间内排干，就会产生内涝。井水是广州府大多数村落的饮用水源，因海拔低、地下水位较高，井随处可见。水塘提供安静的水面，也可用于养殖水产和家禽。

广州府水系的特点决定了此地的先民与水之间的关系不像江南水乡的人水关系那样亲切和温馨，不同特点的水面在功能上也相对有所分化，在观念上，江河的干流和主干河涌并非适于日常农耕生活的水域，而主要为航运和渔业服务，因此极少有村落选址于大江大河边。到明清时期，和许多其他地区一样，广州府的聚落类型包括了城市、市镇和村落，无论是哪种聚落，毫无例外的与水系有着非常紧密的关联。由于生产方式和生活方式的差异，对航运的要求和对洪灾的抵御能力不同，这些聚落的择址因其规模、等级而与水系的等级存在着大致的对应。干流北岸通常是大城市的选址，而市镇大多位于主干河涌边，绝大多数村落都选址于小河涌边，或者位于连绵的水塘附近的小冈或者墩地上，既便于小船的往来和停靠，利于快速排干雨水，当然，也易于营造生机盎然的、优美的乡村风貌。

至于广州府的土，北部主要为红壤地带，南部为赤红壤地带。水田是广州府最主要的耕地类型，包括洋田、围田、沙田、桓田、涂田、架田等，《三才图会·地理》卷中均有记并配插图，旱田有以东莞中部为代表的埔田和以新宁为代表的岗

1 参见：李文泰等．珠江河口概况及其主要水利问题．河口学习班论文集，1968.

2 陈桥驿教授曾经概括了宋代绍兴地区的村落分布，认为该地区的定居地有：（一）山地村落；（二）山麓冲积扇地村落；（三）孤立村落；（四）沿湖村落；（五）沿海村落；（六）平原村落。司徒尚纪先生在《岭南历史人文地理》中讨论了广府地区聚落选址的五种地形：（一）平原山麓交接地带，几十户一村落为多，一般为长条形；（二）谷底、海河岸或交通线两旁，长条形；（三）平原和山间平地，可达千人以上，多呈团块状；（四）山坡或高台地，规模较小；（五）特殊地形。从聚落形态学的角度来看，司徒尚纪的分类同时描述了地理特征和村落形态，虽然地理特征和村落形态之间有着非常明显的联系甚至有时互为因果，但是二者并不一一对应，另外，聚落形态的结构性特征未能得到体现，故此本书从聚落形态学的角度重新进行了梳理。

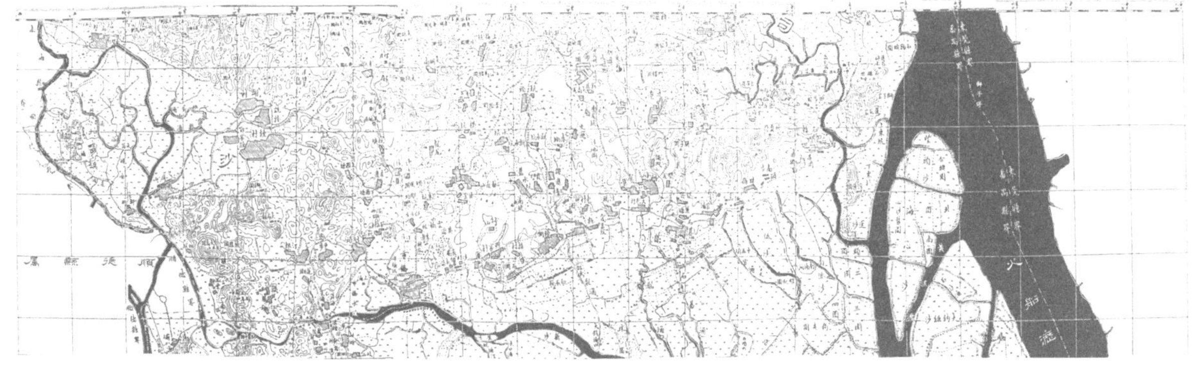

※图4-3　清宣统《番禺县志》沙湾司图局部
（来源：宣统《番禺县志》）

田。对于建造而言，冈丘或者台地的土壤明显较少受洪水和潮汐浸泡，也较从水面下新沉积出的陆地坚实，此亦低地村落择址偏向略高处的很实际的原因之一。

面对独特的自然地理环境，明清时期的广州府先民们不停地寻求农学、工学和社会的适应，既充分地发挥地理环境的天赋潜质，也努力通过水利工程建设和社会组织的营建来获得更好的生存状态，宗族村落的选址、布局和宗祠的位置显然是其中的重要议题。在《番禺县续志》的舆图图例中，可供聚居的地形有山脉、池塘边、河流与小水之畔以及沙坦与沙洲。在宣统《番禺县志》更加详尽的《沙湾司舆图》中（图4-3），可以清楚地看到各种这些图例的应用，以及西起沙湾经市桥、莲花山东至海鸥岛、狮子洋的地形和聚落分布的概况。

如果结合海拔相对较高的从化、增城、东莞等县的实际情形，并且用今天的语言来界定，则在明清时期广州府的定居地形有：

（一）山地；

（二）山麓的冲积扇地与山间谷地；

（三）河谷地；

（四）浅丘岗地与洼地的交织地形；

（五）围田区沿河涌或水塘的平地；

（六）沙田河涌畔。[2]

洲岛虽然在广州府十分常见，但其地形可包括在以上五类之中。广州府最大量也最具地方特点的宗族村落主要分布上述的（四）、（五）两种地形中。航测技术为我们提供了更准确观察地形的机会，借助卫星影像和航拍照片可以清晰地看到广州府定居地形的肌理。图4-4是舆图中小谷围岛的局部，图4-5是2003年所拍摄的同一位置的航拍图，虽然百年来地形或多或少有些改变，但足以说明当时地形肌理的基本特点。

在小谷围浅丘与洼地交织的地形中，可以清晰地看到从冈顶到水体之间的完整肌理，从浅丘顶端的植被、沿山丘的农田与建筑、洼地到最低处的水塘与河涌

※图4-4　宣统《番禺县志》舆图小谷围岛局部
（来源：宣统《番禺县志》）
※图4-5　2003年小谷围岛航片（局部）

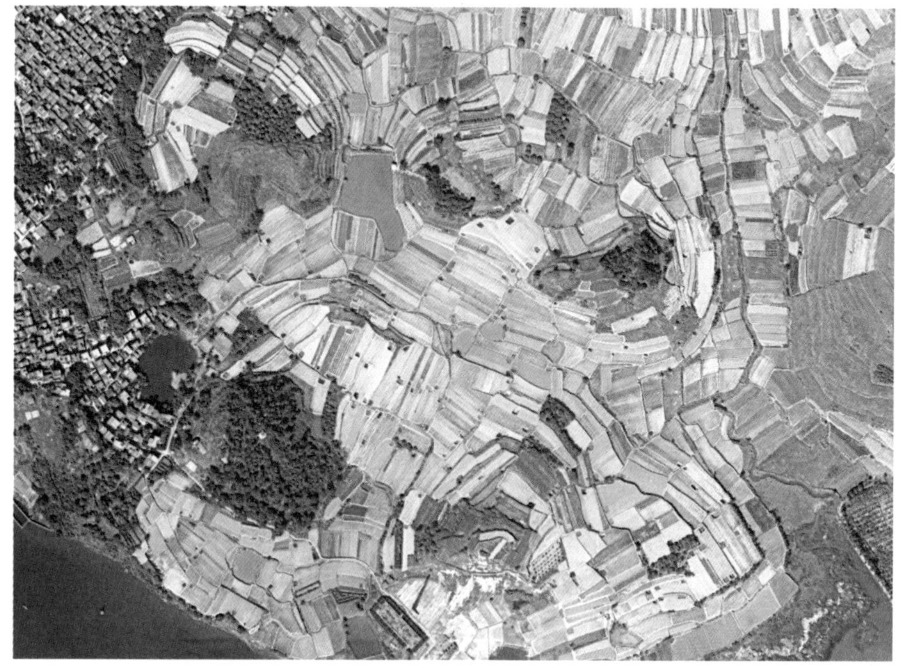

※图4-6　小谷围浅丘岗地与洼地交织的地形肌理
（航片资料来源：广州市规划局自动化中心、佛山市地理信息中心）

（图4-6），在这样的地形中，村落的选址既不位于最高的冈顶，也不位于最低处。图4-7、图4-8显示了围田区河涌、水塘中平地的地形肌理和村落形态，在这种条件下，建筑往往选址于河涌和水塘边的墩地，即平地的最高处。

二、广州府的地形与宗族村落选址

（一）从地名看村落的择址

梳理一下广州府村落的命名，会发现传统村落最主要的命名来源有三：以地形为名；以人工建造的水利或建筑设施为名；以宗姓为名。[1]

在以地形为名的村落中，从村名可阅读出蕴含的地形信息和先民对地理环境的理解。从河谷平原到民田区，再到珠江口两岸的沙田区，地形产生了明显的变化，总体上从山地到浅丘台地，再到平坦的沙田和沙洲，地名和村镇名也就有了

1 司徒尚纪在《岭南文史》1997年3期的《岭南地名文化的区域特色》一文中讨论了广府、客家和福佬地区的地名特色，认为广府的地名特色有四：一是壮语地名数量多、分布广；二是反映图腾文化的地名普遍；三是水文化地名占优势；四是城镇中商业文化地名极多。在壮语地名中，作者注意到了命名主要指向稻作文化（如“那”）、自然地理（如“洞”、“夫/扶”、“罗”、“冲”、“濑”、“猛”、“冯”、“封”）和村落人文景观（如“古”、“边”、“都”、“思”、“良”、“云”）。本书关注地名中关键字的语义所指，而不涉及发音和字形的辨析。
2 深圳和南海狮山亦有凤岗村。
3 广州天河、花都、清远等地均有以元岗为名的村落。

相应的变化。

以山地的地形特征为名的，有山、岗、岭、嶂、洞等字。

山：土有石而高，地名实例有顺德了哥山、番禺莲花山、南海狮山、东莞大岭山等，村名如清远石角黄龙山村、南海里水赤山村、增城派潭北山村、顺德龙山村等。

岗：同冈，山脊也，地名中有岗字者如广州石榴岗、萝岗、岗顶、深圳龙岗等，村名如从化太平钱岗村和神岗村、花东凤岗村[2]、香港元朗元岗村[3]等。

岭：山道也，地名有岭者如花都狮岭，村名中以岭为关键字的如番禺石楼镇

※图4-7　围田区的地形肌理（航片资料来源：广州市规划局自动化中心、佛山市地理信息中心）

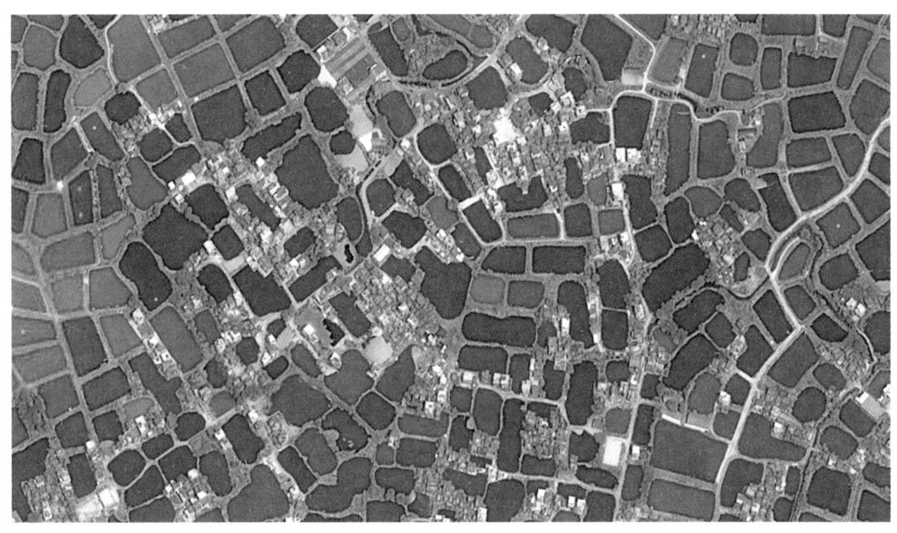

※图4-8　南海九江上东村、大谷村，基围农业区的典型地形肌理（来源：Google Earth）

大岭村、赤坭瑞岭村、深圳横岭村、东莞厚街赤岭村、樟木头旗岭村、塘厦龙背岭村等。

嶂：山峰高险者，如番禺青萝嶂、红萝嶂、花都芙蓉嶂等，多见于客家地区。

洞：壮语，本指山间谷地、盆地或群山环抱的小河流域，村镇中以洞为关键字者有清远福堂梅洞村、大麦山上洞村、广州芳村白鹤洞村等。广州府本无大山，这些村落多半傍山而建，少有真正建于半山者。如前节所述，许多岗、岭不过略微突出于平地十数米，尤其是在临近珠江口的地方，实际上属于浅台地。

总体而言，广州府的山地所占比重相对较小，南番顺的基围农业区一直有"基六塘四"的说法，花县"三山一水六平原"、三水"三山二水五分田"，这其中的"山"所指多为丘陵，只有西北江上部三角洲部分地区为"六山三水一分田"，但山地人口较为稀疏，村落数量也相应较少，不是本书研究的着重。

以浅台地形特征为名的，有台、墩等字。

台：方形的土堆，三元里瑶台村、东莞厚街鳌台村、南海里水象台均以台为名。

墩：平地有堆，以墩为名的有顺德乐从大墩村、南海九江墩根村、东莞南城下墩村、大朗金沙墩等。

以岛洲的地形特征为名的，有沙、洲等字。

沙：积沙而成的洲岛，地名或村名中大量的沙字可以说是广州府的特点之一，如广州的万顷沙、南沙、大沙头、大坦沙、太平沙、磨碟沙、二沙岛、海心沙、中山阜沙、东莞沙角、顺德五沙等为地名，村镇名中有沙字的如南海沙头、沙边[1]、沙岗、新沙、沙园、北沙、顺德乐从沙滘等。

洲：水渚也，水中可居曰洲，在珠江口附近洲岛上的村多有以洲为名者，如海珠的小洲、新洲、长洲、琶洲、官洲等。

以水的特征为名的，有江、海、涌、滘、溪、浦、湾、潭、沥、涡等字。

广州府称宽阔的水面为海，所以江、湖均有名之以海者，村落中以海为名者如顺德北滘西海村、南海高海村、沙海村、后海村、东莞万江曲海村等。

涌（冲），在方言中指两端均与主要河道连同的河汊，以涌为名的聚落众多，如禅城的黎涌、顺德上涌、下涌、南涌、番禺东涌、沙涌、文冲、南海逢涌、隔冲、东莞麻涌、蚬涌、香港泥涌等。

滘（教、漖），方言中指水相通之处或分支的河道，以滘为名的村镇如顺德的北滘、伦教、广教、昌教、西滘、南海的叠滘、文教、广州的新滘、沥滘、滘口、厦滘、三水的大滘、东莞的道滘等。

溪，泛指小河流，广州石溪、番禺练溪、洛溪、从化溪头、中山沙溪、东莞西溪、顺德苏溪等均以溪为名。

积水为沥，南海大沥、东莞横沥、南沙横沥、三水横枝沥均以沥为名。

1 深圳、中山、南海、顺德等地均有沙边村。

2《说文》：濒也。《玉篇》：水源枝注江海边曰浦。《风土记》：大水有小口别通曰浦。

3［清］吴任臣，《字汇补》：江楚闲田畔水沟谓之圳。

4［明］方以智，《通雅》。

5［清］《康熙字典》。

大水有小口别通曰浦（圃、甫）[2]，以之为名者如南海丁甫、顺德南浦、沙浦等。

以湾为名者有番禺沙湾、佛山石湾等，都靠近宽阔的水面。

其他以水为名的例子不胜枚举，例如龙江、九江、夏江、大涡、龙潭、派潭等。

以人工建造的水利或建造设施为名的，在广州府也极为普遍，说明这些村子选址于经过人工改造的更加适合农业生产和定居的环境，除塘、坑等字以外，具有广州府地方特点的还有塱、圳、埗（埠）、陂、围等字。

塱：同塑，江湖边上的低洼地，以塱为名者有元塱、塱头、上塱、塱心、水塱等。

圳：田畔水沟[3]。深圳、梅圳、圳东均以此为名。

埗：同埠，水濒也，又笼货物积贩商泊之所[4]。在河涌密布的广州府，水津渡头是重要的地理标志，地名中因此多见步、埠、埔等字，如上埗、高埗、深水埗、盐步、岳步、阜沙、三埠、望埠、罗埠、大埠、下埠、黄埔等。

围：堤围、田围或墙围。在广州府多指堤围或田围，在客家则多指墙围。

坑：陂堑也。横坑、坑背、南坑、西坑、彭坑、小坑均为以坑为名的广州府村落。以陂为名者有广州车陂、大陂、头陂、沐陂、增城章陂、龙门洋陂等村。

塘：筑土遏水曰塘[5]。以塘为名者颇为常见，不再列举。

溯西江、北江、东江至广州府上游的河谷地带，看看至今仍然在使用着的许多传统地名，与广州府的传统村镇名加以比较，可看到地形的异同。河谷地区较为典型的地名有肇庆鼎湖沙浦的桃溪村、怀集大岗的扶溪村、四会石寨村、封开汶塘村、封开平岗村、高要回龙镇槎塘村、博罗老园岗、惠州横岭等，另外，诸如严坑尾、蛇坑、良寨村、莫坑村、石桥崀、大湴尾、龙虎尾、大村、蔡洞坑、排沙、坡下等村名也反映出命名者对地形或者村落特征的理解。在上面的举例中，"溪"、"岗"、"洲"、"沙"、"坑"、"坡"、"洞"、"塘"等字较为常见，说明了村落的选址多在山水交接处、位于水边的平坦地带或者水中央的洲屿，通过对现存古村的考察可以印证，在山岭起伏的粤西、粤北和东江河谷之地，大多数早期村落趋向于选址在山地中的相对低处，既得用水和耕作之便，又尽量不占用耕地、避免受水潦之患，这可以说是岭南山地村落选址时最重要的原则之一。

肇庆鼎湖一带有民谣："羚羊峡下好风光，峡下就是桃溪庄，村前是西江，村后是山冈，一字基础耙齿巷。"文字很简单，却生动地勾勒除了桃溪村的概貌，村庄位于羚羊峡之下，背靠山冈，面向西江，采用了非常规则的"耙齿巷"格局，建筑基址整齐划一。

过了羚羊峡，进入广州府的三角洲网河区平坦地带，除了仍然使用描述自然山水地形特征的"岗"、"岭"、"浦"、"涌"、"江"、"溪"、"潭"、"湖"等字之外，村名中明显增加了经过人工改造的构筑物或者水利、交通工程设施的名称，如"塱"、"圳"、"墩"、"埗"（埠）、"埔"、"坑"、"塘"、"围"、"沙"、"圃"等，说明珠江三角洲平原地带的地形较多地经过了人类的加工和改造。另一个简单的观察是这些字的偏旁，河谷地区的村名多见“山”、“氵”偏旁，是对自然山水地形的称谓，而珠江三角洲网河区的村名多见“土”、“口”等偏旁，是对人工化环境的描述。

此外，广州府有许多以宗族姓氏命名的村落，如陈村、黎边[1]、谢边、钟边、谭边、刘边、劳边、关家、陆家、郭塱、冼村、简村、钟村、罗村、麦村、高村、劳村、邓村、刘屋、罗洞等，在广州府尤其是三角洲地区至为多见，表明宗族聚居的情形相当普遍，而且这些村往往是单姓村或者有主导姓的多姓村。与中原和北方的大多数村庄相比，广州府有许多规模颇大的宗族村落，到清代末叶，上千人丁的单姓村落屡见不鲜，珠江三角洲尤其是南番顺一带的宗族村落更加密集，规模也更大。

章生道教授从地理学的角度提出了关于中国定居史、城市化过程的论点，认为自古以来中国人在向内地移民运动中存在着共同的定居模式，其显著特点是“具有始终如一的定居的低地趋向性情结”，中国人历来是逐水而居之民。[2]

在明清广州府的核心珠江三角洲地区，地名或村名大多与水、土相关，珠江八门出海，西江与北江交汇之后形成了河涌密布的河网区，河流的密度逐渐变大，从河谷到越来越密集的河网，水面率逐渐提高，潮汐对航运和聚落安全的影响也逐渐增加。而且，大多数的平地是围绕着海岸岛丘人工填筑起来的。许多聚落直接以水体形态为名，对于这些以水为名的聚落来说，如何处理好村落格局与水的关系，应对洪水、潮汐和夏季密集的降雨，建立起与水和谐相处的人居环境，就成为村落选址时需要考虑的重要甚至首要问题，也就是说，在地势较低的河网区，防止洪水、潮汐和内涝是村落选址和布局中最紧要的议题，为避免频繁遭受水淹，建村和建房趋向于选择低地中的高地，即使比周围只高出一米，在难以预测的水灾中幸免于难的机会就要大出许多，这也是为什么在大量的村落中，早期建造中最有纪念意义和公共精神价值的功能总是位于相对高处、建造往往从高处开始而后逐渐向低处扩展的原因。

概言之，在广州府，宗族村落大多位于高地中的低地、低地中的高地。

（二）聚落的基本选址原则与对地形的适应

中国古代是否水利社会、中国人是否河川国家之民在学术上尚存争议，但显然，广州府是个河川地区，尤其是珠江三角洲的下游地区，水网密布，河涌纵横，连珠江三角洲本身都是人为开发活动的结果，离开了水就无法理解广府地区的许多关于城市、村落、建筑和建造的现象。

正如陈志华先生在《宗祠》一书中所说，村落选址总是把水和土地放在第一位，其次则是安全，广州府也不例外。

水对于广州府有着特别的意义，村落选址普遍遵循近浅水原则，即接近水塘

1 “边”来自壮语，其意为村。参见：司徒尚纪．岭南地名文化的区域特色［J］．岭南文史，1997（3）．

2 参见：（日）斯波义信．宋代江南经济史研究［M］．方健，何忠礼译．南京：江苏人民出版社，2001．

和小河涌，这样既有取饮用水、灌溉和排涝之便，交通上可经浅水联系其他水域，又避免了较为强烈的洪水和潮汐影响。直接面临较为湍急、不可测度的江河干流和主干河涌并非普通村落的理想选择，人们显然更容易适应和控制浅水、了解各种与之有关的现象，不至于让本应安稳的农耕生产与乡村生活充满难以掌握的变化和挑战。以水为主要交通方式但依靠田地的出产获得经济来源的广州府，浅水也是与各家的小船相适应的尺度。《顺德县志》中的舆图标示出了全县聚落的位置，在这张舆图中（图4-9），可以清楚地看到村落与水系的关系，在潭州水道、顺德水道、容桂水道、洪奇沥水道、东海水道等主要水道的两侧，只有因渡口和码头而发展起来的集镇，而没有以农耕为生的宗族村落，除了一些附于岗丘之侧的村落之外，绝大多数村落都位于小河涌的两侧。这种情形同样出现在番禺、南海、东莞、三水、花县、从化、增城等水网发达的县。

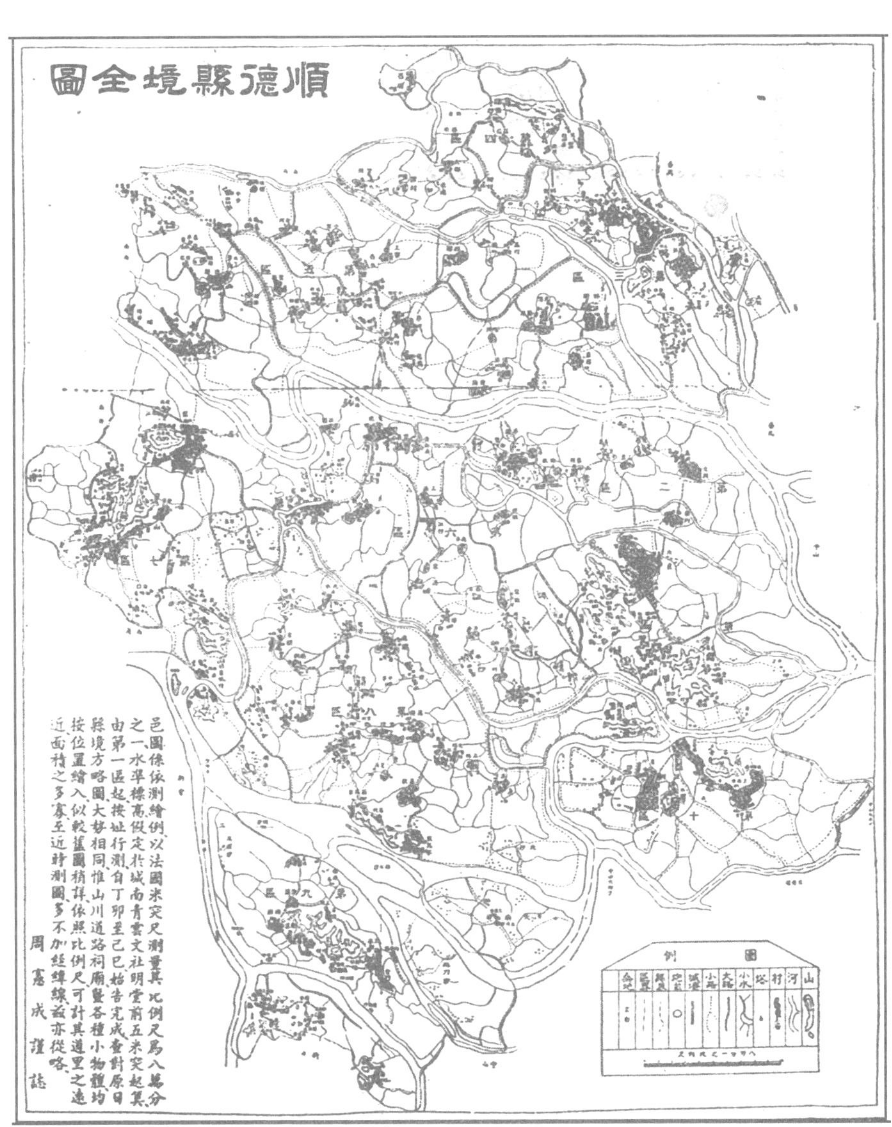

※图4-9　从舆图看顺德聚落的选址与分布
（来源：民国18年版《顺德县志》）

※图4-10　以乐从为例看围田区相邻村落之间的距离
（来源：根据大墩村工作坊黄晓蓓所绘整理）

寻找土壤肥沃且规模足够养活村落人口的土地是选址的另一个原则，在形态上表现为村落的合理耕作半径和日常生活圈范围，村落应具有一定的腹地，满足一定规模的人口从事生产，同时也不宜过大，以方便日常的功能和交通组织，同时有利于建立起属于领域感。一般而言，单产较高的地方村落半径相对较小，如在顺德西部的围田区，以乐从位于东平水道以南、细海河以北的六个村落为例，小河涌连接着小布、藤冲、荷村、大墩、小涌、岳步等村，相邻村落之间的距离均为1～1.3公里（图4-10），而交通不便、土地平均产出较低（既可能是自然条件不佳也可能是生产的技术或者作物的选择不够理想）的地方则村落半径相对较大，在山地、河谷地带和沙田区，相邻村落之间的距离就明显较围田区为大，新沙区较老沙区为大，在顺德的沙田区，相邻村落之间的距离可以达到甚至超过2公里。

在村落选址时所考虑的安全原则，是要使村落能够在灾害和祸乱中幸存。古代的村落既需要面对来自于自然的威胁，也包括人为的危险——广州府虽然比客家山区的土客矛盾要相对缓和，但宗族间的械斗也常见于史志。明清时期，随着定居人口的逐渐增加，瘴疠之气已经不是定居的最大障碍，对于那些想在广州府开辟新村的宗族来说，洪水无疑是最大的潜在危险，其次则是频繁而猛烈的台风，因此，珠江三角洲的村落往往建于低地中的高处，相对远离海岸线和珠江的主要水道，以避免遭受洪涝灾害和正面面对台风。另外，选址于容易扼守的地方对于安全防卫非常重要，位于相对高处可获得居高临下之势、拥有开阔的瞭望视野从而建立防守中的优势。

以番禺县的洲岛地区为例，海珠、琶洲、官洲、小谷围、长洲诸岛因为临近珠江口，故此陆地标高很低，受潮汐的影响也比较大。明代初期，在珠江三角洲尤其是靠近珠江口的地区，沙田的拓殖进入了一个快速发展的时期，这也是本地宗族势力重组、村落和祠堂建设快速发展的时期。

围绕广州南端的一系列小岛，明代初年迅速产生了集中的沙田、堤围和新兴的村落，部分原有的村落也在人口、宗族构成和聚落形态上发生了较大的变化。琶洲、新洲、长洲、官洲和小洲（又称瀛洲）星罗棋布在当时还非常宽阔的珠江之中，登上小洲的华山冈，就可以“一望五洲”。据同治十年《番禺县志・点注本・舆图》，五洲当时并属番禺茭塘司，皆在海岛之中，“粤人无大小水皆呼之曰海”。《广东新语・大小箍围》有记：“下番禺诸村皆在海岛之中，大村曰大箍围，小曰小箍围，言四环皆江水也。凡地在水中央者曰洲，故诸村多以洲名。”嘉庆《龙山乡志・龙山图说》：“考元宋以前，山外皆海，潦水岁为患，民依高阜而居，未盛也。明代修筑诸堤，于是海变桑田，烟户始众。”《释名》：“土山曰阜，言高厚也。”依高阜而居是广州府绝大多数村落的共同选择，其原因乃是频繁的水患：洪水季节从上游汹涌而来的江水，暴雨时节高强度降雨形成的内涝，以及每日潮汐的影响。建筑即使建造在比周围仅仅高出数米的地方，在遭遇水患时损失就有可能大大降低。建造堤围则是另外一种防御水患、保护村落安全的对策，小谷围岛就兴建了堤围，这也是地名的来由。

海珠岛上分布着新滘、龙潭、东风、江贝、北山、上涌、小洲等村，琶洲岛上有黄埔村、石基村、琶洲村、赤岗等，官洲岛上有官洲村和北约，小谷围岛上有练溪、南亭、北亭、贝岗、郭塱、穗石等村。在沿沥滘水道、官洲河、黄埔涌、土华涌等河道的滨水地带，在历史上除了疍民聚集而成的渔村之外，并无宗族村落，如图4-11所示，几乎所有的村落（图中用斑块状的阴影表明）都位于岗地附近（如赤岗、石榴岗等）或者两条水道之间略高于洼地和江面的陆地上，即使是与黄埔古港联系紧密的黄埔村，也并非临黄埔涌而建，而位于北面相对较高的台地上。

在东莞茶山和石排两镇的相邻地带，可以看到相似的情形（图4-12）。两镇交界处数千亩鱼塘形成的洼地里，至今仍然没有任何村落，而在两侧稍高的岗地上，分布着十余个或大或小的村子，位于西南的茶山一侧有坣头村、冲美、对塘、南社、麦屋、超塱、龙头、月塘等村，而东北方向的石排一侧有庙边王、石井、孔屋、塘尾、中坑和田心等村。这样的情形在广州府比比皆是，在面临洪水威胁之时，那些即使只比周围高出1～2米的地形在洪水的避灾减灾上有着明显的积极作用。

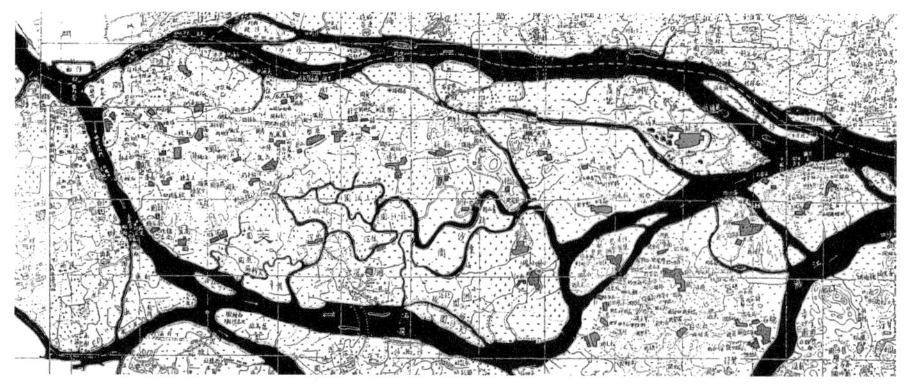

※图4-11　番禺沙湾—市桥—莲花山台地的村落分布
（来源：笔者根据《番禺县续志》舆图整理）

※图4-12　东莞茶山麦屋村的地形与选址
（来源：东莞市地理信息中心）

除自然地理、经济、交通等功能和技术因素之外，村落的选址也包含了一定的心理因素甚至神秘成分，反映为选址中的风水原则。风水与地理中的山水格局息息相关，有着一定的自然主义成分，但无论形势还是理气，都有着浓郁的神秘气息，在崇尚巫鬼、神佛满天的广州府，风水对于村落的选址、方位和格局都有着较大的影响。

以上的原则之间存在着一定的关联，相辅相成，甚至会有所重叠。仍然以图4-3为基础展开讨论，从番禺的沙湾到狮子洋，地形可以归纳为图4-13所示

※图4-13　从番禺东部看村落的选址原则
（来源：根据郑莉所绘整理）

的概貌，从市桥水道往北，地形逐渐升高，从河涌密布的洼地到平地再变为浅丘地，根据宣统年间的舆图标示出当时的村落，可以非常清楚地看到村落的选址与水系的关系，从沙湾的鳌山古庙向东经红萝嶂、市桥而至狮子洋，有一条线形分布的宗族村落带。这些村落选择了位于小河涌的尽端，这些实际上位于几乎同一标高、沿着等高线分布的村落离开主要的航道较远，似乎损失了联系市镇和广州城的交通便利程度，但却可以远离经常被洪水或潮汐袭击的低洼地带，且同时拥有了水上和陆上两种交通方式，这同时吻合了前文所述的近浅水原则和安全原则，村落之间的间距也是对耕作半径和日常生活圈范围的设定，另外，由于这一范围内总体上北高南低，故此也容易获得良好的背山面水的风水格局。

第二节　广州府村落的格局及其主要影响因素

在选址确定以后，紧接而来的便是村落的格局擘画。格局受到地理、气候、社会结构、宗教、生产方式、生活组织、风水等诸多因素的影响，在极为纷繁复杂的线索之中，村落格局的擘画者是怎样理出头绪的呢？村落的格局与山、水、田等自然因素以及宗族、信仰等社会因素和村口大树、桥、塔、围墙、祠堂、庙宇、更楼、墟市等物质因素有关，在形态上表现为自然地理形势、公共空间格局和建筑群的肌理。本节将基于主导村落格局的自然因素与社会因素，讨论广州府的三种主要村落形态格局，梳理出作为关键性社会空间的宗祠对村落格局的结构性影响。广州府的村落格局中，梳式布局尤其具有浓郁的地域特色，下文将有着重的讨论。

一、广州府村落的基本范式

从村落的总平面轮廓上看，广州府的村落形态主要有扇形、较规则的团块形和线形三种基本形状，线形又可区依据其进深区分为单排和多排两种，但这种描述并未体现出村落的形态结构尤其是社会结构，也未反映村落的肌理。结合社会组织方式，广州府村落呈现出三种主要的结构范式：

（1）以宗祠为核心的中心式布局；

（2）成排祠堂引领村落建筑群的梳式布局；

（3）社会结构较为扁平化、没有祠堂的单排线形村落。

三者尤其是前二者之间往往呈现出复杂的组合或叠加。一般而言，向心式布局村落多位于开发较早的民田区中或者浅丘地带的岗丘上，例如从化太平的钱岗村，便以陆氏广裕祠和邹氏祠堂为中心（图4-14），香山南萠的茶东村以紧贴山冈的陈氏宗祠为中心。东莞寮步横坑村在明代中叶以前，也以敕建的钟氏祠堂为核心。

陆元鼎先生在《广东民居》一书中认为梳式布局是广府民居的重要特点之一[1]。梳式布局的村落有着整齐的肌理，广泛分布于地形较为平坦的围田区，在花都、三水、东莞、新宁、顺德、南海、从化、香山、番禺等地极为常见，三水乐平大旗头村便是典型的范例之一（图4-15）。梳形本来是对村落肌理的描述，但作为一种形态类型，则应加上对社会结构的考虑。梳式布局的结构性特征并不仅仅在于其肌理的整齐和平面轮廓的规则，而在于是否有成排的祠堂作为形态的主导者。

位于冈地上的村落，大多呈扇形或说放射形，但放射形并不意味着村落是向心式的布局，以南海松塘村为例（图4-16），虽然看起来整个村落是由分布在多个岗丘上呈放射形的建筑群构成的，但因为祠堂均主要位于临水塘的前排，故此其结构并非中心式布局而与梳式布局类似，南海的黎边村也是如此。随着水的转折而在形态上相应旋转的村落如顺德逢简、番禺小洲的总平面轮廓亦为放射形，但其实质仍然是梳式布局的变形。

根据类型学特征而定义的梳式布局可能呈线形、斑块形、矩形和扇形等多种不同的形状，而中心式布局也可能呈放射形或近似矩形的规则形。在广州府，区别中心式布局与梳式布局的并非其总平面的形状，而是宗祠在村落格局中的不同结构性作用，在只有高品级的官员可以合法建造宗祠或家庙的品官家庙时期，祠堂往往位于村落的中央，其他的建筑呈众星拱月之势围绕在祠堂的四周，而梳式布局中，较多的祠堂位于临水的前排位置，引领着其后的普通民宅。

广袤的沙田区里，大量分布着沿着河涌的线形村落（图4-17）。这些单薄的线形村落一般只有一排建筑，绝大多数位于番禺、顺德、香山、南海等地沙田区的小河涌边，仅仅在番禺县便有上百条这样的村落[2]。沙田区的线形村落缺少进深，在历史上甚至只是用木桩和树皮建于河涌内的高脚屋，讨生活用的小船就系在木桩上，与围田区有多排房屋的线形村落存在着结构性区别，其实质在于相对缺少紧密的宗族组织，社会的构成比较扁平化，往往以贫穷的疍民或者世仆为主，他们既没有社会资格也没有经济能力来支持祠堂的建造。即使发展至今，这样的村子里也几乎完全没有祠堂，因此不是本书关注之要点。

由于地形的多变和社会情形的复杂，广州府也存在着其他的形态类型，如在桑基鱼塘区水塘与建筑群交织形成的斑块状村落，这种形态更加适合多姓的小规模宗族村落。在同时受到广府文化和客家文化影响的东莞、新安、花都、从化、增城等地区，也会出现祖堂居中的棋盘式或营寨式式村落。

这三种主要的范式在时间上有无先后？各自大致形成于何时？

因为沙田区的开发明显晚于围田区，加之围田区的地形并不支持河网区式的形态，所以可以明确地认为沙田区的单排线形村落是最晚出现的。[3]而中心式与梳式布局的结构性差异显然与祠堂的数量有关，总体来说，中心式格局产生较早，而梳式布局的前提是宗祠的普及化，在庶民宗族得以大量建造祠堂之前，这种形

1 陆元鼎，魏彦钧．广东民居［M］．北京：中国建筑工业出版社，1990：23.

2 广州府以“条”为单位来称呼村落，也许部分地表示了人们对村落形态的基本印象是条形的。

3 也有学者推测单排的线形村落可能是广府村落的共同原型，因为理论上存在着从河涌向陆地、单排向多排推进的逻辑，笔者认为，如果考虑到最初在浅丘和围田区建设的村落并不必位于河涌之内，因此这一推测的前提并不成立。加之宗族村落并不是完全孕育于明清之后的，而是在上游西江河谷地区已经发展了数个朝代，所以广州府的村落不是在封闭的状态中发展起来的.

※图4-14　从化太平钱岗村
（来源：Google Earth网站）
※图4-15　三水乐平大旗头村
（来源：佛山市地理信息中心）

※图4-16　南海松塘村航拍图
（资料来源：佛山市地理信息中心）

※图4-17　番禺汀根村的线形村落形态
（来源：华南理工大学东方建筑文化研究所）

态结构是不可能出现的，故此祠堂居前的梳式布局的产生年代要晚于中心式布局。虽然梳式布局多位于较为平坦的地带，但与地形并非简单的对应关系。在地形狭长的地方所兴建的梳式布局的村落会呈现出线形的特征，在桑基鱼塘盛行的农业地区表现为多个矩形斑块的组合，在岗地的缓坡上自然地选择放射形，只有在非常平坦的濒水之地，才呈现出非常整齐的肌理和规则的矩形轮廓。通过仔细的技术工作，可以将一些现存的村落大致依据其时代进行层析，将看似复杂纷乱的格局以不同的层清晰地展现出来，后文将以东莞寮步的横坑村为案例，讨论中心式布局与梳式布局的叠合，以及村落在明代中后期从中心式布局逐渐转向梳式布局的过程。村落的形态受到多种因素的影响，但其格局的结构确是相对稳定的，尤其与宗族的发展和宗祠的建设密切相关，结合了区域开发进程和宗族发展历程的形态研究可以得到明确的结论：中心式的村落布局早于祠堂居前的梳式布局，而无宗族特征的线形布局出现最晚。

整齐规则的村落格局在中国，尤其是较为平坦的地带十分普遍，并非岭南更非广州府所独有，广州府的梳式布局究竟有何不同之处？祠堂居前的梳式布局与其他形态规则的营寨式格局有何异同？有必要对这两种布局进行比较。

在肇庆府和韶州府，也就是现在的肇庆和韶关的部分地区例如广宁、郁南、南雄等地，许多传统建筑都具有客家民居和广府民居的双重特征，例如大屋就是一种常见的类型，与客家的建造和居住方式相同，但在建筑的材料使用和造型、装饰上，又明显具有广府建筑的特点。在封开的杨池村、杏花村十二座、高要的槎塘村，其形态与梳式布局十分相似，但也存在着明显的区别，在这些村落里，祖堂往往位于聚落的中路而非前排，即通常所说的“祖堂居中”，营寨式的棋盘格局村落与广州府的梳式布局最重要的区别。许玢在她的学位论文《肇庆地区西江流域广府村落形态研究》中对西江河谷地区的村落形态进行了讨论。

肇庆府清代所建的村落已经兼具了梳式布局和棋盘式格局的特征，这一方面来自肇庆府自身传统的延续，同时也结合了广州府成为文化发达地区以后对上游地区的影响。在高要回龙镇，有一座棋盘式的村落，“十字明间耙齿巷，百年岁月槎塘村”。槎塘村（图4-18）中的苏姓和蔡姓宗族本来居住于不远处的黎槎村，据《高要县志》，光绪二十二年（1897），在此开辟新村，村前有风水塘，村后为香炉岗，整个村子朝向西北。顺应地形，村落被分成了逐级升高的台地，纵向设7个巷道。每一级台地宽约9米，可建一排房屋，七条巷道将村落分成八列，形成了非常整齐的棋盘式格局。但槎塘村与广州府的梳式布局宗族村落也有着明显的不同，这里只有两间祖厅、一座祠堂，均位于村落的中部，所以槎塘村的形状为梳形，结构却是祖堂居中的格局。这固然与地区差别有关，也与光绪间的宗族观念和社会经济状况有关，当时的新村已经不用十分铺排地去建造大量的祠堂了。而在烂柯山下、羚羊峡口的肇庆府鼎湖沙浦桃溪村，其村落的形态结构则与广州府的梳

1《桃溪村何氏族谱》承蒙许玢提供，特此致谢。
2 参见：许玢. 肇庆地区西江流域广府村落形态研究. 广州：华南理工大学，2008.

※图4-18　高要槎塘村卫星航拍图
（来源：Google Earth）

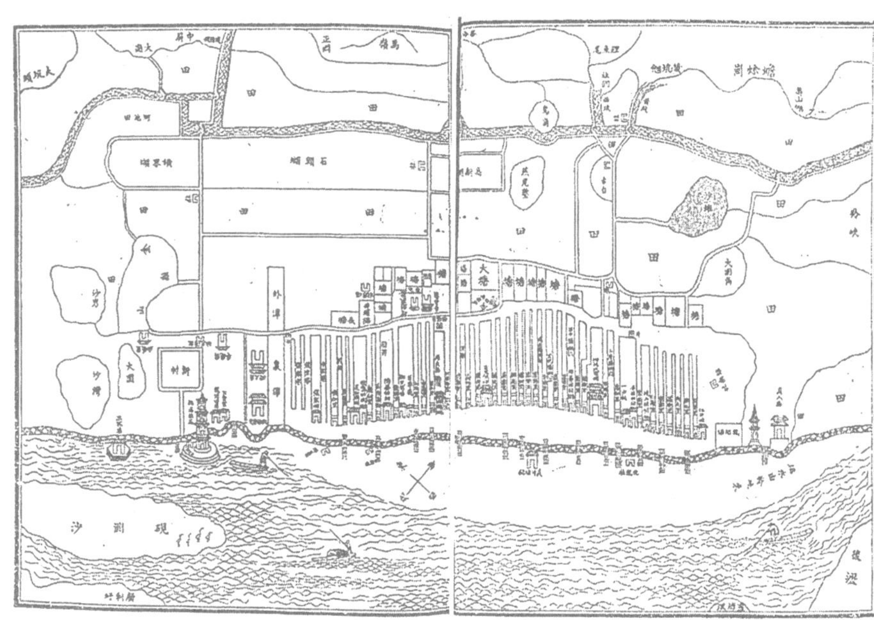

※图4-19 《桃溪村何氏族谱》所载的村落格局
（来源：《桃溪村何氏族谱》第七卷《乡宅图》[1]）

式布局并无二致（图4-19）。桃溪村的何氏族谱中共记载有十九座祠堂，包括始祖祠、祖祠、祖厅、牌楼祠、家庙和家塾[2]，大多位于村落的前排。曾任肇庆府通判的何琰于南宋嘉定九年（1216）开村于此，整个村落经历较为完整的宗族发展历程，其形态是成熟的宗族村落在空间上的反映。可见，祠堂居前的梳式布局在广义的广府地区均有分布，是宗族村落的典型格局。

弗里德曼把中国宗族的内部裂变分成A式和Z式两种极端状态，前者属于较小而且较穷的宗族社区，宗族下面的房不再分化为次一级的房，后者一般人口较多且较富有，包括两级以上的裂变即宗族以下的房又被分为次级房份。较穷的房由于难以支付新的祠堂和祖田的设置；较富的房由于较有资产能力，因此可以轻易地设置新的祠堂和祖田。弗里德曼注意到了宗族现象与官方意识形态的转变、经济和社会的变迁有着密切的关系，但从历史的实际情形看，贫富只是影响分房的因素之一，影响宗族裂变的还有建立新祠堂和分家析产的制度因素。一般来说，村落的草创时期，当宗族还不太强大、所历世代不多的时候，在一个村落中会存在多个小的家族，这是的宗族内部裂变为A式，各个宗族都围绕祖祠形成建筑组群，采用祖堂居中的形式。那些经历了更长发展时间的成功宗族显然以“Z式”裂变，由于人口较多，故此对组织程度的要求较高，随着更多房份的出现，宗祠的数量也相应增加，在形态上更容易形成梳式布局，且会形成单姓村或者有主导姓的多姓村。

梳式格局在相对发展成熟以后，渗透到了广州府许多村落的形态格局之中，即使那些已经经营了多年的村落，在新的建设中也会在局部采用梳式布局。多组团的村落如岗顶的石牌村，一共有池、董、潘三个大姓，虽然各组团的朝向并不相同，但每个组团自身都采用清晰可辨的梳式肌理，后文中将讨论的黄埔村也有着同样的情形。

二、主导村落格局的自然因素：水、风与阳光

经过上千年的探索，广州府的村落格局已经具有了成熟的规划经验，在对水、风和阳光等自然因素的考虑上，主要表现为对地形和气候的适应性。

广州府的水有着丰富的形态，既有深邃的井、安静的水池、出产丰富的鱼塘、每日随着潮汐涨落而不断变换水位的河涌、相互连通的水网，也有水流汹涌的珠江干流和辽阔的海洋。在生产上，以水为道路，以船为运输工具，以塘为田，人们懂得如何利用和依赖水系，发展出了独具特色的桑基鱼塘；在生活上，人因为取饮用水、浣洗、在水中嬉戏、看粤剧、在水边纳凉而与水发生频繁的交往，产生了对水的亲近感；在精神上，水是仪式性场所不可或缺的外部环境，也在心理上代表了对财富的期望。位于村口的水塘或者水口常具有风水的意味，村口水塘被视为风水塘；塘边种有高达的细叶榕，有时也种植凤眼果或菩提，是村落的风水树，象征着村落生命力的旺盛和宗族的枝繁叶茂；而在水口附近或者岗地之侧，有时会建造风水塔。

但在另外一个侧面，人们对水同时也心怀畏惧，水既是生命和生活之必需，也带来难以预见的灾害。尤其是在春、夏季，集中的暴雨会在很短的时间内形成积水，填满池塘、小涌和江河，形成洪水，当洪水遭遇潮汐，河流两岸的田野和村镇就可能遭受水淹之苦。在村落格局的考虑中，如何尽快将雨水排入自然水体，成为至为重要的技术议题。

为适应多雨的气候，几乎所有的宗族村落其建筑都面向水体，为了用最短的时间排干雨水，避免造成“水浸街”，巷道大多垂直于水体。东莞的南社村便是从两侧面向水塘的实例（图4-20），一列水塘位于村落的中央，大致成西南-东北走向，在水塘的西北和东南两侧分布着成片的祠堂和民居，建筑的朝向显然以大致

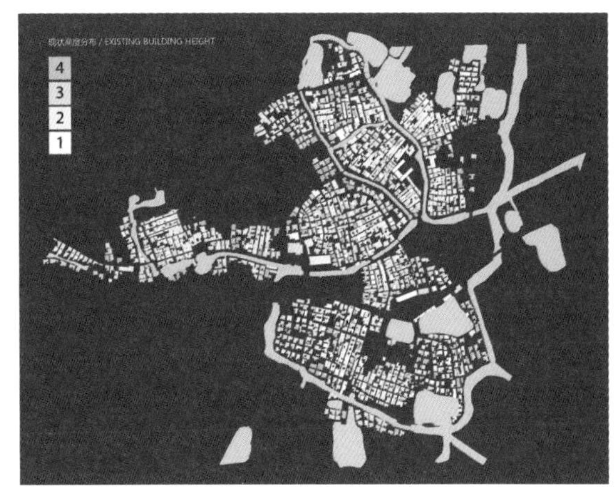

※图4-20　东莞南社的水塘与村落格局
※图4-21　乐从大墩村现状总平面图

垂直于水面为原则，而并不追逐阳光，以水引导朝向是广州府村落格局中的首要法则。顺德乐从的大墩村位于围田区（图4-21），这是个以梁、何为主导姓的双姓村，即使今天的村中已经建起了许多四层乃至更高的楼房，但通过总平面仍可清晰地看到过去的形态，村落、大墩涌和成片水塘交织在一起，可谓水环村、村环水。如果忽略建筑，标示出村中整齐的巷道，则水系对村落格局的决定性作用一览无遗（图4-22），随着水的转向，巷道随之转向，大墩村的肌理与意大利著名水城威尼斯的肌理极为相似，乃是因为二者遵循着同样的原则。大墩村至今保存着一段368米长的石磡，上面分布着系船用的石栓。虽然大墩涌本身的宽度并无明显的变化，但驳岸的断面形式却十分丰富（图4-23），不同方向和位置的石阶、小桥、栈道，形成了人与水的多方式联系。

倘若选取大墩村的局部分别考察建筑与水面的关系以及巷道与水面的关系，可以更清晰地看到水对村落肌理的导向。图4-24共选取了五种不同形状的水面，分别是东西向的河涌、南北向有放大水面的河涌、河涌交汇处、小水塘和较大的水塘，无论是哪种形状的水面，也无论是单侧还是两侧分布建筑，位于水边的建筑群都构成了较为整齐的肌理，且毫无例外地朝向水面，水系就像是指挥棒，引导着建筑群的朝向随之而改变。图4-25选取了九片不同的肌理，以建筑为底、巷道为图，其图底关系同样十分清楚地说明了巷道与水面的关系，村中整齐的巷道几乎都与大致垂直于水体。也就是说，水对村落格局的影响同样渗透到了局部的肌理。

因为水而产生的形态选择中也包含了阶层的概念，在理论上，阶层是按照等高线分布的，由于高处不易受水淹，因此位于地形稍高处的往往是村落中的缙绅阶层，在宗族中相对弱势的成员则居住在标高较低、更易遭受水淹的地方。这一点可以在大量的村落实例中得到印证，后文中将讨论的大旗头村便是如此。

风是广州府的先民们面临的另外一个难题，特别是在难挨的夏天，即使有风，

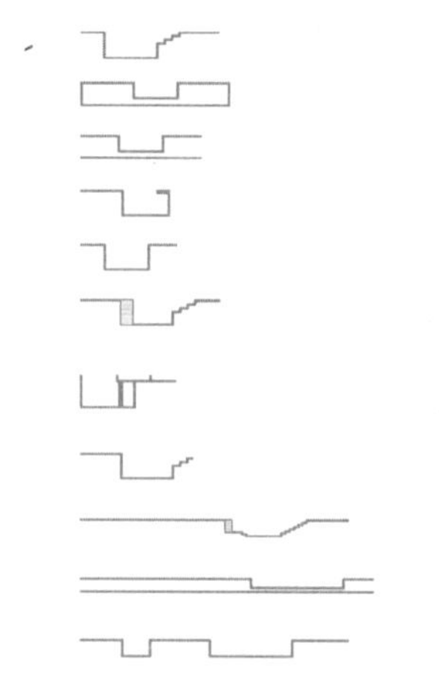

※图4-22　大墩村的巷道走向
※图4-23　大墩涌丰富的断面
（来源：华南理工大学—加州大学伯克利校区大墩村工作坊）

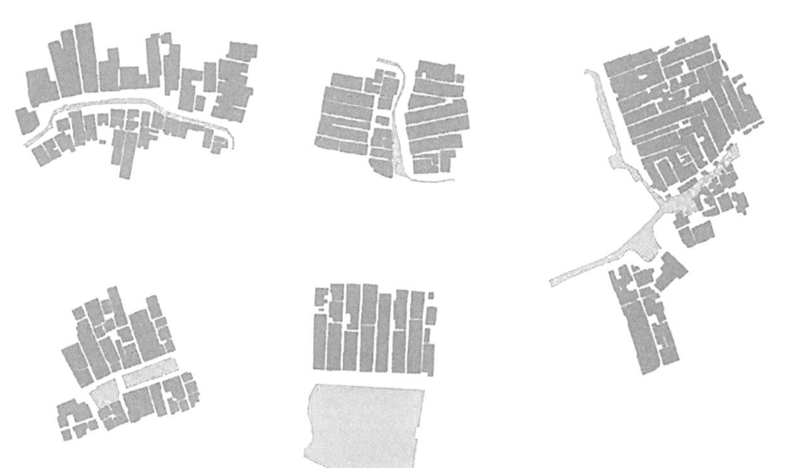

※图4-24　大墩村的建筑与水面的关系
（来源：华南理工大学—加州大学伯克利校区大墩村工作坊）

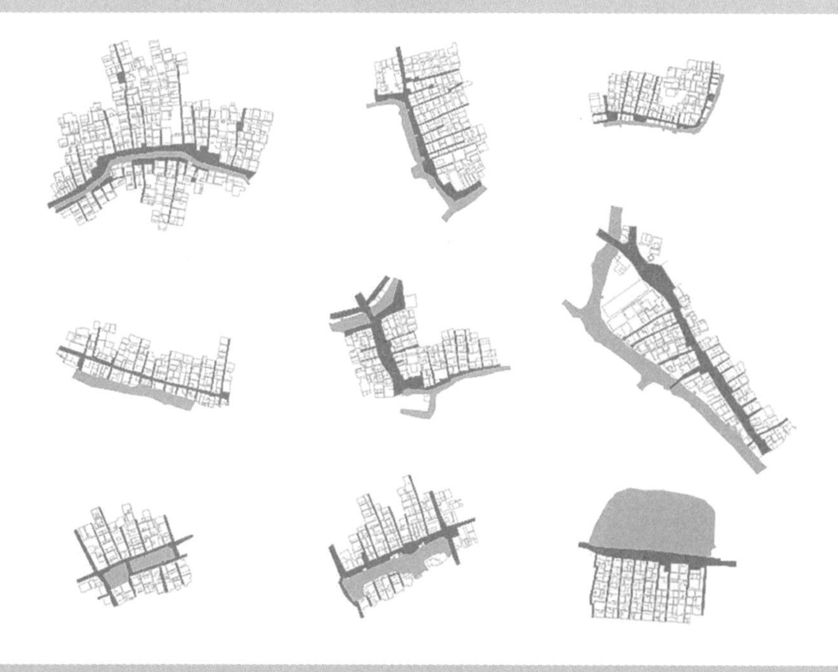

※图4-25　大墩村的巷道与水面的关系
（来源：华南理工大学—加州大学伯克利校区大墩村工作坊）

也都带着扑面而来的燥热气息，少有自然的凉风，却可能面对猛烈的台风。怎样的村落格局才能形成徐徐的微风？如何尽量减弱台风的影响？在炎热的夏季，广州府还有特别毒辣的阳光，这正是明清时期的村落并不在意南北向的重要原因。

许多与水有关的元素很具有民俗意义上的阐释学色彩。水塘除了物理意义上的凉爽功能和视觉意义上提供倒影之外，还有心理上对财富的隐喻，位于村口或者祠前的半月形水塘则与风水有关。与灵动的山势象征“来龙”相对应，流动的水在风水上被称为“去脉”。传统上，这都被看作是影响村落形态甚至宗族命运的要素。

三、主导村落格局的社会因素：宗族

影响宗族村落格局的既有自然因素也有社会因素，在广州府乡村聚落的总体格局之中，最主要的社会因素是宗族和地方信仰的祭祀圈，而宗族无疑是其中的主导者，这一点投射在了形态格局尤其是公共空间的组织上。

在广州府的宗族村落之中，公共空间大多集中于三个地方，即村落的四周、村口和祠堂群。在淫祠泛滥的广州府，村落的四周往往有多座供奉不同神祇的小庙，例如天后宫、真人祠、华光庙等，多是起到镇邪消灾、祈愿纳福的作用，以春祈秋报为主。在村口，常见风水塘、文笔塔、桥、更楼、牌坊、风水树和祭土地的社，既有防卫的实际功能，也寄托着村落的期冀。在村落中央，祠堂是秩序的绝对主导者。神祇拱卫在村落的四周，而祖先护佑着村落的中央。墟市则往往位于村外，表明村落的日常生活不希望受到陌生人太多的干扰，祠堂维系着村落的空间秩序，正如宗族维系着社会组织。

前节的讨论已经揭示，宗祠成了区别三种不同形态结构类型的标准，具体来说，是否以祠堂组织村落的格局、主要的祠堂位于村落的何处，决定了村落形态的范式。祠堂位于村落的中央、成为结构的核心时，村落属于中心式宗族村落的范型，此时祠堂一般位于地形的较高处。数量众多的祠堂位于村落的前排、临水而立是梳式布局宗族村落的重要特征，从第二排开始是间或夹杂有祠堂的成片居宅，建筑群的后方是浅丘或浅台地的风水林。没有宗祠的村落一般表现为非常单薄的线形。宗族村落在类型学特征上属于中心式或者梳式的布局，地方志舆图中表示村落的团块状图例显然不是来自沙田区那些无宗族层级的线形村落，而是围田区的典型宗族村落。

诚如陈志华先生所言，“由于宗祠在血缘村落中的特殊作用，在南方，自然崇拜和祖先崇拜相结合，就对宗祠的风水有了许多巫术迷信的说法。宗祠，尤其是作为总祠的大宗祠的风水对聚落的布局起了很大的作用。”在祠堂众多的宗族村落中，祠堂的选址有可能面对水塘，实例如花都塱头、东莞横坑、三水大旗头、南海松塘等，也有可能面对小的河涌，例如在顺德碧江、逢简、大墩、沙滘、番禺小洲等村，还有可能面对街道而并不临水，如大岭村两塘公祠。此外，有些祠堂位于村落的中央或者靠近山冈，如东莞横坑钟氏祠堂、香山左步陈氏宗祠等。决定祠堂选址的既有制度性因素也有技术性因素，风水上的考虑可以看作是两种因素的结合。在中心式格局的村落中，祠堂是全村形态的重心之所在，因此多位于中央或者村中的最高处，在品官家庙时期，敕建的宗祠作为边陲地区的文化与精神依归，起到了凝聚宗族的重要作用，在制度上，祠堂享有尊崇的地位，因此形制等级较高；在技术上，位于高处有着视线和景观上的控制力以及安全上的优势；在心理上，因其地点的特殊性而愈显崇高和庄严。在祠堂庶民化之后，由于有大量的房祠、支祠乃至私伙厅出现，只有较为重要的祖祠可能继续位于村落的中央，其他较为次要或者建设较晚的祠堂则难以寻找到如此之多的特殊基地，因此大多移向了临水的位置；至于那些私伙厅，受到经济条件和地位的限制，选址相对来说难以有特别的考究，有许多面对街巷，门前既无水塘、河涌也无照壁。陈志华先生在《宗祠》一书中也讨论了宗祠于村落布局的关系，认为祠堂的朝向常带有好的阐释，例如丹凤朝阳、三阳开泰等。[1]而相对来说更晚建造的大宗祠则大多位于成片的民居建筑群之外，选址于村口或者池塘、河涌的水口等处，如小洲村的简氏大宗祠、乐从沙滘村的陈氏大宗祠等。

小箍围是由新造水道和黄埔水道包围的岛屿，上有练溪、南亭、北亭、穗石、贝岗、郭塱、路村、大涖、赤磡、南埗、大塱、诗家山等自然村，小箍围后来被称作小谷围，就是现广州大学城的所在。穗石村开村于北宋，起初有梁、陆、黄、李、冯、苏等姓氏，南宋进士林祖诒迁居至此，从此开枝散叶，林氏渐成村中大姓，穗石林氏大宗祠中有碑记：

> 本祠各祖俱以淡薄开基，世传清白，凡所为烝尝祭流之业，槩全未有。传至十世，子若孙奋然振兴，乃于顺治康熙间递年科合，蓄积累成，至于今颇有尝田祭业，得以春秋享祀，养老尊贤，皆此十世以后世居穗石孝子贤孙所经营而措置之也。迩年来寻宗复祖者递有，某某虽亦孝子贤孙，所不能自已，然自十世以前，既以外出，则本处烝尝祭业，实无与力也。故至今合内外老少相约，经为定例。凡十世以前出，乔居支分派，别有春秋祀享，惟身亲与祭，始得同沾福胙，其余本处烝尝祀业，不得有所资籍。他如均派赈济之有时，养老优贤之有与，至举贡监生员、童子入试等，亦不得与世居穗石者共沾祖泽。遇有荣发回归拜谒，书金程赠亦随时适可耳。即本处力役科输等项，亦于外居者无涉。戒之哉！毋畔缘而歆羡，毋尢谇而阋。世世子孙，尚其敬守勿替更。勒石以垂不朽。
>
> 乾隆壬午仲春穀旦　　重立

1 李秋香主编，陈志华撰文. 宗祠［M］. 北京：生活·读书·新知三联书店，2006：29.

本祠
各祖俱以淡薄開基世傳清白凡所為烝嘗祭流之業槩全未有傳至十世子若孫奮然振興乃于順治康熙間遞年科合蓄積累成至於今頗有嘗田祭業得以
春秋享祀養老尊賢皆此十世以後世居穗石孝子賢孫所經營而措置之也　邇年來尋宗複祖者遞有某某雖亦孝子賢孫所不能自已然自十世以前既以外出
則本處烝嘗祭業實無與力也故至今合內外老少相約經為定例凡十世以前出裔居支分派別有春秋祀享惟身親與祭始得同沾福胙其餘本處烝嘗祀業不得
有所資籍他如均派賑濟之有時養老優賢之有與至舉貢監生員童子入試等亦不得與世居穗石者共沾祖澤遇有榮發回歸拜謁書金程贈亦隨時適可耳即本
處力役科輸等項亦于外居者無涉戒之哉毋畔緣而歆羡毋尤誶而閱墻世世子孫尚其敬守勿替更勒石以垂不朽
乾隆壬午仲春穀旦　重立

这一段碑文表明了林氏家族通过在顺治、康熙年间的数代经营，积累了尝田，建立起了稳定的祭祖制度，支撑了一定程度的宗族福利，这一结果被视为所有世居于此的尤其是十世以后的家族成员的共同贡献，只有一直在这块土地上耕耘的成员才能享受家族的福利。正因为家族福利较为优越，所以有其他曾外出的宗族成员回来寻宗认祖，在世守穗石的人们看来，这就有了要求享受宗族福利的嫌疑。本祠堂的人认为有着共同的血缘关系也不代表可享有均等的宗族福利，地缘共同体的利益关系在此时上升到了本应温情脉脉的血缘关系之上。但这并非唯利是图、六亲不认的表现，而是让我们感受到了垦殖的艰辛和成功之不易，既不轻易派福利，也不攀缘富贵，对那些来穗石拜谒先祖的科考成功者和在外致富者，不过礼节性地赠送书金和盘缠。那些在十世以前就离开此地前往他处谋生的同宗，因为没有参与家族烝尝祭业的建设，所以不能共沾祖泽，他们被目为“外居者”，这可以看作是穗石林家拒绝他们来此定居的一种明示。

作为宗族最重要的三个构成元素，族谱、宗祠和族田在此可谓缺一不可，即使族谱上有据可查，也不一定被视为本宗祠堂的当然成员和宗族福利的享有者，宗族成员的福利与居住的地点在空间上不可分离，而小宗祠堂则成为春秋祀享、颁胙、养老、赈济、科考等公共事务尤其是公共福利的实际管理者，因此也成为村落形态在空间结构上的主导者。

在小谷围岛的西侧，是一座琵琶形的岛——琶洲岛，又称鳌洲，琶洲岛上有琶洲村、黄埔村、石基村等村。

琶洲村北临珠江前航道，开村于南宋，早年的人家包括白、马、黄等姓，均称自南雄珠玑巷迁来，其后迁来的郑姓、徐姓逐渐成为村中的主姓。万历二十八年（1600）村西山岗上建成琵琶塔，又明海鳌塔，是广州三大水口塔之一，“琶洲砥柱”曾经是明代的广州八景之一。石基村名源自通向黄埔古港码头的石基路，因靠近港口，以出海捕鱼的水上居民为主，村子规模不大，以陈、郭、李、霍诸姓为主。与石基相邻的黄埔村则颇为不同，宋代即已建村，古称“凤洲”、“凤浦”，受位于村旁的黄埔古港的影响，黄埔村并非一般意义上的农业村落，因与港口贸易关系紧密，故有定居于此的多有从事贸易的宗族和人家。黄埔村是以梁、冯、胡、罗等姓为主的多姓村落，其形态与单姓村或者有主导姓的村落有不同之处，形态结构复杂而清晰，呈现了池塘和宗祠对村落形态的组织方式。村中既有各主要姓氏相对的聚集，也有多姓混杂的组团，整个村落遵循着共同的形态组织原则，是一个很有价值的研究对象。

黄埔村清朝时属番禺县茭塘司管辖，昔日这里四面环水，海阔天高，宋代时已是海船停泊的天然良港，村内北帝庙有“自宋以来历盛不衰”的记载。自隋唐时期开始，广州的对外港口为扶胥港（即波罗庙），后因珠江前航道日益淤积，海船航行不便，而珠江主水道与黄埔涌交汇处形成的宽阔水域“延袤十余里，阔十丈”，是一个很难得的天然浅水湾和帆船的避风港，非常适合当时国际贸易主要使用的木制帆船航行和锚泊，同时，由于黄埔涌离省城有一定的距离，外船不致擅入威胁广州安全，又与伶仃洋和澳门的航道来往距离适中，因此，黄埔古港便于明代开始成为对外贸易的货物进出口口岸，有驳船往来十三行。

康熙二十四年（1685），粤海关设黄埔挂号口和税馆，黄埔村从此发展迅速，乾隆二十二年实行一口通商后，中国和西方列国的全部贸易都集中在广州，黄埔古港是外国商船在广州的主要停靠港。从乾隆到嘉道年间，每年的贸易额不断飙升，道光十年（1830）至十八年（1838）停靠于此的外国商船达1101艘之多，黄埔村因之获得了更加集中的发展机会，美国人威廉·亨利在《广州“番鬼”录》中描述这里在18世纪中叶已经是“一个住有好几千人的市镇”。同治年间，由于黄埔涌、酱园码头的淤塞，海关挂号口迁至长洲岛，黄埔村遂回归平静。就在这短短的数十年间，黄埔村发展成了一个形态独特的多姓村落。对黄埔村复杂的总图进行分析，就会看到其中其实包含着许多整齐的梳形片断（图4-26、图4-27）。梳形片断中的巷道形成了整齐的肌理，当我们试着将村落中的宗族信息如冯、胡等宗族聚居的地点放到图面上的时候，发现肌理与宗族分布之间存在着较为清晰的对应关系（图4-28），每个宗族都有属于自己的肌理，而这个肌理的核心是一个水塘和临水塘的祠堂（图4-29），然后是祠堂背后成片的建筑，巷道的格局非常整齐，空间的高度组织性正是家族组织性的反映。

官洲岛面积约2平方公里，番禺官山曾设海关，官员居住在江心岛，岛遂得名官洲。岛中有官山冈等数座岛丘，岛东有人口和建筑最为集中的官洲村，建于清初，以陈姓为主，耕耘千亩稻田。另在岛北江边，有成片缯棚，是以打渔为生的

※图4-26　黄埔村现状总平面图（来源：华南理工大学东方建筑文化研究所）

※图4-27　黄埔村中的梳形片断（来源：华南理工大学东方建筑文化研究所）

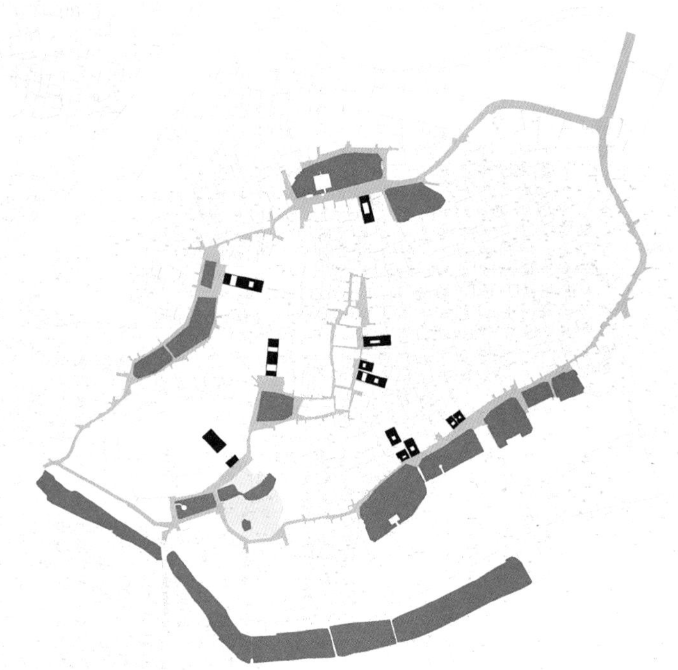

※图4-28　黄埔村的宗族分布与形态肌理
（来源：华南理工大学东方建筑文化研究所）

※图4-29　黄埔村中的祠堂与池塘
（来源：华南理工大学东方建筑文化研究所）

水上人家的居处，西侧渡口和南侧亦有少量人家。陈姓在岛上陆续建造了陈氏大宗祠、观生陈公祠、观德陈公祠等祠堂，通过造族，陈姓迅速成为官洲岛的主导姓，现保留有清代所建的陈氏大宗祠，祠堂由三进两廊、东西衬祠组成，头门梁架木雕、樨头砖雕和两廊壁画较精美完好。即使在这样规模不大的小岛上，宗祠也已经主宰了聚落的形态，宗族对村落的实际控制力由此可见一斑。

第三节　祠堂的庶民化与广州府村落梳式布局的逐步形成

一、“大礼议”、“推恩令”与广州府祠堂的勃兴

庶民宗祠真正合法化的契机是嘉靖年间的“大礼议”以及随后的“推恩令”。广州府的许多宗族祠堂就是以此为依据的，明世宗即位之初，朝廷中展开了旷日持久的“大礼议”，在“大礼议”中站在嘉靖皇帝一边的数位广州府籍官员和学者后来对广州府的沙田开发和宗祠建设、宗祠制度产生了十分重要的影响，另外，关于庶民许建家庙的制度变迁事实上产生的影响之一是导致了广州府宗族村落祠堂居前的梳式布局的形成。

嘉靖十五年（1536年），礼部尚书夏言上《令臣民得祭始祖立家庙疏》：

伏惟皇上扩推因心之孝，诏天下臣民，许如程子所言，冬至祭厥初生民之始祖，立春祭始祖以下高祖以上先祖。皆设两位于其席，但不许立庙以逾分……庶皇上广锡类之孝，臣下无禘祫之嫌，愚夫愚妇得以尽其报本追远之诚，溯源徂委，亦有以起其敦宗睦族之谊，其于化民成俗，未必无小补云。[1]

世宗皇帝准奏，下诏“许民间皆得联宗立庙”，是为推恩令，也被视为对民间祭祖和立庙的承认，总体上说，宗族对稳定社会的作用得到了统治者的许可。夏言的奏疏本来只是允许民间冬至祭始祖，且强调不许立庙以逾分，但民间则对推恩令进行了自己的诠释，遂使宗祠遍天下。

（一）大礼议与推恩令

明武宗（正德皇帝）朱厚照没有子嗣，远在湖北的兴献王之子朱厚熜依“兄终弟及”得以继位，即明世宗（嘉靖皇帝），嘉靖即位以后很快面临了其父兴献王的称号问题，到底应该称“皇考”还是应该称“皇叔考”？由此引起了朝廷中众臣关于“继嗣”还是“继统”的旷日持久的激烈争论，世宗最终坚持尊生父兴献王为皇考，并以134位官员下狱和16位官员杖死的酷烈结局收场。这一场争论史称“大礼议”，嘉靖朝也因此在礼制上产生了重大转折。“大礼议”对民间的家庙制度影响非常深远，还因此改变了诸多乡村地区的建成形态。

嘉靖十五年（1536）十月，“更世庙为献皇帝庙”，十一月“增饰太庙，营建太宗庙，昭穆群庙，献皇帝庙成”。借着九庙告成的机会，礼部尚书夏言上《请定

1《桂洲夏文愍公奏议》卷二十一。
2 夏言，《夏桂州先生文集》 十八卷年谱一卷。
3《桂洲夏文愍公奏议》卷二十一。

功臣配享及令臣民得祭始祖立家庙疏》，奏请嘉靖帝“推恩”放宽官民祭祖的规定：于臣民不得祭其始祖、先祖，而庙制亦未有定则，天下之为孝子慈孙者，尚有未尽申之情。臣忝礼官，躬逢圣人在天子之位，又属当庙成，谨上三议，渎尘圣览，倘蒙采择，伏乞播之诏书，施行天下万世，不胜幸甚。[2]

除言及在仁宗以下五庙配享功臣外，夏言请求允许官民得祭始祖、先祖，以满足天下孝子慈孙敬宗怀祖的情感诉求，并定家庙制度，诏令天下，从此流播万世，这也说明当时无论官民在建置祠堂和祭祖上有诸多违制的事实。

夏言在奏疏中上三议供嘉靖览阅，其中与臣民祭祖和建立家庙相关的两议是“乞诏天下臣民冬至日得祭始祖”和“乞诏天下臣工建立家庙”。在“乞诏天下臣民冬至日得祭始祖”一议中，值得注意的是“始祖”一词，以及冬至祭始祖的理论来源：

> 臣按宋儒程颐尝修六礼，大略家必有庙，庶人立影堂，庙必有主，月朔必荐新，时祭用仲月，冬至祭始祖，立春祭先祖。至朱熹纂集《家礼》，则以为始祖之祭近于逼上，乃删去之，自是士庶家无复有祭始祖者。臣愚以为愿深于礼学者司马光、吕公著，皆称其有制礼作乐之具，则夫小记大传之说，不王不禘之议，彼岂有不知哉，而必尔为者意盖有所在也。夫自三代以下，礼教凋衰，风俗蠹弊，士大夫之家、衣冠之族尚忘族遗亲，忽于报本，况匹庶乎？程颐为是缘亲而为制，权宜以设教，此所谓事逆而意顺者也。故曰人家能存得此等事，虽幼者可使渐知礼义，此其设礼之本意也。朱熹顾以为僭而去之，亦不及察之过也，且所谓禘者，盖五年一举，其礼最大，此所谓冬至祭始祖云者，乃一年一行，酌不过三，物不过鱼黍羊豕，随力所及，特时享常礼焉尔。其礼初不与禘同，以为僭而废之，亦过矣。夫万物本乎天，人本乎族，豺獭莫不知报本，人惟万物之灵也。顾不知所自出，此有意于人纪者，不得不原情而权制也。
>
> ……水木本源之意，恻然而不能自已，伏望皇上括推因心之孝，诏令天下臣民，许如程子所议，冬至祭始祖，立春祭始祖以下高祖以上之先祖，皆设两位于其席，但不许立庙以逾分，庶皇上广锡类之孝，子臣无禘祫之嫌，愚夫愚妇得以尽其报本追远之诚，溯源徂委，亦有以起其敦宗睦祖之宜，其于化民成俗未必无小补云。臣不胜惓惓。[3]

按照夏言在文中所说，让民间报本追远、得祭始祖其实是嘉靖帝的观点，不过担心有僭拟之嫌，借夏言的上疏提出此事而已。夏言因此从古代的经典文献中去寻找祭始祖的根据，而他所找到的祭始祖的理论来源主要是宋儒程颐的主张，程颐主张冬至祭始祖、立春祭先祖，而朱熹在纂修《家礼》时认为有僭越之嫌，未加采纳，因为朱熹的观点影响较大且得到了明初官方的认可，因此一般的臣民就不能祭始祖，品官祭四代祖先，可立家庙，庶民只能祭两代祖先，立影堂。影，即画像，在各种族谱或祠堂记中常会看到"重绘先影"的记载，说的便是重绘祖容的事。对祖先画像的崇拜，在宋代已成为流行的习俗，因为绘祖先画像于堂，故其堂曰影堂。在《二程遗书》中程颐多次提及影和影堂，影堂即是后来朱熹所说的祠堂。夏言建议以程颐的主张为基础，让天下臣民一年一度在冬至日祭始祖，立春祭始祖以下高祖以上先祖，并认为这是具有物质基础的，祭祀所费不过三杯酒和鱼、黍、羊、猪等牺牲，但他又言明庶民不得建家庙。夏言还认为，朱熹并没有注意到民间祭始祖与禘祭的不同，禘祭是天子五年举行一次的大祭，一年一行的祭始祖并不僭越。最后，夏言提到推行这项政策可以敦宗睦祖，朝廷可借此化民成俗。这一奏疏如果得以采纳，事实上就承认了臣民祭始祖合乎人伦之情，也合乎礼制，官民在祭始祖的时候也就不用担心有禘祫的嫌疑。

"乞诏天下臣工建立家庙"一议中，夏言在比较了程颐和朱熹的观点之后，提出了关于士大夫家庙的制度性建议：

以是差之，则莫若官自三品以上为五庙，以下皆四庙，为五庙者亦如唐制，五间九架厦两头，隔板为五室，中祔五世祖，旁四室，祔高曾祖祢；为四庙者，三间五架，中为二室，祔高曾，左右为二室，祔祖祢，若当祀始祖、先祖，则如朱熹所云，临祭时作纸牌，祭讫焚之。然三品以上虽得为五庙，若上无应立庙之祖，不得为世祀不迁之祖，惟以第五世之祖凑为五世，只名曰：五世祖，必待世穷数尽，则以今得立庙者为世世祀之之祖而不迁焉。四品以下无此祖矣，惟世世递迁而已。至于牲宰俎豆等物，惟依官品而设，不得同也。……若夫庶人祭于寝，则无可说矣。[1]

夏言建议三品以上官员为五庙，祭祀五代祖先，低于三品的官员只立四庙，祭祀四代祖先。五庙家庙参照唐代制度，五开间、九架、歇山顶，将祭堂后部用隔板分为五个小室，当心一室放置五世祖的牌位，两侧的室中分别放置高、曾、祖、祢四代先祖的牌位。三品以下官员所立的家庙为三开间、五架，当心间分为两个小室，分别放置高祖和曾祖的牌位，两侧小室中摆放祖、祢的牌位，神主牌摆放的顺序采用《教民榜文》中的昭穆制度图。无论五庙还是四庙，均没有常设的始祖牌位，只是在临祭之时做好纸的牌位，祭祀完毕以后即行焚烧。此议还特别言明，即使三品以上官员的家庙可以祭祀五世祖先，在没有应立庙的五世祖的情况下仍然不得祭祀世祀不迁之祖，将来世穷数尽之后才能世祀之。此外，根据不同的品级，献祭的牺牲、物品各有不同。至于庶民，因为祭于寝，不许立家庙，所以就毋庸多言了。

夏言同时认为唐宋以来的家庙制度烦琐破碎，造成了诸多不便，应进行简化，所有的家庙只采用一庙五室和一庙四室两种形制，供大小庶官建家庙时根据官位品级遵制执行。他认为这是先王之意而不必拘泥于往古之规。图4-30是根据夏言的奏议文字所作的三品以上官员一庙五室和三品以下官员一庙四室家庙形制的图示。

1《桂洲夏文愍公奏议》卷二十一。

2 常建华. 明代宗族祠庙祭祖礼制及其演变［J］. 南开学报，2001，3.

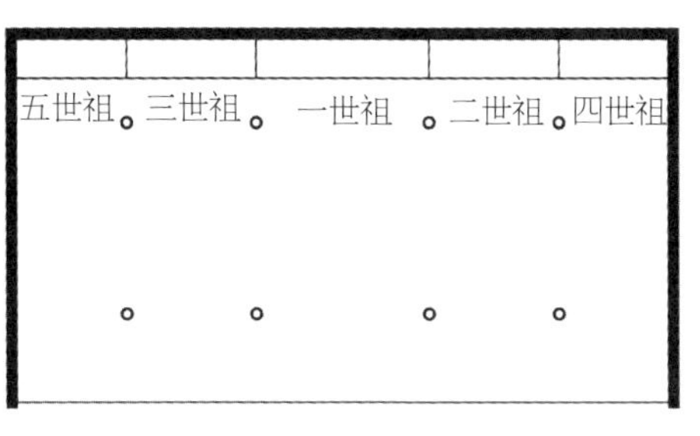

（a）五间九架家庙一庙五室形制

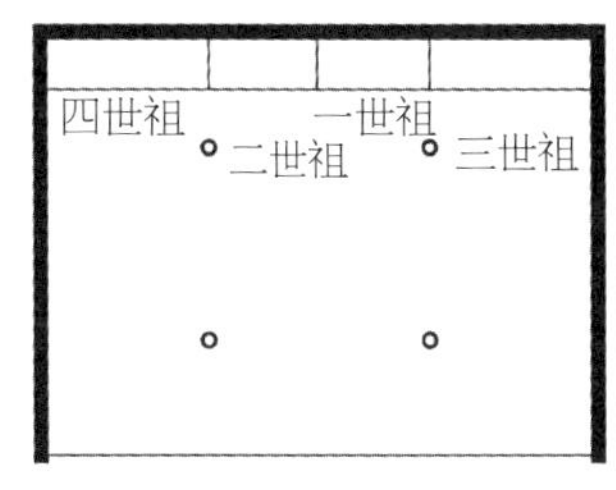

（b）三间五架家庙一庙四室形制

※图4-30 根据夏言奏议中的文字所绘的家庙形制示意图
（来源：笔者自绘）

根据常建华的考察，夏言的建议虽未载于《明世宗实录》，但在其他多处明代文献中均有记载，可见于王圻《续文献通考》、许重熙《宪宗外史续编》、朱国祯《皇明史概》、管志道《从先维俗议》、郭子章《蠙衣生传草》等书，且均言明嘉靖帝诏天下臣民冬至日祭始祖，说明夏言的这一奏议得到了采纳，而关于品官家庙的奏议，只有《续文献通考》写明世宗"从之"，故有推测这一奏议因为只针对品官，未明诏天下。[2]

夏言的奏疏以及明世宗的诏令产生了巨大而深远的影响，除了官员们不再担心违制而纷纷建立家庙之外，民间也迅速效仿，从此掀起了民间建立祠堂的第一次高潮。三品以上的官员固然明确了五间九架的形制，三品以下的官员也完全有了不需敕建而自己建设三间五架家庙的权利，由此迅速延伸至有功名而无官职的人。虽然不允许在家庙中设立常祭的牌位而只能在冬至日祭始祖时采用纸牌位，但因外人不得进入家庙，故此很容易将纸牌位改成常设的栗主，事实上将常祭的世代追溯至始祖。由于允许祭祀始祖，势必产生同姓宗族联宗的逻辑。因此，祭祀始祖的品官家庙就有可能成为宗族的大宗祠。

（二）推恩令对广州府宗族祠堂的激发

当时的民间本来就存在着较多违规建设家庙、祠堂的情形，此次诏令事实上导致了它们的合法化，并进一步导致了民间大建家庙、宗祠。嘉靖六年（1527）《广州志》卷三十五《礼乐》中便提到："祭礼。士大夫家多建大宗小宗祠堂，最为近古。四庙以右为上，一遵《家礼》。惟冬至祭始祖，立春祭先祖，季秋祭祢，尚未能行也。有祭田者重忌祭，然召邀亲朋饮食醉饱，与所谓终身之丧者异矣，亦有司所宜戒谕。祭墓用清明、重九焚黄，亦惟祭于墓。"这本地方志成书于嘉靖六年，当时的士大夫家已经多有建立大宗和小宗祠堂的例子了，采用的是《朱子家礼》祭四世祖先的制度，神主遵照神道向右的顺序排列，但是冬至祭始祖、立春祭先祖、季秋祭祢尚未得到施行，重视的主要还是祖先忌日的祭祀，同时，文中提到了有司应戒谕借祭祀之机召邀亲朋好友饱食暴醉一场，说明当时的祭祖容易变成亲朋之间的聚餐、饮酒，正如今天在广府乡间常常可以看到的情形，聚餐是一种象征性的合爨，祠堂重光之后都要举行"入伙"的仪式。清明、重阳时节的祭祖祭于墓，而不祭于祠堂，今日的情形也大致相仿。看来，早在夏言奏庶民开家庙之禁前，广州府的士大夫之家修建大宗、小宗的祠堂已经蔚然成风，只是有诸多规制尚未明了。

因为推恩令被认为是“大礼议”导致的，带有政治斗争的色彩，夏言奏疏提出的祭祖、家庙新制和嘉靖帝的推恩令，在其后诸朝并没有得到承认，以致徐阶始修、张居正续修成书的《明世宗实录》没有记载夏言的建议，万历四年续修的《大明会典》中“品官家庙”沿用的是正德间的《明会典》，说明在万历朝没有将其作为国家的典制，泰昌元年（1620）官修的《礼部志稿》中品官家庙、祠堂制度的内容也是照搬《大明集礼》的，常建华因此认为，不能过分夸大嘉靖十五年（1536）关于祭祖和家庙的新规定。[1]

官方的态度反映在了各种诏令和官方文献之中，夏言的提案在后世的官方文献中的确被有意忽略，但值得注意的是，其后也没有明确的圣谕或者诏令废止这条“推恩令”或者言明要修改这一制度，而且，当时的祭始祖和建立家庙、祠堂一事并非只是由统治者当作意识形态的重要部分来思考并自上而下贯彻，而是存在着强烈的来自民间的推动力。事实上，民间并非只是被动的等待者，在祭始祖和立家庙这件事情上，民间利用了这次“推恩令”，按照自己的愿望进行了理解和阐释，因此达成了潜藏已久的心愿。从广州府的多本地方志和族谱中可以发现，广州府民间大多将这次“大礼议”带来的“推恩令”看成是自己家族建设祖祠的合法性的依据。

民国冼宝幹撰《佛山忠义乡志·氏族志·祠堂》载：“家庙之制，一命以上各有等差。平民不得立庙，厥义最古。明世宗采大学生夏言议（王圻《续文献通考》），许民间得联宗立庙。于是宗祠遍天下。吾佛诸祠亦多建自此时，敬宗收族于是焉。”[2]佛山镇是宗祠兴盛之地，《忠义乡志》的记述表明，大多数的宗族祠堂都是在夏言之议获得采纳后建造的，但言辞间仍有语焉不详之处，从佛山的情形来看，可能在此之前便已经有了违制建造的宗族祠堂，不过现在已经没有早于嘉靖十五年的祠堂遗存了；也有可能是因为佛山工商业发达，行会的祠庙众多，诸祠不一定指宗祠。文献可考的佛山最早的宗族祠堂是位于石巷的冼氏大宗祠，据称始建于宋，已在20世纪90年代被拆除。

宣统《岭南冼氏宗谱》卷二《宗庙谱》序：“明大礼议成，世宗思以尊亲之义，广之天下，采夏言议，令天下大姓皆得联宗建庙，祀其始祖，于是宗祠遍天下。其用意虽非出于至公，而所以收天下之族使各有所统摄，而不至于散漫，而籍以济宗法之穷者，实隆古所未有。……我族各祠亦多建在嘉靖年代。逮天启初，纠合二十八房，建宗祠会垣，追祀晋曲江县侯忠义公，率为岭南始祖。”[3]这篇序文同样认为夏言之议是宗祠遍天下的滥觞，序中也说明，这并非夏言的本意，不过，事实上达到了统摄宗族、救济贫困族人的结果。宗祠除了作为祭祖的场所之外，从时人

1 同上。
2 当时的佛山镇工商业发达，被誉为“四大名镇”之一，加上石湾镇面积方七十余平方公里，并非今天佛山市的范围。
3 岭南冼氏宗谱［M］. 清宣统二年刻本.
4（清）朱次琦. 朱九江先生集［M］. 清光绪刻本.
5《粤中见闻》，卷五地部·祖祠，本书撰于雍正八年（1730），其时已经是广州府第二次的祠堂建设高潮了。这一段说明大宗祠就是用于祭祀始祖的，由宗子主持祭祀的仪式，富贵人家则增加祀业。此书距屈大均的《广东新语》约一百五十年，看来在这段时间内，大宗、小宗祠堂又进入了建设的活跃时期。
6［清］赵俊等修，李宝中，黄应桂纂. 嘉庆《增城县志·风俗》。

的理解来看，已经担负了统合宗族、实施福利的组织功能。《南海九江朱氏家谱序例》中也称："我家祖祠建于明嘉靖时，当夏言奏请士庶得通祀始祖之后。"[4]

"推恩令"带来的另外一种影响是，因为可祭始祖，因此开始产生大宗和小宗祠堂的分立，大宗立祖祠祭祀始祖，而小宗再建家庙祭祀近四代祖先，由此产生了诸多以"公祠"命名的祠堂，当时在徽州、广州府等地都已出现。前述冼氏在天启初年纠合二十八房建宗祠追祀岭南冼氏始祖晋曲江县侯忠义公就属于联宗立庙的情形，九江朱氏所建亦为祖祠。

也就是说，推恩令带来了双向的影响，一方面许多庶民宗族开始联宗并建立祭祀共同始祖的大宗祠，另一方面，祭祀开房、立支祖先的祖祠即房祠、支祠大量出现，形成了广州府的第一次祠堂建设高潮。

兴建祖祠可以在精神上凝聚整个宗族，有利于集中宗族的财力和人力扩大生产，从而扩大族田规模和公共收益，建立起较为完善的宗族福利体系。范瑞昂在《粤中见闻》中记道："粤中世家望族大小宗祖祢皆有祠，代为堂构，以壮丽相高。其曰大宗祠者，始祖之庙也。祀祠主，必推宗子。同祖祢之养老尊贤，其费皆出于祠。贵者富者则又增益祠业，世世守之。此吾粤之古道也。"[5]随着宗族的世代繁衍，即使村落在开村之初已经预留了发展的余地，但随着人口的增加，村落的建设用地和耕地需要相应扩大，不然人均的福利必然降低，此外，过于庞大的宗族在生产组织和福利管理上也面临效率的问题，如果耕作的半径过大、日常生活圈超出了合理的范围，分房、分支乃至另辟新村就成为合理的选择。在广州府，五代可分房，三代可立支派，这不仅与宗法制度有关，也与宗族的管理息息相关。一旦村落的基本公共建设完成之后，宗族的公共福利因为人口的快速增长和各家情况的不同而对许多成员来说显得微薄，因此宗族的结构层级开始增加，在继承方式从宗转为房甚至支之后，许多小家庭事实上获得了更多的利益，因而乐于建造房祠和支祠。地方志中记载了当时小宗祠堂也就是房祠和支祠兴盛的情形："族必有祠，其始祖谓之大宗祠，其支派所自谓之小宗者，或谓之几世祖祠，祭毕颁胙，族属皆编祠堂，谓之烝尝田。"[6]

为始祖单独建立宗祠的做法并不符合夏言奏议中的内容，但并未因有违礼制而受到追究，甚至被堂而皇之写入家谱，说明朝廷对有关祭始祖和建家庙的逾礼之处并未深究，这进一步造成了嘉靖十五年之后各地尤其是位于边陲地带的广府地区修建宗祠的热潮，遂使"宗祠遍天下"。

二、广州府宗族祠堂的勃兴与梳式布局的形成

随着推恩令的颁行，广州府乡间宗祠勃兴，不仅对建筑产生了影响，而且关系到了整个村落的格局。在相对于庶民宗祠尤其是房祠、支祠普及之前的品官家庙时期而言，出现了一个对村落的格局产生结构性影响的问题，这么多同样具有

庄重纪念性的祠堂应该建于何处？

原来的村落因为祠堂数量较少，品官家庙的形制等级很高，故此在村落中往往位于中心和地形较高处，在其他建筑的拱卫下，形成了中心式的布局，若位于岗地，则呈现出大致以岗顶宗祠为中心、向水面放射的形状，尤以南海、东莞、新安为多，下文将对东莞寮步横坑进行较深入的案例分析，剖析其从中心式格局逐渐转向梳式布局的过程及其原因。

嘉靖朝正值广州府籍士大夫在家乡推行宗族建设的高峰时期，这也正是从围田区的耕耘逐渐转向沙田区的拓殖的重要时期，大量新村在此时得以建立，以前的村落也因为宗族的发展而产生了重整格局的要求，这也正是为什么在花县、三水、顺德、从化、增城、香山、番禺县北部、五邑等地祠堂居前的梳式布局村落非常普遍的原因。而这些地区的地形特征大多较为平坦，村落多选址于地形较为平坦之处，客观上有利于梳式布局的采用。

祠堂的大量建设带来了许多引人注目的改变，在社会构成上，得到良好发展的宗族迅速在村落中占据了主导地位甚至开枝散叶、开辟新村，而弱势宗族逐渐趋于没落甚至迁往他处；在形态上，祠堂的大量出现导致了梳式布局的形成，而且因为礼教的推行，广州府逐渐得到了更多的赞誉，王夫之在《思问录·外篇》中说：“洪永以来，学术、节义、事功、文章皆出荆、扬之产，而贫丑无良，弑君卖国，结宫禁，附宫寺，事仇储者，北人尤为酷焉。……今且两粤、滇、黔渐向文明，而徐、豫以北，风俗人心益不忍问。”

另外，许多研究者都已经留意到，梳式布局村落分布较广的花县、从化、增城、香山、东莞等地，都有客家民系的分布，也许梳式布局受到客家村落规则形状的影响。

三、案例解析：东莞横坑，从中心式布局转向梳式布局

> 旧筑书楼近岭坡，当年诗草竟如何。
> 可怜名士留名处，空剩花笺及二荷[1]。
>
> ——横坑竹枝词：书楼

在莞樟大道边繁华的市镇背后，藏着横坑的旧村，安静、祥和，像一把以村中的高地“后底岭”为轴心的扇子，面向连绵的水塘展开在坡岗上（图4-31）。

横坑，因村前水塘连横，旧称横塘。据村史记载，横塘于元仁宗延祐年间（1314）开郁，有马、策、叶、林、何、刘、蔡、黄、卢等姓居住于村内。自钟氏横塘支五世祖守呆公于明永乐元年（1403）迁居于此之后，钟氏一族日趋兴盛，至嘉靖时已成村中望族。1990年，横坑村有4000余人，其中钟姓人口已占全村90%以上[2]。

1《花笺》、《二荷》均为康熙三十二年出生的钟氏十四世映雪公所创作的民间通俗弹唱木鱼书（又称摸鱼歌、咸水谣）名篇，传唱至今并被译为英、德等多国文字。东莞民间有谚云：唔怕傻，读《二荷》；唔怕颠，读《花笺》。

2 东莞市寮步镇横坑村村民委员会，《横坑村发展史》编写小组．东莞市寮步镇横坑村发展史——自元朝延祐年间至2003年［M］．广州：广东科技出版社，2004：3.

3《横坑村发展史》，7页。

※图4–31　横坑旧村航拍图
（来源：东莞市地理信息中心）

横坑的旧村占地11.8公顷，村前的水塘约7.8公顷。横坑旧屋区现有建筑900余栋（有院落的传统建筑、联成一排的建筑均视为整体，各计为1栋），其中保存完好、具有较高历史价值的建筑18栋，以祠堂、书塾为主；保存较好的旧建筑80余栋，以青砖或/和土坯砖建造的民居为主；已稍加改建的单层民宅和近年用旧料再建的建筑700余栋；完全新建的多层住宅92栋。虽然保存较好的建筑所占比例仅为11%左右，但因为新建的住宅多在原址拆旧屋而后兴建，且因地权之故宅基一般仍旧，故村落的肌理和整体格局保存基本完好。

目前所见的旧村格局主要形成于嘉靖年间大中大夫钟渤（东冈公，横塘八世祖）辞官还乡之后，他“建宗祠、立乡馆、筑道路”，南门、松园的石路和鱼塘大致就是此时兴建的[3]。此时钟姓已经成为村中的主导姓，村落的整体格局因而显得完整、紧凑、有序，显示有力量在统筹全村的建设活动。旧村原分北门、南门、松园三坊，从北到南依次横列，共建有围门四座，其中松园两座，其他坊各一座。

据《颍川钟氏东莞横坑族谱》，各围门均有木阁，对外设炮眼，其中建于何屋岭上的一处称魁星楼。围门现已重建，但未依旧制。水塘边目前尚保存有古树近二十株，以芒果树为主，亦有大榕树和荔枝等。数个水塘经改造后已成一体，称横丽湖，两岸以桥相连，桥的位置大致对应原来塘间的埂。水塘对面是大片的莆田，稍远处是很小的山丘油矮岭。

据钟氏家谱，《考工记》所载的设色五工中，掌染羽者即姓钟。横坑的钟姓家族源出颍川，颍川钟氏以微子启为始祖。横坑族谱所载本支的始祖源于宋，二世广公时由江西南安（今大余县）迁居广东长乐（今五华县），五世时至东莞岭厦、横塘。[1]也就是说，在守呆公应朋友之邀来到横塘以前，钟氏家族已经在江西和广东的客家地区生活了数代，足以形成相对稳定的建造风俗、工艺和习惯做法。钟姓在客家地区的经历已经积淀在了横塘人的日常生活之中，从语言亦能窥得一斑：横塘人虽操粤语，却有浓重的客家口音。

横塘的建造活动中渗透了多少客家建筑文化因素？是否有大量的客家工匠来从事横塘的建造从而给这里赋予客家建筑的色彩？至少，我们发现了为数不少的使用土坯砖的房子，这是客家地区常用的建筑材料。村落的格局是否同样受到了影响？在横塘，大量的建筑并非是南北向的，而是顺应了地势，在小山冈和水塘之间舒缓地呈扇形展开。此外，绝大多数的民居并没有采用三间两廊的形式，而是以单栋或者联排的建筑为主。

村落的格局可以从自然地理特点以及基于此的人工添加元素来分析，从横坑的历史地图和相关文献来看，后底岭、祠堂、魁星楼、水塘、古树和远处的油矮岭是影响横坑村落布局的主要因素。

《重建易斋祖祠碑记》中提到了该祠堂的风水格局：前拱尖岭，后揽魁楼，颇为得地。这里的尖岭，是水塘对岸莆田中的油矮岭，而魁楼，则是前文提到的修建于何屋岭上的魁星楼，是全村的制高点因而具有地标的作用。其实此处所言的也是整个村落的形势，简言之，横坑旧村的关键地理因素包括后底岭、横塘和远处的尖岭，村落背山面水，油矮岭扮演了砂山的角色。

人工营造的村落格局体现于围门、地标性建筑、肌理等，围门扼守了通向村落的通道，地标性建筑则包括制高点魁星楼、主要祠堂、家庙、公共性的户外空间如渡口、滨水平台、桥、大树等。传统村落对地标性构筑物的选择总是基于对地形的充分理解，常常天然地与地理环境融为一体，关键性的空间一般位于关键性的地点，就横坑旧村来说，魁星楼建在高地接近山岭顶端处，大树种在村口或者水边，桥建在水口或者地形险要处。地形和主要地标建筑一起，引领了村庄的肌理。

村落的扇形平面由两部分组成：以后底岭为大致圆心的扇形，包括北门和南门两坊；以何屋岭为大致圆心的半圆形，为松园坊，两部分之间衔接顺畅。图4-32是对村落肌理的分块分析，标出了每一块的建筑主要朝向和巷道走向。从中

1 钟家祺、钟兆文合编. 颖川钟氏东莞横坑族谱. 1997年稿，1998年修订。

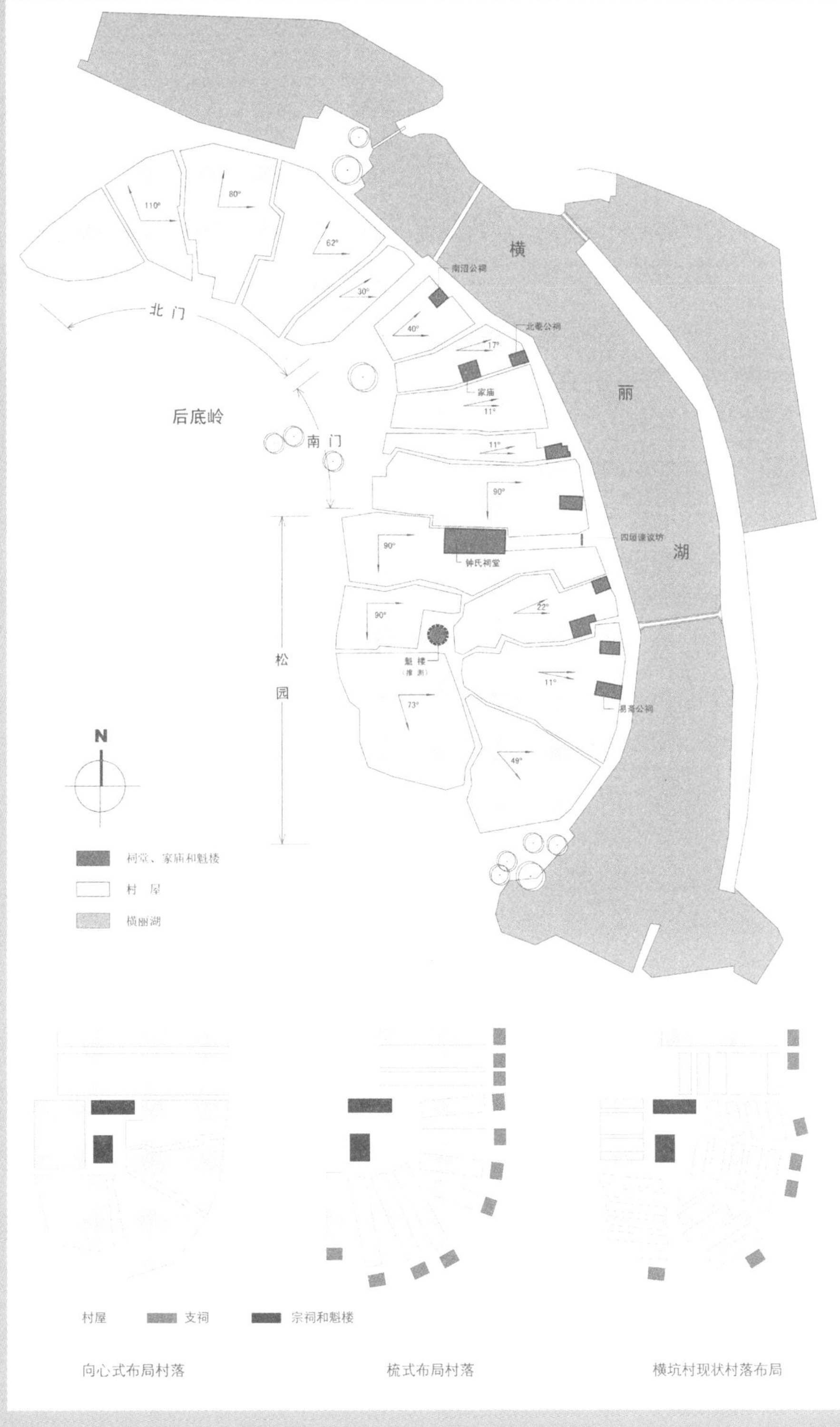

※图4-32　横坑旧村格局分析
（来源：自绘）

可以看出，村落整体上非南北向，但是大量建筑主要朝向是东、东南、南，仍属较好朝向的范畴，另外，因为地形西高东低，面临水塘，加之建筑的密度高，所以建筑的朝向并没有必要成南北向。巷道的位置和路线顺应了地形，大约指向扇形的圆心处，其中最重要的一条是明珠里，在嘉靖时已成为周边多个村庄的人前往莞城赶墟的必经之路。祠堂在村落肌理中的作用亦可从图中得见，沿水的每座祠堂均引导着一列具有相同朝向和相近面宽的民居。族谱所记载的大小钟姓宗祠共计33座。据村中老人钟兆祥等的介绍，沿着水塘布置的祠堂原有二十余座，目前尚存的沿水祠堂有12座，显然这种成排建设的祠堂是经过了筹划的，在村落的格局中有着重要的作用。

对现状格局的分析只是一个静态的描述，它不能还原村落最初的擘画理念和发展过程。今天看到的格局是否在当初的筹划者的神机妙算之中，还是历史在某个拐点之后偏离了原来的方向？

立于乾隆二十八年癸未七月、保存于钟氏祠堂的《重建钟氏祠堂碑记》明确记载了乾隆年间重修祠堂时，祠堂前是拥挤的人家，为开辟这条“荡荡乎诚大观矣”的甬道和祠堂四周的巷道，一共买了六户人家的屋场，一户人家的书房，和五户人家三十四井三分三厘[1]的地场，花了四百零六两八钱银子和好几丈地。这说明至少在嘉靖年间修建钟氏祠堂时，并没有打算让钟氏祠堂像今天看到的其他祠堂一样来引领一列列的民居。可以作为佐证的是，同样敕封的钟氏家庙（褒封祠）也没有位于水塘边，而水塘此时已大致形成。这是否可以看作当年的筹划者在突显“宗”的意义，选择了将重要的公共性建筑置于村落的中央，让众多的民居拱卫祠堂，而没有料想到“房”会迅速占据显赫的位置？

嘉靖十五年（1536）的推恩令事实上使得修建祠堂之风迅速在民间普及，宗族也更加平民化和大众化，大规模的宗族组织开始出现分裂，支祠的建设因此成为一项重要的活动，横塘迅速迎来了修建祠堂的第一次高潮，以八至十一世祖命名的祠堂至少有11座：友渔公祠、古山公祠、易斋公祠、南沼公祠、宜轩公祠、石楼公祠、笔山公祠、岐山公祠、带岗公祠、晏嵎公祠、玉池公祠。这些祠堂大致应建于明朝末年，而在此之后，十二世、十三世仅见1座新祠堂：白斋公祠。目前所知的友渔公祠、易斋公祠和南沼公祠都是临水而建的，和水塘之间留下一条宽阔的道路。由此可以说明，将祠堂沿水塘一线展开的做法应当是在明末确定的，沿水的许多地块也被有意识地空下来作为以后建祠堂的基址，直到乾嘉年间的第二次宗祠建设高潮和清末民初的第三次高潮来临之时，又有十余座祠堂填补了许多空白[2]。

祠堂群选择面水而建的原因除了各房之间的平等和互不隶属的关系之外，也受地理环境和当时的经济活动、交通的影响。因为横塘有渡口，是周边多个村庄（龙船墟、石步、良平等）前往莞城的重要通道，所以面水的立面同时成为展示家

1 约合420平方米。

2 根据目前能够获得的部分资料判断，乾隆至道光年间对旧祠堂的修复占了相当大的比重，例如钟氏祠堂、易斋公祠都是在这个时期修缮或者扩建的；而到了清末民初，钟氏传至十九、二十代时，新的建设又纷纷出现，如小坡公祠、碧江公祠、北菴公祠、石塘公祠，这一点同样可以从建筑形制和装饰细节上得到印证.

3 引自钟映雪所撰《重修钟氏祠堂碑记》。

4 据佛山博物馆前馆长吴廷璋先生从该书所用玉扣纸和文字中的蛛丝马迹推断，这本章程最早有可能成于道光年间。

族荣耀的一个载体，故而横塘选择了以连续的祠堂作为村庄的外界面。

在房支祠纷纷建立起来之后，钟氏祠堂和家庙反而遭到了冷落，以至于逐渐荒废，乾隆年间，已到了“外之墙壁尽倾，内之屋宇亦坏，子孙妇女且有据以为居者，堆积龌龊，目击心伤”[3]的地步。乾隆二十八年（1763）修缮时所立的牌坊和开辟的甬道乃是有据可依的，并非被动适应当时格局。据碑记所言，“予儿时犹见其门内甬道中立有牌坊一座，孟春正月，则购鳌山灯景，以栏杆护之，男女游赏不绝”。宗族的公共生活和公共空间系统一起被瓦解和重构了，村落从以钟氏祠堂为单核心的向心肌理转变成为祠堂居前的梳式肌理，但是，我们有理由相信，虽然村落建设之初可能未预见到日后的社会变迁、建设规模和建筑的拥挤程度，但显然钟氏的先祖们深刻理解了村落的地理环境，并设定好了具有灵活性和生长性的整体格局和空间发展方式。

第四节　从《佛山脚创立新村小引》看梳式布局村落的营建过程

一、《佛山脚创立新村小引》

2007年初冬，佛山收藏家林棠先生于旧货市场偶然发现了清末祝姓家族在佛山脚创立新村的众约章程，名为《佛山脚创立新村小引》，扉页上写有“立村佛山脚章程开列于内/竹燕认屋地壹座执照”（图4-33）[4]，从这一本祝姓家族所订立的《佛山脚创立新村小引》，可以了解清代中叶广州府的宗族是如何在建立新村时有意识地去营造村落的梳式布局，从中得知建村的实际操作过程的诸多细节，倘若借用今天的术语，可以说这本章程是当时村落的规划与建筑设计导则。承蒙梁诗裕先生惠赠复印本，经笔者重新标点，得录于下。

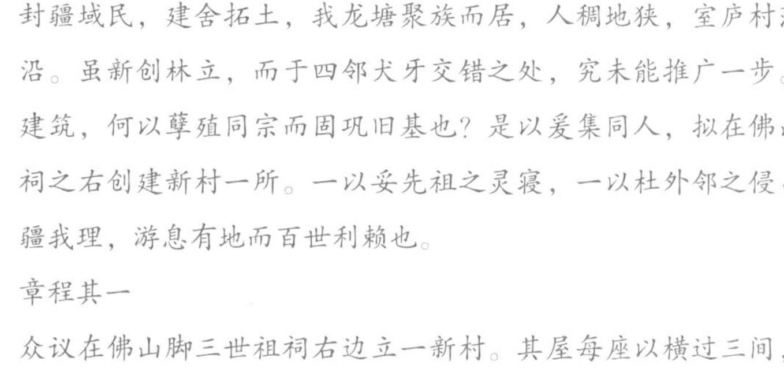
封疆域民，建舍拓土，我龙塘聚族而居，人稠地狭，室庐村落，历世相沿。虽新创林立，而于四邻犬牙交错之处，究未能推广一步。若不乘时建筑，何以孳殖同宗而固巩旧基也？是以爰集同人，拟在佛山脚三世祖祠之右创建新村一所。一以妥先祖之灵寝，一以杜外邻之侵占庶几。我疆我理，游息有地而百世利赖也。

章程其一

众议在佛山脚三世祖祠右边立一新村。其屋每座以横过三间，分作一厅两房两廊，为不易之定式，取其易举。

其二

是村之立，原为挽保食场起见，且与邻界接壤，地属旷野，必以屋宇稳固，居人众多为目的。

※图4-33　佛山脚创立新村小引抄本（来源：http://dhl.chancheng.gov.cn/）

其三

凡系本乡之人，无论某房人等，皆得认地起屋。或有我姓迁居他乡欲回族居住者，亦准其来。

其四

凡附近祠侧左右之田，立村宜用者，即以祖尝之田替换，不得恃强抗众，亦不得多方勒索。

其五

换田之法，以斗换斗，约其田值十四分。租者即在尝处取回值十六分租之田为率，另每斗补回彩艮壹拾两正，标契签字费用两相对免。若有取回田价者，照时价每租谷一担，限价艮陆拾捌两正，出入均同，以昭划一。

其六

凡有田在该处者，欲自起屋，听其自便，但要遵本村程式方得。或有取回屋地多少，则照田价地价两相扣补。至于本村围□及各项费用，仍视占地多少科派。

其七

是村之屋式，每座横过三间，以青砖墙计桁数，厅取十七桁，两房两廊各十三桁。如系坭墙，房廊各十一桁。其地横阔包皮三丈二尺八，直深包皮二丈九尺七。每座一概照式。直巷阔四尺五，横巷阔二尺二，每五座留一大横巷，阔四尺五。其横直巷及塘基余地某丈某尺俱是众地，不得据为己有，以启争端。

其八

起屋不拘青砖坭墙，坭砖随人自便。惟有塘基头一连必须用青砖以壮观瞻。认定屋地后，如系每座留横巷阔二尺二，或两座相连，横巷则留三尺六。其上座搭下座之后墙，则照下座建立时之时价补回此墙之工料艮一半与先建屋之人，无得异议。

其九

起屋次序必以塘基横过一连为先，嗣后各循次第起上，不得串等。满三年然后将余地竖明界限，或承认或投充，以定管业。

其十

凡认得屋地者，务要依足正间成座屋地起法，或先起一房一廊，或先起头房间厅，均随其便。不得在正间成座屋地内起小伙粪厕等屋，如有恃顽不遵，协同众人拆平，毋得异议。

十一

本村四边地尾，必照正间成座屋地搭匀均分，以为各家起草屋粪厕之所。

1 见《广州日报》，2007年12月6日。

十二

报名认地者，看明章程，即签名字于大部中。即给回部仔一本，列齐章程，执为后据。每认地一座，先收定银贰拾大元，以为换田彩头等费。其余屋地价分三季收银，每季收银四拾大元，以来年正贰月为期满。至认地已定，即将所换之田及各项费用全盘核算，照计每座屋地价艮若干，然后标红通知。示期如数收足，不得拖欠。倘临期无银交楚，即将所认之地充公，另招人承认，不得索回定银。例在必行，决不徇情。

十三

现村地系在尝处取田替换，该田多少仍将认屋地所缴之银买田归回尝处。如田未便有买，将认屋地等名下之田分上、中、下三等，公拟租谷，照正时价每担谷价艮陆拾捌两正，立永卖田契，拨交尝处管业。

十四

间或有意外不测之事务，须同心协力合众担任处分，以维大局，毋得离心推诿。

十五

报名妥认，即将屋地若干编为字号，暗阄明拈，定为据业。竖界标明，各宜相安，不得以有田在该村地处直指为自己屋地，以示公道，亦以杜争占。

十六

该村地之田税，另立柱头，系本村统众办纳，照屋地多少科派，毋得阻延。

在该章程中并无订立时间的信息，只在末页有关于屋地交易的记载："七月初二日律燕兄手来三、四季银四十元，恭谊手收。三年正月二十九日来屋地艮八十元，律燕手来。民国拾壹年四月初七承顶祝燕屋地银一座，在东华里大三企大捌座，让与灼恭管业，即交回艮壹百陆拾元，自后不得收赎。蕴石经手。立该手□，艮石收足，任从创建屋宇此处。"

虽然东华里屋地的转让有明确的时间——民国11年（1922），但显然与前文并无关联，只是借用《佛山脚创立新村小引》中的空白页来记录了这次转让，并不是订立章程的时间，吴廷璋先生从以"艮"代"银"以及纸张材料判断出本章程有可能写于道光年间[1]。另外，笔者也未在实地找到这个建立于佛山脚的新村。但是，这无损于这本章程对地域聚落史研究的学术价值，其条目的细致程度传达出了当时广州府的普通宗族在村落营建过程中对诸多议题的考虑已经非常深入，对整体格局和建筑风貌的约束已经规程化了。

二、对《佛山脚创立新村小引》的解读

《佛山脚创立新村小引》最开始的一段文字是整个章程的引言，开宗明义，讲

明本章程是为建立新村而制定的，“我疆我理”，宣示了本族拥有村落的规划自主权和制定本章程的权利，说明当时的村落通常是由拥有土地的宗族自行规划的。祝姓家族辟地建立新村的原因，乃是因为原来的聚居地人口密度高，用地狭小，族中的主事者已经感受到了不断增加的人口对居住空间的压力，而建造新村则是缓解空间压力、以图长久发展的有效手段，一则为了祖先灵寝的安稳，二则可以防止外邻侵占。

这段话里有两个关于地点的问题，一是对“龙塘”的解释，二是新村究竟在何处。龙塘应是祝姓的地望或者原来的聚居地，因祝姓地望在太原，故龙塘应系祝姓家族在议建新村之前的聚居地。吴廷璋先生认为，龙塘是清远地名，祝氏或许从清远南下而至佛山。梁诗裕先生认为此处的龙塘即是佛山镇上距离祖庙不远、位于普君墟以北西侧的朝市街，民国版《佛山忠义乡志》中即载有此地名。笔者认同梁诗裕先生的看法，因为龙塘本来就是佛山镇的地名，除地方志有记载以外，至今仍有称为“龙塘诗社”的文物建筑，就在佛山祖庙的东南侧。而且，结合上下文来看，祝家三世祖祠在佛山脚，说明其家族在佛山已经定居多年，若说祝家原定居佛山、后迁居别处而今又迁回，不合常理，佛山的工商业在明清时期得到极大发展，一般而言，生活于此的家族没有必要迁到农业地区然后又迁回建设成本高昂的城镇并转而从事工商业。

此处的“佛山”可以解释为塔坡冈，即佛山得名之处，不必一定指代整个佛山镇。佛山肇迹于晋，得名于唐，因为唐代从塔坡冈挖出东晋时来此传佛的罽宾（今克什米尔）僧人达毗耶舍埋在塔坡冈的铜佛而得名[1]，佛山也可以特指塔坡冈，现位于佛山祖庙公园内的“佛山”碑原本指的就是塔坡冈，而后方才成为城镇之名。龙塘靠近祖庙，周边商业鼎盛，是许多著名商号的祖铺所在地，所以对于祝氏家族来说难觅拓展之地，因此选在位于当时佛山镇边缘的塔坡冈下、用地宽阔之处创建新村。第四条至第六条章程中提到三世祖祠附近有部分本族人的田地，进一步说明祝姓家族本来就聚居在佛山，并非从他处迁来。现状塔坡冈周边有位于新风路的三间两进的李大夫家庙一座，并无祝姓祠宇。

章程第一条涉及建立新村的地点和各家房屋的基本规模与建筑单位。首先，再一次说明新村建造的地点是在佛山脚三世祖祠的右侧，新村的选址和祖祠之间存在着某种联系，似乎因此就能生活在祖先的庇荫里。至于每座房屋的基本形制，“横过三间”，“一厅两房两廊”，采用的是本地最为典型的三间两廊，每座房舍由一座横屋、一个天井院和两个侧廊构成，其中天井院是三间两廊建筑的枢纽。廊位于天井的两侧，入宅的门开设在两廊之下，靠青云巷的一侧有门罩，正房则正对着天井，正房和廊的采光均来自天井。天井两侧的廊与青云巷的方向平行，廊下设置厨房和贮藏空间，面向天井的一侧有些开敞，有些设有墙壁而将廊部分地变成房间。正房三间，为一厅两房，一明两暗，中央明间为厅，厅事奉祀祖先牌

1 这一说法载于多本佛山的地方志。

2 若佛山脚位塔坡冈下，则应为栅下与普君两铺的交界处。

位和会客的地方，厅内设木障，障前有神龛或者案台，供奉祖先的牌位，也有人家将神橱置于阁楼。厅以木趟栊和天井相连，从大门看天井，正对的墙面上多有“天官赐福”的砖雕。厅的两侧是卧房，常设有阁楼，房间开窗很小，光线较暗。这表明了本地各种类型的建筑已经非常普遍地使用了三间两廊，甚至得到了某种程度的制度性推广，已经成为“不易之定式”，采用这种统一规制的缘由，则是因其“易举”，即具有良好的可操作性，这种原型可以根据地形和尺寸作出灵活的改变，而且非常便于组织成行或列。在祠堂庶民化和大宗分化以后，广州府的许多村落在都因为祠堂的大量出现而形成了整齐的梳式布局，在地形相对平坦的地区，新建的宗族村落几乎无一例外地都采用了梳式布局，常被后人比拟为“八卦”的中心放射式布局大多是旧时形成的。而村落的梳式布局与祠堂的排列和以三间两廊建筑为稳定的基本单位有着紧密的联系。

章程第二条说明了建立新村的目的是为了本族的安居乐业，“与邻界接壤”说明用地位于某村或者某铺[2]的边缘，与其他行政辖区相接。因基地处于旷野之中，故此屋宇需稳固，而且以容纳众多族人前来居住为目的，以策安全。

第三条章程确认了拥有建屋权的人群，凡是本乡的人无论出自哪一房都可以在此购地起屋，即使那些曾经迁居他处的族人。只要愿意回乡建房也享有同样的权利。因清末佛山多有前往省城广州和省内外其他城市从事工商业进而暂居于彼的例子，相信此处所言的迁居他乡欲回族居住的族人主要针对的就是在其他城镇从业、有财力回乡建房的这些族人。这一规程也呼应了前一条，以聚集人气、居人众多为目的。

第四、第五和第六条都关乎建房的土地问题。第四条说的是以尝田换私田以获得建设用地的原则，祖祠附近事宜建房的土地有一部分是族人的田，并非族田，本条说明了处理此类用地的办法，即用祠堂的尝田替换，私田的所有人不得相抗，也不能勒索。这是对家族公共利益高于个别家庭利益的重申，为村落建设中可能遇到的土地所有权问题扫清了障碍。第五条具体规定了用尝田换私田的办法，以斗换斗，因田肥瘦不均，约定每亩田值十四分，原来租种这块田的人可以到祠堂取回值十六分的田继续耕种，另外每斗还补回十两彩银，双方的标契签字等手续费两相抵消。若愿意将田作价卖掉，则按时价每租一担谷计算，最高限价六十八两银子，买进卖出价格统一，组织者并不从中赢利。第六条仍然是关于建房土地问题的，若哪家在此地有田且在自家田地上建房的，听其自便，但需要遵守本村的统一规定。“方得”是广东话“才可以”的意思。田地与建房用地若有出入则照田价和地价多退少补。但对于田产中应科派的堤防和其他各项费用，田主仍然需要根据占地的多少相应缴纳。

第七条是对街巷、地块和建筑尺寸的详细而明确的规定。村落由横巷和直巷构成了规则的肌理，是典型的梳式布局。直巷宽四尺五，若以每尺32cm计，则宽度为1.44m，横巷宽二尺二约0.70m，每五座房屋留一条大的横巷，宽度也为四尺五，显然直巷和大横巷构成了村落的主要道路系统。建筑排列整齐，开间尺寸均一，每座建筑的占地宽约10.5m，深约9.5m，占地面积约100m^2。至于每座房屋，统一为三间两廊，主体为一厅两房的三开间，开间即两堵青砖墙之间的距离以“桁”为单位，若以佛山常见的“桁”长22～25cm计，则厅的面宽约为3.74～4.2m，房与廊同宽，若是青砖墙，两房面宽各为约2.86～3.25m，若是坭墙则两房面宽各为约2.42～2.75m，依此计算，青砖建筑通面宽约为9.5～10.5m。坭墙建筑虽然面宽较窄，但每堵墙身比砖墙约厚一桁，因此总面宽与砖墙建筑相当。根据这一段话，如果知道了村落的地形、横向和纵向的建筑座数，我们已经可以大致绘出村落的总平面图。从第七条还可以看到，建筑尺寸的基本模数是“桁”。桁是木结构术语，在广州府有两种含义，一是指建筑的檩，屋顶之下有多少檩则称多少桁；此处所说的桁是另外一种含义，根据对老工匠的访谈以及宗谱中所绘祠堂的图示，屋顶上的一排瓦坑也就是两个桷板之间的距离称为一桁，广府常用的板瓦和筒瓦宽度均大致为11～12cm，两个桷板的间距约为22～24cm，这就是一桁所对应的宽度。[1]第七条的最后一句申明横巷、直巷和塘基的空地均为公共空间，不得占用。对于那些认为中国村落缺少公共空间意识的观点而言，这无疑是个响亮的回答。

第八条主要是对建筑材料和相邻建筑间距的约束。各户自行决定墙体材料，青砖坭砖自便，但面临塘基的一排必须使用青砖，以壮观瞻。在认定宅基地之后，每两座房屋间留出宽二尺二的横巷，若两座建筑紧贴着建造，则留出的横巷应宽三尺六。若后座建筑搭在前座建筑的后墙上，则按照前座建筑建造时的价格计算出共用墙体的工料银，后座需付一半费用给前座屋主。因为新村建在山上，建造的顺序总体上从标高较低的沿水塘处开始，向标高较高的地方发展，因此后建的建筑位于标高较高的地方，故章程中称上座建筑。

第九条言明了建房的次序，最初从沿水塘的一排开始，然后逐步向后推进，不能扰乱次序。满三年后将剩下来的土地标明界限，或有人认建，或充为公共用地，以便于管理。

第十条是为了维护公共形象和公共卫生而做出的规定。凡是认定了宅基地的，必须用整座房屋占满正间，也可先建造一房一廊或者头房正厅，不能在正间的完整宅基地内修建自家的厕所等房屋，否则大家可以将其拆除。

第十一条是对周边边角料用地的规定。村周边的不规则用地按照房屋座数均匀分配，供各家各户建造附属建筑和厕所之用。集中建造偏屋和厕所在客家地区也很常见，既有观瞻方面不要破坏村落整齐布局的考虑，也方便各家取农家肥浇灌田地。

第十二条所言的是购买宅基地的程序和手续费用问题。第十三条则是村地换

1 但有趣的是，在大多数年轻工匠尤其是在三水、高明等经济相对不甚发达地区年轻工匠的认识里，桁就是砖的长度，尤其最近几十年来已经几乎被等同于24cm了。从数据分析，似乎无论从屋顶上的瓦还是从墙上的青砖来看是大致相当的，但的确应注意到其中蕴涵的意味。中国的木结构建筑中，木工向来有着崇高的地位，掌握着建筑的整体尺寸以及各种结构构件的尺寸，无论是官式建筑中以斗口、柱径为模数还是南方民间使用丈杆、篙尺，都是木工主导建筑尺寸的直接反映。而在广州府较为偏僻的一些村镇，民间已经在青砖与木结构之间——至少是与屋顶的瓦、桷板之间已经建立了接近整数倍的模数关系，即一块砖大致对应于一行瓦坑加一行瓦垄的尺寸，因为砖更容易计数并且两侧的山墙均为砖墙承重，普通房屋的正面和北面亦都采用砖，砖已经成为建筑外观整体印象中的主要部分。

2 参见：程建军．开平碉楼——中西合璧的侨乡文化景观［M］．北京：中国建筑工业出版社，2007：29.

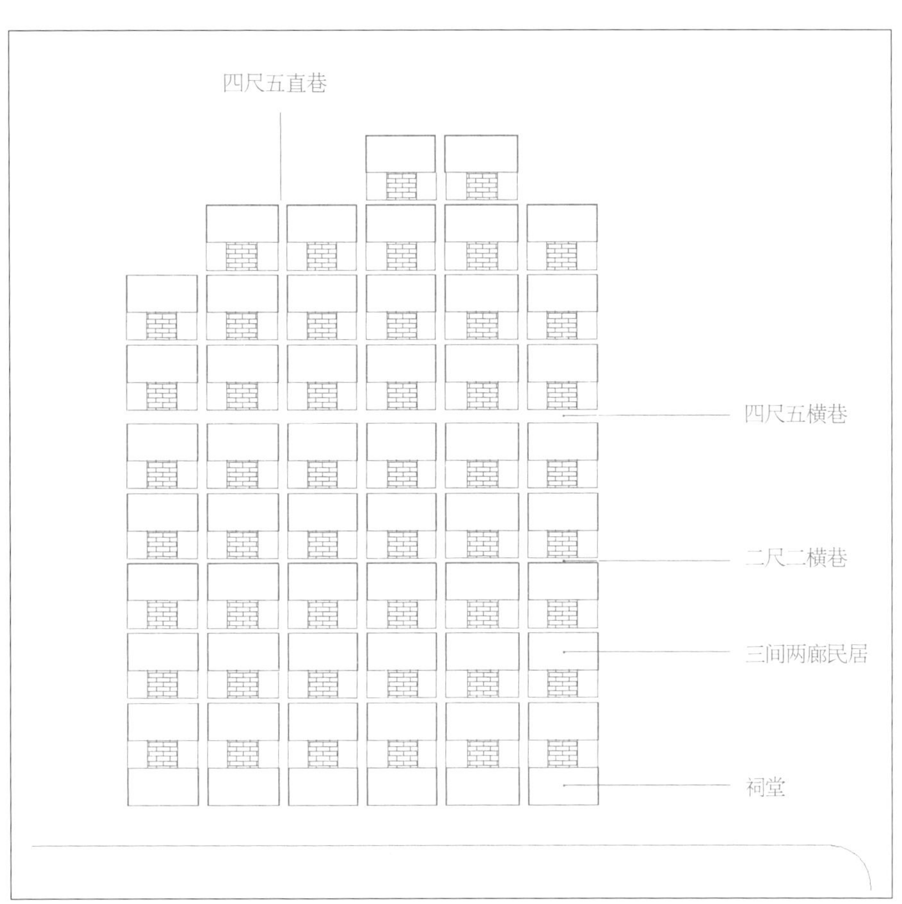

※图4-34　根据文字所绘的新村总平面示意图，以横向6座、纵向7~9座为例
（来源：自绘）

尝田的具体操作办法。第十四条强调了建新村是全体人员的共同事务，事关公共利益，号召大家同心协力，以大局为重。第十五条是宅基地的填选原则：编号、抓阄、立界，不能自行指认，以表明公道。第十六条说明被置换的村地的纳税事宜交由全村统一办理。

《佛山脚创立新村小引》并非创建新村的孤例，无独有偶，在开平蚬岗镇马降龙村的庆林里，尚保存有宣统元年（1909）的起屋章程和宅基地规划图示。[2]该章程共有13条，其内容包括村落格局、宅基地和菜地的划分、入股形式以及建筑风貌的要求等，现实中的庆林村和锦江里村验证了这一章程事实上基本上得到了执行。在庆林堂起屋章程里，将纵向的一列宅基地称为"一踏"，"横巷"、"纵巷"的命名与《佛山脚创立新村小引》的"横巷"、"直巷"的方向相一致，但在公共建筑如祠堂的设置上则有着较大的不同。

三、梳式布局村落的范例：三水大旗头

在广州府保存着的大量梳式布局的村落中，若论形态的规则程度、建筑风貌的统一程度、建筑质量和保存的完好程度，大旗头村实属罕见，恐无出其右者

（图4-35）。如果我们将其总平面（图4-36）与图4-34进行对照，除了建筑朝向为东以外，形态上有着惊人的相似，显示梳式布局在广州府达到了相当成熟和稳定的程度。

（一）大旗头村的整体格局

三水大旗头村是极有代表性的梳式布局的广府传统宗族村落，村中主要生活着郑姓宗族和钟姓宗族。2003年，大旗头村被公布为第一批中国历史文化名村，其中作为历史文化保护核心区的部分是郑姓宗族尤其是裕礼房的聚居地，现存有多间府第、祠堂和四十余间清末民居，虽然历史并不长，大多数建筑也是在相对短的时间之内建成的，却更加清晰地呈现了主事者们在总体格局上的谋划。核心区内的建筑大都比较完整地保存了原有风貌，很好地反映出一个世纪以来乡村生活的侧影。

大旗头原名大桥村，因村旁河涌建有桥梁而得名，位于珠江三角洲的北缘，关于谁最先到此开基，钟姓和郑姓各执一词，钟姓自谓其祖先明初时从南海官窑南浦村迁来，郑姓的开基祖康泰公在嘉靖五年（1526）从蚺蛇村迁居至此。也就是说，村落的历史并不长，显然是明代民田区的开垦热潮使得这一块相对低洼的地带也得到了耕耘。[1]大桥头村原属南海县禄步堡江边圩，嘉靖五年（1526）五月设三水县，遂改属三水县三江都禄步堡江边圩。[2]

大旗头村在光绪间的集中兴建与郑氏家族的一位成员、本村郑姓六世祖郑绍忠有着极大的关联，正是他的发迹使得本房可以在清末时建立新村。而且正是因为他的墓在村落西南方向的老虎岗上，远望如大旗招展，后人才将村名改为大旗头并沿用至今。

郑绍忠，初名郑金，道光十四年（1834）生于三水，在《清史稿·列传二百四十四》中有关于他的简略记载。咸丰四年（1854）郑金曾参加陈金缸农民起义，在陈金缸建立“大洪国”之后被封为大元帅。同治二年（1863）降清，提督昆寿许领其众为一营，克广西岑溪，赏都司衔，始更名郑绍忠。因在永定、嘉应、长沙墟、肇庆、思平、五坑等役中屡立战功，数获升迁，同治四年（1865）获赐号敢勇巴图鲁，同治六年（1867）在左宗棠推举之下署南韶连镇总兵，更勇号额腾伊巴图鲁，家族追封三代，七年擢提督，光绪二年（1867）得以晋秩一品[3]，其后历任广东陆路提督、湖南提督、广东水师提督，二十年（1894）加尚书衔，二十二年（1896）卒于虎门。

光绪十五年，郑绍忠之母去世，这位当朝一品回乡守孝，其旧屋低矮简陋，据其后人讲述，慈禧太后听闻郑绍忠老家没有像样的宅子，就从国库拨金供其修建宅第，也许这只是郑绍忠的托词或后人的附会，但说明郑母的去世和郑绍忠的返乡成为大旗头修建新村的契机。

大旗头村的集中兴建是在郑绍忠任广东水师提督之时，在其主持下一次性规

1 李凡等著．探幽大旗头：历史、文化和环境研究［M］．香港：中国评论学术出版社，2005.

2［清］嘉庆二十四年版《三水县志》。

3 此处据《清史稿》。据大旗头村郑绍忠家族圣旨碑刻，郑绍忠于同治六年以尽先即补副将衔赏从一品武职。

※图4-35　三水乐平镇大旗头村航片
（资料来源：华南理工大学东方建筑文化研究所）

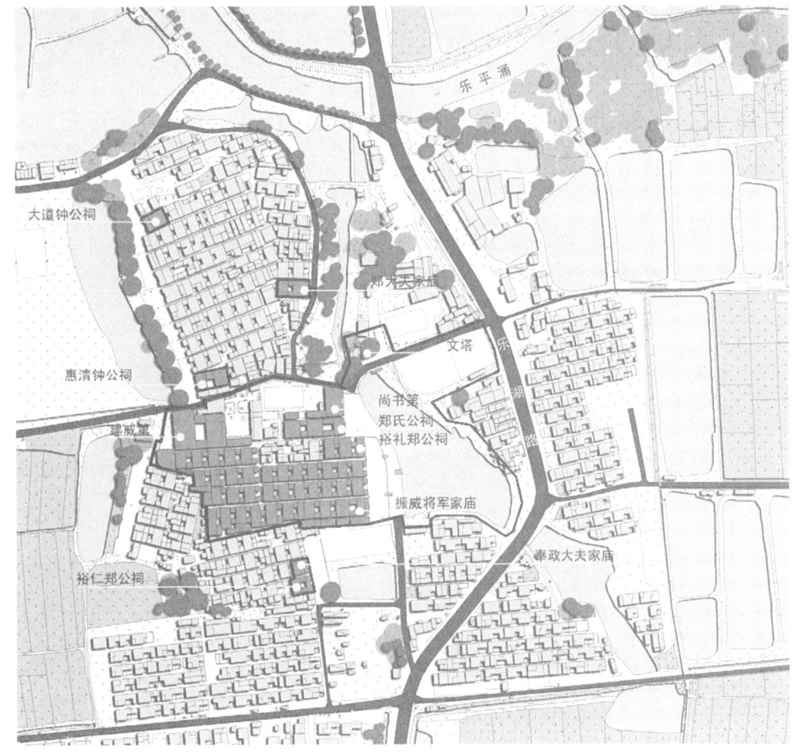

※图4-36　大旗头村中的主要建筑与巷道肌理
（资料来源：华南理工大学东方建筑文化研究所）

划建造完成，这一建造的过程也是对原有宗族权力的一次干预甚至改写的过程，在一定程度上帮助确立了郑绍忠一房在宗族中的话语权。

大旗头的村落形态非常规整，建筑群整体上坐西向东，占地约78亩，现存古建筑面积约14000m^2。[1]村中民居、祠堂、家庙、府第，文塔、晒坪、广场、池塘兼备，且整体保存极为完好，格局整齐划一，构成一组严谨、完整的村落建筑群。建筑群建于人工垫高的两个不同高度的台地上，四条东西向的直巷将建筑群纵分为五列。村落的东端是临水塘的前沿，主要为祠堂、家庙和府第建筑，界面整齐，西端是村落的后沿，界面有些参差。前后距离较长，最深的一路有12座房屋，在村落中间还设一南北向的主横巷，除联系南北方向的交通外，这条巷道也带有区分贫富的意味，西端相对位于高处，建筑也更加考究。民居建筑群密集整齐，且每条小巷都有闸门，以为防盗之用。每两座民居前后之间有约半米宽的小巷，巷两端封实，作防火之用。绝大部分建筑采用镬耳山墙，在巷道里可以看到绵延起伏、严整肃穆的景象。

郑氏开基祖康泰公有四子，以“仁义礼智”为名，四兄弟从大到小分别是裕仁、裕义、裕礼和裕智。在郑绍忠大规模建房以前，郑村的格局以郑氏宗祠为中心，四房支分住于宗祠的东（裕礼房）、西（裕智房）、南（大房裕仁房）、北（裕义房）四方。大旗头村口水塘周边有四个排水口，取“四水归源”之意，暗喻四房同喝一方水。其构思强化了郑姓族人的宗族观念，以增强宗族的凝聚力。

大旗头村的村口采用了比拟“文房四宝”的格局，这种布局在广州府多次出现，番禺石楼大岭村的村口就有着相同的构思。在村落中占据有突出地位的是多座祠堂和府第建筑，其中尚书第、郑氏宗祠、裕礼郑公祠和振威将军家庙位于村落前沿；建威第位于建筑群西北、郑氏宗祠轴线的后端；其他住宅建筑均为三间两廊，整齐地排列在祠堂的后面。

郑氏宗祠是大旗头村郑姓的宗族祠堂，三间三进。裕礼郑公祠是第三房的房祠，也是郑绍忠祖祠，三间两进，北侧有一偏院。振威将军家庙位于台地的南侧，振威将军是郑绍忠曾祖的封号。建威第是郑绍忠的府第，规模较为宏大，空间高敞，包括头门、正厅、廊等建筑，还有花园、同德门和轿厅等。从保存的情况来看，建威第的占地面积为876m^2，建筑面积724m^2。头门和正厅开间看似三间，实则有五间。虽说在村中是最重要也规模最大的宅第，但建筑风格质朴，并无奢华之感。郑绍忠还建有三间两进尚书第，尚书第和建威第共同构成了郑绍忠的私人府第，其中尚书第更偏重于防卫。

作为村落肌理重要构成要素的居宅，大致对应各房支的祠堂，整齐地排列在各祠堂的后方。因为在同一时间建成，村内居宅的形制十分严整，绝大多数为广州府常见的三间两廊建筑。在大旗头村古建筑群南面和西北面的民居建筑群，其建筑形式、风格与大旗头村古建筑群基本一致。这些民居建筑群和大旗头村古建

1 此处建筑面积未包括庭院、天井和巷道的面积。

筑群东西方向广阔的农田，与大旗头村古建筑群共同构成一幅完整的村落景象。

在大旗头村古建筑群中尚保留着一些痕迹，述说着当年的建造与族权抗争的历史。安宁里北侧，因为作为长房的裕仁房并不认同郑绍忠的谋划，就没有按照郑绍忠的统一规划纳入民居群落整体，郑绍忠拒绝让那些不肯服从其统一规划的房支从振威将军家庙前的水井取水，这是对宗族权力的使用的一个很有趣的示例，向人们传递着当年围绕大旗头村的建造而展开的族权斗争的历史信息。

大旗头村的整体格局既有当时广府村落的许多共同特征，也有自身的匠心独具之处，最易辨认出的便是其村口格局对文房四宝的比拟，以及非常规则的梳式布局；还有诸多仔细的考究，例如高台的采用、建筑群的朝向、各祠堂的位置、各房支的分布等。

郑绍忠出身乡野和行伍，没读过什么书，他的升迁主要来自在粤、闽、桂等地与太平军作战时所立的战功，按照清史稿的说法，就是善治“匪”。他的个人经历究竟对大旗头村的格局产生了何种影响？是否因为他的行伍生涯而导致了大旗头看似军营般整齐、规则的布局，并且特别重视了村落的防卫？还是说当时的梳式布局已经成为广州府新建宗族村落的一般选择？对文房四宝的比喻是否又暗示了他对后人在读书和科举方面的期望？

（二）大旗头村落格局解析

大旗头村尤其是郑绍忠主持兴建的部分有着鲜明的形态特点，是广州府梳式布局宗族村落的典型代表，其形态格局中蕴藏着多个重要的话题，村子为什么朝东？村口格局在文化上的意涵以及在技术和空间上的作用分别是什么？在怎样的组织原则之下，村落的肌理才能如此整齐？在看似均匀的形态中，是否存在着事实上的差异或者分化？村落规划中为什么有浓厚的防卫和防灾色彩？下文将尝试解读筹划者的思虑。

1. 朝向的选择：东

在广州府尤其是珠江三角洲地区的西岸，关于村落建筑的朝向，民间素有“以东为上”的说法，本章中已有论及，这一方面与西江和北江在思贤滘相交之后的流向走向有关，另一方面也与本地阳光的特点以及风水的考虑相关。

如本章第一节所言，在观念上，即使是在平坦的地形上，村落和建筑的朝向也以水为导向。村落大多选址于小河涌的两侧且建筑朝向多垂直于河涌，而网河区的主要水道大多呈西北偏西—东南偏东走向，尤其在靠近狮子洋的顺德、番禺、香山等地，南北走向的小河涌数量极多，故此东西朝向的建筑十分普遍。此外，在广州府，相对于夏季炎热甚至毒辣的南向阳光而言，清晨来自东面的柔和阳光受到了普遍青睐，日出而作的人们沐浴在朝阳中时，朝向东面的建筑也在阳光的照耀下格外生动。加之紫气东来，颇吻合风水上的期望，村落和建筑的朝向渐渐形成了以东为上的观念。

在夏季有密集降雨且同时受到频繁的洪水和潮汐影响的广州府，地形的高与低有着不寻常的实际作用和精神意义。大旗头村地势西高东低，向村口的水塘倾斜，所以因应地势朝向东面是一个明智的选择。而与传统的说法相印证的，是在村落的左前方两百多米开外原有的一座大碉楼，俗称紫东楼，正包含着“紫气东来”的寓意。建筑的格局也充分体现了对地势的考虑，族中重要人物居住的核心区位于西边地势较高处，而普通村民的住房则位于东边地势较低处。

2. 村口：文房四宝与高台

村口格局的文化意涵是通过对文房四宝的比拟来表达家族文化的诉求，同时也有着技术和空间上的考虑。

村口有半亩鱼塘，暗喻墨池，鱼塘北侧有一座六边形、三层高、攒尖顶的楼阁式砖塔，塔是毛笔造型的文塔——广州府乡间俗称文笔塔或魁阁塔，塔下有两方石，大者形如砚，小者如印，塘边成片的麻石地坪，便象征着空白的纸了，共同构成了笔、墨、纸、砚的完整喻像，表达了希望族中俊杰能通过读书踏入仕途的愿望。

技术上，村口水塘是雨水的汇集之处，在暴雨季节有助于避免村内形成内涝。夏季，池塘给掠过水面的东南风降温，经青云巷给建筑带来清凉的气息，改善微气候。

空间上，池塘既提供了开阔的视野，也通过水面反射了前排的建筑和树木，形成了优美的倒影，为这些有公共意义的重要建筑创造了良好的观赏环境和氛围。而位于裕礼郑公祠至振威将军家庙前人工垫高的高台，比尚书第和郑氏宗祠前的广场高出约1.8～2m。高台烘托了临水建筑的形象，文塔、大树和祠堂建筑整齐而有错落的坡屋顶一起创造了生动的天际轮廓线（图4-37）。

3. 防灾设计

三水系西江、北江、绥江交汇之处，且地势自西北向东南倾斜，台地群中遍布涡塱，自明代建县至1949年的423年间，共有水灾85次，防洪乃本地要务。[1]大旗头村处于三水地势较低的地带，作为广东水师提督的郑绍忠深知防洪之要，在大旗头村的规划和建筑中对防洪多有考虑。

郑绍忠将大旗头村建于整体抬高的地坪之上的做法既加强了建筑群的整体气势和威严，同时也起到很好的防洪作用。青云巷中有排水暗渠，台地有两道阶梯可供上下，其下亦设排水暗渠。雨水经暗渠流向东面的水塘，祠堂前的天街地面向池塘微斜，利于排水。大旗头村修建百余年来极少发生积水浸村事件，据村中老人郑衍谦回忆，民国4年的（1915）“乙卯大水”，整个村庄被淹，台地上的民居建筑受浸1米左右，但大水退后，建筑群屹立依旧，而且建筑物很快风干，丝毫未损。

村口的风水塘对于可能危及村落的水与火均有一定的防范作用，可缓冲洪水对建筑群的正面冲击，同时又可集纳村中雨水，在有房屋走水时提供救火用水。

1 参见吴庆洲. 中国古城防洪研究［M］. 北京：中国建筑工业出版社，2009.

此外，在建筑材料的选用方面，也充分考虑提高建筑的防洪性能，砌筑较高的麻石墙基增强了建筑的抗浸能力。

虽然民居都是砖木结构，但木结构体系位于被砖、石、瓦所包围的内部，建筑的外墙全部采用青砖或花岗石，开窗少且小，加上有整齐的镬耳山墙，因此可以起到很好的防火效果。

4. 防卫措施

郑绍忠建造大旗头固然是在炫耀功名，同时也是为了保护家人和财产的安全，以图家业永固。大旗头村看似简单的梳式布局事实上有着诸多的变化和巧思，显示了主事者们有着明显的防卫意识。

三水在广州上游，地势险要，素来是防卫要地。据《三水县志·兵制》，“三水居广州上游，三江总汇，武事不可不饬。”经主要的几条水道，沿北江溯流北上可接清远、韶关，顺江南下可至佛山、广州，沿西江西通高要、肇庆，顺江可至南海、顺德，在以水路为主要通路的时期，是军事上西征、北伐、南下、东进的必经之道，可谓兵家必争之地，明末清初陈邦彦抗清、民初龙济光与陆荣廷争夺广东及孙中山驱逐陈炯明之战、民国11年（1923）的三次粤桂战争，均曾以三水县为战场。

三水处于从丘陵向平原过渡的位置，地形复杂，境内又河网密布，且距离南海、四会、高要、清远各县的县治都较远，故官府不易管治，多匪患，以致成为“冲、难之地”。清初的陈金釭农民起义便在三水范湖举事，陈开和粤剧伶人李文茂领导的天地会众反清起义也曾战于三水。县内西北山地易守难攻，但东部、中部、东南部和南部的浅丘地带平坦开阔，易攻难守。大旗头村位于三水的东部，没有险要的地形作为屏障，在不那么太平的清朝末年，村落的防卫得到了格外用心的考虑，构成了从外向内、自东向西、从总体布局到建筑的逐层防御体系。

※图4-37　从大旗头村东面的水塘看村口
（来源：自摄）

大旗头村南北两面紧邻的村落构成了其防卫的屏障。村北面主要有郑姓和钟姓村落，占据小山岗，利于防卫；南边则有郑姓大房支的居住地。西边是开阔的农田，大旗头村所处地势较周边的农田高，又人工抬高了部分地坪，加上有宽度达十余米的水塘的隔离作用和哨楼、高墙的设置，西面相对易于防守。因此，大旗头的防卫主要集中于东面。东面的紫东楼已毁于20世纪70年代，有不少村民见过这座大而厚实的建筑。在碉楼基址的现场，人们仍在津津乐道于碉楼当年的雄伟：墙有六皮砖厚呢！沿碉楼位置东望是开阔的农田，当年禁止种植高大树木，以取得开阔的瞭望视野，碉楼及东面开阔区域构成大旗头村的预警区。

从碉楼至大旗头村口广场的区域构成了村落的第二道防御层次，池塘、尚书第和月台是这一区的主要防御工事。村口的半亩鱼塘既能阻隔敌方的正面攻势，也使敌方处于无遮挡的不利状态；同时鱼塘限定了入村的路线，缩窄了重点防御的范围。尚书第处于村口，其北面山墙同时也是村落周边高墙的一部分。从位置上看，尚书第作为进入大旗头村的门户，在防御上的重要性不言而喻，尚书第虽是府第形制，功能上却偏重于对防卫的考虑，尚书第正门两侧各有一个射击孔，在其东北角设有哨楼，平时有乡勇守卫，建筑外墙高而封闭，且在不同高度设有射击孔，表明其建造意图并非居所而是一座防御堡垒。凭借月台边的围墙作掩体，可以有效地控制整个的区域；另外，由于月台凸出于村落，与尚书第互成犄角，加强了村口的防御能力。

郑绍忠房支在宗族中处于支配地位，郑绍忠及其四子、直系血亲占据了村落靠西和西北的位置，这是防卫体系中的核心位置，其他各支的建筑则分布在村子的东部和南部，构成了外围的缓冲地带。外围防御系统和核心区之间的巷道设有门，门楣和地栿上均留有安放木杖的孔洞，在紧急情况下核心区可成为独立的防守区域。核心区的建筑在用料和构造做法上，都要比外围的建筑更加坚固，显示出与前部建筑的等级差别，虽然房屋形式与其他民居一样都是三间两廊，但其勒脚以双层花岗石筑成，高度约1.2m,其上砌双层砖墙，双层墙的中间夹有铁板，坚固异常。

本章小结

本章通过对地方志中的舆图进行解读，分析了广州府的聚居条件和地理特征。宗族村落在选址中遵循以水为导向，优先考虑水、土地、安全和风水的原则，为适应地形，广州府的宗族村落一般选址于高地中的低地和低地中的高地，在不同的地区村落间的距离也不相同。

广州府的村落存在着三种基本范型，中心式和梳式布局是宗族村落的常见格局。庶民祠堂在明代中后期的大量兴起，促使了祠堂居前的梳式布局村落的形成，宗祠在梳式布局中具有结构性的意义，村落的前排主要由祠堂占据，以青云巷组织纵深方向的建筑，这区别于之前已经出现的祖堂居中的棋盘式布局或者以水平向巷道为主要组织线索的军营式布局。梳式布局也取代了以祠堂为中心的放射式布局，成为广州府尤其是珠江三角洲地区最常见的村落格局，这是庶民宗族和庶民祠堂快速发展的结果，是由宗族主导的社会形态在空间上的投影。

从《佛山脚立新村小引》、三水大旗头村、从化木棉村、花都塱头村和开平马降龙村庆林里村的诸多实例来看，在清末和民国初年，广州府一带尤其是在地势平坦的地方有较多的新建村落或格局重整。无论从文献还是从实际的建成情况，都可以明确地得出结论：当时的建村者对村落的格局有着十分清晰的谋划，并非任凭村落随机、“自然”地生长。梳式布局已经具有了程式化的特征，广州府的乡间已经建立了从格局擘画、街巷组织到建筑形式的完整章程，发展到了非常成熟的程度。

第五章

广州府祠堂形制的渊源与流变

第一节 广州府宗族祠堂的基本形制

广州府宗族祠堂的形制是由许多与礼仪相关的制度影响甚至决定着的，宗法制度、奉祀世代、昭穆制度、迁祧制度、门塾制度、宾主之序、祭祀仪式等都会被形态化，从而产生空间上的形制。这些制度有些来自官方，有些来自文人士大夫，有时，在民间会出现不同于官方意识形态的做法，但总体来说，只有上升为国家意识形态的设想才能真正被制度化，深刻地影响广州府的乡间。作为祭祀祖先的神圣场所，祠堂中会有许多表达纪念性的陈设，也会举行能够容纳众多族人的仪式性活动，必然产生相应的空间形式和空间氛围的要求。形制，在此是指祠堂的各个构成元素以及各元素之间的组织方式。

祠堂的选址和朝向会因为地形特点和风水上的讲究而有多种的选择，相对而言，一定时期、一定类型的祠堂的形制则较为稳定，当然，仍然允许事实上也的确广泛存在着各种各样的差异。对同一时期的祠堂，可以采用传统的建筑类型学方法来进行描述，从现存的文献、碑铭和实物遗存来看，祠堂存在着几种不同的范型。

在宗族祠堂体系中的等级是用来区分祠堂类别的常用标准，例如祖祠、大宗祠、分祠、家庙、私伙厅等，不同等级的祠堂虽然可能存在规模上的差异，但可以使用相近甚至相同的形制，花都塱头的多所黄姓祠堂就是一个例证，更有甚者，受建造时间和财力的影响，有些家族的祖祠可能和另外一些家族的私伙厅的形制完全相同，而一些富人的生祠有时会采用房祠的形制。所以，从许多的例子来看，仅仅以等级为标准或者线索并不能较为准确地描述祠堂的形制。

一座祠堂无论其等级、规模如何，都存在着基本的构成元素，如果我们把祠堂看成一个句子，这些元素可以看作祠堂建筑的词汇。祠堂的语汇通过特定的组织方式形成了祠堂建筑，多座祠堂建筑通过句法形成建筑群肌理，而建筑群以一定的形态结构形成整个村落。就整座宗祠——在绝大多数情况下实际上是一组建筑群——的形制而言，常用的分类线索包括祠堂等级、路数、主要单体建筑进数、头门形式等，实际上依据的是构成整座祠堂的语法。

一、构成广州府祠堂形制的基本元素

通常而言，广州府的祠堂是由被屋顶覆盖的单体建筑和室外要素共同构成的。单体建筑有头门、拜亭、正厅、寝堂、后座、衬祠、厨房、侧廊、侧堂等，其中主要建筑统称为堂，另外，有些祠堂会使用照壁和牌坊；户外的常见要素包括水面、天街、庭、院、天井、青云巷、水井、旗杆等，有些祠堂附带有园林。

（一）建筑元素：堂、廊、衬祠、牌坊、照壁、戏台、钟鼓楼

《说文》：堂，殿也。《释名》：堂，犹堂堂高显貌也，殿殿鄂也。堂是祠堂的

1 参见：苏禹. 碧江讲古［M］. 广州：花城出版社，24.

主要单体建筑，包括头门、中堂、拜亭、寝堂、后座、侧堂等。廊是连接各堂的附属部分。衬祠是位于两侧边的辅助构筑物。牌坊和牌楼是特殊的礼仪性建筑。照壁、戏台和钟鼓楼在广州府的宗族祠堂中并不多见。

头门，也称头座、下堂，是祠堂正面最重要的单体建筑、进入祠堂内部的仪式性入口和中轴线序列上的第一座建筑，在空间上承担礼仪性的功能而没有特别实际的功用，沿用门堂之制（图5-1）。头门因为设有祠堂的大门，上有祠堂的名号，因此需表现出堂堂正正的气象，富有的人家则借机炫耀家族的财富。头门一般为双坡硬山屋顶，正脊常用龙船脊、博古脊或陶塑脊，侧面用人字脊或者镬耳山墙，明代和清初的祠堂中硬山双坡屋顶结合牌楼的做法也较为常见。大门外大多有丰富的雕饰，如封檐板和梁架上的木雕，墀头和墙面的砖雕，石梁架、石墩、抱鼓石和塾台侧面的石雕，屋脊或屋檐的灰塑等，墙体正面多采用加工精细、平整光洁的水磨青砖，一般不开窗，敞楹式的头门多见塾台。大门内多设有中门、土地和石碑，有些家族将族谱放置在门内的阁楼上。五开间的头门尽间多设有耳房，凹肚式的头门有时以耳房为倒座。明代亦有祠堂采用官式建筑门楼作为头门的做法，如顺德碧江建于明嘉靖三十六年（1557）的燕翼楼，就有一座五开间重檐歇山顶的门楼[1]，惜乎现已不存。

中堂，也称中厅、祭堂、享堂、拜殿，是祠堂的正厅、举行祭祖仪式和宗族议事的主要处所，因此空间最高大宽敞，陈设最为讲究，是祠堂中最具公共性的单体建筑（图5-2）。祭堂屋顶形式一般与头门相同，最普遍的仍然是硬山屋顶。祭堂的地坪高出头门和前庭数级，以台阶联系侧廊或前庭，大多设阼阶和宾阶。祭堂是悬挂堂号牌匾之处，室内常设有楹联、案台、座椅、挂落，堂上还会悬挂本族的龙舟或者龙舟仔。小宗祠之制普及后，广州府民间的小宗祠堂和房支祠大多采用三开间，祭堂中往往有四根石檐柱和四根木质金柱，俗称“八柱厅”，是最常见的祭堂形制。祭堂面向前庭一侧大多整体开敞，也有在次间用片墙的做法，墙上通常有砖或陶的花格窗，从祭堂通向后庭的方向在心间大多有六扇屏风门。

寝堂是安放祖先牌位的建筑，也称上堂、祖堂，在空间序列上是最后一座时亦称后堂、后座，堂内设有神橱，墙上挂祖先画像，堂内有供桌、香炉、旌旗等陈设。寝堂地坪一般较祭堂更高，屋顶多采用与祭堂相同的形式（图5-3）。

此外，祠堂的中路还有可能出现其他的堂、楼如拜亭、藏书楼、议事厅等。

拜亭，又称仪亭，俗称接旨亭、香亭、抱印亭等，通常采用较特别的屋顶形式，如重檐歇山或卷棚歇山，高大轩敞，位于正厅之前并与正厅明间相接，通常以四根角柱支撑而不设墙体，形式上与官式建筑中的抱厦相似，亦有通面阔的拜厅，与祭厅形成勾连搭。顺德杏坛昌教黎氏家庙的御书亭、乐从大墩村梁氏家庙、佛山兆祥黄公祠、花都塱头友兰公祠都设有拜亭，多用于供奉刻有圣旨的牌匾，

（a）
（b）

（c）

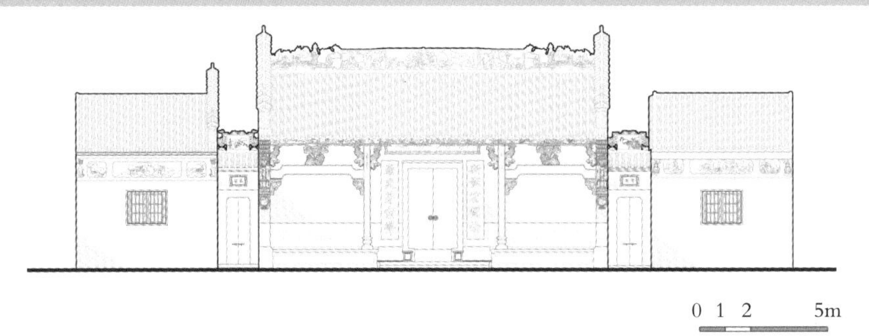

（d）
（e）

（f）

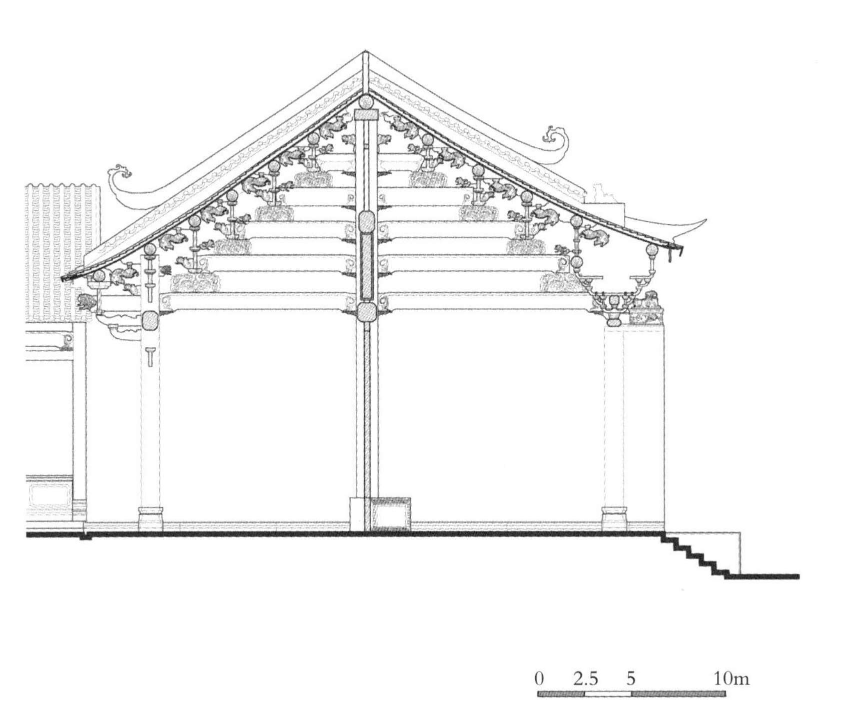

※图5–1　广州府祠堂建筑的头门（来源：本章中未加说明的插图照片为作者摄，测绘图来自华南理工大学东方建筑文化研究所）
（a）穗石林氏大宗祠；
（b）南社任天公祠；
（c）乐从大墩村梁氏家庙
（d）南村善言邬公祠；
（e）增城坑背村毛先儒祠；
（f）石楼大岭村显宗祠头门剖面

（a）

（b）

（c）

（d）

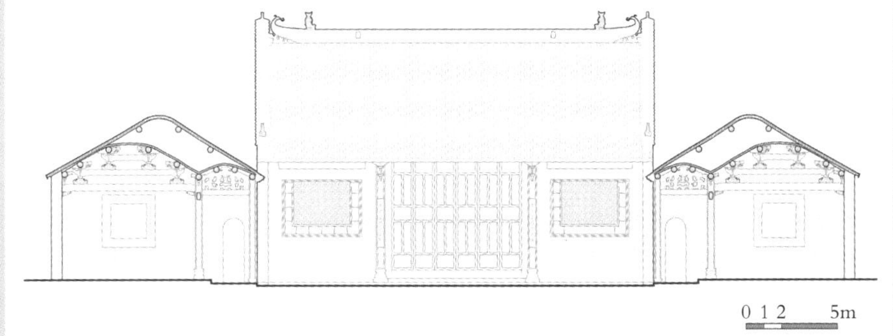

※图5-2　广州府祠堂建筑中的祭堂
（a）石楼大岭村两塘公祠；
（b）塘尾李氏大宗祠；
（c）南葕茶东陈氏宗祠；
（d）石楼大岭村显宗祠祭堂正面

(a)

(b)

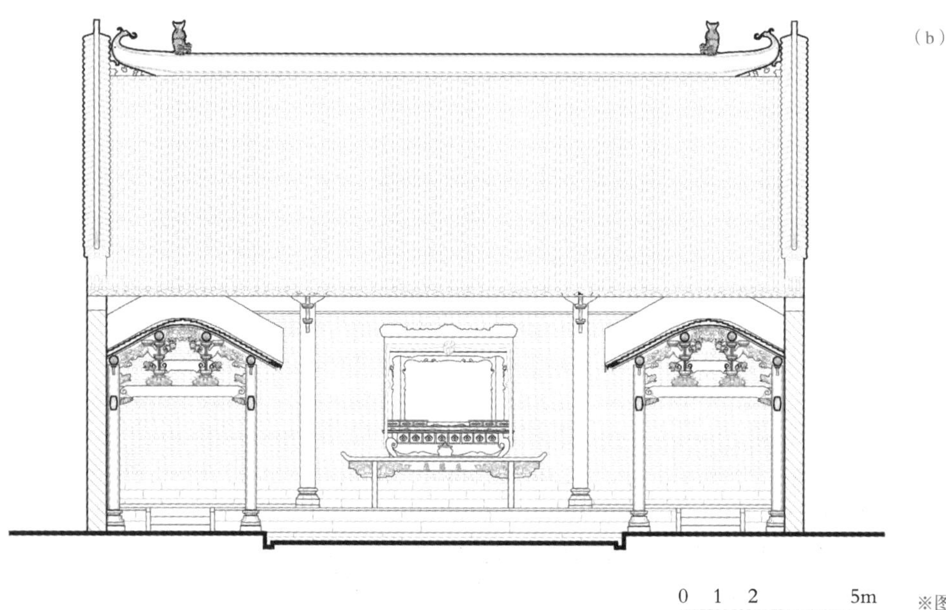

※图5-3　广州府祠堂建筑中的寝堂
（a）石楼大岭村两塘公祠寝堂
（b）石楼大岭村显宗祠寝堂正面

亦可在雨天为参加祭祀的族人遮风避雨（图5-4）。

牌坊、牌楼，或称仪门，为祠堂的中路上较常见的构筑物，多采用四柱三门石的牌楼或牌坊（图5-5）。如番禺南村邬氏光大堂和南圃邬公祠、沙湾留耕堂和王氏大宗祠、沥滘卫氏大宗祠、顺德碧江何求苏公祠、乐从水藤邓氏大宗祠孔皆堂、东莞石排中坑村王氏大宗祠等，用来加强祠堂的序列感和层次感。据石拓统计，东莞现存的祠堂中共有9座立有牌坊，其中7座在头门和正厅之间，另外两座

（a）

（b）

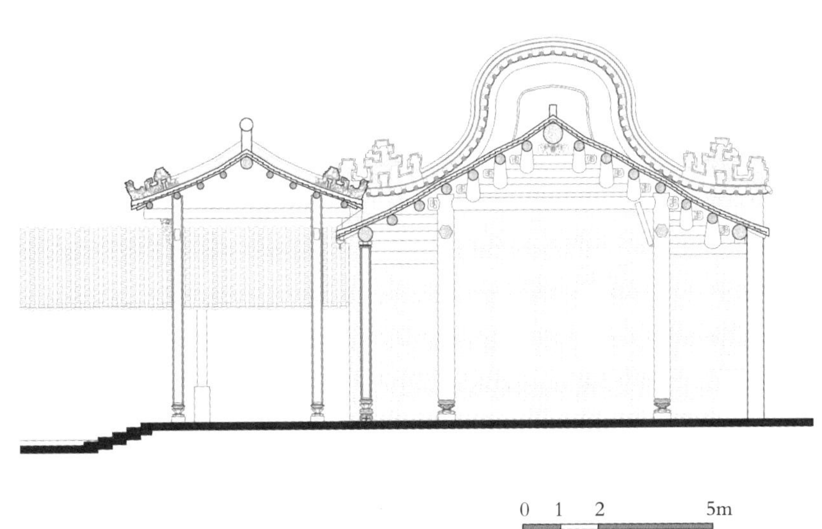

※图5–4　广州府祠堂建筑中的拜亭
（a）佛山兆祥黄公祠
（b）乐从大墩村梁氏家庙

※图5–5　广州府祠堂中的牌坊
（a）东莞南社百岁坊
（b）南村光大堂“河源楷模”牌坊
（c）“河源楷模”坊南立面图

（a）

（b）

（c）

1 石拓．明清东莞广府系民居建筑研究［D］．广州：华南理工大学，2006.

2 陈白沙祠前身为陈白沙家祠，明万历二年（1574年）始建，由曾任南京礼部尚书何维柏、新会知县袁奎等人倡建，故可以认为是先贤祠，但建筑采用了宗祠的形制，从前往后依次为春阳堂、贞节堂、崇正堂、碧玉楼四座建筑，在春阳堂之前，是成化十三年（1477）朝廷为旌表陈白沙之母而敕建的贞节牌坊。

3 苏禹在《碧江讲古》中记述了种德堂祠堂隶的故事，见该书19页。

与头门结合形成牌坊式建筑。[1]因为牌坊通常较为靠近头门，故设牌坊的祠堂一般不设中门。另外，亦有将牌坊设于祠堂之外的实例，如碧江苏氏大宗庙（种德堂）的“太史坊”、江门陈白沙祠的贞节牌坊、东莞茶山南社村百岁坊[2]，为三门三楼、明代风格的牌楼。牌楼的形式和位置既与宗族中士大夫的品级以及是否敕建有关，也与时间有关，牌楼常见于康乾之前的祠堂，乾隆之后多用牌坊。

在两进祠堂的天井院里、三进祠堂的后庭里，两侧与祭堂尽间相接处通常设卷棚顶的廊，用来连接前后两座主要建筑，三进和三进以上祠堂的前庭一般不设侧廊。有边路的祠堂前庭两侧通常是廊庑或者侧堂，常用卷棚顶，屋面坡向与中路主要单体建筑垂直，瓦面雨水流入前庭。除前庭侧堂外，边路上的其他建筑屋顶方向一般与中路建筑相同，其功能则较为多变，可设厨房、谱房、乐器房、衬祠、钟鼓楼、值守房、存储用房等。大宗祠、宗祠具有凝聚家族的象征意义，也有宗族聚会的实际功用，需要通过合爨来体现，因此边路往往设有厨房。广州府南狮极为风行，醒狮、乐器平素亦多存放在祠堂的边路中。大祠堂设有存放族谱的空间，每年补录，数年增撰或重修。势大财雄的宗族大祠堂中，有世代以长子相传的“祠堂隶”保卫祠堂的安全[3]，其值守房亦在边路。

在祠中设立中钟、鼓的情形并不少见，多置于厅堂或衬祠中，专门建钟鼓楼的做法不普遍，已知的实例中，顺德杏坛逢简刘氏大宗祠（追远堂）在天启年间修缮时扩建了东西钟鼓二楼。有些祠堂模仿书院或庙宇制度，在边路设有钟楼和鼓楼，如沙湾留耕堂、东莞寮步横坑钟氏祠堂。为衬托中路的主要单体建筑，边路的建筑一般只有单开间，室内空间高而窄，常设有阁楼。番禺北亭梁氏宗祠（永思堂）的两侧衬祠各阔10.1m,阁楼敞廊向外且设两石柱、成三开间，是特别的边路做法。

当祠堂位于村落的内街巷无法面对水面或者不远处有需要遮挡的景象时，有些祠堂会在正面建照壁，例如顺德碧江的慕堂苏公祠。广州府祠堂中设戏台者，只有杏坛右滩景涯黄公祠、广州黄埔南湾村敬祖麦公祠等很少的例子。

（二）户外元素：水、地堂、庭、院、天井、月台

除以上建筑物之外，户外的元素也是祠堂非常重要的组成部分，与单体建筑相互连交织，形成富有节奏、明暗相间、开合有致的整体格局。

水面往往是祠堂不可或缺的一部分，祠堂头门面对的有时是宽阔的江面，有时是流动的河涌，有时是连绵的水塘，有时是接近半圆形的泮池。面向水面，成为大多数祠堂选址和确定朝向的重要依据之一。在民俗上，广州府素有以水为财、聚水即聚财的说法，借鉴自学宫的泮池有寄望族中子弟入泮、在科举考试中获取功名的意味。不过，以笔者的观点，除了文化原因之外，尚有更加合理的技术原因来支持和解释这一做法。

水面一般位于地形的低处，对于在剖面上从头门到寝堂地坪逐渐升高的祠堂来说，这样的选择正好顺应了地形的走势，在夏季经常有持续暴雨的广州府，这也是雨水排放最为迅速的选择。头门前的水面带给祠堂双向的开阔视野，从祠堂内向外看，可以看到波光和对面的景色，理想的情形下可以看到远处的朝山；从外看祠堂，则有合适的观看距离和角度，可以从容观赏祠堂的正面，水中有宁静的倒影，祠堂的气度展露无遗。对于前来祠堂出席仪式的族人来说，水面有助于营造安静、肃穆而又不失祥和的氛围。

朝向水面是如此的重要，以至于在广州府可以看到，在那些沿着大致南北向的河涌段或者连绵的水塘建造的村落里，如顺德乐从大墩村、广州黄埔村、番禺小谷围南亭村等，许多祠堂为了朝向水面，选择朝向西面或北面，例如，杏坛逢简宋参政李公祠坐南朝北，番禺小谷围南亭关氏宗祠（绳武堂）和彬祖关公祠坐东朝西。广州府的祠堂朝向四面八方，似乎百无禁忌，《顺德文物》中收录的81座祠堂中，16座朝向东面，4座朝东南，21座朝南，5座朝东南，11座朝西，4座朝西北，10座朝北，10座朝东北，有说法认为这不符合坐北朝南的传统习惯[1]。在笔者看来，广州府的建筑本来就不存在坐北朝南的这一所谓的“传统习惯”。由于位于北回归线附近的广州府有着漫长的炎热天气，正南向的阳光在夏天甚至令人畏惧，此时人们更喜欢的是柔和的光线和午后檐下的阴影，冬天的广州府也并不缺少阳光，所以主宰了坐北朝南选择的气候因素在这里必须让位给更容易给建筑造成威胁的暴雨、洪水和潮汐，加上明清时期广州府的主要交通方式乃是水运，所以靠近水面时交通也就更加便利，还有利于在万一发生火灾时就近取水灭火。在一个地形如此复杂、阳光如此充沛的地区，地势的走向、与水面的关系理应获得更优先的考虑，而这也是本地的先民们必须理解和熟悉的现实情形，在广州府的传统聚落中，面向水面成为确定建筑朝向的最优先原则。广州府有各个方向的河涌和水塘，这就是广州府祠堂没有明显优先方位的原因。

在祠堂的头门和水面之间，常常有一片开敞的条石铺砌的地面，此为地堂。地堂是进入头门的前奏，是族人聚会、观看舞狮和鼓乐、等候仪式开始的场所。在一些传统村落里，也有朝向内部街巷的规模较小、等级较低的祠堂，受环境或用地的限制而不设地堂，也有个别的实例如南海官窑七甫村铁网坊陈氏宗祠故意不设地堂[2]。地堂的左右两侧，是树立旗杆之处。族人中一旦有人考中举人和进士，则在祠堂门前为其树立旗杆，在石座上立两片夹石、一根旗杆，石上刻有中式的科名（图5-6），如杏坛光华梁氏大宗祠头门右前尚存的为清代状元梁耀枢所立旗杆夹石上阴刻有：“同治十年辛未科，会试中式第二百二十三名进士，钦点状元及第”。地堂上立的旗杆越多，表明家族中获得功名的人越多，既是科考成功者光宗耀祖的表现，也是对族中年轻子弟的激励。在建筑的空间和视觉效果上，增加了空间的层次，烘托了祠堂的威仪。明代中叶以后，通常有数座祠堂并列于水塘前，地堂连接成片，亦称天街。

1 参见凌建《顺德祠堂文化初探》71页，作者将祠堂看起来无规律的朝向归结于风水师勘定的特殊角度。明清时期的广州府祠堂建造过程中显然会有风水师的参与，但不能将这一现象完全归结于风水。

2 据族谱记载，陈氏先祖、明弘治间的陈道在修建祠堂时为劝诫子孙不可为官，在水边设谐音“拦官”的栏杆，故该祠未设地堂而直接临水。来源：http://www.foshaninfo.com/mingcheng/2008/0811/article_1004.html。

三进或三进以上的祠堂在头门与祭堂之间设有前庭，有祠堂借鉴宫廷建筑的名称谓之丹墀，前庭四周的建筑一般均面向前庭开敞，营造疏朗、开阔的印象，并尽量容纳更多的族人。据碧江苏珥《苏氏种德堂永泽记》载，苏氏大宗祠种德堂为“举族所萃聚，人有二千余，与春秋及冬至祭日，尊卑长幼皆在此堂修礼。其有寓居邻邑邻乡，亦常归来瞻谒”，足见大宗祠的前庭有着现实的功能需要。规模较大的祠堂如沙湾何氏大宗祠（留耕堂）、乐从沙滘陈氏大宗祠（本仁堂）、广州陈氏书院、番禺穗石村林氏大宗祠、东莞塘尾李氏大宗祠（追远堂）等，都有宽阔开敞的前庭，一派庄严、堂皇的气象。前庭除植树之处外，常以条石满铺。前庭的条石铺地非常考究，与头门和祭堂明间相对应的甬路或略高出两侧地面，或用两侧沿垂直向铺砌的条石明确界定。在只设有左右阶的祠堂里，前庭标高常

（a）
（b）

（c）

※图5-6　祠堂地堂上的旗杆夹
（来源：历史照片来自广州民间工艺博物馆，其余为自摄）
（a）沙湾留耕堂
（b）南社谢氏大宗祠
（c）广州陈家祠

低于廊庑地面，中路地面一般无特别铺砌。两进祠堂前庭的做法与三进祠堂的后庭相似，仅约与心间等宽的部分露明。

规模较大的祠堂里尤其是清末修建的合族祠和大宗祠，在祭堂之前不立拜亭而设月台，杏坛逢简刘氏大宗祠、沙滘本仁堂、穗石林氏大宗祠、北水尤氏大宗祠等都采用了月台，三开间的月台常与祭堂同宽，也有北水尤氏大宗祠这样与心间同宽的例子，而在五开间的祠堂祭堂前，月台的宽度常与中央三个开间同宽（图5-7）。

祠堂中的庭院类型丰富多样，除了宽阔的丹墀之外，还有相对尺度较小的后庭和边路狭小的天井。后庭的露明面积远小于前庭，因为与主要单体建筑尽间相对应的部分会被侧廊覆盖，而且深度也往往比前庭的深度要小很多，实际上大多是天井院。在边路的不同单体建筑之间，设有尺度更小的天井，主要为室内提供采光和通风之用，或开设有通向室外的门以便平常出入和走水时疏散。

青云巷是中路主要单体建筑与边路建筑之间的巷道，俗称冷巷或云巷，青云巷是文雅的称谓。顺应祠堂地坪，巷道从前往后地面逐渐升高，喻示“青云直上”。当前庭两侧有面向庭院的廊庑或者侧堂时，青云巷因被其屋顶覆盖而不连续。

在设有厨房或者有人值守的祠堂之中，一般有水井，位于庭院或巷道中。

除前述户外空间之外，广州府的祠堂也有结合园林的巧思，其代表为顺德碧江的祠堂群、番禺大岭村永思堂，祠堂园林中最著名者当属南村善言邬公祠侧的余荫山房。祠堂本为祭祖之所，与风雅的园林似不相合，故与园林结合的祠堂通常也位于宅第附近，并不专附于祠。

单体建筑物与户外空间共同形成了明暗相间的节奏，根据祭祀的仪程和日常活动的要求形成了功能的格局，而避雨、排水、采光、通风、隔热、防灾等技术要求帮助确定了许多具体的尺寸和做法。

※图5-7　广州陈氏书院月台（来源：自摄）

二、广州府宗族祠堂总体形制的基本范型

虽然广州府的祠堂种类繁多，在明清数百年的历史进程中经历了丰富的变化，但因为礼仪制度、风俗、工匠来源等关系，在一定时期内的形制较为稳定，且其形制演变存在着几条主要的线索，所以可尝试通过这些线索为其建立起基本的范型。

对祠堂形制的描述存在着不同的层次，既有关于总体格局的，也可来自主要建筑单体的特点。从各种基本元素到一座完整的祠堂，有多种组织方式，而总体层面上的形制主要针对整体的组织方式，其描述主要依据祠堂的路数、中轴线上主要单体建筑的进数和组群关系。因为主要单体建筑在祠堂中占有重要的地位，而且其特点容易被感知，往往产生鲜明的效果，头门的形式、主要单体建筑的开间、屋顶形式、主要建筑的数量以及一些特别的做法，是常常用以描述祠堂形制的另一类依据。

因为在宗祠体系中的等级不同、建造祠堂的社会环境和用于建造的资金不同，因此祠堂容纳的功能和规格亦相去甚远。无论多么简陋的祠堂，其最必不可少的构成元素便是头门、庭院和寝堂，即使是从祖屋改建而成的祠堂，也有象征性的头门而极少仅有一栋建筑的，所以本文以此为最基本的范型，通过增加进数和路数，来发展出新的范型。实际上，这个范型和一座广府地区最为常见的三间两廊民居是完全相同的。广州府的祠堂建筑极少呈不规则形状的，对于恪守规矩的祠堂而言，经、纬是布置建筑物的最基本线索，对应经线方向的称为路，对应纬线方向的则称为进。

（一）路

路是以经线方向为基线、以纬线方向为路径计数的，基线对应于建筑中的纵深方向，也就是与山墙平行的方向，一座祠堂内沿一条纵深轴线分布而成的建筑与庭院序列被称为一路。广州府祠堂的路数组合方式并不复杂，一般为奇数路，最常见是一路、三路两种情形，五路的祠堂极为罕见。有常则有变，祠堂的路数也存在着各种特殊的情形，广州的冼氏大宗祠（曲江书院）只有单侧衬祠，故为两路，也存在多所祠堂共用衬祠的实例。

一路的祠堂由头门、前庭、祭堂、后庭、寝堂和侧廊构成，是支祠、私伙祠的通常选择，规模较小的房祠也多只设一路。在广州府，多座祠堂并列的情形十分普遍，此时不以座数计其路数，花都三华徐氏家族同治间所建的资政大夫祠、南山书院、亨之徐公祠和国碧公祠并肩而立，并不因此称其为四路，而是四座祠堂。

三路的祠堂由中路和两侧的边路构成，三路之间相互平行。中路上布置仪式色彩较强的门、堂等，中路也是祠堂建筑纵深方向的中轴线。边路又称边厢、厢、衬祠，两个边路以中路为轴对仗布置，但因应地形的变例亦多见，与中路主要单

体建筑对应的位置所用形制与堂类似。采用三路的祠堂通常是大宗祠、宗祠、祖祠、房祠和重要的支祠。

广州府的五路祠堂目前已知尚存的仅有广州陈氏书院，开平荻海名贤余忠襄公祠（风采堂）亦五路，但开平并不隶属于广州府[1]。两座合族祠的建造均在光绪年间，正是新的观念、技术和形式萌动的时期，许多传统的礼制在民间不再得到严格遵守，加之两座合族祠都并非凭借一个家族之力，而是从本省同姓家族那里甚至海外筹募到了数额庞大的资金，所以才产生了规模超乎寻常、形制异于以往的五路祠堂。

区分同时也连接不同路的是青云巷或各路建筑高出屋面的山墙。青云巷在祠堂的正面一端一般开设有门，作为祠堂的侧门，门上有名。如广州陈氏书院以四条青云巷连接五路，每巷两端均设门，正面所在的南端自东向西开设有德表、蔚颖、昌妫、庆基四门。风采堂的中央三路以青云巷相间隔，但尽端的相连两路则由镬耳山墙隔开，其间并无巷道。有些祠堂并不设青云巷，而是将边路与头门连成一体，如光绪二十六年刘永福所建的广州沙河刘氏家庙，这种做法可以让头门建筑显得更加宽阔雄伟，看起来头门仿似增加了两个开间。

一路、三路是广州府祠堂最基本的范型，但是并不是所有祠堂都能臻于理想，受用地和财力诸因素的限制，有些祠堂只有一列衬祠，如番禺石楼大岭村的两塘公祠便只有东侧一路；有些祠堂的三路不完整，只有头进或者前两进是三路，后部只有一路，或者两个边路并不对称，如番禺小谷围南亭村面向珠江的关氏宗祠（绳武堂），其后部因为靠近山体，南侧边路并无最后一进。此外，也有多座同姓祠堂居中、合用两端衬祠的现象，这种合用并非是功能上的共享，而大多出于形式上的考虑。

变例虽然并不少见，变化的形式也非常多样，难以一一记述，但这些变例并未构成具有结构意义的范型，应将其看作是广州府的先民们因地制宜的机变和对基本形制的灵活应用。

（二）进

进是以纬线方向为基线、以经线方向为路径线计数的，基线对应于头门的面阔方向，也就是与正脊平行的方向，路径线是进数增加的纵深方向。对广州府的祠堂而言，进数习惯上以中路主要建筑单体的数量计算，而非依据庭院。

一座祠堂内，沿面阔方向平行的一组单体建筑被称为一进，民间更通俗的说法是以中路的大门数量来计进数，从前到后要进多少次大门，这座祠堂就有几进。也就是说，中轴线上有几座单体建筑，祠堂就有几进。中路的主要建筑单体亦称“堂”，堂一般有堂号，头门亦计作堂，所以进数也可以根据中轴线上的“堂”的数量来计算。另外一个更简单的计法，则是有多少带瓦面的建筑单体，就有多少进，如此则牌楼式的仪门计为一进而无瓦面的牌坊则不计为进。

1 南明永历三年（1649）设开平县，隶属肇庆府。

2 承蒙程建军教授的提问，本书在不同部分对牌坊与牌楼在进深、位置、等级、名谓、时期以及是否计作一进等方面的区别进行了简单的讨论。在地方文献中，存在着各种不同的说法和计法，本处提出的是作者的个人观点。

3 罗定明清时属肇庆府，现属云浮。根据广东文物局网站http://www.gdww.gov.cn/公布的数据，该祠宽13m，前五进深120m，而当地文献记载七进共约150m深，如果这一深度指的是从头门外墙到后座后墙的距离，从本地区祠堂建筑的一般尺度来看，有可能布置七进的祠堂。

4 北方的习惯中，以院落计进数，在进深方向从室内进入院落谓之“进”，广州府的计法则正好相反，这多少折射出对待院落的不同态度，北方以院落为建筑群的组织者，各座单体建筑围绕院落展开，而广州府受气候的影响院落往往较小，而以单体建筑为空间序列的主要组织者。

祠堂的最少进数为两进，即中轴线上有两座主要单体建筑：头门、祖堂或正厅，头进或前进即头门，二进为祖堂，此时的祖堂实际上是祭堂和寝堂的合一。人口较少、财力不雄的家族的房祠、支祠、家塾和生祠多为两进祠堂，而尤以家塾为多。

若祭堂、寝堂分立，就形成了典型的三进祠堂，三进是大多数在宗祠体系中地位较高、规模较大的祠堂最优先也最普遍的选择。如果中轴线上还有其他的独立建筑物，如牌楼、厅等，进数会继续增加。四进的现存祠堂实例有佛山兆祥黄公祠、沙湾何氏大宗祠（留耕堂）等，其兆祥黄公祠中路上的四座主要单体建筑分别是头门、带拜亭的祭堂、寝堂、后座，而留耕堂四座主要单体建筑分别是头门、仪门（牌楼）、带拜厅的祭堂、寝堂。牌楼因为是有门、有进深的独立构筑物，因此也被计作一进，但不设门、单排柱的牌坊则不应计作一进。[2]五进的实例有南海沙头崔氏大宗祠和江门陈白沙祠，前者现仅存头进和牌坊，现状完好的陈白沙祠有牌楼、前堂、中堂、后堂和后座的碧玉楼。

从文献和访谈中获知的进数最多的广州府祠堂是位于佛山澜石的霍渭崖祠，这座嘉靖朝礼部尚书的祠堂一共有七进之深，当地称“七叠祠”，与霍勉斋公家庙、椿林霍公祠、霍氏家庙和石头书院一齐构成了气势恢宏的祠堂建筑群，但现在其他四座建筑尚存，独七叠祠已毁。另外，据相关文物资料，现为广东省文物保护单位的罗定素龙镇龛祝村的黄氏大宗祠亦为七进，一进为头门，二进为祭堂，三进为供奉祖先牌位的寝堂，四进为厅，五进为客堂，六进、七进已毁。[3]

超过了三进的祠堂，要么立有牌楼，要么在祭堂之后中路上还建有其他建筑。牌楼或牌坊是用来加强仪式性和纪念性的，因此又称为仪门，而其他的楼和堂的则不一定主要出于仪式性用途，而可能具有其他的实际功用，例如兆祥黄公祠的后座有两层楼，应为居住或者议事之用，而其他厅、堂的设置也可用来增强祠堂的公共性，如会见本宗其他房支的访客，或者用于商议宗族的公共事务。

在计算进数的时候时常会产生的一个疑问是，若在祭堂之前有拜亭，是否应计为一进？拜亭有独立的屋顶，有很明显的中央入口，也有独立的屋顶瓦面，看起来似乎很有理由被计为一进，但在本文看来，拜亭正如官式建筑中的抱厦，虽然在造型上具有一定的独立性，却不能单独计为一进，这需要从“进”的命名规则来判断。首先，在空间上，“进”是一个与“出”相对的概念，在广州府，从室外走入室内谓之“进”，从室内走到室外谓之“出”[4]，从拜亭进入祭堂，没有经过室内外空间的转换，而是从一个室内空间进入了另一个室内空间，实际上在空间体验上是连续的，拜亭可以看作是祭堂的前奏或者延伸，也就是说，只有经过了从露明的空间到有屋顶覆盖的空间的转换才能谓之一进，正因如此，一座用勾连搭屋顶形式的建筑不能被算成两进或者多进，拜亭和祭堂在空间关系上与此类似。其次，在结构上，拜亭借用祭堂的前檐柱而不具有真正的结构独立性，所以拜亭可以看作是祭堂的扩展部分。因为这两个主要原因，本文认为依附于祭堂的拜亭不应被计作一进建筑。至于许多宗族在夸耀本族宗祠的规模庞大时将拜亭计为一进，多数是出于家族的自豪感，或者对“进”的计数规则有不同的理解，例如东莞厚街河田村的方氏宗祠，当地俗称“五栋祠堂”，就将拜亭记为一进，故而称其为五进的祠堂。

进数虽然与路数相关，以取得面阔和进深方向的相对平衡，但二者相对独立，即使三路的祠堂，也有可能采用两进，如番禺小谷围北亭村元始梁公祠便是三路两进的实例，而陈白沙祠则是一路五进的实例。

（三）庭

即使在最简陋的祠堂内，也必有庭院。庭院对于祠堂来说，除了采光和通风的基本技术功能之外，在空间的精神性要求上具有更加重要的作用。

祠堂是礼仪性的家族公共建筑，其最重要的活动是全族参加的一年两次的大祭。与祭既是义务，也是一种权利，并非族中所有成年人丁都能够参与祭祀，在广州府的习俗中，哪些人不能参与祭祀有着严格的规定，只有参与了祭祀的人才能够享受颁胙。一般来说，所有应与祭的人员都不能缺席也不会缺席，不参加祭祀会被看成一件非常严重的事情甚至过错，有可能面临剥夺家族公共福利的惩罚。

大祭的仪程对祠堂的空间有着决定性的影响，无论是功能性的还是精神性的。《大明会典》中即有关于祭仪的详细规程，各地虽有变通，但大致秉承其意。

由主祭者带领全族与祭人丁读祭文的活动是在祭堂也就是正厅举行的，主祭人站立于祭堂的东首，与主妇的拜位分列香案左右，家族中的男性成员按辈分立于前庭的东侧，女性成员依序立于前庭的西侧，若人数众多或者遇到雨天，则可立于廊庑和头门的后檐之下。主祭者有着特殊的双重身份，一方面作为在世族人的代表向祖先进馔、上香、献酒、奠酒、行礼，一方面又是宗族祖先精神在后世的传承者和代言人，主祭者的一举一动都有着神圣庄严的意味，所有的族人都应看到主祭者的举动并在他的带领下行礼，也就是说，前庭四周所有的建筑都应和祭堂的明间保持良好的通视。因为祭堂的两侧山墙需要承重，因此真正敞开的只是面向前庭的正面，前庭因此具有了一种中心性，无论是两侧的廊庑，还是身后的头门，面向前庭的一侧一般都是敞开的。在仪式活动的空间要求之下，前庭采用了合院式。

两进的祠堂只有一个前庭，因为两进的祠堂大多采用三间两廊式的格局，所以其前庭通常只是天井院。对于三进和更多进的祠堂来说，祭堂之后便是安放祖先牌位的寝堂，为让祖先的魂灵安栖于此，寝堂和后庭的空间氛围是静谧和肃穆的。在祭祖仪式中，族人逐一到此上香和行礼，然后退出，此时每个人都单独面对祖先，与前庭的公共性相比，寝堂是一个独自祈祷和默语之所。除了极少的特例之外，祭堂面向寝堂的一面并不封闭，通常心间完全开敞而且后墙上不设木门，

1 根据《顺德文物》整理，参见：阮思勤. 顺德碧江尊明祠修复研究［D］. 广州：华南理工大学，2007.

2 据华南理工大学东方建筑文化研究所《佛山市历史文化名城保护规划·基础资料汇编》。

3 参见：石拓. 明清东莞广府系民居建筑研究［D］. 广州：华南理工大学硕士.

4 吴庆洲，《广州建筑》，88页。番禺的四大祠堂分别为沙湾何氏大宗祠（留耕堂）、石楼善世堂、南村光大堂和大石的敦镇堂。善世堂、光大堂、敦镇堂均为三开间，仅留耕堂为五开间。

只在心间的两后金柱间设屏风门，绕过屏风门可通向后庭，如此祭堂和寝堂保持着空间上的连续性。但为了在空间氛围上与寝堂相衬，后庭不提供过多人停留的空间，故进深较小，两边多在与寝堂和祭堂尽间相对应的位置设有侧廊，因此后庭多采用廊庑式。通常寝堂是整座祠堂的最后一进，因为对祖先的追思在此结束。对于在寝堂后还设有后堂或者其他厅堂的祠堂来说，寝堂的后墙也应是封闭的，而由青云巷通向后座。

综上所述，两进的祠堂采用天井院，三进和更多进的祠堂需要兼顾祭堂的向心性和在纵深方向的延伸感，因此前庭、中庭一般为合院式，而后庭多采用廊院。

（四）头门开间数

对主要单体建筑而言，可以通过开间数、屋顶形式、结构架数等建立起对祠堂形制的描述，其中最常用的是开间数，而头门因为是整座祠堂的正面，所以关于头门的开间数往往成为祠堂整体格局的一部分。

开间数最少的是单开间祠堂，采用单开间的大多是以祖屋为祠的小型祠堂，在清代中叶之后伴随着私伙祠的增加而开始较多出现。无论采用敞楹式还是凹肚式，三开间的祠堂头门在广州府最为常见，较宽的心间开设大门，两侧为塾台、台基或者耳房外墙。形制更高的五开间祠堂在广州府并不多，目前已确知的约为20余座，主要分布在顺德、南海、东莞、番禺、香山等处，包括顺德的杏坛逢简刘氏大宗祠、杏坛右村黄氏大宗祠、杏坛苏氏大宗祠、北滘林头郑氏大宗祠、乐从沙滘陈氏大宗祠和碧江尊明祠等五座，其中尊明祠是顺德地区现存五开间祠堂中年代最久远、形制最高、规模最大的一座[1]，南海的沙头崔氏大宗祠、黄岐梁氏大宗祠和黄漖李氏大宗祠等三座[2]，东莞的石碣镇单屋村单氏小祠堂、石排镇中坑王氏宗祠、东城区的鳌峙村徐氏宗祠和余屋村余氏宗祠、寮步横坑村的钟氏祠堂等8座[3]，以及番禺的沙湾何氏大宗祠（留耕堂）[4]、沥滘卫氏大宗祠、广州陈氏书院、珠海南屏北山村杨氏大宗祠、增城新塘镇仙村西南村何氏宗祠和石滩镇三江金兰寺村姚氏大宗祠、深圳宝安沙井曾氏大宗祠、龙门功武村廖氏宗祠。相对而言，东莞的五开间祠堂较多，但是其建筑的尺寸较小。

五开间是现存的广州府祠堂建筑中的最大开间数，文献记载的最大开间为碧江的苏氏大宗庙种德堂，其头门为七开间。但据历史照片判断，很有可能并非真正的七开间，而是将两边路靠接在头门上形成的七开间效果，甚至有可能是将巷道的屋顶升至与衬祠屋顶平齐而形成的，本文并未将其计为七开间祠堂。不设青云巷而将边路的倒座拼接在头门上作为衬祠的做法并不罕见，相似的例子有沙河刘氏家庙、增城石滩镇塘面社的何氏宗祠、正果镇圭湖村陈氏宗祠等。

（五）基本范型

以路和进为线索，路和进的组合为语法，建立起了对祠堂总体格局的基本描述。就广州府祠堂的遗存和相关文献来看，祠堂有一路、三路和五路（无偶数路，即使有一路衬祠的也只计为“一路附侧廊”）三种路数，进数有两进、三进、四进、五进、七进五种（未见六进的实例或记载），理论上存在着16种可能的组合，但实际上目前所知实际存在的组合形式只有如下九种：

（1）一路两进。常用三间两廊，庭院为天井院，亦有单开间的私伙祠。实例较多，如顺德均安上村李氏宗祠、南海松塘东山祖祠、番禺大岭村朝列大夫祠，东莞横坑南沼公祠，花都塱头谷诒公祠，小洲村西溪简公祠等。采用一路两进的多为支祠、以家塾或书室为名的私伙厅、生祠等；

（2）一路三进。最吻合《朱子家礼》和《大明会典》的祠堂形制，实例众多，在广州府的分布最为广泛，采用一路三进的祠堂如顺德桃村袁氏大宗祠、番禺大岭村两塘公祠、东莞横坑钟氏祠堂、花都塱头友兰公祠、增城坑背祠，从化广裕祠、深圳沙井曾氏大宗祠、香港敬罗家塾等。采用一路三进的主要为祖祠、房祠和支祠。

（3）一路四进。不多见，多用牌楼，可以视为一种代表性的祠堂格局。

（4）一路五进。如江门陈白沙祠，目前已知的实例很少。

（5）一路七进。目前仅知佛山澜石霍韬“七叠祠”一例。

（6）三路两进。如番禺小谷围北亭村元始梁公祠，这一类型的祠堂亦不多见。

（7）三路三进。广州府非常普遍的祠堂形制，比一路三进的祠堂更有气势，多为大宗祠、宗祠和富有房份的祠堂，如顺德乐从沙滘陈氏大宗祠（本仁堂）、番禺石楼大岭村显宗祠（凝德堂）、南海绮亭陈公祠、中山古镇海洲麒麟村魏氏宗祠、珠海南屏北山村杨氏大宗祠、增城毛先儒祠等。

（8）三路四进。实例有佛山兆祥黄公祠、沙湾何氏大宗祠（留耕堂）等，前者在寝堂之后建有两层楼的后座，而后者在头门与祭堂之间建有仪门。

（9）五路三进。广州府已知的实例仅有一处，即广州陈氏书院。陈氏书院的形制有时被称作“五路三进九堂两厢抄”，其中九堂指中央三路每路有三座堂，另外加上两侧的边厢，因此“九堂两厢抄”实际上是对“五路三进”更加具体和深化的描述。

在以上九种总体格局中，可以作为基本形制的是（1）、（2）、（3）、（7）四种，其他几种要么非常特殊从而并不具有形制上的代表性，要么是某种基本形制的变化，不具备形态结构上的独立性。在三进以上的范型中，祭堂之前存在着是否设拜亭或月台等不同的可能，事实上产生了不同的形态，但均不影响进数的计算，可以视为细分之后的亚型。另外，在相同路数和进数的情况下，还存在着是否设牌楼、后座的不同选择。

祠堂总体格局的变化线索可以通过总平面图得到清楚地表达，这种沿着经、纬方向的生长与同时代中国官式建筑的格局观念和演绎方式一致，地方特色主要表达在尺度关系和一些细微之处。

在路和进的基础上加入主要单体建筑的开间数，形成更为复杂的分类线索，就可以建立起结合了路、进、间的总体格局描述。例如一座三路、中路上有三进主要单体建筑、头门为五开间的祠堂的总体形制便是“三路三进五开间”；对于一座三路、中路有四进主要建筑单体、头门三开间的祠堂来说，其总体形制便是“三路四进三开间”。当祠堂只有一路时，通常在形制描述中省略“一路”而加上头门的开间数，如一座一路三进、头门三开间的祠堂的就会被描述为“三开间三进”或者“三间三进”，反过来说，一座“三间三进”的祠堂通常意味着这座祠堂只有一路。因为祠堂头门的开间数可能为单开间、三开间、五开间，与前述由“路”和“进”编织起来的九种总体形制相结合，理论上存在着27种用“路”、“进”、“间”共同描述的形制，但因为三路和五路以及三进以上的祠堂都不会采用单开间，而且有些特别的范型实例非常有限，所以在广州府，采用“路、间、进”三种线索来共同描述的形制已知的只有14种，分列如下：

（1）单开间两进，多位小型的私伙厅；

（2）三间两进，如东莞寮步横坑易斋公祠；

（3）三间三进，如东莞南社谢氏大宗祠；

（4）五间三进，如顺德碧江尊明祠；

（5）三间四进，如新安上合村黄氏宗祠；

（6）五间四进，如东城余屋村余氏宗祠（图5-9d）；

（7）三间五进，如陈白沙祠；

（8）五间七进。广州府唯一有记载的七进祠堂为明嘉靖间礼部尚书霍韬的七叠祠，但祠并无关于形制的确切描述。因为霍韬位高权重，依当时规制，头门应为五开间。

（9）三路两进三开间，如番禺北亭村元始梁公祠、顺德大墩村梁氏家庙；

（10）三路三进三开间，如番禺南村光大堂（图5-8）、顺德右滩黄氏大宗祠（图5-9b）等；

（11）三路三进五开间，如顺德乐从沙滘陈氏大宗祠（本仁堂）（图5-9a）；

（12）三路四进三开间，如佛山兆祥黄公祠；

（13）三路四进五开间，如番禺沙湾何氏大宗祠（留耕堂）；

（14）五路三进五开间，如广州陈家祠。

在以上十四种格局中，相对较为常见的是（2）、（3）、（4）、（5）、（6）、（11）、（12）、（13）、（14）等9种。一座祠堂的路、进和头门开间数是非常清晰和肯定的，因此以这三个特征建立起来的对祠堂总体格局的描述简明而确定，虽然每种基本形制之中包含着许多的细节变化和具体做法上的多种可能性，但每种分类都只对应一种结构，逻辑上不重叠。

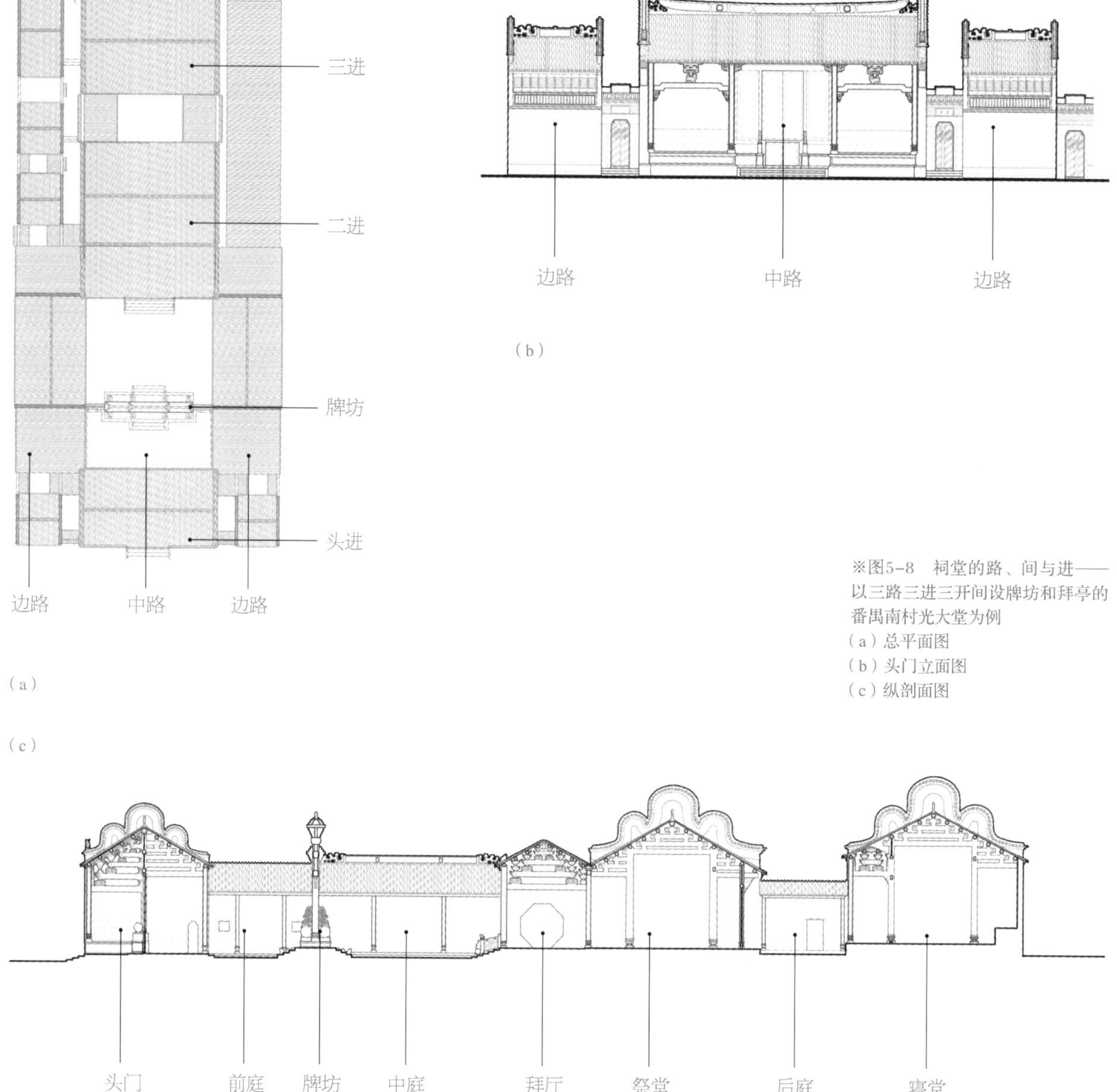

※图5-8　祠堂的路、间与进——以三路三进三开间设牌坊和拜亭的番禺南村光大堂为例
（a）总平面图
（b）头门立面图
（c）纵剖面图

每种类型中都存在着各种具体的变化，为了更确切地表达出一座祠堂的形制特征，在使用“路、进、间”三线索之外，还可加上一些附加的描述，如是否有钟鼓楼、拜亭（拜厅）或牌坊（牌楼）、单侧的衬祠或者侧堂、照壁、是否靠近或者带有园林等，以更清晰地勾勒出祠堂的总体格局。

（六）广州府祠堂纵深布局的一般特点

通过光绪《合肥邢氏家谱》、四川《云阳涂氏家谱·祠堂碑记》等文献记载以及江西流坑村董氏大宗祠、广州陈氏宗祠等大量宗祠实例，陈志华先生在《宗祠》

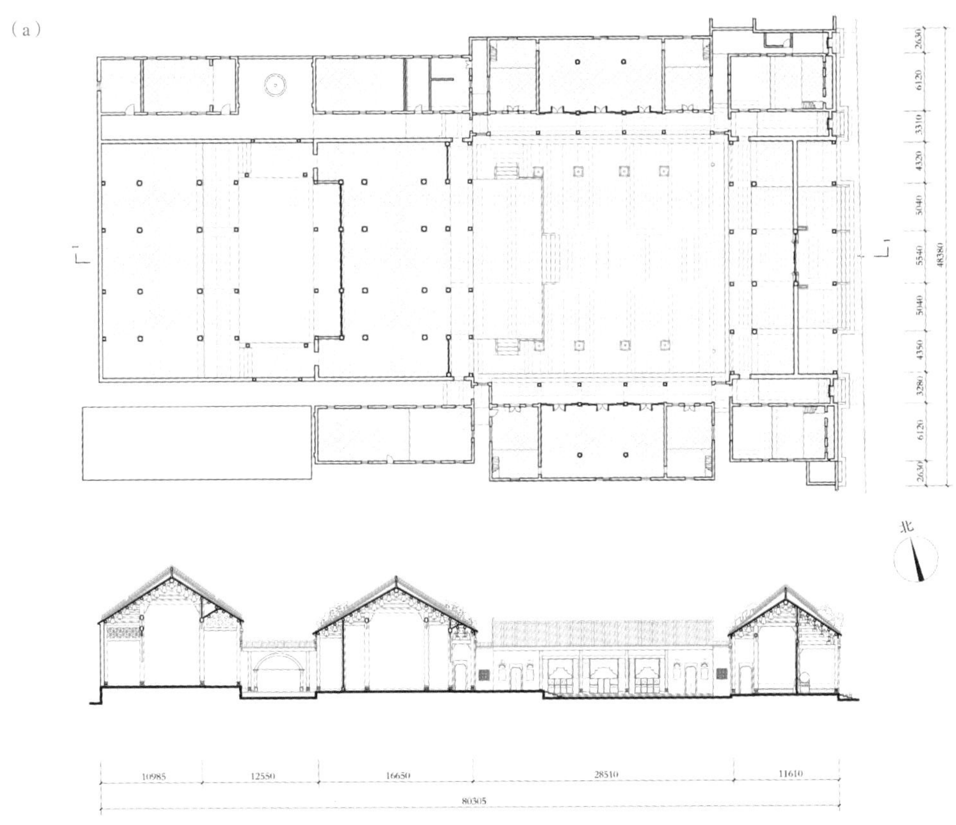

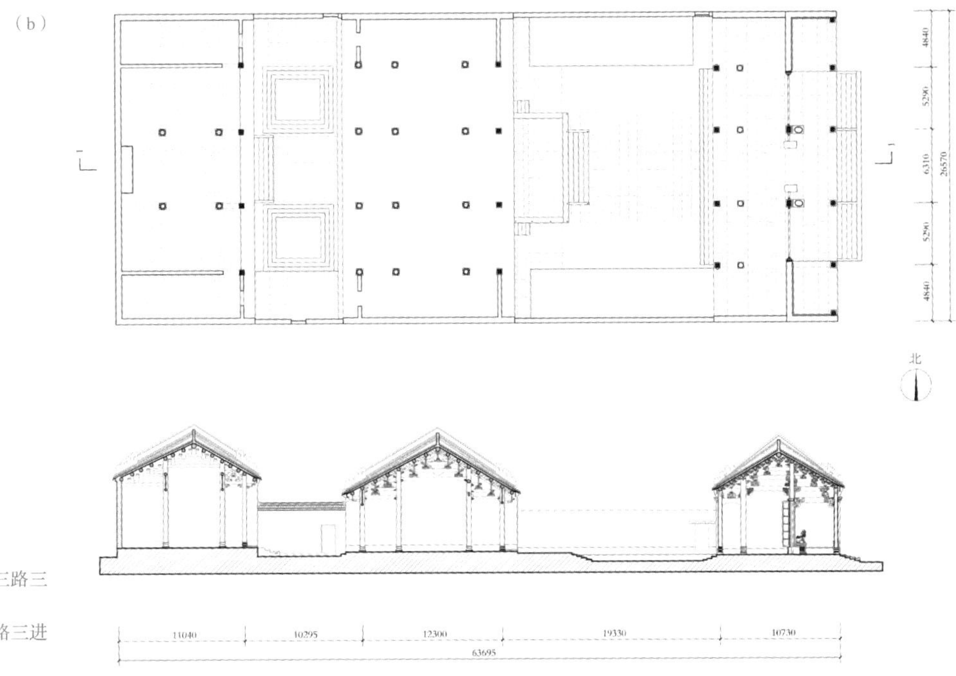

(a) 乐从沙滘陈氏大宗祠，三路三进五开间
(b) 杏坛右滩黄氏大宗祠三路三进三开间

（c）

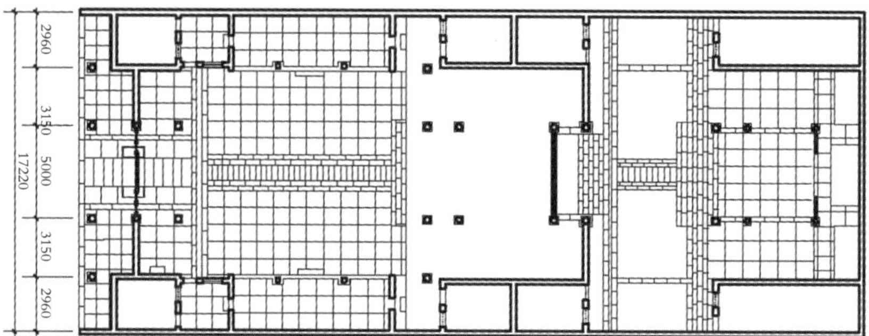

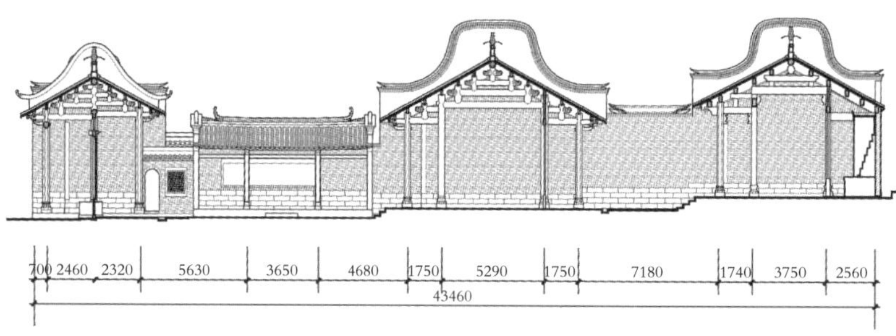

（d）

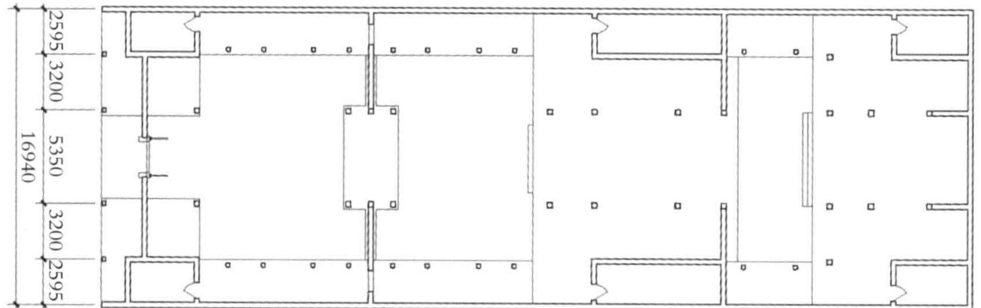

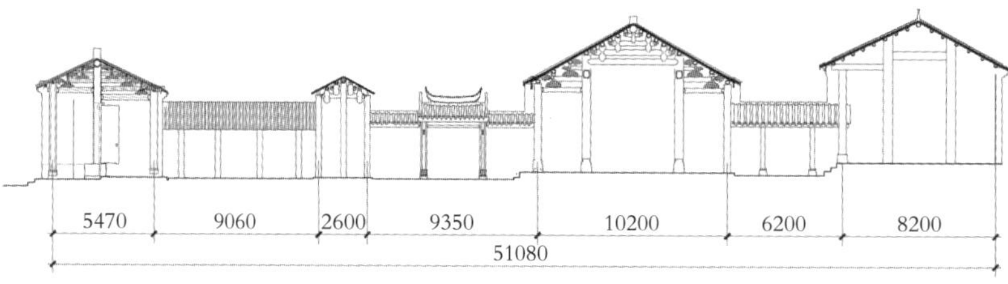

※图5-9　不同形制的典型祠堂
（来源：a、b：阮思勤《顺德碧江尊明祠修复研究》，华南理工大学硕士学位论文，2007年；c、d：石拓《明清东莞广府系民居建筑研究》，华南理工大学硕士学位论文，2006年）
（c）石排塘尾李氏大宗祠，一路三进五开间
（d）东城余屋村余氏宗祠，一路四进五开间

一书中讨论了祠堂尤其是江浙地区祠堂的形制特点，从前到后一般为大门门屋、拜殿（或称享堂、祀厅）、寝室，在浙江兰溪诸葛村、里叶村、新叶村等村的大宗祠里，产生了独特的拜殿形制：中亭，大门有时用木牌楼的形式，一般为三间三楼，宗祠中常设有戏台；规模较少的宗祠有时不建寝室，而在拜殿中建神橱，依昭穆安放神位。

1　阮思勤. 顺德碧江尊明祠修复研究［D］. 广州：华南理工大学，2007.

前门、中堂、后寝的布局有着悠久的传统和深远的历史渊源，在广州府，这一制度同样自始至终得到了遵守，而且，在长期的演变过程中产生了切合地方气候和习俗的特殊变化，例如拜亭、后座和边路。

在纵深方向上，宗祠的室外地面、主要单体建筑的室内地坪通常都前低后高，主要建筑单体的台基越往后越高，后庭比前庭的地面抬高，既顺应地形、便于排水的组织，也营造了庄严和渐进的空间序列。祠堂主要单体建筑中，寝堂的净高与总高通常均比祭堂高，这一视觉效果主要依靠台基的抬高实现。

阮思勤注意到了不同时期广州府祠堂庭院的深浅与比例，后庭的进深通常比前庭的进深小，顺德、番禺地区的五开间祠堂的两进院进深比、寝堂与后庭进深比均比东莞地区大，南番顺地区的前庭与后庭进深比为1：2～1：4，寝堂与后庭进深比为1.6～2.5，而东莞的宗祠前庭后庭的进深比约为1：1.4～1：2，寝堂与后院的进深比约在1：1.1～1：1.8之间[1]。

纵深方向上明暗相间的建筑格局既是一种技术上解决采光、通风、遮阳和营造良好微气候环境的手段，也表明了宗祠建筑对待空间次序、形状和天空的态度。庭院和台基、屋顶一起，实现了岭南建筑中常见的“过白”。

三、广州府宗族祠堂中门、堂、寝的基本形制

除了总平面布局之外，位于中路轴线上的主要单体建筑也是构成祠堂形制的重要层次，尤其是头门、祭堂和寝堂，这三座建筑有时也简称为门、堂、寝。对于单座的建筑来说，除了前节所述的开间数之外，形制特征还主要表现于正面造型特点、屋顶形式、屋脊形式和结构形式，无论其做法还是名称，多有广州府的地方性特点。

（一）正面造型特点

正面造型特点通常反映建筑的平面或立面形式，以头门为例，檐下是否开敞、屋顶是否结合牌楼、是否采用塾台、平面上是否凹进，以及一些能反映祠堂特点的特殊做法都可以成为形制的要素。

以檐下是否开敞为区分，广州府祠堂的头门可分为敞楹式和凹肚式两种主要形式（图5-10），其中敞楹式头门中包括了非常具有地方特色的鼓台式（鼓台又称塾台，详见门塾制度一节，图5-11）。凹肚式的头门正面封闭，次间的实墙位于前檐下，心间向内凹进，故俗称凹肚式，采用凹肚式的多为规模较小的房祠、家塾、书室等，但凹肚式并不意味着祠堂形象的简陋，相反，其中不乏用材优良、工艺精细、装饰华美者。敞楹式的头门正面开敞，前檐下为檐柱而非封闭的墙身，以露明的檐柱立于台基之上，檐柱、虾公梁、雀替多用石材，较早的实例中多用木梁且用月梁，也有不用虾公梁、在石额枋上直接放置如意斗栱的做法。平面上心间和次间的墙一般处于同一位置，或位于正脊下方，或向外平移一架，敞楹式是

（a）

（b）

※图5-10　敞楹式头门与凹肚式头门
（a）敞楹式头门实例：南社晚节公祠
（b）凹肚式头门实例

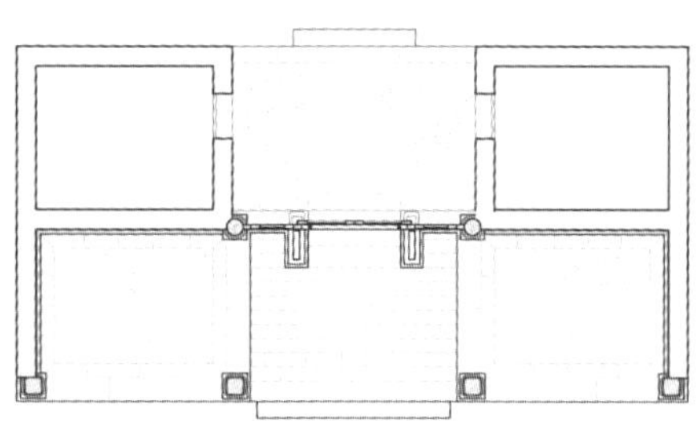

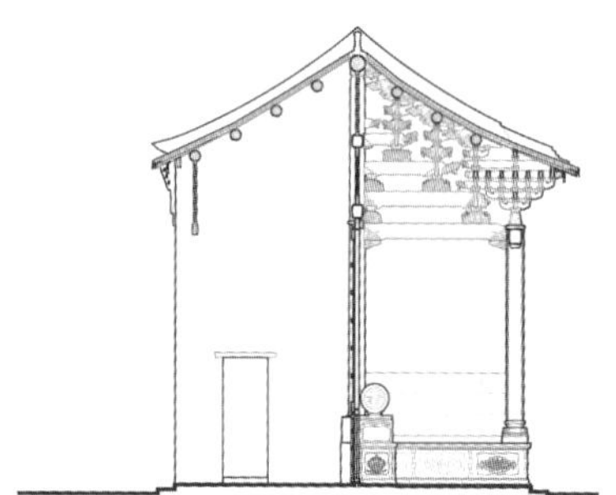

（a）

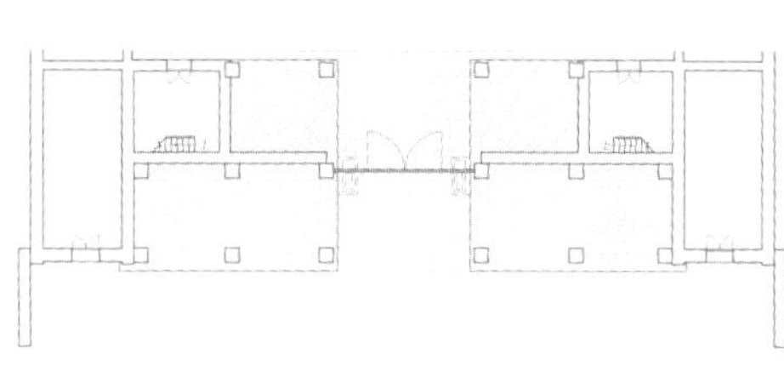

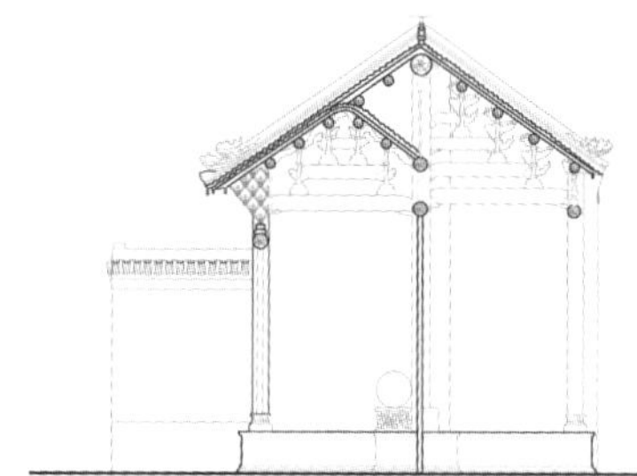

（b）

※图5-11　门塾形式实例
（a）南村邬氏宗祠一门两塾平面、剖面（注：平面图中的耳房为近年加建）
（b）沙湾留耕堂一门四塾平面、剖面

等级较高的祠堂最普遍的头门形式，也与上古礼书中记载的头门形式相同。当头门设塾台时，则称鼓台式，因举行仪式时吹鼓手坐于其上，故名鼓台。鼓台式有一门两塾和一门四塾两种不同的形式，其渊源来自于先秦时期的门塾制度，后文有详细的讨论。

对于门、堂、寝完整的祠堂来说，祭堂的正面造型常见的有三种，一种是明间与拜亭或拜厅相结合，另外两种是不设拜亭的祭堂。那些结合拜亭的祭堂，拜亭约与明间同宽，拜亭的后檐柱即祭堂的前檐柱，拜亭有独立的屋顶，常用卷棚歇山顶即民间俗称的“覆龟顶”，拜厅则为通面阔。至于无拜亭的祭堂，既有檐下完全不设墙的敞楹式，也有偏间设前檐墙、墙上带漏花窗的形式，其中敞楹式是最为常见的，带檐墙的祭堂以康乾时期建造的祠堂为多。但无论哪种造型，祭堂明间正面均不设门扇，通常只在后金柱间设仪门。

寝堂的正面常见满设槅扇门的做法，也有寝堂前檐下完全开敞。当祭堂与寝堂合一时，其正面造型往往依照祭堂的做法。私伙厅、书室相对灵活，并无严格的讲究。

无论采用哪种形制，和北方的官式建筑一样，广州府祠堂中各主要建筑的心间明显宽于次间，头门虽无阑额，较早的设基台而无塾台的敞楹式头门一般仍遵循“高不越间之广”的规制，但在塾台式头门中，就不一定吻合了。

（二）屋顶形式

对于兼有官式建筑和民居建筑特征的祠堂来说，其屋顶的形式也具有同样的特点。头门、祭堂和寝堂的屋顶形式既有重檐歇山，也有最为普通的硬山顶，还有一些特殊的变例，例如在屋檐转角处模仿歇山屋角、在屋顶上方另置牌楼、设有具独立屋顶的拜亭等，也有使用悬山的特例。

由于头门占据着非常重要的位置，因此其变化最多，除了檐下门墙位置的差别之外，屋顶的形式亦颇为多变。无论明清的哪一具体阶段，头门最为常见的屋顶形式是硬山双坡屋顶，而明代和清初常见的另一种形式则是将牌楼结合到头门中，以获得气宇轩昂之感（图5-12）。顺德碧江赵氏大宗祠（流光堂，俗称花祠堂）在头门心间屋面上加设以如意斗栱（俗称莲花托）支撑的重檐庑殿牌楼堪称其中的范例，东莞企石江边村黄氏大宗祠的头门心间屋面上亦置有单檐庑殿牌楼。建于清代中叶的顺德龙江华西察院陈公祠的头门是另外一种有趣的做法，不在双坡硬山屋顶的上方而是在其前方直接嵌上四柱三门的牌楼，牌楼心间用四朵平身科斗栱，九踩偷心造，柱头科用鸳鸯交首栱的做法。这一结合了牌坊和双坡硬山屋顶的形式之中，很有可能蕴涵着头门形制演变的重要线索。

清初规模较大的祠堂中有头门屋角模仿官式建筑中歇山顶屋角的做法，但实际上仍然为硬山屋顶，如番禺石楼大岭村显宗祠（凝德堂）和沙湾留耕堂，檐下均用如意斗栱，通常出四至六跳。无论历史进程中的真实情形如何，至少在形式上，这一做法可以看作是察院陈公祠头门形式的简化。

另外，头门中亦见采用跌落式屋顶的做法。始建于明末的北滘桃村黎氏大宗祠头门明间的屋顶高出两偏间的屋顶，形成了山形的屋顶；始建于明嘉靖四年（1525）的南海沙头崔氏大宗祠（山南祠）现存头进，其屋顶形式在广府祠堂中殊为罕见，心间屋顶最高，虽为硬山，前檐屋角却模仿歇山，头门两次间屋顶略低于心间，两尽间的屋顶又复低少许，五片屋顶跌落有致，当地称之五凤楼，但与官式建筑和客家土楼中的五凤楼相去甚远。

始建于明代、经历了康熙四十九年（1710）和同治二年（1863）重修的顺德乐从沙边何氏大宗祠（厚本堂）是一座著名的宗祠，这座三间三进的宗祠最特别之处在于其头门的形制，可谓前述龙江华西察院陈公祠和北滘桃村黎氏大宗祠的结合。头门明间的屋顶高出偏间，在头门的正面，直接嵌入了四柱三门的牌楼，背面中部的屋顶将两檐角向外伸出并起翘，形成了参差跌落、勾角飞檐的灵动造型，是一种显示了过渡时期造型复杂性和形制创造性的做法。祠堂头门亦有用悬山的特例，如番禺北亭梁氏宗祠。

祭堂通常是整座祠堂建筑中面积最大的单体建筑，因其规模较大，一般情形下，大多在前进（檐柱与前金柱之间）的屋顶之下另设卷棚顶，特殊情况下会采用勾连搭，如沙湾何氏大宗祠（留耕堂）、南村邬氏光大堂。带拜亭的祭堂其主体屋顶与拜亭屋顶相对分离，拜亭常用卷棚歇山顶、歇山顶或者重檐歇山顶，如佛山兆祥黄公祠拜亭用卷棚歇山，顺德昌教黎氏家庙御碑亭用重檐歇山顶。祭堂和寝堂的屋顶很少采用复杂的变化，最常见的仍然是单层的硬山顶。

这些丰富多彩的屋顶做法都传递出一个同样的信息，即祠堂建筑一直在寻求官式建筑和民居建筑的结合，既保留了一些官式建筑的做法以表示建筑形制等级相对较高，同时，又受品级、材料、气候和建造习惯等因素的影响，显示出地方性色彩。

（三）屋脊形式，及镬耳山墙的兴起

广州府祠堂有着变化多端的屋顶形式，屋脊形式通常与屋顶形式密切相关，本文不打算穷举广州府祠堂的屋脊类型及其与屋顶形式的对应，而主要讨论正脊和侧脊更加具有地方性特点的几种常见形式。

（d）

※图5-12　广州府祠堂的典型头门屋顶形式举例
（来源：a、c、d由阮思勤提供；b笔者摄，e引自《顺德文物》，f:华南理工大学东方建筑文化研究所）
（a）企石江边村黄氏宗祠
（b）南蓢茶东陈氏宗祠
（c）逢简参政李公祠
（d）中堂潢涌黎氏大宗祠
（e）察院陈公祠
（f）番禺大岭村显宗祠

(e)

(f)

对于头门、祭堂和寝堂来说，正脊的常见形式主要有龙船脊、博古脊和陶塑脊三种，一般以砖、筒瓦和灰砌成，陶塑脊以陶塑为主要材料。龙船脊形似龙舟，正脊顶部和底部均为曲线，在尾端互相靠近，常以灰塑的萱草、霸王花或鳌鱼吻饰收束。博古脊中段平直，两面饰以灰塑，至尾段采用博古纹饰，亦大量见于广州府的祠堂建筑，极端的例子中整个正脊都采用高大的灰塑脊，满布人物、祥兽、花鸟等灰塑装饰，如顺德乐从沙滘陈氏大宗祠（本仁堂）、路州周氏大宗祠（笃祜堂）、北水尤氏大宗祠（式谷堂），均属此列。陶塑脊可见于广州陈氏书院等祠堂建筑，大量使用产于佛山石湾的陶塑，内容常为戏剧场景和亭台楼阁。

侧脊形式与山墙的整体形式不可分，常见的形式亦为三种：人字脊、镬耳山墙（图5-13）和博古脊。人字脊呼应双坡屋顶，正脊处略高，尾段常有起翘，并以灰塑花草收束。镬耳是岭南建筑中特有的山墙形式，不独广州府，在潮汕、粤北、粤西都可见到，根据其五行属性而呈不同的形状，在陆元鼎、吴庆洲诸先生的著作中有具体的讨论。侧脊的博古脊与正脊的博古脊类似，靠近正脊的一段平直，而在尽端做成博古纹饰，亦有大量使用灰塑甚至成为灰塑脊的情形。

从目前尚存的祠堂实例来看，镬耳山墙出现的时间较晚，在明代风格的祠堂中，只有东莞塘尾李氏大宗祠一例为镬耳山墙，其余的均为人字脊，而李氏大宗祠在清代经历了多次修缮，很有可能最初的屋脊形式并不是镬耳形。无论从文献还是实例，都难以准确判断镬耳山墙究竟在何时第一次出现，但根据大量的实物遗存和切合逻辑的分析，仍然可以推测出镬耳山墙在广州府得到较广泛应用的大致时期，应该是明末清初。在本文看来，镬耳山墙很有可能是伴随着梳式布局的成熟而大量出现的。在三水大旗头、花都塱头、顺德碧江、增城坑背和莲塘、南海松塘、番禺沙湾、佛山东华里等传统聚落中，分布有排列整齐、蔚为壮观的镬耳山墙，从街巷中可以看到山墙的曲线形成的优美轮廓和清晰节奏，镬耳山墙的建筑一般不是零星分布的，相反，往往比较集中。颇为值得注意的是，以上这些村落大多经历了总体格局的重整或者在较短的时期内成形，也就是说，镬耳山墙最早极有可能是借着村落格局重整的契机而较为集中地出现在村落之中。前文中已经讨论了祠堂居前的

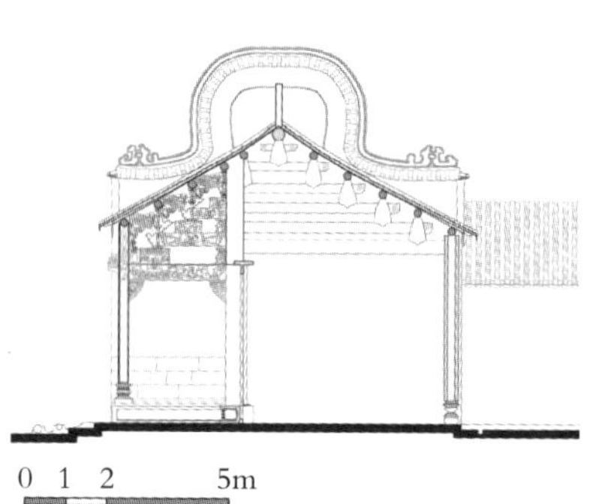

（a）
（b）

※图5-13　祠堂建筑中的镬耳山墙
（a）东莞塘尾李氏大宗祠
（b）乐从大墩村梁氏家庙

梳式布局村落的大致形成时间，当是在嘉靖朝庶民祭始祖开禁之后。在庶民建祠普及之前，大多数祠堂采用了接近官式建筑的形制，侧墙一般用人字脊，而且在形式上并不适合使用镬耳，在祠堂建筑中使用镬耳山墙是祠堂小型化以后才显得较为合宜。为什么会出现镬耳山墙呢？其必要性是什么？一般认为，镬耳山墙除了造型优美之外，还有着实际的技术性功能，既有利于防火，也有助于巷道的导风。广州府的传统村落和城镇建筑密度很高，建筑物之间的间距小，巷道狭窄，而镬耳山墙高出屋顶，且用砖砌成，顶端覆以筒瓦，有着较好的防火功能。明代末年的村落和祠堂建设高潮是导致镬耳山墙出现的极好机会，屋宇建造较为集中，青砖使用更加普及，聚落格局经过整理之后渐渐趋向于较为规则的梳式布局，在村落的整体改进之时采用壮观的镬耳山墙也是一种易理解的建造心理。

（四）结构体系：间、进、架、桁

广州府地区的祠堂绝大多数为硬山，采用框架为主、结合墙承重的结构体系，框架部分一般木石并用但以木为主，檐下多用石柱、石梁而室内用木构架，通常建造越早、等级越高、规模越大的祠堂木结构的重要性越高，而规模较小的祠堂中墙承重的成分相对较大，尤其是寝堂和凹肚式的头门。

对于祠堂中路上的各座建筑来说，其木构架一般为抬梁式厅堂做法，开间与进深间数、柱子的数量等是描述其形制的常用线索。另外，广州府的祠堂全部采用露明梁架，在笔者的调研中尚未发现设天花的例子，因此其结构体系不仅具有承受荷载的作用，还成为重要的观赏对象和用以构成中路各主要建筑形制的要素，是否设有卷棚、支撑屋顶的檩的根数等结构元素都构成了形制描述。

厅堂结构的间数包括开间和进深两个方向，以“间”或“进”为单位。面阔方向的“间”与前述祠堂总体形制中的“间”所指相同，以两柱之间或柱与承重墙之间为一间，当角柱紧贴山墙或檐墙时结构的间数计至角柱，无角柱或边柱时则开间数计至山墙。但此处的“进”指一座厅堂内结构沿纵深方向的一间，与祠堂总体格局中以单座厅堂为单位的“进”不同，通常以纵深方向的两柱之间（如檐柱与前金柱之间）或柱与承重墙之间为一进，檐柱紧贴檐墙时结构的进数计至檐柱，无檐柱时进数计至檐墙。

前节讨论了广州府祠堂厅堂的间数，常见单开间、三开间、五开间。对于三开间厅堂，中央开间称为“明间”、“正间”或者“心间”，两侧的开间称为“偏间”；五开间厅堂可借用官式建筑的称谓，从中间向两端的开间依次称为“心间”、“次间”、“尽间”。

头门沿进深方向一般为两进，以大门和门墙为界限，向外为前进，向内为后进。广州府地区有大量结构上面阔、进深均为三间的祭堂和寝堂，通常边路并不立柱，心间两侧各有前檐柱两根、前金柱两根、后金柱两根、后檐柱两根，且檐柱一般用石柱，这种极为常见的厅堂被称为“八柱厅”。以八柱厅为例，前檐柱和前金柱之间为前进，前进上方常见在坡屋顶下另设卷棚的做法；前金柱和后金柱之间为中进；后金柱和后檐柱之间为后进。对于纵深方向超过四根柱的厅堂来说，其间数可以数目字计，沙湾留耕堂是目前已知纵深方向立柱最多的厅堂，其拜厅（大宗伯）与祭堂（象贤堂）为一座勾连搭形式的建筑，共设有七排柱，即结构的纵深方向有六间或六进。

厅堂沿纵深方向剖面上的檩或椽的根数在广州府被称为“架”，如一座纵深剖面上有十五根檩的厅堂其屋顶结构亦称“十五架”，间架常合称，如一座结构上面阔五间、深三间、十五架椽的厅堂建筑可称为“五间三进十五架厅堂”。因为广州府的祠堂和民居的屋顶均是将板瓦直接置于桷板之上，而无苫背和挂瓦条，所以檩相对较密，与进深相近的官式建筑比较，其架数要远大于官式建筑，以明清官式中“三间五架”的建筑为例，其进深通常约7米，而建造于花都塱头的留耕公祠等多间祠堂的寝堂为十三架，其进深均在8.5~9m,由此可见两种不同“架数”的差异。在规模较小的祠堂中，除了两侧山墙之外，明间两侧有时也用砖墙承重，承受屋顶重量的檩直接搁在砖墙上，此时不计结构的进数而仅以架数描述其纵深。

广州府的祠堂建筑用来计算开间宽度的是一个非常特别的单位：桁。在官式建筑体系中，“桁”是一个含义完全不同的术语。《玉篇》：屋桁，屋横木也。在宋《营造法式》中，桁是指平行于开间方向的“槫”，在清式建筑中则称“檩”。而在广府建筑中，桁则是一个表示长度或者间距的单位，一桁就是两条平行的桷板之间的距离，桁可以说是广府建筑中的一个重要模数。两条桷板之间是一行瓦坑，故开间的桁数就是瓦坑的条数，祠堂中路建筑的中轴线对应着瓦坑，这也是屋顶施工定位的基线，从基线往两侧瓦面对称布置，所以一个开间的桁数总是奇数。以建于嘉庆间的广州何姓合族祠庐江书院为例，在《羊城庐江书院全谱》所记的图中，其主要厅堂的通面阔均为四十七桁，其中头座和中座的明间均标明阔二十一桁，偏间均阔十三桁，而后进的明间则阔二十五桁，偏间阔十一桁。从明至清广州府地区板瓦的宽度变化并不大，一桁的宽度约为22~25cm,所以通过桁数就可以大致推知开间的宽度。

第二节　广州府宗族祠堂的形制渊源

与祭祀相关的制度往往关系到国家的大计，因此历代都受到了官方和文人的重视，许多古老的制度得以流传。广州府的宗祠建筑中，可以看到上古宗庙制度的遗风，也就是说，广州府的宗族祠堂与先秦时期的宗庙建筑有着制度上的渊源。

一、从先秦宗庙到庶民宗祠的礼仪制度

在中国历史上，宗族存在着一个逐渐庶民化的过程，关于祠堂的制度也就存

1 孙大章. 中国古建筑大系——礼制建筑［M］. 北京：中国建筑工业出版社，1993：130.

在着一个相应的从天皇贵胄的宗庙到平民家祠的庶民化过程，庶民宗族的祠堂在礼制上的许多规定脱胎于王室的宗庙制度。清代学者赵翼也认为祠堂在本质上是一种宗庙，它不仅有敬祖的意义，而且是宗族教化的一大手段。在广州府的诸多族谱中，常常可以看到宗族的祠堂被称为“宗庙”。早期的礼制文献三礼即《周礼》、《礼记》、《仪礼》中就有着各种对宗庙的严格规定，历朝历代均极为重视宗庙制度，甚至将礼制看成立国之本，颁行的礼制规定卷帙浩繁。中国古代家庙祭祖的礼制以《礼记》中的王制、祭法两篇为经典，而宋以降对民间祭礼的讨论以程颐、朱熹影响最大。

《礼记·曲礼》：“君子将营宫室，宗庙为先，厩库次之，居室为后。”

《礼记·王制》：“天子七庙，三昭三穆，与大祖之庙而七。诸侯五庙，二昭二穆，与大祖之庙而五。大夫三庙，一昭一穆，与大祖之庙而三。士一庙。庶人祭于寝。……天子诸侯宗庙之祭，春曰礿，夏曰禘，秋曰尝，冬曰烝。……天子犆礿、祫禘、祫尝、祫烝。诸侯礿则不禘，禘则不尝，尝则不烝，烝则不礿。诸侯礿犆，禘一，犆一祫，尝祫，烝祫。”

《礼记·祭法》：“庶士庶人无庙，死曰鬼。……夫圣王之制祭祀也，法施于民则祀之，以死勤事则祀之，以劳定国则祀之，能御大菑则祀之，能捍大患则祀之。”

《谷梁传·僖公十五年》：“天子至于士皆有庙，天子七，诸侯五，大夫三，士二。”

宗庙是进行神圣、虔诚的祭祀仪式的场所，《礼记·祭统》：“是故有事于大庙，则群昭群穆咸在而不失其伦。”宗庙在精神上享有崇高的地位，也正因为其所容纳的活动和所承载的意义，而在建造次序上比以实用功能为主的厩库和居室优先。虽然后世的宗庙、祠堂多有形制和规模上的变化，但在精神上一脉相承。

由于受到灵魂不灭、事死如生观点的影响，宗庙的建筑形式按照“前门中堂后寝”的住宅形制布置。前为门楼，作为空间序列的开端，形成仪式性的氛围；中为居室，供祭祀礼拜；后为寝居，供养祖先神主[1]。

《诗经》中的多首诗篇被认为描写了当时的建造宫室、宗庙等建筑的场景和祭祖的过程，《诗经·大雅·緜》描述了古公亶父率领周人在岐下建城立庙的热烈场面：“乃召司空，乃召司徒，俾立室家。其绳则直，缩版以载，作庙翼翼。捄之陾陾，度之薨薨，筑之登登，削屡冯冯。百堵皆兴，鼛鼓弗胜。”陕西岐山凤雏村的西周建筑遗址，有可能是周室在未至岐下建都时的一处宗庙建筑，关于该建筑的夹室和门塾制度，将在门塾制度的章节中讨论。“前门－中堂－后寝”的空间序列在明清广州府宗族祠堂中一直得到沿用，只存在细节上的差异。

从《礼记》可以看出，当时采用的祭祀方式是一庙一主，立庙与分封等级制、宗法制相联系，自天子至士，庙的数量递减，庶人无庙，只能祭于寝。随着世系的逐渐庞大和世代的增加，一庙一主的方式后来被简化，至东汉时庙简化为室，每室一主，等级的差别不再通过宗庙的数量而是以室的数量来体现。秦汉时的祭祀普遍将众多祖先神主集中在同一个主庙之中，且不分大宗、小宗，实际上已经有违《礼记・曲礼下》所言“支子不祭，祭必告于宗子”的规制。[1]

巫鸿在不同的著述中讨论了从东周到东汉时期中国祖先崇拜的中心从宗庙逐渐转移到陵墓的现象和原因。宗庙是集合性的宗教建筑，而墓葬则是为个人建造的，在个人野心蓬勃高涨的东周时期，以中山王陵为代表的丧葬建筑中出现了宏伟的高台建筑，诸侯将之视为个人的纪念碑。[2]与此相应的是，在这一时期核心家庭代替大型的宗族成为社会的基本单位。

受到其他政治、社会和宗教因素的影响，伴随着陵墓建筑的兴盛，出现了在陵墓上举行朝廷重大祭祀的“上陵礼”。由于汉光武帝刘秀并非西汉王室的合法继承人，他与刘姓宗室系谱中的西汉成帝同辈，比哀帝和平帝的辈分高，因此在立宗庙时遇到了王朝继统正当性的问题。刘秀在洛阳修建高庙，先供奉11位西汉皇帝，而后将成帝、哀帝和平帝的牌位移至长安，另外在陵园内奉祀自己的直系祖先，并以孝道的名义将祖先崇拜的中心因此从宗庙转向了陵墓，在《后汉书・光武帝纪》所记载的刘秀主持的57次祭祀活动中，有51次在陵墓举行。[3]从汉明帝开始，朝廷的大典和祭祀不再在宗庙举行而被移至原陵。

清代学者赵翼在《陔余丛考》中也提到：“盖又因上陵之制，士大夫仿之皆立祠堂于墓所，庶人之家不能立祠，则祭于墓，相习成俗也。”[4]东汉盛行的墓祠相当于“寝”，有时也具备了庙的功能，因此，当时茔域中地面上的享堂被称为“祠”或者“庙”，地下的墓室为“宅”或者“兆”。[5]祠位于神道和墓室之间，是连接生者与死者的空间。

《礼记》中就已经记载了中国古代关于魂与魄的二分信仰，人死后，“魂气归于天，形魄归于地”，张子解释了这个理论与祠堂、坟墓的二元关系，“体魄则降，智气在上，故立之主以祀之，以至其精神之极。而谨严其体魄，以竭其深长之思。”明代邱琼的论述更加清晰：“人子于其亲，当一于礼而不苟其生。迨其死也，其体魄之归地者，为宅兆以藏之。其魂气之在乎天者，为庙祐以栖之。”[6]魂、魄在死后的分离导致了人需要建造不同的居所来分别容纳，墓祠成为死者魂灵的居所，为祖先的灵魂营造居所成为祠堂设计的目标。东汉的祠堂开始出现了两个显著的特点：一是从汉明帝为自己建造石祠开始，石材开始成为建造祠堂、墓阙和雕刻的流行建筑材料；二是画像艺术的广泛采用和极度繁荣，画像砖和画像石大量出现。巫鸿认为，石头开始变得“有意义”是由于汉代的丧葬艺术和神仙崇拜中三个相互关联的概念——死、成仙、西方——都和石头发生了联系[7]；而画像的基本组织结构反映了当时的宇宙模式，其象征意义明显与“筑庙祐以栖魂”的观念有关。[8]

1 程维荣. 中国继承制度史［M］. 上海：东方出版中心，2006：44.
2 巫鸿. 九鼎传说与中国古代美术中的“纪念碑性”［M］//礼仪中的美术——巫鸿中国古代美术史文编. 北京：生活・读书・新知三联书店，2005，45。参阅Monumentality in Early Chinese Art and Architecture.
3 巫鸿. 从“庙”到“墓”——中国古代宗教美术发展中的一个关键问题［M］. 礼仪中的美术——巫鸿中国古代美术史文编. 北京：生活・读书・新知三联书店，2005：565-566.
4［清］赵翼《陔余丛考》，卷三十二.
5 巫鸿. 从“庙”到“墓”——中国古代宗教美术发展中的一个关键问题［M］. 礼仪中的美术——巫鸿中国古代美术史文编. 北京：生活・读书・新知三联书店，2005：565-566.
6 朱孔阳. 历代陵寝备考［M］. 上海：上海申报馆，1937年。转引自：巫鸿，《武梁祠——中国古代画像艺术的思想性》，跋，240.
7 巫鸿. 九鼎传说与中国古代美术中的“纪念碑性”［M］//礼仪中的美术——巫鸿中国古代美术史文编. 北京：生活・读书・新知三联书店，2005：64.
8 巫鸿. 从“庙”到“墓”——中国古代宗教美术发展中的一个关键问题［M］//礼仪中的美术——巫鸿中国古代美术史文编. 北京：生活・读书・新知三联书店，2005：568.
9《隋书・礼仪志二》。
10《中国继承制度史》中认为唐用周制，天子七庙.
11《宋史・礼志一二》。
12 孙大章. 中国古建筑大系——礼制建筑［M］. 北京：中国建筑工业出版社，1993.
13［宋］程颐，程灏.《二程集》第1册. 北京：中华书局，1981：285.

随着东汉王朝的衰退和覆灭，庙祭制度逐渐恢复，曹操就曾在受封魏国公后建五庙于邺。“上陵礼”在魏文帝曹丕时被废除，大量石祠被拆毁，甚至连曹操陵园中的建筑也被下令拆除。其后，上陵之礼时禁时复，庙、墓复归两立。北齐创立了依据品官等级的新制，规定了不同品级的官员可以祭祀的世代，正八品以下及庶人可祭二世，无庙，祭于寝[9]。北朝的庙祭以官品等级为本位，而不以大小宗论尊卑。

唐用周制，一庙七室[10]，亲尽则祧迁，此制一直沿用至明清。

北宋庆历元年（1041）允许文武官员依旧式立家庙，徽宗时颁定从三品以上祭五世，正八品以上祭三世，余祭二世。[11]

明代之初规定三品以上官员可建造五间九架的家庙，嘉靖中开禁庶民建家庙，三品以下官员只能建造三间五架的家庙，则是主要参考了《朱文公家礼》的规制。

清代对宗庙、家庙和祠堂的规定最为详尽，据《大清通礼》载，亲王、郡王的庙制为七间：中央五间为堂，左右两间为夹室，堂内分五室，供养五世祖先，夹室则供养祧迁的神主；东西两庑各三间，南为中门、庙门，三出陛，丹壁绿瓦，门绘五色花草等。贝勒、贝子、三品以上官员家庙为五间，中央三间为堂；四至七品官员家庙为三间，一堂两夹；八、九品官员亦为三间，但明间面阔大，稍间狭小；一般庶士则“家祭于寝堂之北，为龛，亦板别为四室”。[12]

从天子、诸侯和士大夫家庙的历史进程来看，至明代时，家庙制度的变化围绕着几个重要的问题而展开。其中最核心的问题是追祀的世代，对建筑的影响早期表现为庙或者室的数量，明清时则演变为对间架数的规定。

在官方的规定中，平民宗族能够拥有多长的历史记忆？在非常漫长的时间里，这一问题的答案是：两代。相对应的纪念性空间也只是在寝室中设立龛位，并没有用于祭祀的独立建筑。至明代胡秉中的建议得到采纳以前，庶民只能祭祀两代祖先，只有天子和诸侯才有资格拥有属于自己的遥远记忆和可追溯至五代以远的纯正血统，也只有天子和诸侯才有建立专门的祭祀祖先的宗庙建筑的权利，获得了功名的士大夫可依品级祭祀三代或五世的先祖，三品以上官员可立家庙。嘉靖年间，民间追祀的世代方可延伸至始祖。

二、庶民宗祠形式制度的来源

北宋可谓庶民祭祖发生观念和形态转变的重要时期。程颐有在影堂祭祖的主张：“人祭于寝，今之正厅是也。凡礼，以义起之可也。如富家及士，置一影堂亦可。”[13]司马光在《书仪丧仪六》中亦提到“故今但以影堂言之”，当时除文彦博等为数极少的士大夫设有家庙之外，影堂是大多数家庭祭祖的场所。何谓影堂？绘先影（祖先画像）于堂，故谓影堂。清代学者赵翼在《陔余丛考》卷三十二中认为在宋玉的《招魂》中已有“像设君室”之文，战国开始已有塐像，用来代替战国以前祭祀仪式中的“尸”，“尸礼废而像事兴，亦风会使然也。唐、宋时则尚多塐像。”[1]后世的祠堂之中，多有悬挂祖先画像者，可谓是影堂的遗风。“近世祠堂皆设神主，无复有塐像者，其祖先真容则有画像，岁时展敬。”[2]

对庶民宗族的祠堂形制产生巨大影响的首推南宋以朱熹之名编撰的《朱文公家礼》。《朱文公家礼》又称《朱子家礼》(下文中有时简称为《家礼》)，其现传世本的作者是否朱熹，历史上多有争议。作为宋代理学的集大成者，朱熹有鉴于前代的煌煌礼典不能推行民间，乃以司马光《书仪》为基础，删繁就简，撰写一部有关家礼的著作，“使览之者得提其要，以及其详，而不惮其难行之者。虽贫且贱，亦得以具其大节，略其繁文，而不失其本意也。”[3]朱熹著《家礼》于孝宗己丑（1169）或庚寅（1170），但是他的书稿在往见吕祖谦的途中为僧童所盗。嘉泰元年（1201）出现了一部题为《家礼》的著作，被认为是朱熹遗窃的书稿，时人便称其为《朱子家礼》，此时朱熹已然辞世。嘉定四年（1216）出现刻本，南宋时《家礼》已有多种版本。[4]这本书稿其后被广泛翻刻印行，诸多著名学者为其作注，清朝学者王懋竑提出作者是否朱熹的质疑，作者为谁遂成学术公案。不过，无论《朱子家礼》的作者是否朱熹，这本书都对后世产生了巨大的影响，朱熹提出了庶民可祭祀四代先祖的设想，也设计了庶民祠堂的基本形制，成为改变“礼不下庶人”观念的里程碑式人物。

与历史上的天子或诸侯宗庙、品官的家庙不同，《朱子家礼》所论的是庶民祠堂，而且被放在整本书开篇的“通礼”中。书中言及“古之庙制不见于经”，祠堂的形制参照了“俗礼”，也就是当时朱熹所熟悉的福建的实际情形。

君子将营宫室，先立祠堂于正寝之东。

祠堂之制，三间外为中门，中门外为两阶，皆三级，东曰阼阶，西曰西阶。阶下随地广狭以屋覆之，令可容家众叙立。又为遗书衣物祭器库及神厨于其东缭。以周垣别为外门，常加扃闭。若家贫地狭则止为一间，不立厨库，而东西壁下置立两柜，西藏遗书衣物，东藏祭器亦可。正寝，谓前堂也，地狭则于厅事之东亦可。凡祠堂所在之宅，宗子世守之，不得分析。凡屋之制，不问何向背，但以前为南后为北，左为东右为西。后皆仿此。

为四龛以奉先世神主。

祠堂之内，以近北一架为四龛，每龛内置一桌。大宗及继高祖之小宗，则高祖居西，曾祖次之，祖次之，父次之。继曾祖之小宗，则不敢祭高祖，而虚其西龛一。继祖之小宗，则不敢祭曾祖，而虚其西龛二。继祢之小宗，则不敢祭祖，而虚其西龛三。若大宗世数未满，则亦虚其西龛如小宗之制。神主皆藏于椟中，置于卓上，南向。龛外各垂小帘，帘外

1［清］赵翼，《陔余丛考》，卷三十二，宗祠塐像。
2 同上。
3［宋］朱熹，《跋三家礼》。
4 转引自：常建华．明代福建兴化府宗族祠庙祭祖研究［M］//中国社会历史评论（第三卷）．北京：中华书局，2001.
5《朱子家礼 · 祠堂》，标点为笔者所加。
6 李文治，江太新．中国宗法宗族制和族田义庄［M］．北京：社会科学文献出版社，2000：27.

设香卓于堂中，置香炉，香合于其上。两阶之间又设香卓，亦如之。非嫡长子则不敢祭其父。若与嫡长同居，则死而后其子孙为立祠堂于私室，且随所继世数为龛，俟其出而异居，乃备其制；若生而异居，则预于其地，立斋以居，如祠堂之制，死则因以为祠堂。[5]

《朱子家礼》关于祠堂形制的设想奠定了后世庶民祠堂的基本范式，产生了深远的历史影响。《朱子家礼》中设定了祠堂在选址和建造时序上与住宅的关系、正寝开间数、东西阶、室内陈设、神主数量和摆放方式等，但是并没有对建筑做出具体的规定。《家礼》中还配有“家庙之图”、“祠堂之图”、“正寝时祭之图”、“每位设馔之图”等，从“家庙之图”可以看到祠堂建筑的格局，其他的图示主要关于室内外的陈设，以及祭仪中的位置、祭品及摆放位置等。

“家庙之图”对建筑的描绘并不准确，但足以说明《家礼》对祠堂总体形制的设想。祠堂用围墙限定了明确的边界，围墙之外、正对着头门的地方有一座建筑，台阶设于正中，建筑左右植树。围墙范围内在中轴线上共有三座建筑，值得注意的是，结合上下文和其他图示来看，这三座并非按照传统的门——堂——寝次序排列，书中将第二座建筑称为“正寝”，是一座三开间的建筑，设东西阶，祖先的牌位置于正寝之中，高、曾、祖、考从左至右依序排列，祭祖时，众人依序列于庭。书中又说：“正寝，谓前堂也。”这和后世普遍以正厅为前堂、而将祖先牌位放置在后寝（也称后堂、下堂）颇为不同。贫穷的人家正寝可为单开间，足可见《家礼》在很多时候考虑到了庶民之家的实际情形。另外，书中未言明最后一座建筑的功用，只提到厨库设于东缭。

《家礼》中规定了祠堂的朝向，无论向背，前南后北、左东右西。在地形多变、夏季阳光毒辣之地，这一朝向并未得到普遍的采用。关于“立祠堂于正寝之东”，在制度上的渊薮很有可能就是《周礼·考工记》中的“左祖右社”，由于在王城布局中太庙位于宫殿的东侧，而庶民祠堂的形制借鉴甚至模仿了古代宗庙，因此将祭祀祖先的祠堂置于正寝的东侧也就顺理成章了。另外，从广州府的情形来看，颇多将大宗祠或者重要的房祠放在居宅甚至村落东面的实例。

其实，无论哪个时期、哪位理学家提出的祠堂形制，都源自不同时期的宗法观念和对宗法制度的不同理解，从根本上说，祠堂的形制是宗法制度的反映，或者说是宗法宗族制在空间上的投影。

李文治等区分了宗法制和宗族制在概念上的差异，宗法制是指以血缘关系为基础、以父系家长制为内核，以大宗小宗为准则、按尊卑长幼关系制定的伦理体系，宗族制是宗法制的具体运用和体现形式，是一个以血缘为核心的家族共同体，这个共同体既包括了以孝悌伦理为主的思想意识结构，也包括了实现的组织机构和实现形式。[6]历史上，伴随着土地关系的变化，宗法宗族制逐渐从重门第的等级性类型转向两宋时期的官僚士大夫类型进而转向明清时期的庶民类型，在不断的转变过程中也保持了一定的连续性，一些制度得以继承或者在中断一段时间之后复兴。

宗法，原为宗子之法、大宗小宗之法，也是一种以父系血缘关系为准绳的权力和财富的继承法。[1]明清时期，宗子之法仍然在继续实行，在大宗祠举行的宗族祭祀活动原则上由宗子主祭，严格说来，各房支所立祠堂不能称为宗祠，而只能称作房祠或者支祠。宗子在家族中具有特殊的地位，相应地，在一般情况下，大宗祠的选址、形制、规模和装饰会更加考究，但随着祠堂的庶民化和小型化，有些大宗祠和支祠的区别并不明显。

宗法宗族制中，对宗祠的空间使用有着重要影响的是昭穆制度，昭穆制度与祖先神位的摆放位置和顺序有关，供奉祖先神位是宗祠最基本也最重要的功能，通常奉祀于寝堂，因此昭穆制度影响着明清祠堂的寝堂形制。

《礼记·中庸》："宗庙之礼，所以序昭穆也。"《礼记·祭统》："夫祭有昭穆，昭穆者，所以别父子远近，长幼亲疏之序而无乱也。"《礼记·王制》："天子七庙，三昭三穆，与太祖之庙而七。"

昭穆制度在周代时已得到广泛采用，在一庙一主的时期，昭穆制度被用来确定宗庙的排列次序和位置，作为一件关乎国家礼制的大事，由专设的职官小宗伯来掌管。《周礼·春官·小宗伯》："小宗伯之职，掌建国之神位，右社稷，左宗庙……辨庙祧之昭穆。"在汉代以室代庙之后，只立一庙，同堂异室，此后一直未加改动，昭穆制度转而被用来确定寝堂中神龛的位置和神主牌的摆放顺序。《朱子家礼》中提出了与左昭右穆不同的神道向右的摆放方式，高曾祖考的神位从左向右依次排列。不过，根据广州府的宗祠今日的情形，最为常见的仍然是昭穆制度，只是有些祠堂之中摆放祖先神位的次序并不严格而已。

迁祧是关于庙制的另外一个重要问题，历代学者多将其视为昭穆制度的一部分。郑注《周礼》云："祧，迁主所藏之庙。"迁祧起于周制，周代天子七庙，其中三座分别奉祀后稷、文王和武王的神位，其余四座为亲庙，分别放置现任天子的高祖、曾祖、祖父和父亲的神位，如果新的天子继位，则将其父亲的神位放置在前代天子父亲的庙中，而前代天子父亲的神位则移至其祖父的庙中，依此类推，前代天子曾祖的神位移至其高祖的庙中，而其高祖的神位则被移至后稷的庙中，这就是迁祧。太祖百世不迁，其余亲尽而迁。随着世代的推移，迁祧到后稷庙中的祖先神位越来越多，则依昭穆次序排列。天子为各庙供奉的祖先个别举行祭祀，对于安放在太祖庙中的祖先一起举行祭祀，是为祫祭。对于庶民宗族而言，在很长的历史时期中，两代以上的祖先就要被迁祧到夹室或者侧室中，由此产生了设立夹室或者侧室的必要，有可能正是这一制度启发了后来庶民宗祠中的衬祠或者边路的出现。

1 同上，129。

2 王恩田．岐山凤雏村西周建筑群基址的有关问题［J］．文物，1981（1）：75-78.

3 郑宪仁．周代《诸侯大夫宗庙图》研究［J］．汉学研究．第24卷第2期，6.

4 关于"塾"和"序"的引申意义的讨论，参见俞允海《乡学至私塾："塾"义变迁考》［J］，湖州师范学院学报．2005，5.

从周代宗庙至明清宗祠，在空间的形制上有诸多相似甚至一贯之处，例如堂、室、序、夹室、厢、庑、门塾、东西阶等。

从假想复原来看，1976年在陕西凤雏村发掘的甲组建筑遗存有可能是一座宗庙建筑。该建筑前有影壁、门塾，两边为东、西庑，各有八间小室，中央是堂，面对着宽阔的前庭，堂后面经过廊道穿越后庭，连接后面的三间内室。整座建筑格局规整，包括前中后三进，左右对称，秩序井然，堪称中国传统建筑方式的早期典范。[2]也许关于祠堂的形制的最早的雏形在西周时期就已经开始的，至少我们可以看到几条线索一直到明清时期还在流传，例如门塾、序、堂、庑、夹室等，尤其是庄重的门塾制度成为广州府宗祠中重要的形式制度之一。

关于礼仪制度从古至今有大量的文献研究，从郑玄、孔颖达直到近代的王国维等皆有著述，可谓汗牛充栋，因此不免众说纷纭。在多本文献中都有“宗庙图”，郑玄、阮谌《三礼图》已佚，但在宋聂崇义《三礼图集注》、李如圭《仪礼释宫》、元代韩信同《韩氏三礼图说》和清代定海黄以周《礼书通故·礼节图》中都可以看到各种礼仪与空间的关系。宋代杨复《仪礼旁通图》有“宫庙图”，宫庙自庙门而入，则为庭，庭后为庙，庙后有寝。庙有阼阶、西阶及两侧阶、东西坫、堂、两楹、东西厢与东西序、室、东西房、东西夹、北堂与北阶。[3]门、庭、庙、寝的空间序列一直得到了延续，但序、夹等名称和具体的形制做法则在后世有所改变。

何谓序?《尔雅·释宫》:“东西墙谓之序。”邢昺疏：“此谓室前堂上东厢、西厢之墙也。”《说文·广部》云：“东西墙也。”段玉裁注云：“堂上以东西墙为介，〈礼〉经谓阶上序端之南曰序南，谓正堂近序之东处曰东序、西序。”[4]李如圭《仪礼·释宫》:“堂之东西墙谓之序，序之外为夹室。夹室之前曰厢，亦曰东堂、西堂。”亦有以东西厢为东序、西序的说法。因为山墙的方位与室内不同人等的站立位置有关，从而产生主宾之别、男女之别、上下之别，建立了身份上的次序。也就是说，山墙不仅可指示出建筑的短方向，在砖木结构中作为承重墙存在，同时也扮演了区分身份的角色。在明清时期的广州府祠堂建筑中，敞楹式的头门和大多数的正厅正面没有平行于开间方向的檐墙（墉），山墙却外观封闭、厚重、有力量感，而且通过高出屋面的侧脊得到了强化，成为形成建筑组群节奏感和尺度感的重要元素。虽然广州府并没有将山墙称之为“序”，但可以将其看作是“序”在后世的延续。

宗祠建筑中有多种堂，既有作为主要单体建筑的下堂、中堂（正堂）上堂，也有作为建筑部位的堂中堂，元代韩信同认为：“士之室，前后荐檐曰庪，居中脊柱曰栋，栋庪之间曰楣，前楣至庪曰南堂，当东室曰东堂、当西室曰西堂，后楣至庪曰北堂，前后楣下以横墙间之，上皆有窻，前谓之南墉，南墉各为戶，后谓之北墉，北墉极边之直墙曰東序、西序，中之直墙曰东墉、西墉，为二室，生居东室。”[1]李如圭以东、西厢为东、西堂：“夹室之前曰厢，亦曰东堂、西堂。”[2]

“室”到了广州府民间的祠堂中，表现为神橱。至于夹，一般认为“夹在房之南”，也有认为夹就是房或者在房的旁边，还有认为夹在东西堂的东西两侧或北侧，孔广森认为“庙有夹，寝无夹”。[3]元至治三年筹建太庙时，已经不知道以前的太庙夹室制度了，博士根据文献讨论了夹室，古人既有认为夹室是东西厢的，也有人认为是耳房，而唐、宋的夹室则与诸室制度无大异，最终议定了权宜之策：“宜取今庙一十五间，南北六间，东西两头二间，准唐南北三间之制，垒至栋为三间，壁以红泥，以准东西序，南向为门，如今室户之制，虚前以准厢，所谓夹室前堂也。”[4]宋代学者杨复和清代学者万斯同都认为夹室在序的两旁，“东序之东为东夹，西序之西为西夹也”[5]。在明清时期的广州府祠堂建筑中，既有在堂内设耳房的做法，也有在堂的两侧加边路或者衬祠的做法，有可能是沿袭自“夹室”制度。关于夹室的规定在清代非常明确，而广州府较常见的做法在于利用衬祠来扩展祠堂建筑的规模，或者利用夹室来造成较多开间的印象。

广州府宗祠正厅前的阶级制度受到了宗庙建筑东西阶制度的影响，《义训》：“殿阶次序为止陔，除谓之阶，阶谓之墒，阶下谓之墄，东阶谓之阼，霤谓之戺。”《说文》：“除，殿阶也；阶，陛也；阼，主阶也；陛，升高阶也；陔，阶次也。”广州府各地祠堂的正厅均有采用将宾阶和阼阶分置于两侧廊之下的做法，南向时阼阶在东侧，宾阶位于西侧，但也有大量采用中央台阶的实例。先秦时期的宗庙建筑大多为南向，故此常用东、西来界定建筑的组成部分，例如东西序、东西厢、东西墉、东西夹、东西阶等，而广州府建筑朝向多样且往往以东为上，所以可用左右阶或者宾阼阶来代替东西阶的说法。程建军教授在《先秦坫、左右阶考》一文中对坫和左右阶的制度有较为详细的介绍。

宗庙的形制流传在历史上数度中断，经历了多次改朝换代之后，许多朝代在建造宗庙时已不能确知正统的形制，以至产生了“五帝不相沿乐，三王不相袭礼。今庙制皆不合古，权宜一时。”[6]皇家尚且如此，民间宗族在兴造祠堂时更加无须对上古的情形进行考古学式的考订，得其大意可矣，实际的建造过程中显然有着更多灵活变化的可能性。从明清时期的广州府祠堂建筑中，可以看到许多上古制度的渊源，古代宗庙中的门塾、堂、室、序、夹、厢、庑、坫、阶等制度都或多或少地得到了保留和体现，影响了祠堂建筑的形制。

陈志华先生注意到在庶民普遍建祠之前宗族祭祀共同祖先的不同场所，除了一部分可能已有祭祀“众祖”的“总祠”外，还在其他公共建筑中举行。这些公共建筑，一是社庙，社祭与族祭的合一有着久远的历史，每年春、秋举行的社祭称春社、秋社，在农耕文明时代的血缘村落中，以族立社，族社合一，祭祖仪式可以在社庙中举行；二是显祖的庙，行祠；三是寺院；四是祖屋。[7]这段论述非常有启发，可用于祭祖的不同建筑有可能后来发展成了不同的祠堂形式，可以尝试

1［元］韩信同，《韩氏三礼图说》，《丛书集成三编》（台北：艺文印书馆，1971，清嘉庆六年福鼎王氏麟后山房刊本），卷上，页47。转引自：郑宪仁．周代《诸侯大夫宗庙图》研究［J］汉学研究．第24卷第2期。

2［宋］李如圭《仪礼•释宫》。

3 参见：郑宪仁．周代《诸侯大夫宗庙图》研究［J］．汉学研究．第24卷第2期．

4［明］宋濂等撰，《元史・祭祀三》。

5［清］万斯同《群书疑辨》，卷6。

6《元史・祭祀三》。

7 陈志华撰文，李秋香主编．宗祠［M］．北京：生活・读书・新知三联书店，2006.

8 参见：常建华，《宗族志》。

从中探讨祠堂形制的来源。社独立了；显祖的庙超越了宗祠，可能变成区域性的同宗祠堂；寺院则有可能成为村落的大祠堂，早在唐末、五代十国时期，福建兴化府就有大族在寺院中立祠或影堂，其时福建禅宗兴盛，在寺观中立祠祀先是佛教与祖先崇拜结合的产物，寺观中的影堂是祠堂形制的来源之一[8]；祖屋可以变成太公屋型的家祠或者支祠。这一推论再次提醒了我们，祠堂的不同类型有些来自功能性的目的，有些来自不同的原型。

综上所述，庶民祠堂实际上同时具有先秦士大夫家庙和东汉祠堂的特点。从先秦的士大夫家庙那里继承了祖先崇拜的方式，包括礼器、神主牌、祭仪、仪式的庄严感、建筑的永恒性或者说纪念碑性，不过进行了不同程度的简化。从东汉的墓祠继承的，是通过装饰中的图像传达思想性，例如孝道、纲常、节烈、忠勇，以及对吉祥和神仙世界的渴望等。

三、门塾制度

（一）古代文献中的门塾制度

在清代林昌彝所撰《三礼通释》卷十五中有关于门塾制度的专节，引述了各种古代文献中塾的解释，有如此之多的经典文献都讨论了塾，显而易见，塾是古代建筑非常重要的组成部分。各种文献因为本身关注的重点不同，对塾的解释分别涉及了塾的位置、塾的命名缘由、塾的作用、塾的使用、塾的形制等。下文所引各段均引自《三礼通释》，有节略。为便于阅读和讨论，将内容相近的段落并置，其后加注，引文用楷体字，未一一引注。

《尔雅·释宫》曰：门侧之堂谓之塾。

《尚书·顾命正义》引孙炎云：夹门堂也。

在古代文献中，塾的位置都是位于门的两侧，文献的年代也传递出了塾的时间信息。显然，在先秦文献中，塾已经出现，有着显要的作用，并且总是与门不可分，因此构成了门塾制度。塾为门两侧的堂，此处的门是指大门本身，那堂所指为何？是具体的实物形式还是为建筑实体所界定的空间？

《说文》无塾字，土部云：垛，堂塾也。（此句古本说文无门字，孰字误作塾。段注云：堂无塾，门堂乃有塾，删去门字于制不可通矣。孰，经典皆作塾，加土，犹以孰加火耳。）

《诗·丝衣》曰："自堂徂基"。《毛传》云："基，门塾之基也"，此皆谓南面之塾也。《士冠礼》曰："筮与席、所卦者，具馔于西塾"，此南面之塾也。"摈者玄端，负东塾"，此谓北面之塾也。

《白虎通》云：所以必有塾何？欲以饰门，因取其名，明臣下当见于君，必孰思其事。

许慎并未收入塾字，但将“垜”解释为堂塾，段玉裁在注解中认为堂应为门堂，并且明确说明只有门堂才设塾，一般的堂并不设塾。《诗·丝衣》和《毛传》中都提到了“基”，塾台与堂都有基台，《毛传》中区分了南面之塾和北面之塾，说明在门堂的南侧和北侧都有塾，意味着存在一门四塾的做法，而不同的人在不同的塾台上就座，说明了塾台的使用在礼制上有比较具体的规定，北面、南面的区别实际上是内与外的区别。可与明代李如圭《仪礼·释宫》相印证：“夹门之堂谓之塾，门之内外，其东西皆有塾，门一而塾四，其外塾南乡，谨案士虞礼，陈鼎在门外之右，匕俎在西塾之西，注曰：塾有西者，是室南乡。又按士冠礼，摈者负东塾，注曰：东塾，门内东堂，负之北面，则内塾北乡也。”一门凡四塾，外塾者南向，内塾者北向。而门堂，并非一个四面围合的实体，而是门两侧檐下半开敞的空间，因为四塾“夹门东西，因谓之东堂、西堂。”而堂也有台基之义，《营造法式》卷二“阶”条目提到殿基亦称隚，《义训》云：殿基谓之堂。如果将堂理解为建筑，则无法解释《礼记》中所说的“天子之堂九尺，诸侯七尺，大夫五尺，士三尺”和《墨子》中的“尧舜堂高三尺”，显然这两处所说的堂都是指建筑的台基，塾的物质形式便是台基。塾有一门两塾和一门四塾的区别，但基本形制很稳定，正如清代万斯同在《群书疑辨》中所云：“试观门之制，中为门，而东西为塾，自王侯以迄士庶无不同也。”

因为一门有四塾，所以不仅存在着东西的区分（在中原和更北的地方，门主要是南北向的，故径以东西方位称呼），也存在着南北即内外的问题，所以古代的文献往往花许多笔墨来辨明塾的南北方位，以东、左为上。

成书于东汉的《白虎通》中解释了“塾”的命名来历，认为是臣下在门边等候面君之所，在此熟思其事，故以孰为名。《古今注》也有相似的记载：“塾之为言熟也。臣朝君，至塾门，更详熟所应对之事。”按照《字林》中的说法，先秦时期用“孰”，至东汉时方用“塾”字。

《考工记》云：门，堂三之二，室三之一。郑注云：门堂，门侧之堂也，亦引《尔雅·释宫》云云（按:《诗·丰疏》引孙毓云，礼门侧之堂谓之塾，亦本《尔雅》说）。盖塾之制，于正堂之修广得三之二，其室于正堂之修广得三之一。北向堂者为塾，得堂修广三之一；南向者亦为塾，亦得堂修广三之一，故曰：门，堂三之二也，室三之一者。北向南向两塾之中共一室，室得堂修广亦三之一，与门之修广等。

《考工记》中对塾的做法进行了较为具体的记述，其中的几个术语成为理解门塾做法的关键：门、堂、正堂、室、门堂、塾。在这段简短的文字中，除了最后一句中的门是指建筑的大门或礼门外，其余的“门”指的是作为单体的建筑。堂根据不同的上下文关系也有不同的所指，在《考工记》和郑玄所注中，堂即门堂、塾，而在之后自“北向堂者为塾，得堂修广三之一”的讨论中，堂是正堂的简称，修指南北之深，广即开间通阔。

“室”的所指则颇为费解，室本来是寝堂之中安放祖先神位的空间，在此与塾、堂并用，应该是指门堂的一个组成部分，如此，则以对应两塾之间、与大门等宽的檐下空间较为贴切，但北向、南向的两塾之中共一室，则合理的解释是进深有三间，中进为堂，前进、后进均为塾，这种形制的图形未见于历史文献，也未在考古发掘中出现过。对于一座门堂来说，塾占据开间方向宽度的三分之二，而用来开设大门的部分占据开间方向宽度的三分之一，形成了《营造法式》中所说的断砌造。

> 《礼记·学记》：古之教者，家有塾、党有庠、术有序、国有学。
>
> 郑注《学记》云：古者仕焉而已者，归教于闾里，朝夕坐于门侧，门侧之堂谓之塾，此《学记》所谓家有塾也。（……盖古者塾以教小学，庠序学以教大学，塾、庠序皆曰乡学，大学则曰国学也。《周官·党正疏》云：周礼，百里之内，二十五家为闾，同共一巷，巷首有门，门边有塾，民在家之时，朝夕出入，常受教于塾也。）
>
> 《尚书·大传》曰：大夫、士七十而致仕，老于乡里，大夫为父师，士为少师，耰鉏已藏，祈乐入（注：祈乐当为祈谷）。岁事已毕，余子皆入学，距冬至四十五日始出学传农事（注：立春学止）。上老平明坐于右塾，庶老坐于左塾，余子毕出然后归，夕亦如之（注：上老，父师也，庶老；少师也），此谓北面之塾也。
>
> 《汉书·食货志》曰：春，将出民，里胥平旦坐于右塾，邻长坐于左塾，此谓南面之塾也……谨案，古者最重门塾之学。

《礼记·学记》《尚书·大传》《汉书·食货志》都讨论了塾的教育功能和教化形式，与《白虎通》中所言不同，这些文献都认为自周代始塾就有教化乡民的作用，塾因此与书院在制度上颇有联系，门塾是祠堂和书院在意义和形制上的一个交接点，也许这就是为什么后世的许多祠堂在遭到官方禁止时被命名为书院的一个原因。塾有着强烈的教化平民的意义，郑玄注《礼记·学记》时认为“古者塾以教小学”，每二十五家共用一巷，塾就在巷首的门边。按照《尚书·大传》，士大夫在致仕回乡之后，在每年的农闲季节授学，每日早晚分坐于左右塾，向出入乡民传授礼仪，“教农人以义也”。《尚书·洛诰》也认为塾是教民的场所：“兹予其明农哉。”

塾的作用在于推行以礼来德化天下，将礼仪、礼义深入到了民间的最基层，影响乡民每一天的日常生活，“出则负耒，入则横经，门塾之学，所以束民于礼义”，事实上是一种“德礼”之治的空间载体。正是因为塾的教化作用，后来，“塾”从建筑的一个特定部位变成了一种建筑功能类型，被用于命名家庭或家族的延师授课之所。

在多本古代文献中，有关于门塾制度的绘图，从中最多见到的门塾形式是一门四塾。从汉至清，历代都有关于门塾制度的学术研究，但汉代以后的研究总体上以猜想为主。在北宋李诫主持编纂的《营造法式》中有对“断砌造”的记载，说明门塾的形式制度仍然得到了一定程度的流传，在卷三“门砧限”中就记述了断砌造中门槛的做法：“若阶断砌，即卧柣长二尺，广一尺，厚六分（凿卯口与立柣合角造），其立柣长三尺广厚同上（侧面分心凿金口一道），如相连一段造者谓之曲柣。”

与古代文献可相互印证的，是诸多考古发掘中的建筑遗存采用了门塾，陕西岐山凤雏村的大型建筑遗存被认为有可能是周室在未至岐下建都时的宗庙或宫室，就设有一门四塾。[1]这组建筑遗存告诉了我们一个事实，那就是至少在西周的时候，就已经存在着门塾制度了，暗示着祠堂的门塾之制可能来自非常遥远的时代。

（二）广州府宗族祠堂对门塾制度的使用

吴庆洲先生曾经在《广州建筑》中讨论过门塾之制，根据《礼记·学记》中的记述，他认为门塾制度起于周代，另外，依据《尔雅·释宫》中的“门侧之堂谓之塾”、《礼记·檀弓上》的“吾见封之若堂者矣”和郑玄所注“堂形四方而高”，将塾理解为台基，并认为岭南祠堂中头门的次间、梢间高出心间地面的台就是周代“塾”的遗制。吴先生注意到，在中原一带，门塾制度在宋以后就已失传，但在广东，悦城龙母祖庙、沙湾留耕堂和广州陈家祠三座著名的祠庙建筑都采用了门塾。[2]

广州府的明清祠堂中较多采用塾台的实例，本地多称之为“包台”、“鼓台”，主要供举行宗族聚会或仪式时吹鼓手演奏迎宾之用。虽然其功能已经发生了变化，但形制本身仍然有着很强的与教化相关的象征意味。明代的祠堂建筑中有多座已经采用了门塾，以一门四塾为主；清代祠堂中设一门两塾的祠堂非常普遍，也有部分一门四塾的祠堂。对于各塾的命名，在建筑朝向更加灵活的岭南地区，采用东、西塾或者南向、北向的方式就显得不适用了，往往以左右、内外命名，在门内面向大门的朝向，左边为左塾，右边为右塾，大门外为外塾，门内为内塾。

岭南传统建筑中有关门塾制度的一些疑问一直未能得到明确的答案，塾的形制何时被引入广州府的祠堂建筑？为什么中原一带的门塾制度销声匿迹以后南方

1 王恩田．岐山凤雏村西周建筑群基址的有关问题［J］．文物，1981（1）：75-78.
2 吴庆洲．番禺沙湾留耕堂．《广州建筑》，88—89；陈氏书院的建筑及装饰艺术．《广州建筑》，222—223.

会大量出现采用门塾制度的祠堂建筑？在明代的时候，采用门塾制度是否僭越？

汉、唐、宋、元、明、清都有关于宗庙制度的礼学研究大家，多出自中原和江南，但这些研究主要在纸上流传而在现实中则难觅踪迹，有趣的是，岭南虽没有特别精于名物之学的文人、士大夫，门塾制度却被广泛用于实践。

我们只能推想最初在岭南采用门塾制度来建造祠堂的主事者的文化心理，他们同时面对当时作为政治和文化中心的北方和本地尚未得到充分教化的乡民。对于都市发达的中原、京城和江南来说，广东属于乡野之地，反而拥有超越当时主流的宽容度而可以追溯到远代的想象，由于门塾制度几乎已经失传，所以明代并无关于门塾制度的规定，算不得僭越。建造者想展示给本地的原住民的，是文化的正统，因此某些上古的遗制得到了坚守或者复兴。

在东莞，多所明代祠堂已经采用了塾的做法，其中最早期的实例是中堂镇潢涌村黎氏大宗祠，始建于南宋乾道九年（1173），一门四塾。但黎氏大宗祠元代毁于兵燹，其后经历了洪武七年（1374）、永乐三年（1405）、嘉庆十年（1805）和民国34年（1945）的多次重修、扩建，目前所保存的祠堂难以推究其形制所对应的时期，一般认为形成于永乐三年的重修扩建。其他保留至今的明代实例中，一门四塾的包括石排镇塘尾村李氏大宗祠（始建于明初）、东城余屋村侯山余氏宗祠（始建于弘治元年，1488）、石碣镇单屋村单氏小宗祠（始建于正德九年，1514）、东城鳌峙塘村徐氏宗祠（始建于万历二十九年，1601）、南城蚝岗围苏氏宗祠（始建于嘉靖二十年，1541）等，一门两塾的有寮步镇横坑村钟氏祠堂（始建于嘉靖八年，1529）、企石镇江边隔塘村黄氏宗祠（始建于嘉靖年间，咸丰九年重修，1859）、茶山镇南社村百岁坊（始建于万历二十年，1592）等。显然，明代的大多数宗祠都采用了塾台制度，且以一门四塾为主。关注一下这些祠堂的建造时间，可以看到至少五座是在嘉靖十五年的推恩令颁布之前，建造主持者都是品级较高的官员，也就是说，这些宗祠是按品官家庙的制度来建设的，其他稍晚的祠堂也大多由获取了功名的士大夫主持，或者是受到了朝廷的旌表，因此采用门塾制度的都不是一般意义上的庶民祠堂。

而在顺德、南海、番禺、从化等地，明代宗祠采用塾台的实例包括始建于明末的桃村黎氏大宗祠、杏坛大街苏氏大宗祠、杏坛古朗漱南伍公祠、杏坛马齐陈氏大宗祠、乐从路州黎氏大宗祠等，但不用门塾制度的案例也颇多见，如顺德碧江尊明苏公祠和燕翼楼、逢简刘氏大宗祠、从化钱岗广裕祠、省城的冼氏大宗祠等。

设塾台的都是敞楹式的祠堂头门，明代的祠堂——尤其是嘉靖朝庶民开禁庶民祭始祖之前的祠堂——较多品官家庙，兴修祠堂的宗族中地方豪族较多，所以存留至今的明代宗祠以敞楹式为主，头门使用塾台的做法也较为常见。宗祠庶民化之后，敞楹式的头门常用于大宗祠、宗祠和重要的房祠，塾台也就常见于这些类型的祠堂中。

在清代，头门使用塾台较为集中的时期是康熙至道光之间，此时产生了大量的实例。一门两塾成为最常见的门塾形式，其实例极多，不需列举，门塾形成了清代中期广州府宗祠建筑的重要地方性特色。总体而言，清代以后一门四塾的例子反而并不多见，目前所知的主要实例包括沙湾留耕堂、乐从陈氏大宗祠（本仁堂）、乐从沙边何氏大宗祠（厚本堂）等规格较高、规模较大的大宗祠。

门塾制度的大量使用赋予了广州府的宗族祠堂典雅的传统气息，虽然是来自上古的独特遗产，但其生命力一直得到了延续，直到民国之后，才随着祠堂建设的逐渐停滞而不再出现在新的建设活动中。

第三节　广州府宗族祠堂的形制衍变

一、明代以前祠堂的兴衰

历代文献对天子宗庙的记载非常详尽，但本书关注的是作为民间宗族祭祀场所的祠堂，包括士大夫家庙和庶民宗族的祠堂。清代学者赵翼在《陔余丛考》卷三十二中，用很洗练的文字回顾了祠堂的历史。他认为三代时无祠堂之名，至战国末已有公卿祠堂；汉代祠堂多在墓所，鲜有位于都邑者，亦渐渐有不在墓地建造的祠堂，但仍沿用祠堂之名；唐以后士大夫各立家庙，罕有名祠堂者。宋庆历元年许文武官立家庙，"王曙亦奏请三品以上立家庙，复唐旧制，文彦博亦请定群臣家庙之制"，皇祐中令臣下立庙，其时亦未以祠堂为名，祠堂的称谓应该是在元朝重新兴起的。

杜佑在《通典》中回溯了历代礼的沿革，从伏羲以俪皮为礼、作瑟以为乐开始，认为自伏羲以来，五礼始彰；尧舜之时，五礼咸备；夏商二代，散亡多阙；周公述文武之德，制周官及仪礼，周礼为体，仪礼为履；周衰而礼坏乐崩；秦收仪礼于咸阳，尊君抑臣；汉时传礼、献书，有叔孙通、高堂生、贾谊、河间献王、董仲舒、刘向、刘歆、杜子春、郑众、贾逵、马融、郑玄、戴德、戴圣、许慎、蔡邕等或编或撰或注，成书众多；三国两晋南北朝时拾遗修缀；隋采梁及北齐仪注，以为五礼；唐太宗时诏礼官学士修改旧仪，贞观七年颁示，高宗初重加修撰，开元二十年更修成一百五十卷的大唐开元礼。

《通典》在卷四十八"吉礼七"中记载了"诸侯大夫士宗庙、庶人祭寝附"和"卿大夫士神主及题板、诸藏神主及题板制、追加易主附"部分的内容。祭法曰："庶人无庙，死曰鬼。"关于祭祀的时间、仪式过程、牺牲、祭祀地点和所祀世代等，也有详尽的规定。例如关于牺牲："凡宗庙之礼，牛曰一元大武，豕曰刚鬣，豚曰腯肥，羊曰柔毛，鸡曰翰音，犬曰羹献，雉曰疏趾，兔曰明视，脯曰尹祭，槁鱼曰商祭，鲜鱼曰脡祭，水曰清涤，酒曰清酌，黍曰芗合，粱曰芗萁，稷曰明

1《嘉祐集》卷14，文渊阁四库全书本。

2 陈志华先生认为"立祠堂于正寝之东"这句话从建筑上不可解，本书将试图结合实例做出自己的解释。

3《家礼》中说："五世而斩"，陈志华先生认为五代以上没有情感依据。

粢，稻曰嘉蔬，韭曰丰本，盐曰咸鹾，玉曰嘉玉，币曰量币。”主（神主牌）因被视为祖先灵魂的象征，故其形式也颇为考究。汉仪云：“帝之主九寸，前方后圆，围一尺。后主七寸，围九寸。木用栗。”按公羊说，当时的卿大夫没有神主，大夫束帛依神，士结茅为菆。

汉代时，平民祭祖已经较为成为普遍的礼俗，崔寔的《四民月令》中有载，“二月祠大社之日，荐韭卵于祖祢”，“初伏，荐麦瓜于祖祢”，“冬至之日，荐黍羔。先荐玄冥，以及祖祢”，“及腊日，祀祖”，而为祭祖所做的准备则包括十月的“上辛命典馈渍曲酿冬酒，作脯腊，以供腊祀”和冬月的“买白犬养之，以供祖祢”。汉代的祠是指墓地上的小石屋，今天仍然能在山东看到当时墓地祠堂的遗存，其中长清县孝堂山顶的石祠（旧讹传为西汉孝子郭巨祠）是我国现存最早的地面房屋式建筑物，同样著名的还有嘉祥县的武氏祠，两处祠内均有非常精美的画像石。陈志华先生指出，当时的祭祖往往和社祭合一，或者到坟上去祭扫。

开元礼之后关于祭祀的规定多有变化，至于唐天宝十年正月：“今三品以上，乃许立庙，永言广敬，载感于怀。其京官正员四品清望官，及四品五品清官，并许立私庙”。品官家庙在制度上得到提倡，甚至有侍中因祭于寝而受到弹劾。唐制对神主牌的规定更加具体：“长一尺二寸，上顶径一寸八分，四厢各剡一寸一分。上下四方通孔，径九分。玄漆匮，玄漆趺。其匮，底盖俱方，底自下而上，盖从上而与底齐。趺方一尺，厚三寸。皆用古尺古寸。以光漆题谥号于其背。”

唐以后对宗法制度的讨论尤以宋、明为甚，众多名士大儒均参与其中，发生了许多对后来的宗族历史产生巨大影响的事件。文彦博首建家庙，范仲淹在苏州创立义庄，陆九渊、范仲淹等都为本族建立了家庙，且径称为祠堂。苏洵、欧阳修各自设计了族谱编撰的体例，苏洵曾经在《谱例》中说明其编纂《族谱》的宗旨：“自秦汉以来，仕者不世，然其贤人君子犹能识其先人，或至百世而不绝，无庙无宗而祖宗不忘，宗族不散，其势宜亡而独存，则由有谱之力也。盖自唐衰，谱牒废绝，士大夫不讲，而世人不载。于是乎，由贱而贵者，耻言其先；由贫而富者，不录其祖，而谱遂大废。”[1]

程颐主张除四代先祖外还要祭血缘村落内一个宗族自始迁祖以下所有的先祖，但对后世的祭祖和祠堂制度影响最大的则数朱熹所编《朱文公家礼》。理学的兴盛和官方对理学的借重酝酿了宗族和宗祠的庶民化。

《家礼》在卷一《通礼·祠堂》里对祠堂的形制做出了规定：“君子将营宫室，先立祠堂于正寝之东，为四龛以奉先世神位。”按古礼，士庶祭祖先不能建庙，所以《家礼》把士庶祭祀祖先的建筑叫作“祠堂”。祠堂应在建造宫室之前兴建，而祠堂的选址被推荐在正寝的东侧[2]。“四龛”言明祭祖限于四代，既不是当时官方允许的只祭两代，也不追溯到四代以远。[3]《家礼》再三宣扬建祠堂的重大意义，说这个措施表达了子孙“报本反始之心，尊祖敬宗之意，实有家礼名分之守，所以

※图5-14　武梁祠后壁画像石（来源：武氏祠汉代画像博物馆）

开业传世之本”。这样就论证了建祠堂的普遍意义，为日后民间祠堂的发展建立了理论基础。

多位学者指出，宋代宗族的登场是对科举制度的适应。井上徹认为，在科举资格和官僚身份不能世袭的制度规定以及家产均分的社会环境中，士大夫难以避免家族身份和地位没落（子孙没落）的宿命。为了克服这种宿命，士大夫从周代的宗法制中得到启示，即如果建立一个由宗子领导的宗族集团，使众多族人脱颖而出，通过科举获得官僚身份，以防止家族的没落，同时在科举制度下实现事实上世世代代官僚辈出的“世臣”的理想，因此，宋代宗族具有作为官僚辈出的母胎这一最重要特征。例如范仲淹创立的义庄，除保证族人的基本生活外，还具备教育子弟、支援族人参加科举考试的体制，从而帮助营造理想秩序。[1]井上徹还认为，祠堂是宗子通过祭祀祖先组织族人的地点，为了实现宗法主义，必须把宗法原理编入祠堂制度中。宋儒程颐和朱熹都提出了基于宗法主义的祠堂制度方案：程颐主张祭祀始祖的大宗复活论；朱熹认为祭祀始祖是僭越，主张复活小宗。[2]诚如陈志华先生所言，科举制度打开了士庶和品官之间的通道，这为祖庙的建造向庶民开放创造了条件。

元代之初，即基本上沿袭了汉人统治中的宗庙制度，刘秉忠曾受命考神主古制。但有元一代，关于庶民礼仪的讨论远不如南宋时期活跃，在蒙古人的统治之下，汉人的世家大族梦想在现实无情的等级制度面前无法浮出水面。

二、明代宗族祠堂的兴起与形制探索

明初，太祖朱元璋敕中书省传令全国各地举荐素志高洁、博通古今、练达时宜的儒士至京，于洪武三年（1370年）修成《大明集礼》[3]，朱元璋还曾颁布过《圣谕六条》：“孝顺父母，尊敬长上，和睦乡里，教训子弟，各安生理，毋作

1 井上徹．中国的宗族与国家礼制［M］．钱杭译．上海：上海书店出版社，2008：20-21、211.
2 同上，23-24.
3 引自：常建华，《明代宗族祠庙祭祖礼制及其演变》。《大明集礼》收入四库全书时作《明集礼》，本处仍从原书名。

※图5-15　费慰梅测量和复原的山东东汉祠堂
（来源：巫鸿，《礼仪中的美术》，567页）
（a）四座东汉时期的山东祠堂石室
（b）山东金乡东汉墓，祠堂位于封土之前

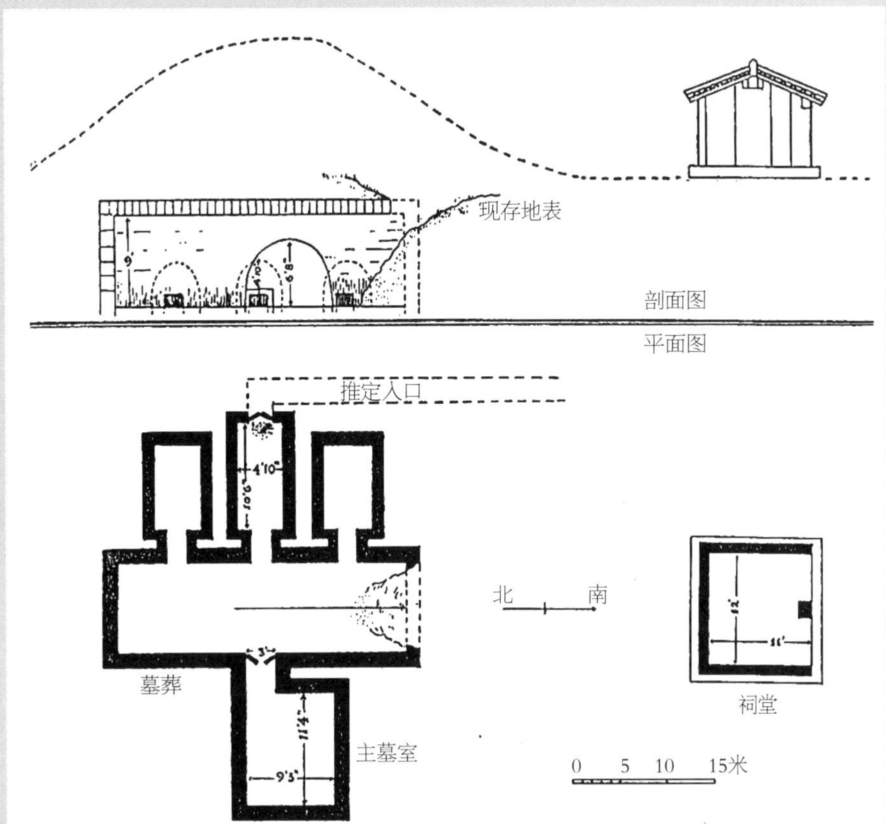

（a）

（b）

1. 郭巨（?）祠
孝堂山
（采自关野贞）

2. 武梁祠
“武梁祠”

0英尺　5
比例

3. 前石室
“武梁祠”

4. 右石室
“武梁祠”

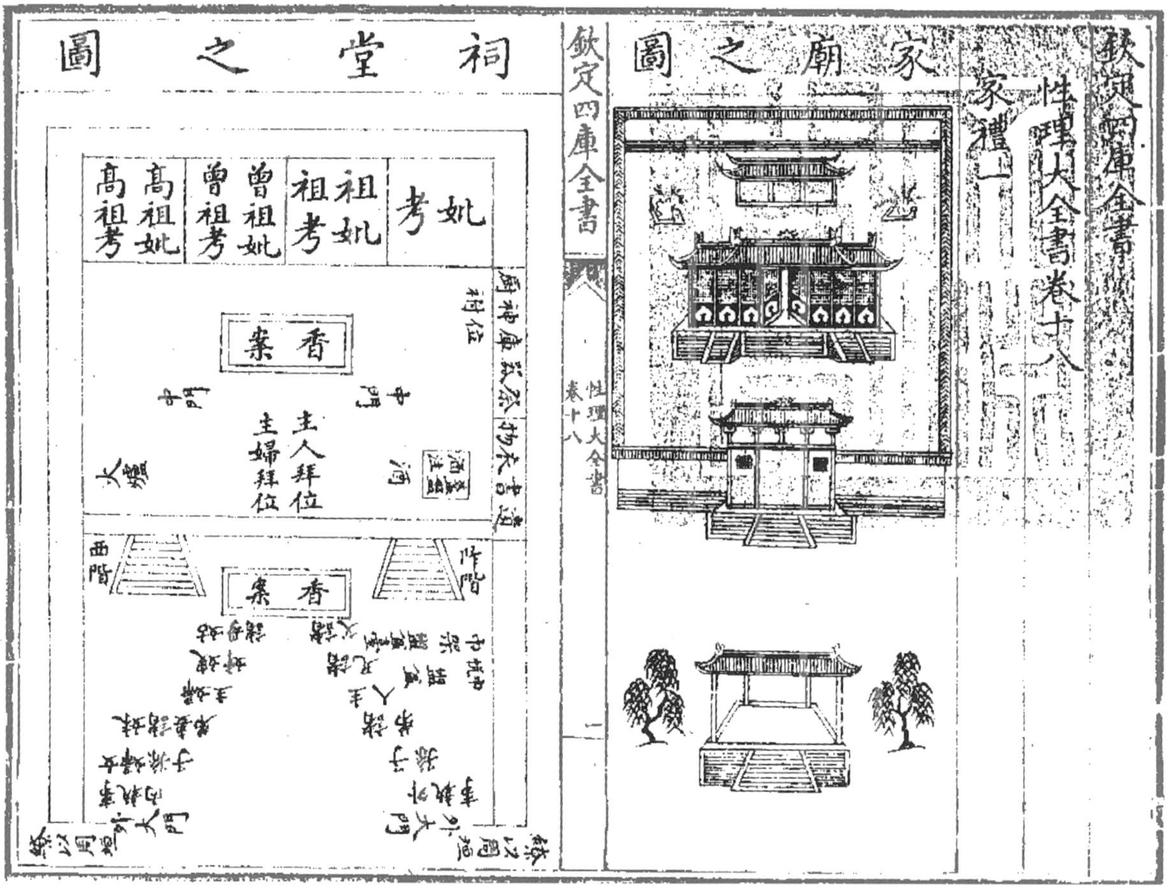

※图5-16 《钦定四库全书》中收录的家礼祠堂图

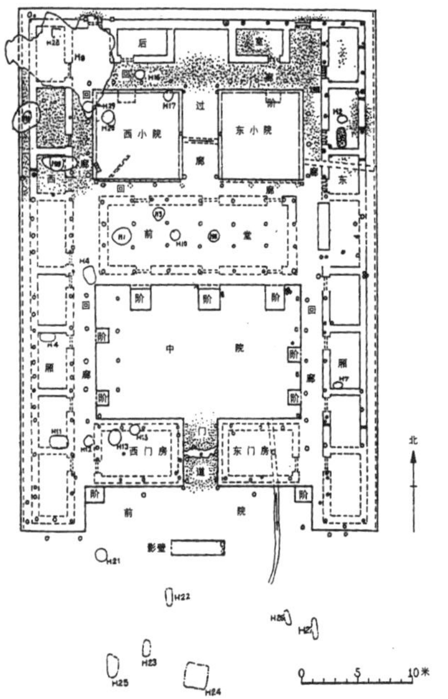

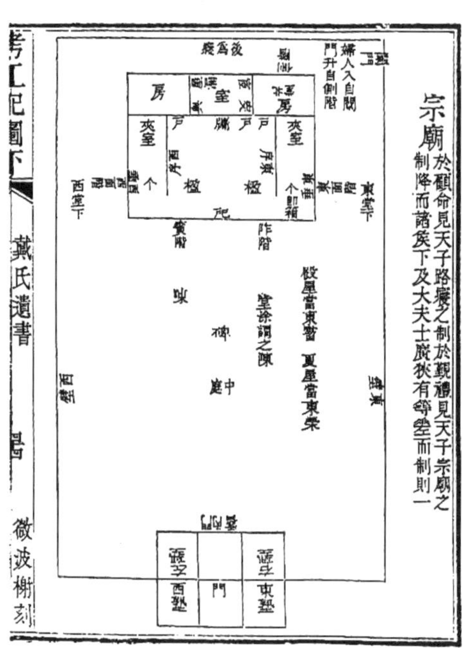

※图5-17 山西凤雏村宗庙建筑遗址（左）及戴震所绘的宗庙图（右）
（来源：巫鸿《礼仪中的美术》）

1［明］管志道，《从先维俗议》卷三《订四大礼议》。转引自常建华《明代宗族研究》。

非为。”都是有关宗族内部凝聚之事。宋濂提出了教化治理宗族从而改造社会的思想，他认为士人应担当起“化同姓之亲以美天下之俗”的任务。明初的士大夫普遍接受朱熹《家礼》中祠堂之制的影响。在祠堂庶民化以前，祠堂是祭祀场所，是祠与庙的一体，用于表达具有公众意义的纪念性，其世俗的功能色彩相对较为淡薄。

鉴于家庙制度未定，而民间又事实上存在着普遍的祭祖现象，相关的制度需要朝廷加以明确，于是《大明集礼》“权仿朱子祠堂之制”，对品官和庶民的祭祖与家庙制度作出了规定。关于祭祀世代,《大明集礼》规定品官立家庙祭祀高、曾、祖、祢四代祖先，而庶人则祭祀祖、父两代祖先，祭于寝。在家庙制度上,《大明集礼》大量采用了《朱子家礼》卷一《通礼・祠堂》的条目，家庙图采用了《朱子家礼》中的祠堂图，而品官家庙的享仪，最初采纳了《朱子家礼》卷五《祭礼》中的规定，后则以《仪礼》中的“特牲馈食之礼”与“少牢馈食之礼”为典，列有关于时日、斋戒、陈设、省馔、行事、参神、降神、进馔、酌献、侑食、阖门、启门、受胙、辞神、纳主、彻、馂等内容[1]。其时，对于朱元璋将《朱子家礼》的内容列入国家典制，以及放宽在祭祖上的身份限制，民间多有称颂。但是,《大明集礼》修成后秘藏宫廷，一直到嘉靖八年（1529）才刻布，所以更多的是对明初统治者意识形态的反映。

《明史・志第二十八・吉礼六》中也记载了明初的品官家庙制度:“明初未有定制，权仿朱子祠堂之制，奉高曾祖祢四世神主，以四仲之月祭之，加腊月忌日之祭与岁时俗节之荐。其庶人得奉祖父母、父母之祀，已著为令。至时享于寝之礼，略同品官祠堂之制。堂三间，两阶三级，中外为两门。堂设四龛，龛置一桌。高祖居西，以次而东，藏主椟中。两壁立柜，西藏遗书衣物，东藏祭器。旁亲无后者，以其班附。庶人无祠堂，以二代神主置居室中间，无椟。”其中关于建筑形制的规定，堂开间为三间，设东、西两阶，各为三级，堂内外设两重门。至于室内的陈设，说明堂上设有四龛，每龛置一桌。神主牌按照神道向右的顺序摆放，放置在木匣之中。在堂内两壁放置柜子，西侧立柜收藏遗书、衣物等，东侧立柜放置各种祭器。至于庶民祭于寝的礼仪，大致与品官祠堂制度相同，不过言明庶人无祠堂，神主牌就放在居室的正中，而且没有木椟。

洪武六年（1373）颁布公侯以下家庙礼仪，仍沿用了《大明集礼》中的家庙令，诏定“凡公侯品官，别为祠屋三间于所居之东，以祀高曾祖考，并祔位。如祠堂未备，奉主于中堂享祭。二品以上，羊一豕一,五品以上，羊一，以下豕一，皆分四体熟而荐之。不能具牲者，设馔以享。……凡祭，择四仲吉日，或春、秋分，冬、夏至。……质明，主祭者及妇率预祭者诣祠堂。”但该诏令并未言及庶民祭祖的规定。

常建华考察当时有关庶人祭祖的制度，发现嘉靖前期的罗虞臣《司勋文集》

卷八下《祠堂章》、隆庆六年田艺衡《留青日札》中都记载了洪武间的行唐知县胡秉中所定的庶人祭三代之礼。乾隆《行唐县新志·名宦》中记载有胡秉中“专务以礼较民，制祀先、孝顺节义、教民读书三图”。胡秉中将祀先的时日定在春秋、孟冬、元旦。与《朱子家礼》不同的是他建议士大夫仍祭祀四代祖先，而将庶民祭祀二代祖先改为三代祖先。胡秉中所定的神位之制与《家礼》也有所不同，即使是祭四代的士大夫，祖先牌位并非如《家礼》所言从高祖至先考自西往东一次放置，而是采用了左昭右穆之制。洪武十七年，胡秉中入觐呈现三图，太祖“命礼臣三图合刻，颁行郡邑，依此教民。”自此，庶民祭祀三代祖先，胡秉中的祀制虽未见载于明朝典制，但三图得以颁行天下，对民间产生了深远的影响。

洪武三十一年（1398），《教民要款》即《教民榜文》颁行天下，其中第三十三条是祭祖方面的内容，并附有“祀文式”：

> 惟洪武某年岁次某甲子某月某朔某日，孝孙某同阖门眷属告于高曾祖考妣之灵曰：昔者祖宗相继鞠育子孙，怀抱提携，劬劳万状，每逢四时交代，随其寒暖增减衣服，撙节饮食。或忧近于水火，或恐伤于蚊虫，或惧罹于疾病。百计调护，惟恐不安，此心悬悬，未尝暂息。使子孙成立至有今日者，皆祖宗劬劳之恩也。虽欲报之，莫知所以为报。兹者节近孟春（春夏秋冬），天气将（温热寒凉）追感昔时，不胜永慕，谨备酒肴羹饮，率阖门眷属，以献尚飨。[1]

这一格式并没有区分品官和普通百姓，其中言明“告于高曾祖考妣之灵”，说明当时朝廷已经认可了庶民祭祀四代祖先。《教民榜文》在民间流传广泛，迅速得到了社会的接受和认同，影响了当时的祭祖风俗。

明初，命官可立家庙，庶民按礼只能“祭于寝”，但已经陆续出现专门用于祭祖的建筑，按照《家礼》，称“祠堂”。洪武年间的江西贵溪毕氏小田祠堂、天顺年间的淳安王氏环水祠堂都是庶民所建的祠堂，均有文献记祠堂事。

成化十一年（1475），国子监祭酒周洪谟言祠堂之制：“今臣庶祠堂之制，悉本《家礼》，高曾祖考四代设主，俱自西向东。考之神道向右，古无其说。惟我太祖高皇帝太庙之制，允合先王左昭右穆之义。宜令一品至九品止立一庙，但以高卑广狭为杀，神主则高祖居左，曾祖居右，祖居次左，考居次右，于礼为当。”[2]表明朝廷命官和庶民祠堂的建设已经到了需要引起制度性关注的状态，周洪谟建议改变《家礼》中神主牌的摆放顺序，以昭穆制代替《家礼》中的神道向右。另外，周洪谟认为应限制祠堂的数量和规模，品官只能立一庙，从中也可以看出，当时的建祠活动已经有了泛滥的趋势。周洪谟的建议得到了采纳，明宪宗命礼臣参酌更定。

1［明］熊鸣岐，《昭代王章》卷四《玄览堂丛书初辑》。转引同上。

2 明宪宗实录［M］，卷一三七，亦见《明史·志第二十八·吉礼六》。

3（明）李东阳等撰，（明）申时行等重修．大明会典．扬州：广陵书社，2007

4 参见《明史·志第三十·嘉礼二》。

弘治年间由大学士徐溥、刘健等奉敕撰修、正德四年（1509）由李东阳等重校刊行、万历年间张居正、申时行等重修的《大明会典》是明朝的典制，在卷八八《礼部·祭祀·品官家庙》中再次规定了祠堂制度："祠堂三间，外为中门，中门为两阶，皆三级，东曰阼阶，西曰西阶，阶下随地广狭以屋覆之，令可容家众续立。又为遗书衣物祭器库及神厨于东缭，以周垣别为外门，常加扃闭。祠堂之内，以近北一架为四龛，每龛内置一桌。高祖居西，曾祖次之，祖次之，父次之。神主皆藏于椟中，置于桌上，南向。龛外各垂小廉，廉外设香桌。于堂中置香炉，香合于其上。两阶之间，又设香案亦如之，若家贫地狭，则止为一间，不立厨房，而东西壁下置立两柜，西藏遗书、衣服，东藏祭器，亦可。地狭则于厅事之东亦可。"[3]其中关于祠堂开间、两阶的规定与《大明集礼》完全相同，不过说明了阶下为了让宗族中参加祭礼的人众站立，根据用地的大小可用屋顶覆盖。龛数、桌案、关于神主摆放顺序的规定亦与《大明集礼》无有不同。这一制度是对《大明集礼》祠堂之制的延续，也是基于《家礼·通礼·祠堂》的，不过更加遵守《家礼》，也比《大明集礼》详细很多。关于祭祖的过程也有了明确的规定，包括主持者、参与者、各人所处的位置、祭祀的流程等。"主祭者捧正祔神主椟，置于盘，令子弟捧至祭所。主祭开椟，捧各祖妣神主，以序奉安。子弟捧祔主，置东西壁。执事者进馔，读祝者一人，就赞礼，以子弟亲族为之。陈设神位讫，各就位，主祭在东，伯叔诸兄立于其前稍东，诸亲立于其后，主妇在西，母及诸母立于其前稍西，妇女立于后。赞拜，皆再拜。主祭者诣香案前跪，三上香，献酒奠酒，执事酌酒于祔位前。读祝者跪读讫，赞拜，主祭者复位，与主妇皆再拜。再献终献并如之，惟不读祝。每献，执事者亦献于祔位。礼毕，再拜，焚祝并纸钱于中庭，安神主于椟。"参加祭祖的人包括主祭、子弟、执事、读祝者、家族中的男性成员和主妇等女性成员，可见当时祭祖女性是可以出席的。《大明会典》的这些规定应来自当时被认可的仪式并受到祠堂形制的影响，同时也成为建立新家庙时须考虑的因素。

除祭祖之外，男性的成人礼也和祠堂相关。后世的冠礼依据的是古时的士冠礼，明洪武元年诏定冠礼，规定庶人也应行冠礼。据《明史》的说法，品官之下真正行冠礼的人很少。男子在十五至二十岁之间都可行冠礼，这是表示男性从此成年的一种仪式。冠礼结束之后，主人带领冠者到祠堂告知祖先，向祖先鞠躬。[4]

《大明集礼》卷六《吉礼六·宗庙》中以"品官家庙"、"家庙图"、"祠堂制度"、"神主式"、"椟韬藉式"、"椟式"、"品官享家庙仪"等条目做出了关于祠庙祭祖的规定，在"品官家庙考"中还回顾了历代的祭祖之礼：

> 先儒朱子约前代之礼，创祠堂之制，为四龛以奉四世之祖，并以四仲月祭之，其冬至、立春、季秋、忌日之祭，则又不与乎四仲月之内，至今士大夫之家遵以为常。凡品官之家立祠堂于正寝之东，为屋三间，外为

中门，中门为两阶，皆三级，东曰阼阶，西曰西阶，阶下随地广狭以屋覆之，令可容家众续立。又为遗书衣物祭器库及神厨于东缭，以外垣别为外门，常加扃闭。祠堂之内，以近北一架为四龛，每龛内置桌。高祖居西第一龛，高祖妣次之；曾祖居第二龛，曾祖妣次之；祖居第三龛，祖妣次之；考居第四龛，妣次之。神主皆藏于椟，置于桌上，南向。龛外各垂小廉，廉外设香桌。于堂中置香炉，香合于其上。旁亲之无后者，以其班祔设主椟，皆西向。

庶人无祠堂，惟以二代神主置于居室之中间，或以他室奉之，其主式与品官同而椟。国朝品官庙制未定，权仿朱子祠堂之制，奉高曾祖祢四世之主，亦以四仲之月祭之，又加腊日、忌日之祭，与夫岁时节日荐享。至若庶人得奉其祖父母、父母之祀，已有著令，而其时享以寝之，大概略同于品官焉。

可见朱熹和《家礼》中的祠堂之制对明初的家庙制度产生了主导性的影响，《大明集礼》的家庙制度规定了明确的祭祀世代、神主牌的摆放位置和顺序，以及祠堂位于正寝的东侧。另外有一些官位未至三品的士大夫，在宗族、宗祠的制度设计上也作出了令人瞩目的贡献，尤以庞嵩的小祠堂之制影响深远。

庞嵩，字振卿，号弼唐，南海张槎人，曾师事湛若水，嘉靖十三年（1534）中举，历应天府通判、南京刑部员外郎、郎中、云南曲靖知府等职，撰有《刑曹志》，时议称之。[1]五十岁时辞官归里，“晚从甘泉湛先生游，得其奥指。甘泉殁，居天关理厥家事。甘泉立有常饩以待四方学者，公代主之。每岁每月，率诸学子为会，当道诸公及里中缙绅群至会讲，公每出己意，发明宗旨。”[2]庞嵩在家乡建有竹启祠，族人在他去世后建三进的考睦祠祀之（现为弼塘小学），并将原来村名改为“弼唐村”，以纪念他。屈大均在《广东新语》中比较详细地介绍了庞嵩设计的“小宗祠之制”：

庞弼唐尝有小宗祠之制。旁为夹室二。以藏祧主。正堂为龛三。每龛又分为三。上重为始祖。次重为继始之宗有功德而不迁者。又次重为宗子之祭者同祀。其四代之主。亲尽则祧。左一龛为崇德。凡支子隐而有德。能周给族人。表正乡里。解讼息争者。秀才学行醇正。出而仕。有德泽于民者。得入祀不祧。右一龛为报功。凡支子能大修祠堂。振兴废坠。或广祭田义田者。得入祀不祧。不在此者。设主于长子之室。岁时轮祭。岁正旦。各迎已祧、未祧之主。序设于祠。随举所有时羞。合而祭之。祭毕。少拜尊者及同列。然后以馂余而会长。此诚简而易。淡而可久者也。吾族将举行之。[3]

1 参见《明史·列传第一百六十九·循吏》。
2 郭棐，《粤大记》卷14。
3 屈大均. 广东新语［M］. 北京：中华书局，1985，46.
4 同上书，卷二，地语·义田，54。
5 民国冼宝干撰《佛山忠义乡志》，当时的佛山镇范围约相当于今禅城区不包括南庄和石湾镇的部分。
6 凌建、李连杰主编，《顺德文物》，81.
7 参见：凌建，顺德祠堂建筑文化初探［M］. 北京：科技出版社，2008：72.

屈大均很赞赏庞嵩设计的祠堂制度，认为其既简便易行，又可持久，以至于准备在本族效仿，由此看来，庞嵩的祠堂制度在广府产生了具体的影响，从目前大量的祠堂遗存来看，大量的三开间祠堂的确采用的是庞嵩所描述的陈列神主的方式。庞嵩对宗族制度用心颇多，他还曾提出了宗族义田的抚恤标准，亦见载于《广东新语》："庞弼唐请分为三等。以田七十亩为上。五十亩为中。二十亩为下。上者勿给。中者量给。下者全给。若田至三五顷以上。须每年量出租谷入于家庙。以助周急之需。庶所积厚而施无穷。"[4]

三、广州府宗族祠堂的形制衍变过程

据《佛山忠义乡志》统计，仅佛山一镇，到民国初年，佛山镇有祠堂378座[5]，其中始建于宋代的4座，元代1座，明代8座，清代93座，民国8座，未确知建造年代的200余座。

不仅佛山，东莞、顺德、番禺、南海、从化等地都有号称始建于宋代的祠堂，建于宋元时期的祠堂在广州府已经没有遗存，而始建于宋元、重修于明清的祠堂大多采用了重修时期常用的材料和形制，因此只能根据祠堂建造的一般历史来作出推测，当时的品官家庙采用的应该是和中原相似的官式建筑形制。鉴于此时不允许庶民立家庙，许多宗族的族谱中声称祠堂建于宋、元时期，要么只能看作是他们的杜撰或者想象，并无实物遗存可为证据；要么在经历了后世的多次重建之后已经面目全非了。以顺德北滘桃村报功祠为例，文献记载始建于宋末，历经了明天顺四年（1460）、道光十九年（1839）、光绪八年（1882）仲夏和民国36年（1947）季冬的多次重修[6]，建筑的脊檩下刻有"大明天顺四年岁次庚辰十月"，是建造时间较早、具有较高历史价值的一座祠堂，但据咸丰《顺德县志》记载，此祠并非宗祠，而是为了奉祀在赴试途中遇风溺死的黎梦周和闻讯恸绝而死的黎妻莫氏而建造的。

用今天的眼光来看待明清时期广州府的宗族祠堂，会认为不同时期的宗祠大同小异，平面形制和造型都比较趋同[7]，这固然是因为今人已经很难像古人一样能够体会到祠堂中的许多微妙差异，也说明祠堂的形制总体上比较稳定。但是如果回到历史的语境中体察入微，就会看到在明清两代大约七百年的时间内，祠堂的形制既存在着地域的差异，也在不同的时间段经历了多次明显的变化。探究广州府的明清宗族祠堂，会发现其中存在着诸多的礼仪制度和形式制度，形式制度是礼仪制度的投影，礼制的变化总是有着空间上的响应，不同时期的宗祠形制设计总有各自的历史渊源或者文献依据。在广州府的不同地方，从兴起时间、规模、风格和局部的习惯上，也存在着一定程度的差异性。本节所讨论的是广州府的整体情况，涉及广州府内部的不同但并不主要针对这些差异，相关讨论将在第六章中涉及。

宗族祠堂是不断变换的社会和空间环境中不变的精神纽带，而这一纽带在形制的表现则是位于祠堂中轴线上的前门、中堂和后寝。在总体布局上，自始至终，“门—堂—寝”的核心地位和基本形制保持不变，只是有具体的变通而已，例如在明代中叶以后广泛存在着堂寝合一的做法，有些祠堂在中轴线上出现了后座或者牌坊，但为数众多的重要祠堂仍然以前门、中堂、后寝为最基本的建筑并遵循空间上的先后次序。从明初至清末，构成祠堂形制的基本元素较为稳定，户外元素以水面（水塘或者河涌）、庭为主，辅以阶、巷、天井、旗杆等，建筑单体以各堂为主，辅以廊、厢、钟鼓楼等，空间的分隔与转换以门、墙为主，辅以牌坊、照壁等。但有些元素出现的确切年代值得探讨，例如衬祠、镬耳山墙、月台等，很有可能是明代中后期才出现的。此外，同样的元素在具体使用上存在着一定的变化，例如牌坊，不仅不同时期其风格明显不同，其与头门的关系也颇有不同。

明初至嘉靖“推恩令”之前的宗祠建筑以品官家庙为主，在形制特点上，一般只有一路，从目前确知的明代宗祠建筑实例来看，存在着进数和是否使用牌楼的差别，但几乎都没有边路。而一些始建于明代的有边路的祠堂在后世都经历了多次重修，虽然主要建筑的构架、形式风格上都有明代遗风，但是不能认为其格局未加改变。

明代前期，广州府的一些地方望族已经开始有建立烝尝和祠堂的举动，明代中叶，许多缙绅之家建立了祖祠或者宗祠，虽然庶民家族此时也有了建祠的现象，但直到嘉靖朝庶民建祠真正开禁之前，规模较大、形制较高且能留存至今的祠堂仍然是高等级品官的敕建家庙，偶有旌表节孝和长寿的祠堂，如江门陈白沙祠、东莞南社百岁坊等。此时广州府的祠堂格局从前向后均以门、堂、寝为主，与《家礼》和福建的实例中以正寝居中并不相同。广州府的这些家庙以五开间为多，建筑风格上保留着较多的明代官式建筑的风格，甚至可以看到对重檐歇山顶的模仿，四柱三门的牌楼也较常见。目前所知的明代格构的祠堂其头门形制全部为敞楹式，鼓台已经出现。明代的祠堂占地较大，总体布局较为疏朗，前庭较为宽阔，但绝大多数采用了一路的做法，并无边路，这不由得令人猜想：衬祠是明代后期甚至清代初年才普及的。从目前已知的大量实例来看，许多始建于明代的祠堂有可能是在清代重修时加上衬祠的，这可以从建筑的记载、木构架和装饰等元素进行判断。

明代中叶的品官家庙已经在材料、结构和构造等方面开始了适应本地气候条件和自然资源条件的变化，例如空斗砖墙、蚝壳墙、鸭屎石、红砂岩等的应用，屋顶做法虽有官式建筑的影响，但屋顶曲线已经不大明显。山墙以硬山为主且人字脊为多，正脊以龙船脊较多。此时还未见拜亭和月台的实例。在嘉靖十五年的推恩令之前，对于庶民家族来说，祖堂之制尚未演变为家庙之制，后世出现在族谱中的祖祠要么很简陋，要么根本就不存在。

1《顺德县志》清咸丰·民国合订本，舆地略，风俗，944。

2 谭棣华. 清代珠江三角洲的沙田［M］. 广州：广东人民出版社，1993：71.

3 同上。

嘉靖朝庶民建家庙开禁之后，民间建祠活动风起。宗族内五代就可以自立房派，房派以下三代可建支派，房派和支派都可以建造宗祠，因此血缘村落里一姓可能有许多宗祠，这直接导致了梳式格局的定型，在建筑上则出现了大量规模较小的祠堂，在建祠蔚然成风的顺德，“小姓单家，祠亦数所”[1]。顺德北门罗氏在万历时，已“各建小宗祠三十所有奇”[2]。此时东莞祠堂已普遍采用门塾制度，在南番顺地区则不尽然。

康熙迁界、禁海结束以后，以番禺沙湾留耕堂、大岭显宗祠为代表的大型宗祠重新出现，可视为明末祠堂的遗韵。康熙、乾隆两朝也是庞嵩的小宗祠之制开始兴起的时期，以三开间敞楹式为主，三路三进成为等级较高的祠堂的主要形制，由此产生了较为稳定的青云巷、衬祠、廊庑的做法，前庭、中庭、后庭和边路天井院的关系也相对稳定下来。等级不高的祠堂或者财力有限的宗族的祠堂出现了各种变通做法，例如凹肚式的大门、正厅与寝堂合一等。康乾时期的祠堂建筑中牌坊多采用木结构四柱三楼的样式，头门喜用如意斗栱，屋顶有用琉璃瓦的情形，中堂正面较多设带通花窗的檐墙的做法。同时，人字脊虽然仍是主要的山墙形式，但采用镬耳山墙的祠堂数目增加较为明显。

明末清初战争带来的冶铁工艺的进步以及工具的改进，提高了加工硬度更高的建筑材料如花岗石、青砖等的水平，康乾间，鸭屎石、红砂岩等石材多次被勒令禁止开采，花岗石得到广泛应用，砖雕也开始大量出现。

乾隆、嘉庆、道光年间是祠堂建造非常活跃的另一个时期，一方面大量的祠堂被修缮、扩建，另一方面有大量的新建活动，所以酝酿了新的祠堂形制。由于祠堂从祭祀大宗和显贵转向普及化和庶民化，顺德北门罗氏到光绪年间，祠堂已发展至92间[3]。祠堂在数量增加的同时规模变小，小祠堂之制逐渐成为主导的祠堂形制，包括三开间的堂、门塾制度的广泛采用、石檐柱和虾公梁的定型、镬耳山墙的普遍应用等，屋顶基本不用举折，坡屋面一般呈直线，以书室、书塾等为名的私伙厅或太公屋大量出现。另外，正堂前的仪亭开始出现，应是对多雨气候的一种应对措施。此一时期合族祠已陆续出现。在乾隆以后，祠产的盗卖成风，在某种程度上也说明了其时大宗已经渐渐失去了以往的神圣意义，一旦与现实生活的利益相关联，文人之风便被抛诸脑后，只在衣带间飘摇了。

据光绪《广州府志》卷15《舆地略七・风俗》记载：“祭礼旧四代神主设于正寝，今巨族多立祠堂，置祭田以供祭祀。并给族贤灯火。春秋二分及冬至庙祭，一遵朱子家礼。下邑僻壤数家村落，亦有祖厅祀事，岁时荐新，惟清明则墓祭，阖郡亦俱相仿。”巨族多立“祠堂”，而那些不太兴旺的村落中祭祀祖先所用的则是“祖厅”，祠堂和祖厅显然不仅是文字上的区别，而存在着形制或者类型上的明显差异。清代中叶以后，大量增加的祠堂显然不可能和明末清初一样以体量较大、规格较高的建筑为主，而是出现了许多小型的三开间甚至单开间的祠堂。在广州府，随着宗族的繁衍和世系的不断增加，在科举或者经济上较为成功的主要房支可以建造“祠堂”，但是大多数支派建造的是“祖厅”，祠堂和祖厅都称作“众人太公”，至今在小洲、碧江等村，都有称作“厅”的建筑。而祭祀两代祖先以内的，许多由祖屋改建而来，俗称“私伙太公”或“私伙厅”。[1]

同治、光绪年间，在镇压太平天国之后，朝廷以宗祠来重新维系传统的社会组织方式，因此祠堂得以回光返照，建造了许多较大规模的祠堂。以佛山的兆祥黄公祠为例，祠堂坐西朝东，占地约3060m^2（未计地堂、水塘），建筑部分东西长67.57m,南北宽31.40m。建筑平面布局为三路四进，中轴线上布置头门、拜亭、正厅、祭堂等主要单体建筑，较为独特的一是在一进院落与享堂之间有一座歇山顶的拜亭，二是在祭堂之后尚有一进天井院和一座两层的主要单体建筑，且后座建筑从细节做法和材料上明显不同于前几进建筑，建设年代应稍晚。两侧的边路对称布置衬祠，以青云巷与主要单体建筑连接，为清末民初广州府祠堂较为典型的做法。中路上的主要单体建筑除拜亭为歇山顶、最后一进为两层楼外均为单檐硬山顶，面宽、进深各三间。建筑设计精巧，装饰华美，在南番顺地区的祠堂建筑中颇具代表性。值得一提的是，省城出现了较多合族祠，尤其是广州陈氏书院，有别于明清以来的任何一种祠堂形制，气魄宏大，装饰极其烦琐，费资甚巨，纪念性让步于财富炫耀和世俗的功利性，显示了城乡关系的转变。

以东莞寮步横坑村不同时期的祠堂为例，可以看到形制的变化。本文选取了四座保存相对完好的主要祠堂（图5-20～图5-23），村中规模最大、规格最高、型制最古的祠堂是位于旧村中部的“钟氏祠堂”追远堂，族人称“大祠堂”。另三座祠堂分别为易斋公祠、南沼公祠和北菴公祠，据族谱世系表，可知并非“大宗”之长，而是一“房”之长，各房分别立祠正与华南社会以“房”为继嗣特点相一致。易斋公祠亦称祖祠，采用较为早期的型制，且保存有道光年间的重建记录；南沼公祠和北菴公祠则规格较低，均则采用了单院落、三间两廊的民居形式。

追远堂建成于明嘉靖八年（1529），乾隆二十八年（1763）经历大修并开辟了祠堂前的甬道，竖立了“四垣谏议”牌坊。1994年再次经历大修，但是这一次的修缮不当之处较多：屋顶全部采用了绿色琉璃瓦，正脊和行龙脊饰明显不合旧制，牌坊焕然一新，钟楼、鼓楼采用混凝土结构且样式明显与其他部分不相吻合。整个建筑群的原真性未能得到良好的维护。易斋公祠，是九世易斋公的祠堂，始建于明末，曾经是村中四大私塾之一。道光六年重建，现状南侧廊大部已毁。南沼公祠是九世南沼公的祠堂，始建于明末。除正脊脊饰和檐下灰塑修缮不当外，整座建筑基本保存完好。北菴公祠，是嗣松南沼派北菴支北菴公的祠堂，北菴公世代不详，约为二十世。祠堂当建于清末。在人民公社时期曾经作为生产队存放生产工具、记工分的场所，“文革”时期破坏了主要的装饰，现为后人的杂物间。四座祠堂表现出了某些相似的特点，也折射出了不同时代的痕迹，各种差异显示了

1 陈志华先生注意到在浙江的房派和支派都可以建造宗祠，这种宗祠叫做“厅”而不叫“祠堂”。房派的厅叫“众厅”，以下的厅叫“私己厅”。不足三代的，不能建厅，只许在老祖屋里设龛祭祀，叫“香火堂”。其情形与广州府颇为相似。

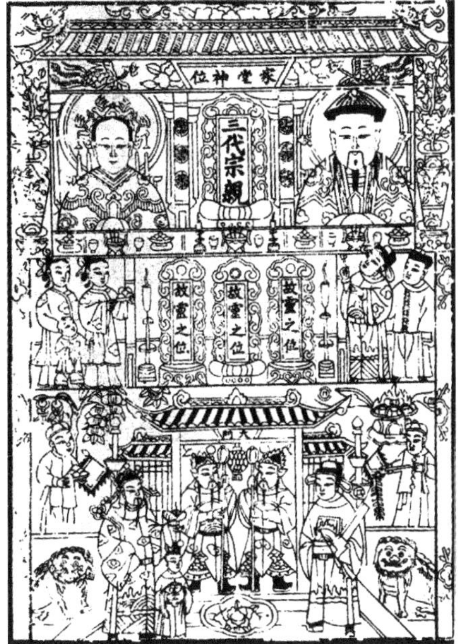

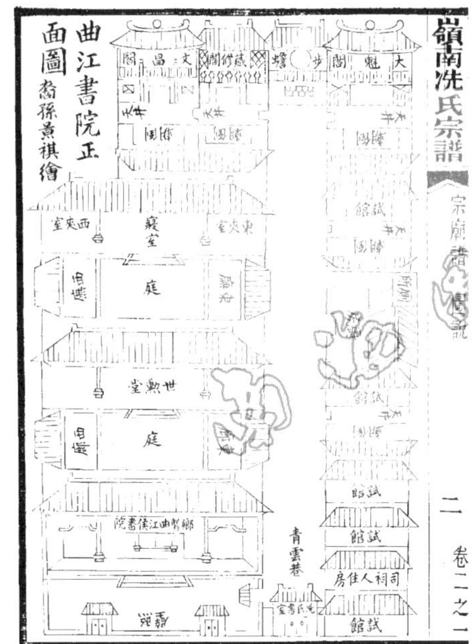

※图5-18　山东平度版画“家堂神位”中供奉着三代宗亲
（来源：常建华《岁时节日里的中国》）

※图5-19　《岭南冼氏宗谱》所载的曲江书院形制图
（来源：南海图书馆）

※图5-20　横坑村四座祠堂的规模与平面格局

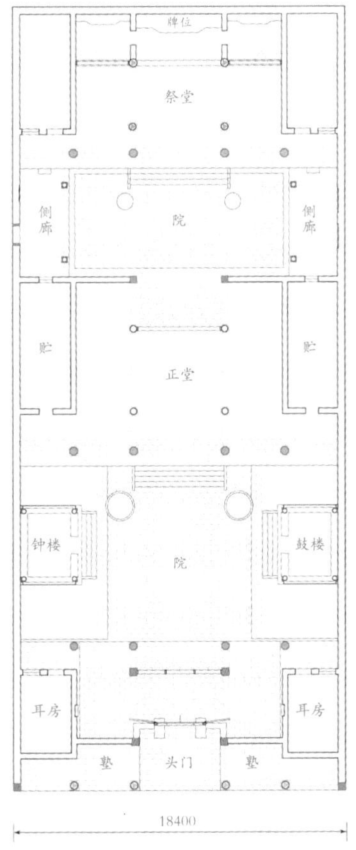

正堂
侧廊
院
侧廊
塾
头门
塾
9690
易斋公祠

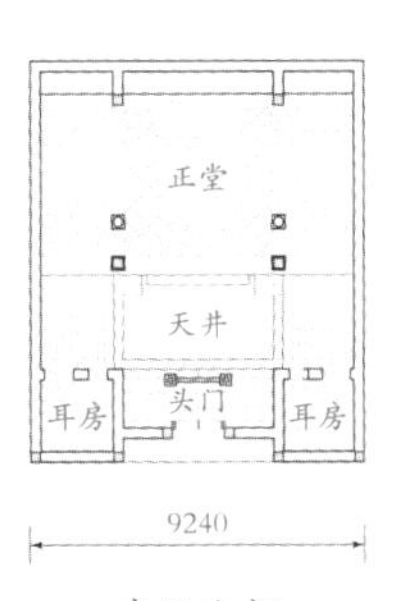

正堂
侧廊
院
侧廊
耳房
头门
耳房
8960
北菴公祠

42135

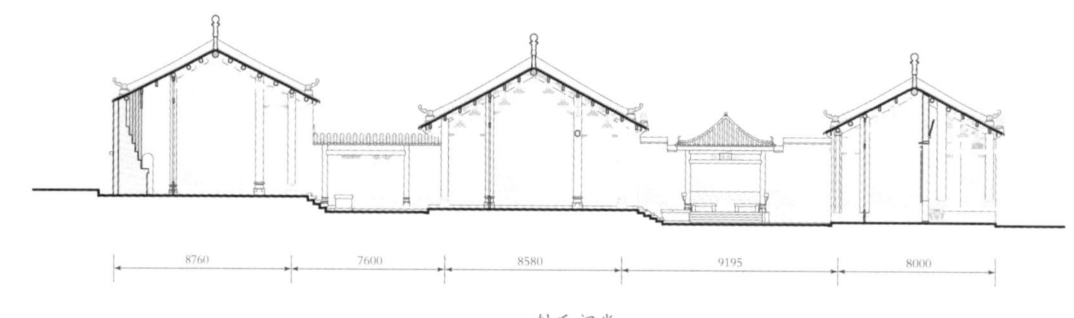

※图5-21　横坑村四座祠堂沿纵向轴线的剖面

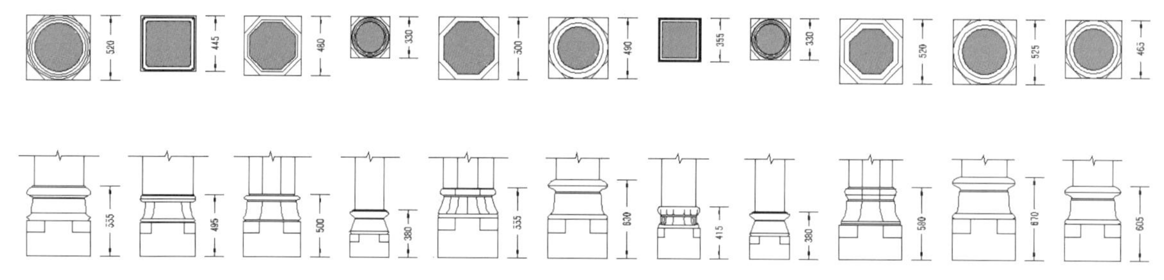

※图5-22　横坑村钟氏祠堂的柱础

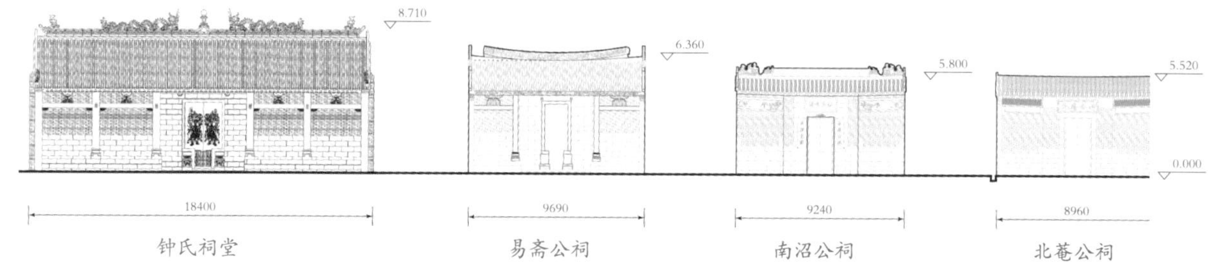

※图5-23　横坑村四座祠堂的正面[1]

1 注：钟氏祠堂的屋面和脊饰经过了不当修缮，并非原貌；北菴公祠的屋面被覆盖了板瓦；易斋公祠和南沼公祠的装饰亦都遭到装饰亦都遭到了不同程度的损坏，但这些不影响文中所说的关于地方性特点的判断。

2 见祠堂内的《重建易斋祖祠碑记》。

祠堂的建造因各种原因而采用了灵活的建造对策。下文是对四座祠堂的一些比较。

钟氏祠堂坐西向东，有前中后三堂、两进庭院。规模较大，现存建筑群开间18.4米，进深约42.15m。主要建筑头门、正堂、祭堂均为五开间，只可惜1994年重修时对脊饰和屋面采用了与以前不同且不协调的形式，村中主事者承认以前的脊饰并非如此。头门在大门外设有双塾（当地俗称包台或吹台），全部用红砂岩砌成，当心间为大门，两侧均有房间但留出了檐柱，平面上逐步向中间内凹；头门檐下的木雕当为乾隆年间重修时所更换；大门形式颇为古老，除设上下双档门之外，门口立有青石墩；大门板、仪门为1994年时重做。进到前院，最为特别之处是两侧分置有钟楼、鼓楼。据村中的老人介绍，虽然材料用了混凝土、绿色琉璃瓦，但是基台和原来一样大，钟楼、鼓楼从前就有。因为这里曾经被作为小学使用，所以很多人都对此有印象。从现场情况看，台基也已被重修，而攒尖顶的亭子明显在风格上与其他建筑不同，在乾隆二十八年的《重建钟氏祠堂碑记》中亦未见记载。院中左右各种有蒲葵一株。中堂位于五阶高的基座上，进深达到了10.2m左右，两端尽间建有耳房，堂上高悬“追远”堂匾。绕过挡门进入第二重庭院，院内地面用红砂岩铺砌，两侧建有卷棚顶的侧廊，廊下有历次重修、捐助课金芳名等石碑。祭堂进深约9.6m,祭堂中放置牌位的神楼按照原来形式重修，牌位按昭穆制度排列。

易斋公祠，坐西向东，面向水塘，单进庭院，面阔9.4m、进深约18.2m,头门和正堂为三开间，庭院两侧有侧廊。道光六年重建，“仍旧基而经始，外设包台，内建两廊，复增两房，以为子孙读书之所”[2]。

南沼公祠位于水塘边，朝向东略偏北，两进一院，面阔9.24m,进深10.76m,是四座祠堂中规模最小的一座。大门周边包石均用红砂岩，门楣中央雕菊花图案；进门之后有中门，天井3m深。正堂之中有砖砌的供台和神位，显系近年所建，但所供奉的牌位则自九世祖南沼公始，最为奇特的是堂上供奉的除有牌位外，竟有五十余坛骨灰。究竟是南沼一支不能入土为安，选择将骨灰供于堂上，还是放置少量骨灰而具有某种象征意义，未能知其缘由。据族谱记载，南沼公夫妇合葬于禾仓厦，并有墓碑，但南沼公牌位边亦有骨灰坛。

北菴公祠型制上与南沼公祠较接近，宽8.96m,进深12.52m,显示在用地控制或营造尺使用上较为相似。与其他祠堂明显不同的是，除正堂檐下两根红砂岩石柱外，整栋建筑完全用砖墙承重，正堂中的次间用砖砌成带阁楼的房间，仅当心间被留出作为祭祀空间。

钟氏祠堂是横坑唯一的三进祠堂，越往后建筑的台基越高，建筑自身的高度也越高，祭堂室内地面高出中堂室内地面0.5m,中堂地面高出头门地面约0.55m,与包台标高接近平齐。和本地一般多重院落的祠堂一样，前院比后院宽阔，庭院的宽度与建筑的高度、瓦屋面的坡度都保证了过白效果的实现。头门、中堂和寝堂都采用抬梁木构架，除檐下所用柱子用红砂岩外，其余用木柱。中堂脊檩下用蜀柱，另有贯穿整个剖面、刻成龙纹的叉手，正堂的脊檩则用瓜柱承托。因规格较高，建造年代较早，故结构构件尺寸较大，檩间宽度一般在72cm左右，木雕洗练、有力。主要单体建筑的高度－进深比[1]为0.8~0.88，建筑进深较大，但未采用勾连搭或者将前檐做成小卷棚顶，气势较恢宏。钟氏祠堂的柱础颇有特点，整个祠堂共用柱30根，其中石柱26根，木柱4根，全部用红砂岩柱础，因位置不同，柱础会在形状和装饰上略有不同，整个祠堂共有11种柱础。柱础显得敦实、有力，主要柱子的柱础边长大约52cm,而且柱础上均有柱櫍。

易斋公祠朝向东南，宽9.4m,进深约18.3m,两进一院。头门设有包台，墀头的红砂岩雕刻精美，封檐板用如意纹木雕。正堂构架为抬梁式，檩间宽度也为72厘米左右。木构件的雕刻较为洗练，但是红砂岩雕刻应该在道光年间重建时采用了当时的风格，和钟氏祠堂的红砂岩雕刻相比，要精巧、纤细得多。

南沼公祠在四座祠堂中进深最小，因采用民居形制的缘故，头门的高度-进深比为1.7，正堂为1.08，屋面坡度与钟氏祠堂相近，空间显得局促很多。此外，庭院已经变成了天井。正堂的木构架还保留着明末的一些特点，石柱顶端做成栌斗状。脊檩下既不用蜀柱也不用瓜柱，而做成驼峰，檩间距只有46cm左右，用材较小。

北菴公祠在整体格局上与南诏公祠相似，但天井稍大。与众不同的是正堂的结构形式，前半部为抬梁式，而后部采用砖墙承重，就连前部的梁架也架在檐柱和承重墙之间。

因为修建时期不同，加之均经过不同程度的修缮、改建，所以四座祠堂在装饰上明显不同。钟氏祠堂的行龙脊饰为不当加建，除此之外雕饰朴素、简洁有力，易斋公祠有精美的墀头雕刻和垂脊兽，南沼公祠檐下用国画题材的灰塑，北菴公祠的灰塑则用莨苕叶花纹。

除去这些不同之外，四座祠堂之间也存在一些相似的地方性特征。

首先，大量使用红砂岩作为建筑材料。不仅包台、虾公梁、檐柱、勒脚、门边包石用红砂岩，连磨砖对缝的清水青砖墙也用红砂岩包角或者有立起的隅石。在广州府，一来因为红砂岩较易风化，二来因为更加坚固的花岗岩开采技术日趋成熟导致开采和运输成本下降，清初之后红砂岩逐渐被花岗岩取代，但在横坑，红砂岩的广泛使用一致延续到清末民初。这应该说与东莞盛产红砂岩有关，在燕岭有很大的红砂岩采石场，因而成为建筑的常用材料，加之红色比较吉利，因此红砂岩的大量应用就成为横塘建筑很明显的特征。

另外一个与广州府祠堂建筑常见的平直屋檐不同的是，四座祠堂的屋檐中部有略微的下凹，形成柔和的曲线，连檐下的灰塑也在视觉上造成向中间倾斜的印象。

1 这里的高度采用室内地平至脊顶的距离，宽度采用前檐滴水到后檐滴水间的距离，以下同。

2 参见何汝根，而已《沙湾何族留耕堂经营管理概况》，刊于《广州文史》，五十四辑，广东人民出版社.

3 刘志伟．从乡豪历史到士人记忆［J］．历史研究，2006.

4 参见吴庆洲，《广州建筑》。

四、案例解析：留耕堂

坐落于番禺沙湾北村的留耕堂是本地何姓的大宗祠，是广州府最闻名遐迩的宗族祠堂之一，固然因其建筑的壮美和装饰的华丽，同时也因为修建这座大宗祠的是富甲一方、拥有数百顷尝田的何姓望族。

据李昴英《何德明公像赞》，沙湾何族始迁祖何德明在南宋度宗初年从广州迁至沙湾定居，始耕于青萝嶂下的三枝岗边，田约三顷，名“润水围”，进而耕于南面梅湾“南牌田”，亦约三顷，其后转耕九牛石潮田，后渡过沙湾水道，向南面大沙田区西樵、大乌头、南边埒至大、小乌等地扩耕。六年，以官价向广东常平司购置官辖荒田、荒地，包括西至九牛石、东至蕉门、北起沙湾水道、南达香山义沙的大片沃野和水坦，计约三百顷，奠定了宗族的基业。何家历代重视沙田开发，至明嘉靖间，已扩展到滘尾沙，按陈白沙所赠十四字对联为沙田的编号。乾隆四十年，何宏修买得白水潭田20顷，改名为新沙，编定“天、地、玄、黄、宇、宙、洪、荒”等字号，每一字号皆埋铁牛数只于田边四角，上立石界，相互印证以免日后田界之争。乾隆六十年，何道亨将扇背沙沙尾截断，分出青滘沙，其沙东接万顷沙，南联义沙，北联新沙，青滘沙共筑九个围，名号编为“肃、立、恭、敬、毅、温、廉、塞、义”，九围皆下埋铁牛，别立名为“九德”。后更拍新围，以“宫、商、角、徵、羽；元、亨、利、贞；孝、悌、忠、信；吕……”等名之。时计金沙160顷，加成滩10顷，对河田角围10顷，草滩20顷，合称200顷。[2]留耕堂的族田也随之与日俱增，在万历十五年（1587）仅有14亩，明末增至2144亩，康熙五十七年（1718）达16409亩，乾隆年间增加至31676亩，至民国9年（1920）达到了惊人的56575亩[3]，各小宗祠及私人亦置田35000余亩。

留耕堂始建于元至元十二年（1275），元末毁于兵燹，明洪武二十六年（1393）重建，正统五年（1440）扩建，清康熙三年（1664）迁界时拆毁，康熙二十七年（1688）、二十九年（1690）先后重建[4]，现存的留耕堂主要就是康熙年间的遗构。何氏大宗祠的牌坊上原来有心学大儒陈白沙所题“荫德远从祖宗种，心田留与子孙耕”的对联，故又称留耕堂。祠堂位于一处舒缓的坡地上，背靠象贤岗，坐北朝南，三路四进，规模宏大，气象庄严，占地面积达到3434m^2（未计水池和天街）。中路从南至北分别是方形的水池、宽阔的大天街、五开间的头门、四柱三门的三凤流芳牌坊、丹墀、有月台的拜厅（大宗伯厅）与象贤堂、留耕堂，其中象贤堂为祭堂，留耕堂为寝堂，拜厅与祭堂通过勾连搭屋顶连为一体。两侧有衬祠、钟楼、鼓楼和廊庑，没有青云巷。

方形的水池位于整座祠堂的最南端，是留耕堂建筑群空间序列的前奏。水池四边均为整齐的红砂岩石砌驳岸，比祠堂的通面阔略宽，观者在池的南端可以看到阳光照耀下的头门的倒影。现在水池的四周有一圈花岗石栏杆，应为后来所加。

寝堂
祭堂
牌坊
头门
旗杆夹
水池
衬祠
玉虚宫
天街

（a）

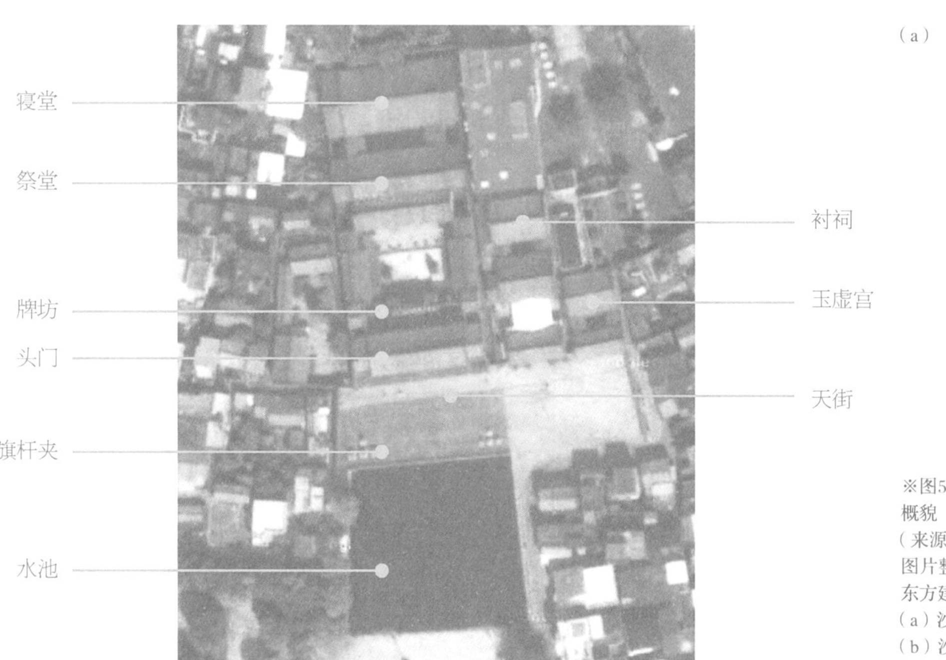

※图5-24　沙湾何氏大宗祠留耕堂概貌
（来源：笔者根据Google Earth卫星图片整理；测绘图自华南理工大学东方建筑文化研究所）
（a）沙湾何氏大宗祠留耕堂鸟瞰
（b）沙湾何氏大宗祠留耕堂平面图
（c）沙湾何氏大宗祠留耕堂纵剖面图

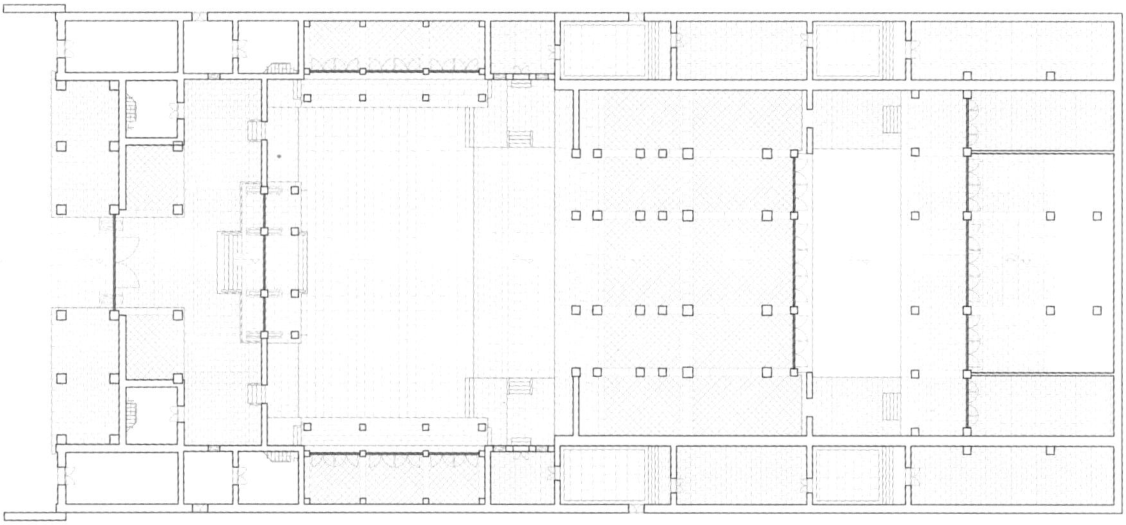

（b）

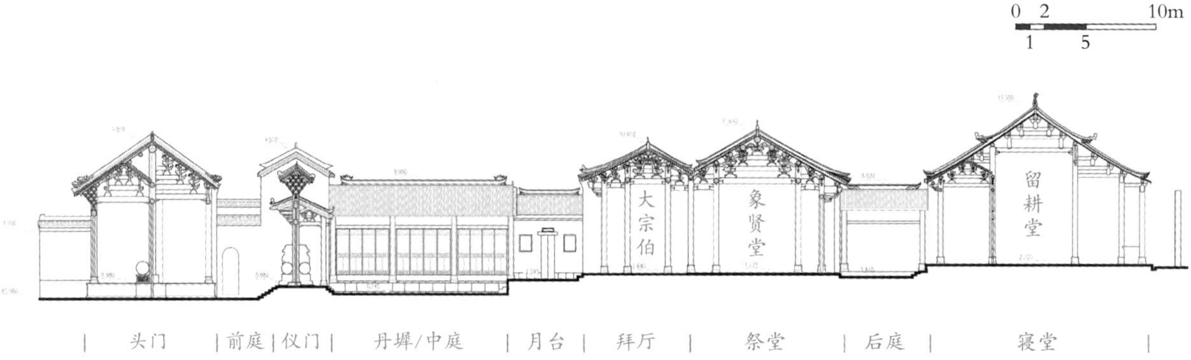
0 2 10m
1 5
大宗伯
象贤堂
留耕堂
头门
前庭
仪门
丹墀/中庭
月台
拜厅
祭堂
后庭
寝堂

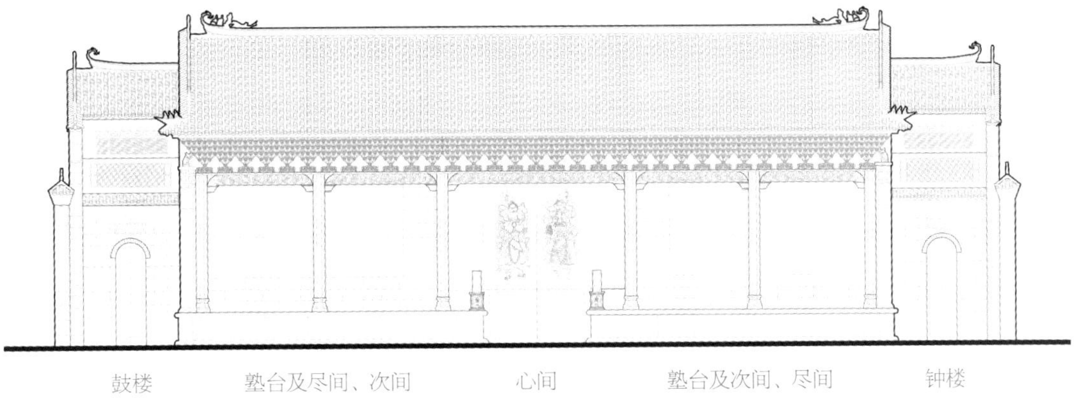

※图5-25　沙湾何氏大宗祠留耕堂头门立面图

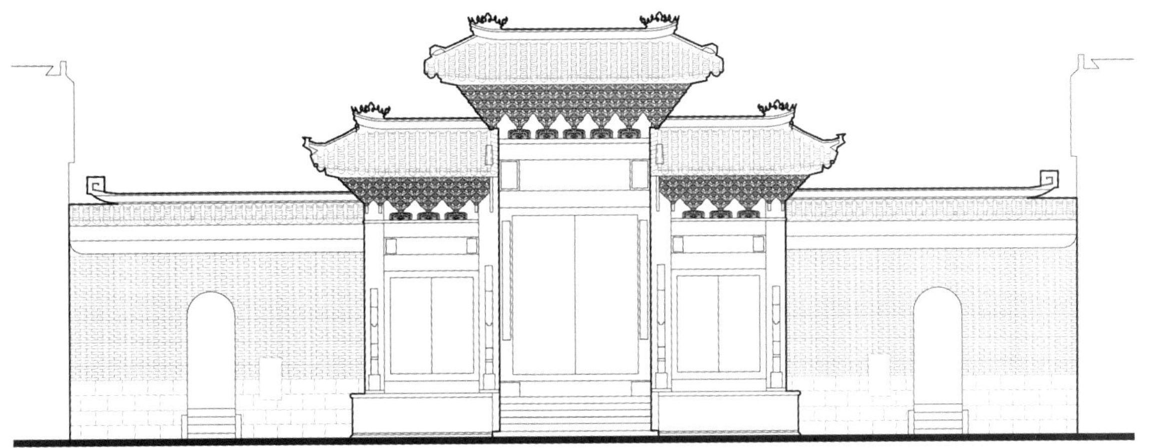

※图5-26　沙湾何氏大宗祠留耕堂仪门立面图

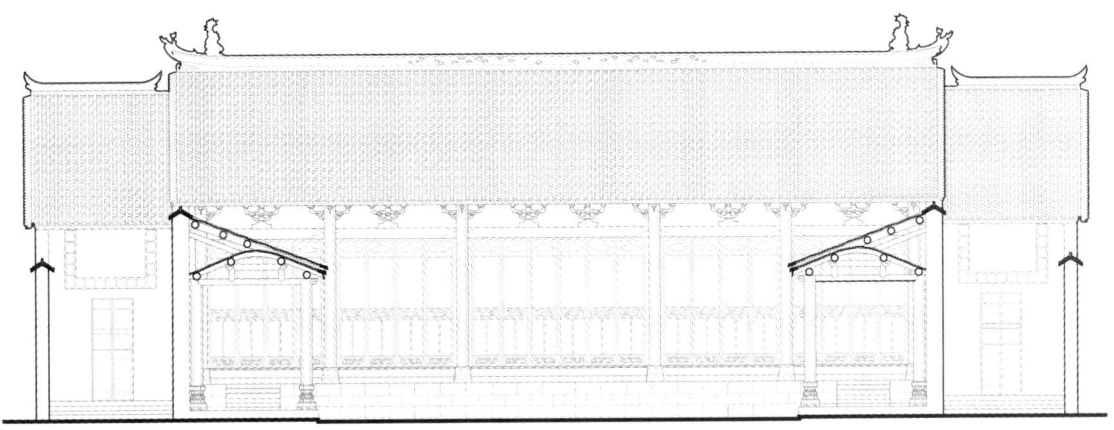

※图5-27　沙湾何氏大宗祠留耕堂寝堂立面图

水池的重要作用之一就是为从远处走近祠堂的人提供观看头门的开阔视野，在水中还可以看到头门的倒影，如果水池边修建了栏杆，将会遮挡头门的基座和部分墙身，从而不能对头门的完整印象和正确的形式比例感受，水中的倒影也将被拦腰截断，因此一般来说，水池边不会建造栏杆，而多建造较矮的石墩来提醒人们注意安全。

水池的北面是宽敞的大天街，从池边到头门塾台的外边共有十余米深。整个天街的地面都用宽度300~350mm的条石铺砌，在临近水池地方，左右分列着驻马石和8个旗杆夹石，记录着族人曾经取得的功名，旗杆现已不存，惟余夹石。从头门之外的户外空间开始，留耕堂就展示了恢宏的气度。天街的东西两侧各有一堵砖墙，顶端有以龙、凤、麒麟等祥瑞为题材的灰塑。

大天街的正北面就是气度雍容的头门了，头门面阔五开间，进深两间，空间高敞，装饰精细华美，具有南番顺地区清初祠堂头门建筑的许多代表性特征。头门通面阔23.35m,通进深9.73m,檐口高度7.24m,正脊高度9.85m。头门在形制上的重要特点是采用一门四塾，外塾为迎宾唱名所用的礼台，内塾为奏乐所用的八音台。在材料和构造上，檐柱采用鸭屎石，平面为八边形，而嵌在分心墙中的则是圆形的木柱。在装饰上，檐下采用了出五跳的如意斗栱，驮墩上雕刻有精美的花鸟图案，这种做法一度成为康乾之间广州府宗祠的时尚，大岭村的显宗祠就完全模仿了这一做法，而且聘请的是相同的工匠。大门外的梁架装饰繁复华美，在屋顶下另外形成了卷棚顶。头门正脊用龙船脊形式，屋顶为人字脊硬山顶，但檐角模仿了歇山顶的做法，与如意斗栱的尽端相呼应。大门分为上下两档，上档门扇上绘着巨大的门神，是分别手持宣花斧和金瓜锤的武将，下档门供平日出入。大门外有一对红砂岩门墩石，刻有瑞兽和吉祥图案，其上各置石鼓一个。大门两侧悬挂着“前人修后人续享之绵绵，大宗同小宗异钦于世世”的楹联，上方则是红底金字的“何氏大宗祠”匾额。

紧靠头门的，分别是东侧的钟楼和西侧的鼓楼，钟、鼓均置于木楼阁之上，楼阁的基座是一层高、朝向天街开门的房间，门楣上分别刻有“入孝”和“出悌”，钟鼓楼的外墙为红砂岩，墙顶是砖砌的花式栏杆。

头门之后，经过浅浅的前庭，便是八柱三间三楼的仪门了，根据南面“诗书世泽”石额上的题刻，仪门重修于康熙丙申年（1716），北面的题额是彰显何氏家族荣耀的“三凤流芳”。仪门基座宽11.22m,进深3.79m,用石柱8根。明间宽度为4.27m,门框高度4.60m,门宽3.12m,形式上与头门的风格相呼应，额枋上施雕花驮墩和如意斗栱，出五跳，屋顶为歇山顶，正脊用草尾龙船脊。两次间各宽2.862m,门框尺寸为2.06m,装有趟栊门。门框上有三层红白二石云纹鸟兽透雕的横枋，上有驮墩和出五跳的如意斗栱，后部则为卷棚歇山顶。仪门是通向丹墀和正厅的主要通道，两侧均为青砖墙，墙上开有券门以连通两侧廊庑。

走过仪门，进入宽阔的中庭，因为铺地为红砂岩，故借用了皇家的称谓“丹墀”。前庭东西两端均有侧庑，由靠近侧庑的东西阶登上高出前庭地面三尺的月台。月台台基上有古朴、精美的雕刻，其内容为“犀牛望月”、“二龙戏水”、“双狮戏珠”“苍松文理”以及松、竹、梅、菊花、牡丹等图案，刀法洗练，应是明代的作品。

留耕堂的拜厅和祭堂（即象贤堂）采用了勾连搭的屋顶形式，柱子一共有28根之多，远远超过一般祠堂祭堂的数量。由于拜厅也为五开间，因此平面上与象贤堂一气呵成，通面阔24.53m,通进深达到了18.30m,营造了肃穆的空间氛围和恢宏的空间印象。拜厅面阔五间，其中明间宽6.51m,次间宽4.29m,尽间从柱中至山墙中线宽4.72m,中央三间开敞，两尽间砌檐墙，墙上带有漏花窗。拜厅进深三间，梁十架，双坡硬山顶，前檐以插栱挑出。堂上悬挂“大宗伯”横匾，源自何德明的长子何起龙曾任太常寺正卿的典故。象贤堂与拜厅相接，共四排柱，其中前檐柱即拜厅的后檐柱，进深四间，前进两架，二进七架，三进两架，最后一进位于后金柱和后檐墙之间，后檐墙中未设柱。拜厅前檐滴水下沿至地面6.46m,屋脊高度9.18m,象贤堂正脊高度为10.13m,高出拜厅正脊0.95m。象贤之名来自于从广州清水濠迁至沙湾青萝嶂的留耕堂始祖何德明之号。

出象贤堂继续向后是宽24.53m、进深仅6.22m的后庭，以两侧廊下的东西阶通向寝堂即留耕堂。留耕堂高出后庭0.86m,面阔五间，两尽间与侧廊相接，进深四进16.08m,十七架，其中前进为卷棚。前金柱之间通设槅扇门，后进的明间设放置祖先神主牌的龛位。

留耕堂中路建筑两侧并无青云巷，衬祠紧贴中路建筑而建，以天井与中路相通。

综观留耕堂的总体形制，其构成元素非常丰富，包括水池、天街、旗杆、头门、仪门、月台、东西阶、拜厅、祭堂、寝堂、钟楼、鼓楼、衬祠、侧庑、侧廊、前庭、中庭、后庭、天井院，共有14座单体建筑和4处连廊，尤其中路的空间序列极为完整，主体建筑规模宏大，气象庄严，装饰古朴，并采用了门塾制度、拜厅、前檐墙、东西阶、如意斗栱等明末清初广州府祠堂的典型做法，结构上砖、木、石并用，侧墙以蚝壳砌筑，大量采用了青砖漏花窗，具有浓郁的地方特点，不愧为广州府宗祠建筑的典范之作。

五、清代广州府城市中合族祠的纷现

（一）城市中的合族祠现象

在清代尤其是清中后期的广州城内，陆续出现了一些以“书院”、“书室”、“书舍”、“试馆”、“别墅”等为名的祠堂建筑，以原贡院附近的大马站、小马站、流水井、仙湖街、北京街、越华路、广卫街等处分布最为集中，其中兼有宗祠和书院之名的有羊城庐江书院（何家祠）、考亭书院（朱家祠）、三益书室（江、何、黎三姓合族祠)、平所书院(赵家祠)、冯氏始平书院、余氏见大书院、关氏书院、黄氏浩然书院、陈氏太邱书院、劳氏桂阳书院、马氏冠英家塾、黄氏千顷书院等，也有些径称“家祠”、“祖祠”、“大宗祠”。清代在广州城内所建的祠堂至清代末年不仅没有随着科举制的废除而停止，反而越建越多，且渐趋宏阔，这一趋势一直延续到了民国年间。据统计，直到20世纪90年代，广州旧城区内尚存祠堂式建筑一百余座[1]。其中不乏占地广大、构架雄伟、装饰华美者，有些甚至远远超出了明代中叶的品官家庙，成为一方的标志或象征，以规模而论，当以位于西关连元大街的陈氏书院(俗称陈家祠)为最，占地达到二十余亩，主体建筑面积达到6400m^2，形制更是五路三进九堂两厢抄，中路的主要厅堂为五开间，头门采用一门两塾，装饰极其华美以至有泛滥之嫌。

与位于乡间的宗祠相比，这些祠堂在兴建目的、组织、选址、建筑形制和规模等诸多方面有着明显的不同之处，其中有些变化是实质性的，多次引起了官方的不安甚至激烈反应。若详加推究，会发现这一类建筑中的确存在着很多看起来不合常理也不合常礼之处，正是这些“怪现状”引发了官方的关切和担忧。

首先，发起、组织和参与建祠的人并非来自同一家族而主要是来自较大范围、有时还跨越了府县的同姓但不一定同宗的家族联合体，甚至还有多姓家族共同兴建祠堂的例子，也就是说，在很多情况下参与建祠的宗族之间并不存在共同的系谱，这是与官方意识形态中的宗法和礼法相悖的，什么原因促使了这一类有违礼制之嫌的祠堂大量出现?

其次，建造的地点并不在建祠者的聚族而居之地，大多远离乡里，位于并无族人居住的城市中心或者城郊。因为广州是省城，故来此建祠的不仅有广州府的宗族，还有来自广东省内其他各府如肇庆、潮州、韶州、嘉应、南雄、雷州等地的宗族。因为倡建者来自不同的地方，大多远离省城，在广州的祠堂内举行祭祖仪式并不方便，既如此，可见建造的主要目的并非为了祭祀共同的先祖，所以这些建筑要么不称祠堂，要么有其名而无其实，那建造这些祠堂建筑的真正目的又是什么?

在清代的广东地方文献中，将以上这类在城市之中由多个宗族共同建造的祠堂式建筑称为“合族祠”，《白云、越秀二山合志》卷九《志祠》:“广州自耿、尚屠城之后，城中鲜有五世萃居者，故无宗祠，有则合族祠耳。”在广府地区的族谱中亦可见到合族祠的说法，《羊城庐江书院全谱》在《序言》中云:“庐江书院者，省垣合族祠也。”香山《程氏族谱》卷二十《事迹・祠宇》中记载有:“合族祠在省城归德门内魁巷北向，门首署曰:‘程氏书舍’。”不仅在广州，在广州府的其他城镇如东莞、佛山和相邻各府的城市如肇庆、开平、梅州，都有类似的合族祠，但以省城广州最为集中。

日本学者牧野巽在20世纪40年代末发表的论文《广东的合族祠和合族谱》中，

1 参见：黄佩贤．清代广州的合族祠[M]//岭南考古研究论文集．广州：中山大学出版社，2001.

2 钱杭．关于同姓联宗组织的地缘性质[J]，史林．1998，3.

3《羊城古钞》卷三。

也采用了“合族祠”这一称谓，他研究了位于广州梯云里的苏氏武功书院和位于西关的陈氏书院的合族谱，认为“合族祠是在非常广大的范围内，以同姓为条件，将血缘关系不明确的远在各地的同姓宗族结合起来的一种组织，是在各宗族的上层构造之上建立的象征同姓各宗族团结的组织”[2]。

目前所知的广州最早出现的合族祠是于明天启二年（1622）兴建的冼氏大宗祠，在《岭南冼氏宗谱九卷》卷二之三的《宗庙谱三・碑记》中，记载了祠堂兴建和重修的始末，康熙二十九年（1690）冼国幹所撰《重修冼氏大宗祠序文》记有：“天启二年，诸父老卜地省城贤藏街，深十七丈二尺四寸，阔五丈一尺三寸，东向鼎建大宗祠，共四大进，左右余地留为小巷。”其后冼氏大宗祠分别于道光、光绪年间进行了修缮或扩建，均记录在了冼氏的宗谱之中。

一反明末以来祠堂逐渐小型化的趋势，合族兴建的祠堂中多有建造规模宏大者，占地面积可以达到数千甚至上万平方米，建筑形制奇特，造型高峻，甚至采用一些上古之制；前庭宽敞，营造出疏朗的氛围，而非广府常见的紧凑、精致的庭院格局；细节装饰极为华丽，除了广府常见的地方性素材之外甚至还引入西洋建筑元素和铸铁等新材料。这些变化是时代特征在宗祠上的自然反映，抑或有着特别的意义？在惯常的理解中多少带有保守色彩的祠堂为何成为当时具有创新色彩的建筑特征的极好载体？

明代，广州的人文景观和自然景观较前代有了很大的发展。人文景观多属祠、寺、观、楼之类，如六榕寺、光孝寺、怀圣寺包含着佛教文化、伊斯兰教文化的内容，而更多的祠、楼主要是儒家文化的体现，如玉山楼祀越先贤高固、杨孚、董正、罗威等，名德祠祀“历代名德”；五贤词祀“宋周程张朱五子，以乡贤唐张九龄、赵德、宋余靖、崔与之、李昴英，明丘濬、陈献章、湛若水、梁储、方献夫、霍韬、黄佐、海瑞、庞嵩、何维柏、杨起元、区大任配”；大忠祠祀宋文天祥、陆秀夫、张世杰；五先生祠祀南园五先生孙贲、王佐、赵介、李德、黄哲，“以五先生曾结社吟咏其地”；“永赖祠祀都察院副都御史庞尚鹏”；报德祠祀明巡按广东监察御史潘季驯。此外，还有白沙祠，祀陈白沙；文康祠，祀内阁首辅梁储；文简祠，祀尚书湛若水；文敏祠，祀尚书霍韬；文襄祠，祀内间大学士方献夫；文裕祠，祀学者黄佐；迂冈祠，祀状元伦文叙；汪公祠，祀广东参知政事汪广洋；吴公祠，祀两广提督吴桂芳，等等。[3]

顺治年间，耿精忠、尚可喜屠城，占据民宅，致毁坏无数。康熙二十二年（1683）削平藩王之乱后，伴随着城市的商业复兴，合族祠也逐渐兴盛起来，在康熙年间，多座合族祠先后建立，显然建祠并非为了方便全省的同姓族人前来省城参加祭祖仪式，而有着其他的目的或者说功能，例如便于来自不同地区的同姓宗族的人员在省城做生意或者赶考时落脚。不过，根据现有的文献资料来看，此时的合族祠都以祠堂的名义和形制建立起来，也会在祠堂中供奉神主牌。到了乾隆之后，越来越多的合族祠采用了试馆或者书院的名义，原有的合族祠中也多数增建了试馆或者文塔等与科举相关的构筑物，显然为进省城赶考的族中子弟提供住处成为这一时期的合族祠中最重要的功能。在光绪八年官府的统计之中，广州城当时有85间合族祠。

牧野巽看到了合族祠所具有的进步意义，而没有将其看成乡间的祠堂在城市中的简单复制，“合族祠是各地的同族团体以对等的立场组织起来的；其结果，就为这类组织带来了许多与近代的民主组织非常相似的行会的性质。合族祠透露了中国社会固有的民主主义倾向。”[1]

（二）合族祠的名与实

黄海妍在《在乡村与城市之间——清代以来广州合族祠研究》一书中，区分了三种不同的合族祠：一种为试馆、书室，是一种扩大了的宗族组织；一种是以联宗方式建立的合族祠，参与建祠的同姓宗族之间可以追溯到一定的世系关系，往往供奉共同的入粤始祖；第三种则并不基于“宗族”的观念，加入这一类合族祠的各“房”完全不能追溯到共同的世系关系，所供奉的始祖大多是一个非常遥远的同姓名人。[2]

三种不同类型的区分十分有助于理解纷繁复杂的合族祠堂，正因为合族祠本身的多样性，所以难以用简单的概括下定论。判断合族祠的性质不能仅仅依据其自我标榜的题额，而应从其建祠的目的、组织、位置、实际功能和具体事件的影响等角度加以考察。

另外，合族祠始于明末，而盛于清，其发展经历了数百年的历史过程，在不同的时期，合族祠是否有着不同的兴建目的、主要功能和形制区别？换言之，合族祠的性质是否与历史过程中的具体时间段落相关？

广州府的城市和乡间都有大量的名为书院、书室、家塾的建筑，前文中已经讨论过，乡间以书室、书塾、家塾为名的建筑有一部分是供族中子弟读书的学堂、书房，但更多的则是私伙祠堂。在城市之中，除了以“陈氏书院”为名的广州陈家祠之外，还有非常多的合族祠以书院为名，可以说蔚为大观，似乎斯文鼎盛。而在官府看来，这些祠堂书院并非什么正经的读书之所，不仅不加提倡，还多次采取了严厉的取缔措施，在咸丰二年（1852），就曾称合族祠“虽有书院、义学等项，皆祠堂之别名，均此一律严令禁止”[3]。

祠堂从乡间的熟人社会来到了城镇的陌生人社会，它所代表的共同体并非以血缘为纽带而主要以姓氏为纽带，这一类祠堂建筑中，头门的门楣石或匾额上常见的题写是书院、书室、家塾或者试馆，它们究竟是书院还是祠堂呢？

刘伯骥在1939年出版的《广东书院制度沿革》中并未收入家祠书院和以书院为名的合族祠，究其原因，便在于许多祠堂书院虽有书院之名，甚至也承担书院的部分职能，但却不能称为书院，也有些祠堂根本就无书院之实。

1 同上。

2 黄海妍．在城市与乡村之间——清代以来广州合族祠研究［M］．北京：生活·读书·新知三联书店，2008：2-16.

3《清代广东档案》。

4 参见：钱杭．血缘与地缘之间——中国历史上的联宗与联宗组织［M］．上海：上海社会科学院出版社，2001：42.

5 黄泳添，杨丽君主编．广州越秀古书院概观［M］．广州：中山大学出版社，2002：3.

6 蒂莱曼·格里姆．广东的书院与城市体系［M］//施坚雅主编．中华帝国晚期的城市．叶光庭等译．北京：中华书局，2000：571.

7 顾炎武，《日知录》卷二十三，通谱。

8 张尔岐，《蒿庵闲话》卷二。

合族祠和宗族祠堂也有着本质上的区别，牧野巽曾经指出合族祠和普通宗祠的不同在于“构成合族祠的族人不一定能认可相互间确实的血缘关系，甚至还在充分认识这一点的同时，利用同姓这一条件，通过对远祖的祭祀来实现联合。”[4]

也就是说，这些合族祠既不是书院，也不是普通的宗祠，却又似二者的混成。合族祠中既有功能偏向书院、试馆者，也有偏向于祠堂者，许多合族祠最初以祠堂为名，而后更名为书院或者试馆，事实上，书院和祠堂本身便有着许多在精神和形制上的相通之处，到了清代中后期，合族祠甚至可以看作是书院和祠堂的一体。

祠堂和书院二者在价值观上存在着内在的关联，曾经在相同的时期同时得到了朝廷和官府的提倡，而且同样经历了从精神转向世俗的过程。在空间形式上将祠堂和书院连接起来的正是古代的门塾制度，塾曾经是朝廷教化乡民的场所，后来成为教育族中子弟念书的建筑；祠堂和书院在制度上的接轨则是膏火制度和祭祀仪式。

回顾一下历史，就会发现广东祠堂建设的高峰时期与书院的建设高潮有着某种程度的一致。长江流域和东南各省的第一次书院建设高潮大约在南宋时期，广州府在这一时期并没有重要的书院开办，整个广东在南宋一朝也只有26所书院创建[5]；第二次书院的集中建设时期是在明朝嘉靖年间，其时广东每十年开办约17.3所书院；第三次高潮是在清朝，清初顺治皇帝诏令各地“不许别创书院”，书院创设陷入停滞，但雍正十一年（1733年）至嘉庆间则达到每十年20.4所[6]，而广州府是广东书院最为集中之地。随着历史时期的推移和社会背景的变化，广东的书院也从最初对“山林隐逸”的追求发展到对科举考试的务实适应。

（三）官府对合族祠的打击

祠堂与书院兴衰的轨迹十分相似，都顺应了官方对礼制和理学的提倡，不过，有一段时间，城市中的合族祠受到打压而书院却不在此列，就有合族祠用书院的名字而用祠堂的形制建立起来，或者易名为书院。以至于出现了一些奇特的现象，许多合族祠有书院之名，而无书院之实；有祠堂之制，而少祠堂之用；有会馆之用，而无会馆之名。

参与建造合族祠的各房形成了联宗，联宗并非基于血缘关系，虽有同姓作为借口，在本质上却有违宗法制度和礼教原则，因此遭到了许多传统儒家学者的批评，顾炎武就认为对联宗应严加禁止，在他看来，联宗“皆植党营私，为蠹国害民之事，宜严为之禁。”[7]还有学者批评联宗建合族祠的功利性目的掩盖甚至突破了世系关系，“凡同姓者，势可藉，利可资，无不兄弟叔侄者矣。”[8]除了传统儒家学者的口诛笔伐之外，合族祠的修建还常常遭受到地方政府的压制，乾隆、咸丰、光绪年间都有官府批评合族祠甚至要求禁止的记载。

乾隆三十一年（1766），广东巡抚王检在《请除尝租锢弊疏》中将宗族联合作为械斗的重要原因，他建议将宗族的财产限制在百亩以下，以根除械斗的积弊。六年之后，广东巡抚张彭祖更是奏请禁毁合族祠，其原因乃是城内合族祠众多，以至“把持讼事，挟众抗官”，因此奏请一律焚毁。正是因为张彭祖的上疏，广州城内的合族祠纷纷易名“书院”，这一事件记录在了多种广东地方文献中。

冼宝幹所修《岭南冼氏宗谱》第二卷《曲江侯书院记》中记载，冼氏的合族祠本来叫“冼氏大宗祠”，为了避免遭到官府的镇压而改名为“曲江书院”。康熙二十九年（1690）重修之后的序文仍自谓“冼氏大宗祠”，文中显露出来的态度也颇为虔敬：“日久倾芜，今值圣天子劳来安集，众议重修祖祠。”[1]而到了道光乙酉（1825），对于同一组建筑群，冼文焕在所撰《重修曲江书院碑记》中，已经自谓“曲江书院”了，行文也格外小心：“康熙二十九年三山公倡议兴修寝院……嘉庆己卯焕与沂同叨乡荐，诣祠谒祖，父老咸集，爰议重修之举……经始辛巳六月，越三载而工始竣。”又据《曲江侯书院图记》：“乾隆三十七年，巡抚张彭祖以城内合族祠类多把持讼事，挟众抗官，奏请一律禁毁。于是各姓宗祠皆改题书院。我祠之以书院名亦由于此，故祠制也”。说明冼氏大宗祠是在张彭祖上奏请毁合族祠之后改名为曲江书院的。陈际清的《白云、粤秀二山合志》也记载有：“乾隆间有合族祠之禁，多易其名为书院、为试馆。”

据咸丰二年（1852）《清代广东档案》记载：“民间建立宗祠，本为祀先睦族而设，自应在于本籍乡里，就近建立，……岂宜舍本乡本土，远涉省垣，纠集同姓创建。且省会地方，人烟稠密，以圜匮栉比之所，而杂以祠堂逼处其间，不特有碍于居民，抑亦街邻所共恶。况城乡远隔，尝祭固不得及时，宗族亦虽期毕集，殊失立祠之本意。乃粤东恶习，每喜在省会建立公祠，争相慕效，几于随处皆有。揆厥所由，无非一二好事者，籍端敛赀，希图渔利。凡属同姓不宗，皆得送资与祠，即可得牌片移设祠内。其出费者虽平生素昧，可联为一家；不出赀者则近代亲友亦置诸膜外。”这段记载对合族祠的建造地点和用出资换取牌位入祠的联宗方式提出了质疑，认为在远离本乡本土的省城建合族祠是为了纠集同姓，因致祭不便，失去了修建祠堂的本意，建合族祠被看作是好事者欲谋利而为之，利用了喜好攀比的社会心理。

光绪年间，官府再有取缔广州城内合族祠的举措。据《嘉应州志》记载：“然爰奉乾隆二十九年由江西省卷奉上谕，直省无论州府县城内，不准妄联姓氏，创立祠宇之例。亦奉光绪元年广东布政使、按察使[2]为出示严禁事，查核城内有祠宇85处，坐向款式逐一载明清册，详禀立案，嗣后各姓不得纠众添建祠宇，致碍民居等情。光绪八年又经前牧陈公善圻出示严禁欲造之祠宇，后亦无敢倡此举者矣。”

合族祠受到官府的禁止和取缔，其深层原因在于与国家礼制不合，因此也就不利于国家秩序，例如陈氏书院，虽然联络的都是陈姓的宗族，建筑的形制模仿祠堂，还供奉有祖先牌位、编纂族谱并举行祭祖仪式，但这些宗族之间并没有可

1《重修冼氏大宗祠序文》，《岭南冼氏宗谱九卷》，二卷。

2 此两处的“使”原文为“史”。

3《岭南冼氏宗谱九卷》。

4 同上。

靠的血缘关系，也没有明确的世系关系，以地名而非某位先祖作为房的名称，在本质上并不是宗族祠堂。

取缔合族祠亦有着空间上的原因。正如《清代广东档案》所言，这些合族祠占用五方杂凑的城市中心的用地，因为这些祠堂以合族之力建造，相对规模较大，常会影响周围民居的出入和光线，“致碍民居”，为街邻所恶。合族祠往往禁止赌博、严禁妇女在场、在正祠泡茶、外人入内和占用其他房的房间等，也有各房轮流管理，但因为并无族人定居于此，易致管理不善，在《岭南冼氏宗谱九卷》的《宗庙谱·碑记》中，就记载有冼氏大宗祠曾经“误赁梨园，至溷扰喧呶，堂庑弗肃”[3]，也曾遭官府怀疑为聚赌之所并险遭查封，“奈优伶恃衙门惯熟，恬然不恤幸，右营游府擒获赌党，详解究办，限五日内搬迁，同时戏馆以窝赌被封者四家，本祠幸免于难。县主出示张挂，门首内云，查得冼姓书院亦有聚赌情弊，但经前举人冼文焕等秉称在案，似此无庸封变云云。”[4]加上往来合族祠的多为外地人，在举行乡试和祭祀活动时辐辏云集，声势浩大，不受当地居民的欢迎，易招物议，这些建筑很难真正融入所在的城市社区。此外，祠堂在规模、材料、形制和装饰上相互攀比，外表堂皇，往往引起路人和周边居民的瞩目，常招致怨言。

和禁建合族祠的政令形成反差的是，省城之中的合族祠越建越多，越建越大，筹建陈氏书院始于光绪十四年前后，距离上一次的禁令只有六年的时间，而且陈氏书院的用地和建筑规模都达到了空前的地步。光绪元年时，官府采取的是毖后不惩前的策略，事实上承认了之前已建合族祠的合法性，结果也就为后来的建祠者留下了寻求合法解释的空间，例如通过邀请具有较高社会地位的官绅来主持修建和修谱，或者通过与书院产生联系，表面上提高在礼制和法制上的正当性，以此规避官府的禁令。

合族祠一般同时供奉神主和为科举考试服务，所供奉的神主数量多者达到数千甚至上万个，根据格雷牧师的观察，谭姓宏帙祖祠的祭坛上摆放着三四千个神主牌。也有不摆放神主的合族祠，如萝岗钟家馆。甘氏书院《规条》：“建祠原以妥先灵，亦为各房应大小两试及候补、候委晋省暂住而设”。李氏潭溪书院亦明确该书院是新会七堡乡申祖房修建，“为申祖房子孙应试、侨居之所”。清代的乡试在省城的贡院举行，而南海、番禺两地的县试也在广州举行，有些合族祠的确有试馆之用，尤其是距离贡院较近的地方。例如，何姓的合族祠庐江书院于光绪二十年（1894）清点过财产，除了正祠之外，还有大厅和39间供前来参加乡试的生员和参加县试的南海、番禺子弟居留的房间，每个房间都设有厨房。据何氏族谱所记，参与建祠的各房均有一间，共有200个房（实际上是199间）。冼氏大宗祠先后加建了试馆和奎楼，其目的显然指向参加科举考试的士子。

（四）城市合族祠中的血缘—地缘关系问题

要认识城市中的合族祠的实质，不能仅仅依据其自身的命名，除了本章所讨论的祠堂使用、管理问题之外，还必须回到建造祠堂的目的、组织方式以及祠堂与建造者的时空关系中来，其中最重要的是这些祠堂的血缘－地缘关系问题，因为参与兴建合族祠的并非来自同一家族而主要是来自较大范围内的同姓，甚至有多姓家族共同兴建的祠堂。

传统的广府城市中存在着两种类型的祠堂，一种是由本来就聚居在城市里的大家庭或家族所拥有的祠堂，广州府较多的城镇是由集村发展而来的，例如佛山镇、顺德的陈村和逢简、东莞的石龙、南海的九江等。以佛山为例，因为它是由分布于莺冈、表冈等十余个冈地上的村落开始发展起来的，各村落中的宗族仍然属于“地域世系群”[1]。在集村成长为城镇或城市之后，村落中原有祠堂的作用仍然和之前一样，各自的祠堂和本地其他的乡间祠堂在形制上大致相同，仍是血缘共同体的建筑表现。另外一种祠堂就是村落之间被填充和加密而渐渐形成城镇以后由多个宗族（根据某种关系，其中的首要前提是同姓）建设的合族祠，最为典型的便是俗称陈家祠的陈氏书院了，还有大、小马站的书院、试馆。

对城市中的祠堂的讨论不能离开对城市中的宗族的讨论。裴达礼曾经借助家庭的三种形式：对偶家庭、血统家庭和联合家庭，区分过城市中的大家庭、宗族和联宗[2]。大家庭经济上不分家，财产共有；宗族是由许多经济上独立的家庭作为宗族成员而组成的，总体上又因为共享族产或者其他公共财产而多少有着经济上的关联；家庭在直系和旁系的扩大方面往往是有限的，例如因为人员的增加、结构的臃肿以及世代增加以后带来的血缘关系逐渐疏远等问题而面临分家析产，但宗族可以不顾五服或分家而无限代扩大。大家庭和宗族的相同之处主要表现于以祖先的名义、通过一定的仪式来凝聚成员，加强共同意识。联宗或同宗既不同于家族，也不同于一般意义上的宗族，而是同姓宗族（有时候也会是有渊源关系的多姓）的联合体，合族祠往往以“尊贤配享”为主要目标，并且会以通谱为各成员建立起共同的祭祀对象。

钱杭明确定义了联宗：若干个分散居住在一个（或相邻）区域中的同姓宗族组织，出于某种明确的功能性目的，把一位祖先或一组（该姓的始祖或首迁该地区的始迁祖）认定为各族共同的祖先，从而在所有参与联宗的宗族间建立起固定的联系。这个过程就是“联宗”的过程[3]。他同时指出，联宗的基本单位并未个人也非家庭，而是同姓的宗族，同时，联宗是基于某种功能性目标而达成的，而非自然性的血缘联系。与此相似，裴达礼将联宗定义为“为了某种特定目的而组织起来的同姓宗族的集合体”。

裴达礼曾试图解释为什么宗族很少见于城市而主要集中在农村，他从人与土地的关系着手进行分析，因为农村宗族的实例在于它拥有以土地为基础的财富，而且来自土地的经济收益与空间的在场不可分，只有在场的人才能享受到以筵席、

1 莫里斯·弗利德曼在《中国的宗族与社会》一书中，把“由居住在一个聚落内或稳定的聚落群内的父系成员所构成的自律性集团”，称为“地域世系群”（local lineage）。与此相似的一个术语是“地域化世系群（localized lineage）”，弗利德曼在《东南部中国的宗族组织》一书中，用此术语来指称聚居于村落或村落一隅的宗族。

2 裴达礼．传统城市里的大家族［M］//施坚雅主编．中华帝国晚期的城市．叶光庭等译．北京：中华书局，2000.

3 钱杭．关于同姓联宗组织的地缘性质［J］．史林．1998，3.

4 裴达礼．传统城市里的大家族［M］//施坚雅主编，中华帝国晚期的城市．叶光庭等译．北京：中华书局，2000.

5 同上。

6 同上。

地方公共设施或者少量实物分发的形式所体现的宗族共有的利益，所以只有地理位置上不变的人才能获得来自宗族祖田的经济利益。之后，裴达礼通过城乡的经济差别和社会差别来阐述了为什么同样的现象不会出现在城市：城市提供了更高的效率以及可使个人较快提高经济得益的机会，趋向宗族之类集合体的动力弱很多，而且城市里的地理流动性大大高于乡村，因此难以形成固定和持久的家族关系。[4]相反，因为土地的共同所有权仍然在不断提供利益，所以搬进城市的人往往保留着农村的基地。裴达礼还讨论了城乡生活的差别对宗族发展样式所起的重要作用："中央政府管理不够的农村是一种狗咬狗的社会，那里的宗族是用来防御各种危险的重要手段。家族受到公认伦理的强有力的支持，是组织起来的极好基础；组织越庞大，就越是安全。而在城市里，法律和社会秩序是个较不迫切的问题。另外，在农村存在着相当大的经济均匀性，它所引起的分裂倾向要小于层级较多的城市……"[5]作者虽然采用的是一种功能论的解释，但是把功能与空间的关系结合讨论，简明而切中要害。

裴达礼还说明城市里的宗族确实存在，归纳了其与乡村的宗族的区别："这种宗族在发展方面和社会意义方面，都比农村宗族受到多得多的限制。首先，成员之间很可能存在极小的经济差别，因为一产生差别，就往往以分裂告终。其次，城市宗族不大可能具有传代方面的深度，因为世代的死亡可能引起宗族内不同部分的不均衡发展，而且分裂因素又会起作用；第三，城市宗族不大可能富裕，因为城里的有钱人从宗族组织中得益甚少；第四，城市宗族很有能显示职业方面的均匀性……"[6]如他所说，城市化的程度越高，维持宗族的可能性就越小，越是接近农村，利益的均匀性就越大，宗族就越容易保持联合。

如果这些特点的归纳是正确的，那么反映到城市中的祠堂上，除了用于炫耀的祠堂例如佛山兆祥黄公祠、简氏宗祠之外，大多数应该是规模不大的，有钱人所建的宗祠不仅用于自家的仪式还是可以供全族的人使用，从简照南另外建有佛堂来看，祠堂有可能并不是仅仅为小家所用。

宗祠的确会部分地起到行会会馆或者驿馆的作用，因为在城市里，职业方面存在着一定的均匀性，正如在工商业非常发达的佛山，叶家经营纺织、黄家经营中成药、简家经营烟草业、霍家经营冶炼业等。虽然城市之中的血缘关系会被地缘关系冲淡，但是在广州府的传统城市中，无论是商业还是工业，都有血缘在其中流淌。

那么，城市中的同宗和祠堂又为什么会大量出现呢？正如多位研究者已经指出的，广州府城市中合族祠的大量出现是与本地区的近代化、城市化过程紧密联系在一起的，而并非主要源自宗法上的需要。

萧公权认为，"城市是社会影响和政治影响的中心，常被规模较大、组织较强的同宗选为大宗祠的所在地，大宗祠即由位于郊区的分祠所共有、资助的公有或中心宗祠。”[1]在他看来，原先住在农村内的人联合其他同姓但不同宗的人在城市建造同宗祠堂的目的是想获得非法的利益，建立一种可以依靠的权利集团。

广州同样存在着大家庭或者宗族，并非所有的祠堂都是合族祠。例如顺德的一个梁姓家族来到广州之后发迹，1909—1911年间，在1851年买的那块位于番禺的地上建起了祠堂，番禺的那些土地成了宗族的祖田，租给其他人种。梁家还在广州有三家商店、顺德有一座祠堂、两处地基、一块桑地和一个鱼塘，其后代住在祠堂周围的地区。[2]从这个实例来看，梁姓的确是在努力建构一个和谐的福利宗族，在顺德和番禺都有祠堂，每个祠堂周围都有本族的族人聚居。鉴于当时的政府所提供的公共福利是非常有限的，事实上城市中的市民必须依靠某种形式的小团体来保障成员的基本福利，而家族当然具有了先天的优势。但是这种福利的确是有约定俗成的先决条件的，那就是空间上的相对聚集，对土地的固守换来了稳定的聚落形态和生活形态，离开这一空间的结果并不仅仅是物理上的孤单，而是变成心理和经济上的失去依靠。乐从沙滘西村的陈氏家族则是另外一种情形的福利，家族中的某些人取得商业上的巨大成功之后，回馈乡里，建大祠堂，甚至新建成片的住宅供同族的人居住。

但显然，广州城内的祠堂中合族祠仍然占据着绝对多数，大量的独立宗族形成联宗，共同出资建造合族祠，在建造中的股份往往通过祠堂中所供奉的神主数量来表示。为了不与乡间的祭祖时间相冲突，城市中的合族祠往往会在春秋和清明时节附近挑选一个时间来举行祭祖仪式，甚至创造出类似“小清明”这样的新的祭祖日，但合族祠中最为常见的仍然是春秋两次祭祖，在祭祀之前会张贴告示、知会各房。

（五）合族祠案例：广州陈氏书院

1. 陈氏书院的议建

敬启者，我太邱太祖德高汉代，荫贻后昆，奕叶蕃昌，散布于粤中者，类成巨族。今切水源木本之思，为崇德报功之举，邀集宗族在羊城西关连元大街买得基地一千井有奇，议建宗祠。我粤中各房昆仲，或为值事，或出主陪事，经众议定《章程》，辰下各昆仲极为踊跃，业已交易地价，诹吉兴工，诚恐未及周至，谨修函奉达，敬请家先生大人惠临公所面商一切，并通知尊处亲房，倘欲出主陪享者，祈早日到公所挂号。诸叨玉成，曷胜铭感。从此宗敦族睦，数厥典而无忘；云蒸霞蔚，庆远条之益茂。肃此驰布，顺候蕃祺，统希朗照不宣。

家先生大人座右

倡建陈氏书院公所绅耆值事公启

1 参见《中华帝国晚期的城市》，607。

2 参见《中华帝国晚期的城市》，607页。

3 笔者根据黄海妍、鲍炜《从〈陈氏宗谱〉看清末广州陈氏书院的兴修》中所发表的复印件整理、标点，见黄淼章主编《广东民间工艺博物馆文集》（第二辑），37页。

这是在广东新会景堂图书馆《陈氏宗谱》中抄录的光绪年间在省城广州倡建陈氏书院的公告《广东省各县建造陈氏书院》[3]，倡建者共有昌朝、宗询、福谦等四十八人，其中包括了后来于光绪十八年（1892）考中探花、曾任翰林院编修和国史馆总纂等职的东莞陈伯陶和曾任总理各国事务大臣的吴川陈兰彬等。正是通过广泛的联络和积极的宣传，最终合广东七十二县陈姓族人之力，建成了堪称广府祠堂奇葩、俗称“陈家祠”的“陈氏书院”。

陈姓是广东最大的姓氏，可谓粤中巨族。陈姓发源于妫满的封地陈国，即今河南周口市淮阳县，倡建书中将广东陈姓的共同先祖追溯至汉代的太邱太祖。这份公告开宗明义，以追本溯源、崇德报功的名义，邀集粤中各陈姓宗族在省城议建宗祠，可见虽以倡建书院为名，兴建的初衷其实是合族祠。在发出公告之时，已在广州西关连元大街买下基地共一千余井，此处的“井”为“平方丈”，说明购得的基地已在一万平方米以上。从公告的内容看，本来已经完成了购地、诹吉兴工，但为了吸收更多陈姓宗族的参与，才发出了倡建书。

在光绪十四年（1888）四月制定的《议建陈氏书院章程》中，列明了有关择址、督建、题捐、祭祖、财物和日常维护管理诸事项的章程，以下所列是节选自章程地与建造较为相关的条目：

——议书院必须择地，现请堪舆先生择得吉地，相连数百井，坐在广州城西门外龙津桥之西，共连元大街，与奎光字院、文疆书院比邻，堪舆先生云，得五星聚奎之象，洵胜地也。现在买地定贴内言明，用木石九五尺量，每井价银壹拾两，填地至本处宝石路，高一式，如有未填者，计未填处每井扣出银贰两，已交地价银壹千两正。

……

——议大粤中各房入主陪享正座，每位科银肆拾两；旁座每位科银贰拾两；厢房每位科银拾两。

……

——议公举管账数人，所有数目归其登记。及设立簿仔，交管银者照数支给，按月将数目张挂公所内，并督理建造各事宜。

——议公举督理建造工料数人。

——议董事者俱帮理数目及帮理建造各事宜。

……

——议升座之后进支数目备办祭品，分班轮值司理。

——议递年各房子孙有中举中进士，点词林侍卫及第者，应送花红，容再集议。

——议逢大科宾兴之年，八月□日，集各房昆仲，肃整衣冠，行团拜礼一次。

——曰书院宜名实相顾也。议落成后，倘有余款，则多置产业，为作育人才经费款。每年应备春秋二祭要款外，提出租息若干，延品学优长老师在本书院讲学课文。凡我祠子孙果系聪明敏捷、材学有成、无力求师者，准入书院课读，由书院酌助膏火。另每月设文会一次，酌给奖赏以士气。仍增设内试寓，以便各房赴考。

——曰合族祠宜和睦宗也。议联宗后，凡属宗亲，遇有以强凌弱，以众欺寡，或械斗不休，或缠讼不息，或意外株连者，可赴本祠投知，传集众绅调处。总期息事为先。或理屈恃强，不遵众议者，公同代为伸理，以免寡弱者苦受欺凌。

——曰题捐宜加踊跃也，如有题捐款项最巨者，首陪享位，其余论捐数之多少，陪位序之高卑。

……

光绪十四年岁次戊子四月谷旦创建陈氏书院绅董公启

显然，陈氏书院的选址在选址时经过了风水先生的相地，觅得广州西门外一块“得五星聚奎之象”的吉地。购地的价格为每井十两银子，章程中说明采用九五尺丈量，换算成今天的长度和面积计量单位，九五尺一尺约35cm[1]，一丈约为3.5m,则一井约12.25m^2，每平方米土地的地价约为八钱一分六厘银子，每亩约需544两银。购地时对场地的标高进行了约定，未填土的基地每井扣银二两。

陈氏书院的账目、督理建造工料均由公举的专人管理，董事有监督账目和建造之责。对于建成之后的使用，既考虑了祭祖仪式，也颇重视科举考试。祭祀仪式的筹办由各房分班轮流值司，对各房考中举人和进士的子弟赠送花红，提出了以租息为书院经费，为祠中子孙无力求师的优秀子弟酌情提供膏火，并增设试馆以备族中士子赶考。另外，这座拟建的合族祠还将成为调解族中纠纷之所。

陈氏书院通过各房的“题捐”来筹措建造资金，和其他家族的联宗建祠一样，房以村为名，各房向书院购买神主牌位，至于每块牌位的价格，正座为白银40两，旁座20两，厢房10两，题捐最多者将获得首陪享位的尊荣，位置尊卑取决于论捐数目的多少而非血缘系谱中的关系。20世纪初德国建筑学者鲍希曼就曾探访过陈家祠，留下了一张寝堂摆放着上万个神主牌的蔚为壮观的照片（图5-28）。20世纪40年代初日本学者牧野巽参观陈氏书院时，统计出当时大厅东、西厅的11个龛位上供奉有神主牌12000个以上[2]，而根据陈氏书院《正座西第三龛图》推算出来的神主牌位总数应为11510个[3]，可见题捐的数额达到了相当惊人的程度，正是因为有了充足的财力，陈家祠才能在建设规模、用材、装饰等方面达到登峰造极的程度，成为广州府合族祠建筑的代表。

1 九五尺长度为老尺的九寸半，1老尺约37cm,南方泥木匠行业多用鲁班尺，又说九五尺，1尺约35cm。参见始兴县政府网站谢章仁文章，http://www.shixing.gov.cn/website/portal/html/gk/2009/37220_0.html.

2《牧野巽著作集》第六卷，《广东的合族祠与合族谱》，东京御茶水书房，1985年，转引自：黄淼章主编．广东民间工艺博物馆文集（第二辑）[M]．广州：广东旅游出版社，2005：40.

3 参见：何蓂华．陈氏书院神龛和参加捐资兴建的县份之考辨[M]//黄淼章主编．广州民间工艺博物馆文集（第二辑）．广州：广东旅游出版社，2005：14.

※图5-28 鲍希曼上世纪初所摄陈氏宗祠（来源：《西人眼中的中国建筑 1906-1909》）

在向陈姓各房发出的倡建书中，陈氏书院被描述成“宗祠”、“合族祠”，同时，也许是为了掩人耳目，另有一篇《陈氏书院记》则花费了不少笔墨来谈论书院，从张之洞整饬广州城内德应元、越华、越秀、羊城、学海、菊坡以及肇庆端溪、惠州丰湖、潮州韩山、金山等书院，说到他创建的广雅书院，标榜自己“德邻广雅”，为了“取气与广雅咫尺”，将即将兴造之屋命名为“陈氏书院”，广雅书院成了陈氏书院选址于此的借口，与广雅相邻是一种宣传上的策略，用以加强自身存在的合法性和意义。以下为笔者标点之后的《陈氏书院记》全文：

书院之设，由来尚矣。古者，国学而外，党有庠、家有塾，诚以诗书之泽，无地不当振作，无人不可推行。大固足以教育英才，小亦足以周寒口、培子弟，命名虽别，其实殊途而同通。今之书院林立，由都会达于口口，几弦诵不辍，比户可封，盖岑本诸此耳。自南皮尚书张公来督吾粤，兵气既销，乃兴文教。书院之旧有者，如应元、越华、越秀、羊城、学海、菊坡，以暨肇郡之端溪，惠郡之丰湖，潮郡之韩山、金山，皆亲历而整饬之，嘉惠士林有加无已。复于省垣西去五六里，创建广雅书院，辟地百亩，东西列书舍各百间，其他园池庭院之属，备极闲峻。有楼数楹，储书万卷。品学优长之士，罗而致之。两粤俊义，亦罔覆闻风乐从焉。洋洋大观，所有造福岭南者，至是洵蔑以加矣。维时，我陈氏适于附近城西之简塾购得余地，颇饶幽趣，族人将筑屋其上，作为别也，佥谓落成之日，宜命之曰“陈氏书院”，意盖别有取也。何取尔？取气与广雅咫尺也。夫广雅意至美，法之良，孰不以肄业其间为幸。然而斋居已定，额数难增，学问各有深浅，

※图5-29 陈氏书院制《广东省城全图》
（来源：广州历史地图展）

姓字岂容滥列？设如一家之内，兄弟之行进院者半，则未进院者，必思瞻仰门墙，窥观典籍，深其私淑，聆其绪述。苟非居处相近，势难朝夕往来。一旦得此，吾族之有志读书者，与德为邻，不啻置身广厦矣。爰集赀庀财，籍众力成矣。举至于立膏火、置书籍等事，经费甚巨，要在扩而充之，俟诰/异日可也。

在文章的结尾，言明设立膏火制度和购置书籍等事项都要有待来日，和建造房屋时的毫不吝惜相比，更加说明陈氏书院并非一座真正的书院，而是一座打着书院旗号的合族祠。

在广州五仙观和华南理工大学逸夫人文馆先后展出的《广州历史地图展》中，有一张由陈照南、陈荣熙所制，光绪十四年（1888）印制的《广东省城全图、陈氏书院地图》（图5-29）。从印制的时间来看，这张地图应当是为了吸引更多的陈姓家族前来题捐而作的。图中列出了前往陈氏书院的路径，一共五条，其中三条均始于外地来省城的水上交通枢纽，沿水路前往陈氏书院：一条“路程由轮船渡头起，过沙面，入澳口南岸、荔枝湾，直泊书院。”一条“自沙面起，入西炮台、

1 数据来自民国二十三年五月手抄本《陈氏书院契据登记簿》抄录的以陈颖川堂和陈世昌堂的名誉购买的广州西门口外的田地、鱼塘、山冈、房屋等十六张契据的详细内容。转引自崔惠华《陈氏书院始建年代考》，《广东民间工艺博物馆文集》46页。崔文认为该尺寸折合约36600m^2，当有误，若以章程中所说的按九五尺即一尺35cm计，则折合约49719m^2.

2 同上。

3 崔惠华《陈氏书院始建年代考》，《广东民间工艺博物馆文集》，46.

柳波蒲、彭园、观音桥登岸，入五福里，入连元通津直到书院。”另外一条“由轮船渡头起，入兴隆街、十八甫、十六甫、十五甫、观音桥、五福大街、连元通津到书院。”这三条路线是为了方便从外地坐船来广州的族人找到书院，除此之外，一条路线表明了如何从城中前往书院：“自西门，出积金巷、聚龙里、黄家祠到书院。”第五条路线则标明了贡院和陈氏书院之间的连接：“由贡院起，出文明门、万寿宫、仰忠街、高第街、大新街，由状元坊出太平门、打铜街、第八甫、第六甫，入锦云里、青紫坊、芦排巷、龙津桥，入连元通津，过奎光字院、黄家祠到陈氏书院。”这条贡院和陈家祠之间的曲折路线说明了二者之间的联系其实是很不方便的。图上甚至附有两张范围更大的小图，标示了“由北京都城至各省路程里数”、“自广东省城启程往各府县里数及所需时限”，似乎在暗示存在着一条从县试、乡试到会试的坦途。

陈家祠的做法更像是一种掩饰，用一些看起来更加合乎正统的做法来表明即将建造起来的这座建筑不是官府禁止的合族祠，或者至少不是那种容易惹是生非、带来麻烦的合族祠。

2. 陈氏书院的格局与兴造

因为集全省七十二县陈姓宗族之力而建造，陈家祠的用地规模远远超过普通的合族祠。光绪十四年（1888）至十八年（1892）间，陈家祠共购得房地产四千零五十八市方丈七十二市方尺二十市方寸[1]。如此宏大的规模当同时包括了建造祠堂的用地和一部分尝产、尝田，其中购地总面积共三千二百二十四井二十七方尺八七方寸，共用银一万五千六百一十七两八钱零一厘。陈家祠的土地购买自陈聚人堂、南海县金利司恩洲堡十四图九甲排众、南海县金利司恩洲堡周奕思四房子孙、顺德县高崇德堂、南海县恩洲堡十五图四甲潘荣桂堂、南海县恩洲堡十六图三甲周广堂周辉、陈谦吉堂、城西十四图江朝议堂、西门外恩龙约街潘伯等众绅耆、南海县五斗司忠义乡黄南朗四房子孙、南海县朱仁发堂七大房子孙、朱镇光、南海县人吴贻燕堂、冼存、南海县恩洲堡十八图三甲周仲。[2]这说明了两个信息，一是这一带的地产分属于来自多个县的家族，可见临近地区的家族在省城附近置业是个较为普遍的现象；二是这些田地的收购表明当时土地买卖是比较活跃的，这些产业也应该主要不是祖业。祠堂所购田地多属风水上的吉地，地名也多带有好意头，如连元街、石龙塘、福水塘、龙头岗、恩龙里等，并以龙头岗（土名龙珠岗）时，立约“任从陈颖川堂永远管业，惟此岗风水树木永远不得砍伐。”[3]

根据罗雨林先生整理的对林克明先生的访谈，陈家祠延请了当时的著名建筑师黎巨川和他的瑞昌店进行设计和施工。黎巨川设计了一种非常特别的前所未见的形制：三路三进九堂两厢抄，建筑群呈方形，宽度和纵深均为80m,既与传统的宗祠形制有一定的关联，又不同于任何一种既有的形制。光绪十三年（1887）开始整理场地和定格局，十六年（1890）正式动工，至光绪二十年（1894）建成。

陈家祠坐北朝南，头门前有一口形状不规则的池塘，地堂上立有石质旗杆，在历史照片中可以清晰地辨认出其形状。建筑群共有五路，中间三路为堂，两侧为边路（图5-30）。中路上遵照祠堂的门—堂—寝序列，其中“聚贤堂”为正厅，前有月台，中路两侧的巷道上覆有长廊，靠近边路的为青云巷。

陈家祠头门为五开间，大门两侧有两面巨大的石鼓，高达2.55m,乃是因为建造期间的发起建造陈家祠的绅耆之一陈伯陶在殿试中高中探花，得朝廷许可在祠前立石鼓。大门门扇巨大，高6.7m,宽2.5m。[1]

陈家祠的用材极为讲究，且延聘了省内的诸多著名店号和工匠。木材均从东南亚、海南岛等地购进，所用124根木柱高达7~8m甚至十余米，均为坤甸木等贵重木材。陶瓷瓦脊装饰由佛山石湾名店文如璧造（图5-31）；灰塑装饰则由番禺“灰批状元”靳耀生等制作；砖雕装饰工程由久负盛名的番禺艺人黄南山等完成；铁铸装饰由佛山名工负责；壁画装饰由佛山以善书画著称的艺人杨瑞石负责。由于装饰极为精美，陈家祠的砖雕、石雕、木雕、陶塑、灰塑、壁画和铁艺并称“七绝”。

陈家祠并非一座真正的祠堂，虽然其中供奉有诸多陈氏先祖的牌位，但是这些以县名命名的各房之间并不存在真正的血缘关系，也无法建立起真正可以辨别世系的系谱。关于陈氏书院的祭祖时间暂未找到明确的记载，不过，每次祭祀都有专人备办祭品，在祭祖的仪式中也举办颁胙，最后一次的祭祀时间在20世纪30年代。

3. 从陈氏书院的使用看其实质

陈家祠也并非真正的书院。就建造时间的来看，议建陈氏书院之时，科举已经衰败，虽然仍有许多家族热衷于科举功名，但总体上科举已经被看作社会进步的羁绊，科举制度已经处于风雨飘摇之中了，光绪二十四年（1898）时康有为就上书光绪帝建议废除科举，1901年慈禧太后被迫于旧历七月谕令从此废除八股文和试帖诗考试，代之以经义和时务策。1905年旧历八月，清政府设立学部，科举制度寿终正寝。而陈氏书院始建于1894年，当时已经无需建设这样规模庞大的书院来应付会试了。虽然陈氏书院在建成后还因为有参与建书院的陈姓房支的子弟于戊申科考中功名而新立了旗杆夹[2]，但更多的是一种粉饰。

从陈氏书院的建造位置来看，陈氏书院位于广州城西门之外，是唯一一座位于广州城外的合族建造的“书院”，它的近邻、位于西北方向的官办广雅书院才是真正的书院。康熙三十三年（1684）之后，广东的乡试就一直在贡院举行，当时广州的大部分合族书院都位于考场附近的大小马站、流水井一带，就是因为距离贡院较近，方便安排赴考事宜和打探消息。而陈氏书院则没有这样的便利，假如陈氏士子们住在位于广州城门以西二里开外的陈氏书院，要到位于城东南隅承恩里贡院（今广东省博物馆所在）赶考，首先到等到天明城门开启，然后行五、六

1 同上。

2 据黄海妍文，2004年陈家祠出土了陈家祠百年遗物旗杆夹，石碑上刻有“光绪戊申会试考列最优等第一名宣统元年殿试一等第二名钦点翰林院编修，臣陈振先立”，戊申年为1908年，而科学制度1905年便已废止。广州地方志专家黄泳添通过查阅清光绪朝翰林院编修吴道镕、清末民初著名的岭南学者汪兆镛编著的《番禺县续志》找到答案，科举废除是从1903年开始、在10年内逐步分三期递减举办的，这就解释了陈振先为何在废除科举后得中功名。参见《从〈陈氏宗谱〉看清末广州陈氏书院的兴修》，载于《广东民间工艺博物馆文集》。

※图5-30　陈氏书院头门三维点云图
（来源：亚热带建筑科学国家重点实验室）

※图5-31　陈氏书院陶塑瓦脊三维点云图
（来源：亚热带建筑科学国家重点实验室）

里路，到得贡院时已经气喘吁吁，难以进入好的考试状态，故此陈氏书院的位置对于赶考来说，殊为不便。

更加直接的一点是，陈家祠之中并无供士子们居住的房间，偌大一座建筑，只有东西两厢可能提供6间房间。而到同治六年（1866），经历了咸丰十一年（1861）复建和同治元年（1862）扩建的广州贡院的号舍已达到11708间，是当时的四大贡院之一，光绪十四年（1888）两广总督张之洞再次增修，可见其规模之大、赶考士子之多，作为广东的大姓，即使每次会试每县只有一名陈姓秀才前来参加，总数也有七十余名，显然陈氏书院的房间是远远不够的，也就是说，陈氏书院在空间上并不具备为赶考的全省陈氏子弟提供住所的功能。书院显然只是一个托词，其原因主要是为了回避在晚清屡次遭到禁止的祠堂这个名称。

在陈家祠中受奉祀的祖先从东汉一直到清末，跨度长达近两千年，早就超越了祭祀四代先祖的约束。各房之间并不存在事实上的世系联系，相互之间也不因为房次的序列而产生话语权方面的区别，因此，房指代的并非血缘关系，而是直接以地点命名——隐含有宗支之意，但显然无法建立起真正的血缘谱系，实际生活中，只存在同姓乡邻关系。以村名作为房系的名称是合族祠中通行的做法，冼氏大宗祠（曲江书院）、何氏庐江书院、谭氏羊城宏帙始祖祠等都采用这一称谓方式，几乎没有例外。

钱杭认为，合族祠中的各房与其说是血缘性的房份，还不如说是地缘性的村落更为准确，只有在对共同祖先进行历史追溯时才有限体现宗族系谱关系中的纵向性直系世代位次，而宗族系谱中必须同时具备的另一要素，各成员间的横向性旁系差序位次则被地缘性因素取代了。[1]

地缘性的联系和利益才是推动建设合族祠的主要动力，而利益的表现，则在于通过在合族祠中"奉祀出身于各房之'贤'者，来证明本族在当地社会格局中的地位"[2]。合族祠修建的重要目的之一，就是自我炫耀。弗里德曼甚至认为，参加修建城市中的合族祠的各房假设有着相同的祖宗，又没有真正的同利益，它们说明"历史"而不说明"社会学"[3]。由合族祠所连接起来的同姓网络是比较松散的，参与的各房仍然具有很强的独立性，可以根据自身的实际需要选择另建或者加入其他的合族祠。

钱杭借用了日本社会学家高田保马的概念，联宗所形成的同姓网络并非由"原始的、自然的纽带"结合起来的基础社会（包括血缘社会和地缘社会两种类型），而是通过相似性或共同利益等人为结合起来的派生社会（具体包括同类社会和目的社会两种），构成了一个在占有政治、经济等资源上实际地位不对等的地缘性功能集团。同姓宗族之间可以形成某种地缘关系，血缘和地缘两种关系没有出现替代现象反而呈现了互补和兼容的态势，这一态势是与当地的近代化进程相适应的[4]。

在广州府，我们的确看到了合族祠成为一种有效的形式，承载着近代化进程中出现的同姓地缘共同体。也就是说，陈氏书院其实是个同姓地缘共同体的空间载体。

本章小结

本章为广州府宗族祠堂的形制建立了进行描述和分类的语汇和句法体系，分析了构成广州宗族祠堂形制的基本元素，包括堂、廊、衬祠、牌坊、照壁、戏台、钟鼓楼等建筑元素和水、地堂、庭、院、天井、月台、巷等户外元素，并通过路、进、庭和头门开间数理解了府宗族祠堂的基本范型，采用路与进相结合的描述共有九种常见的总体格局，而路、进、间相结合的描述则共有十四种基本范型，总结了宗祠建筑纵深布局的空间特点。

本章还讨论了宗族祠堂中门、堂、寝的基本形制，包括其屋顶形式、屋脊形式、造型特点和结构体系的构成，通过对古代文献和礼仪制度的回顾，探讨了广州府庶民宗祠形式制度的来源，认为古代宗庙中的门塾、堂、室、序、夹、厢、庑、坫、阶等制度或多或少地在后来的广州府宗祠制度中得到了保留和体现，并针对广州府宗族祠堂中常见的门塾现象对门塾制度进行了专门的讨论。

1 钱杭. 关于同姓联宗组织的地缘性质[J]. 史林. 1998，3.
2 同上.
3 参见《中华帝国晚期的城市》，613.
4 钱杭. 关于同姓联宗组织的地缘性质[J]. 史林. 1998，3.

基于以上建立的基本描述体系，本章详细地梳理了广州府宗族祠堂形制的衍变。明代之前依据《朱子家礼》，明代初年制订的《大明集礼》和颁布的《圣谕六条》中仿朱子之制确立了品官家庙的制度，此时广州府的一些地方望族已经开始建立烝尝和祠堂，到明代中叶，本地的品官家庙已经开始在材料、结构和构造等方面探索对本地气候条件和自然资源条件的适应。嘉靖初年的大礼议和嘉靖十五年的推恩令极大地改变了广州府乡村地区的祠堂建造和村落格局，之前主要依照官式建筑修建的品官家庙逐渐开始庶民化，掀起了广州府宗祠建设的第一个热潮。明清鼎革之际祠堂建设陷入停顿，至康熙、乾隆年间，随着经济的复苏以及禁海令的解除，广州府进入了另一个祠堂建造的活跃期，至嘉庆、道光间，小祠堂制度已经得到了普遍的推行，一些地方性的建筑特征在这一时期也趋于定型。清代末年，广州府再次掀起了建造宗族祠堂的高潮。

从清初开始，在广州城内就出现了一种特别的祠堂：合族祠。这些祠堂大多兼具祠堂和书院的特点，其实质并非血缘共同体，而是同姓的地缘共同体。

第六章

广州府宗祠建筑材料与构造的地域适应性

从明至清，是广州府的经济和文化发展最为集中的时期，广府建筑逐渐发展和形成了相对稳定的区别于客家建筑和潮汕建筑的地方性特点，这个漫长而复杂的过程涉及从观念、形制、技术到风格诸多方面，而祠堂建筑也经历了从官式建筑逐渐转向与本地的民居结合、凸显更明确地方性特点的历程。

本章第一节梳理广州府宗祠的材料和工艺，探讨其地方性特点并尝试解释其形成原因，通过东莞茶山南社简斋公祠的重修祠堂碑记解读光绪年间广州府祠堂建造中的材料、工种和造价。第二节提出“组件”的概念，认为组件是广州府宗祠建造中的基本观念，不同工种之间的协同产生了宗祠中的组件，由此发展了宗祠建筑对地域气候的适应性，并以佛山兆祥黄公祠为例进行较探讨。

第一节　广州府宗祠建造中的料与工

广州府的宗祠建筑在用材和工艺上有着鲜明的地方性特点。广州夏季漫长，夏日阳光强烈、温度高，因此如何利用建筑来形成阴影进而通过空气温度差形成微风，以及利用建筑材料和建筑构造来帮助降低空气中的温度就成为本地区的建筑需要面对的重要问题。为形成良好的微气候，广州府的民间建筑群在总体布局中广泛使用青云巷和小天井的做法，而在局部例如屋面则有风兜等构造发明。

地方性的工艺和建筑材料、建筑形制密切相关，材料、形制都受到气候的影响，同时，制约建造的重要因素还包括广州府和周边地区的经济发展、技术发展状况和文化、审美上的取向。

一、广州府宗祠建筑的主要用材及其地方性色彩

广州府的宗祠建筑的用材种类很多，有土、木、石、砖、瓦、竹、铁、灰、沙、沥青、蚝壳、陶瓷、海月、糯米浆以及其他特殊材料，其中最常用的是木、石、砖、瓦，独特的地方性材料则是蚝壳、海月、陶瓷等。从简陋的房屋到极尽装饰之能事的恢宏建筑，从借用官式建筑的做法到逐渐形成稳定的宗祠形制与风格，广州府的宗祠建筑虽然变化较多但总体上其轨迹可清晰勾勒。宗祠建筑具有庄重的纪念性，在材料的选择和使用上相比一般民居而言，更加注重坚固、耐久、美观、富有威权感和纪念性的视觉效果，所以用材的规格、质量和工艺更加考究。在数百年的历史过程中，每种建筑材料的使用也经历了长期的发展和反复的尝试，逐渐形成了适应广州府气候条件、经济水平、审美习惯的较为稳定的基本尺寸、种类和加工方法。

1. 木

木材被用来制作柱、梁架、屋架、门窗、楹联、牌匾等，在宗祠建筑中扮演

1 据：蔡易安编著. 清代广式家具［M］. 上海：上海书店出版社，2000.

2 同上。

3 雍正《广西通志》：“铁力木，一名石盐，一名铁棱。文理坚致。藤、容出。”

4 据明万历间王在晋《海防纂要》：“广东船舰视福船尤大，其坚致也远过之，盖广船乃铁力木所造。”宋应星《天工开物》中记海舟“唯舵杆必用铁力木”，《广东新语·舟语》中亦有战船“多以铁力木为之”的记载.

着重要的角色。屈大均《广东新语》卷十二“木语”中记载了广东常见之木七十余种，其中仅有松、杉和铁力常用于建造房屋，而堪为栋梁之材的，就只有杉木和铁力木了，大量的木材需要从周边地区购买甚至从国外进口。杉木是广州府祠堂建筑中最常用的木材之一，无论是作为柱、梁、屋架还是门窗、阁楼、楼梯、阑干、雕花木罩、封檐板、楹联、家具，使用非常广泛，但至今最为民间的老人们和地方工匠津津乐道的、最能体现广州府地方性建筑特色的木材却是坤甸木、东京木、波罗格、柚木、花梨木等（图6-1），这些建筑用材究竟从何而来？为何又在广州府的祠堂建筑中得到了广泛的使用？

坤甸木，俗称铁木、铁檀，得名于印度尼西亚加里曼丹岛的西部城市坤甸。坤甸是华侨的集中地，广东从坤甸进口的这类木材较多，习惯上就称之为坤甸木。坤甸木心材色泽黄褐至棕褐色，边材金黄色，心材与边材区别明显，心材强度高。坤甸木结构细且均匀，纹理多斜行，材质硬重，强韧耐腐，抗蛀力强，是高强度结构用材，其优点是木材坚硬，油漆后光亮性好，且置于潮湿处不会腐蚀，浸于水中则更加坚实，是重要建筑中常采用的木材，清代广州的船舶用材也多采用坤甸木。[1]在广州府的祠堂建筑中，坤甸木最经常被用来作为室内的木柱、梁架柱和脊檩，有时也被用于屋架和桷板、桷头。

东京木，或称格木，树高可达二十五米，出产于非洲、东印度、泰国、越南、苏门答腊一带。格木是较早进口的名贵木材之一，过去大都从越南进口，越南北部红河三角洲地区旧称东京（Tokin），广东遂称此种木材为东京木。东京木有深棕色和棕灰色的条纹，心材红褐或略带黄，边材黄褐色，木材纹理交错，有光泽，结构均匀，质地坚实，较难切削，刨光和油漆后光亮性良好，能抗蛀耐久。历史上广东进口的东京木数量较多，因其树材高大，材质坚韧，具有较强“担力”（抗弯能力）和“顶力”（抗压能力），广东许多大型建筑和园林建筑常用之作梁柱、大门板、檩等，其他如舵杆、秤杆、乐器等也常用东京木加工做成，虽历百数十年仍坚实如故。[2]

有人认为东京木古称铁力木，但此说有争议。铁力木亦称铁木，主要产于印度尼西亚东部、锡兰、缅甸、斯里兰卡、马来西亚和印度东部，我国云南西双版纳和广西的藤县、容县也有出产[3]。明曹昭《格古要论》中说：“铁力木，出广东。色紫黑，性坚硬而沉重。东莞人多以作屋。”铁力木杆长而大，心材红褐色，材质坚硬，常用于家具、建筑和造船[4]。屈大均在《广东新语·木语》“铁力木”一条中提到：“广人多作梁柱及屏障”，肇庆梅庵、雷州雷祖祠和顺德碧江尊明祠均用铁力木。

波罗格，为参差短直沟纹木材，结构较粗而质坚，油漆光亮度好。由于木材重而硬，强度高，耐腐性强，并且具有一定的花纹，所以多用于要求木材耐久、强度大和有装饰性的建筑构件、高级家具、细木工、地板等，在广州府祠堂建筑

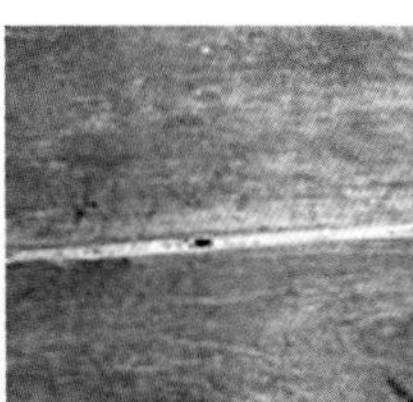
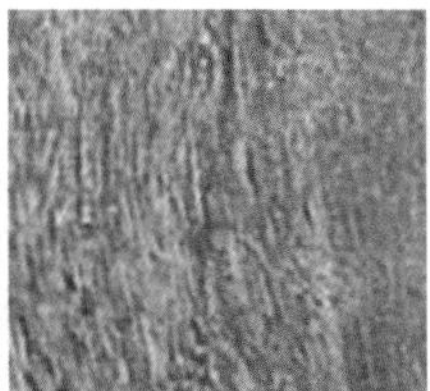

※图6-1　广州府祠堂建筑中的常见木材
从左自右：坤甸木、东京木、铁力木、波罗格、花梨木、柚木
（来源：笔者摄于广州渔珠木材市场）

中常用于有较多雕刻的雀替、柁墩、水束、挂落、花格等部位。

花梨木，又称花榈，其中明代常用的为“黄花梨”，广州称为“降香”，清代中叶以后因黄花梨材小源缺而被新花梨取代。宋赵汝适《诸蕃志》中即有记载：“降香出三佛齐（苏门答腊）、阇婆（爪哇）、广东西诸郡亦有之……”。清代中叶以后大量花梨木材输入广州等地，且进口的多为巨材，主要用于制作硬木家具、乐器和工艺品，亦用于建筑装饰，广州府讲究的祠堂大门常用花梨木做门扇。

另外，广州府的祠堂建筑之中带雕刻的装饰性木构件常用柚木，因其纹理均匀，直而清晰，使用时尺寸稳定，油色之后呈现自然之美。

除以上木材之外，宗祠建筑中也采用樟木、松木、柏木、椿木等木材，家具则采用更多种类的红木如鸡翅木、酸枝等。

上述多种木材并非产自本地，但在广州府的重要建筑之中使用较多，成为颇具地方色彩的建筑材料。因为广州府潮湿的天气易使木材糟朽、腐烂，而且白蚁向来是木结构的大敌，在一定程度的酸性木材环境中白蚁分泌不出蚁酸，所以产自东南亚的略带酸性的致密木材就受到了广泛的欢迎。

施坚雅曾经提到了中国对木材的大量使用造成了两个重大后果：边缘木材变成城市周围的灰烬，从而引起直接的肥力转移；边缘高地因滥伐树木而造成土壤侵蚀，从而引起间接的肥力“迁移”。[1]据《中国的土壤与自然环境》一文的估计，支配岭南地区运输的河流体系每年要带走2800万吨淤泥，这些泥沙为珠江口的沙田提供了可能。大量的木材遭到砍伐，导致建筑的用材需要从其他地区进口，而且，也许正是因为木材的不易得，加之砖的耐用性和对潮湿天气的适应性更好，才导致了广州府地区在民居中大量采用青砖。

2. 青砖

从外部观看广州府的宗祠，其鲜明的印象之一就是大量青砖的采用，尤其是那些做法考究的宗祠，正面常常采用手工极为精细的水磨青砖。在明清时期的广州府祠堂建筑中，用于砌墙和装饰墙面的有大青砖、青砖、水磨青砖等。其中大青砖因为多产自东莞，因此也称东莞大青，其尺寸比一般的青砖略大，约为（28~30）cm×（12~14）cm×（5~6）cm,而常见的青砖尺寸约为（25~28）cm×（10~11）cm×5cm,为了使正面看起来更加气派，常常用来装饰正立面的水磨砖墙所用的砖

1 施坚雅. 城市与地方体系层级［M］// 施坚雅主编中华帝国晚期的城市. 叶光庭等译. 北京：中华书局，2000：340.

会采用更厚（正面约6cm）和更短（约22~24cm）的尺寸，而且断面呈楔形。由于砖窑的技术相对容易掌握，每个地方都可能自己设有砖窑，受模具、火候的影响，砖的尺寸会有1cm左右的微差，而尺寸差距较大时说明砖的规格已有不同。

包括宗族祠堂在内的广州府民居建筑选择了深色的砖，而不是红色或者灰色的砖。青砖表面颜色较深，在街巷狭窄的情况下，黝色的青砖吸收了强烈阳光的热量，而没有反射给行走在巷道上的路人，因为有眠空斗墙中空气层的存在，外墙所吸收的热量对室内的影响不大，所以青砖是与炎热的气候和致密的村落格局相适应的。

砖从明代才开始普遍用于民居建筑，而广州大量的村落又是从明代开始才逐渐形成或者成形的，二者存在着时间上的一致，砖的大量使用与明代广府地区的经济发展水平有关，自然环境的变化也可以提供部分的解释。环视一下广府地区的四周，会看到广府的砖与周边的其他文化亚区都不相同，闽南泉州、莆田一带喜用红色的烟炙砖，湖南南部喜用较薄的砖而且常用无眠空斗墙，客家地区以土坯砖为主要的建筑材料，间或也用薄砖砌的无眠空斗墙，那么广州府的用砖是从哪里获得的规格呢？也就是说，广府地区的砖完全可能是独立的传统。事实上，广府地区的青砖与徽州以至更北的山西较为相似，有可能是来自江西的移民将用砖的基本方式带到了广府地区。

广州府青砖的尺寸与其砌筑方式有着直接的联系，广州府的青砖墙多用有眠空斗砖墙，这与客家地区的无眠空斗墙不同，而且一般来说，广州府的青砖几乎不用斗砌，客家地区的砖因为较薄而只能斗砌。砖的砌筑方式的差异与尺寸的偶然性误差不同，是一种实质性的差别。按照俗称，常见的青砖墙有全顺（图6-2）、“五顺一丁”、“七顺一丁”、“九顺一丁”等砌法，其命名的规则与北方命名“一顺一丁”、“两顺一丁”不同，是指在垂直方向上每隔五层、七层或者九层顺砖之后摆一层青砖。在广州府，砖的尺寸似乎专门考虑了砌空斗墙的需要，由于典型的青砖长度大约为（25~28）×（10~11）×5（单位：cm），一块丁砌的眠砖盖住两块顺砖以后，中间正好产生6cm左右的缝隙，这种景象可从现在已被拆除了一半的青砖墙上看到，并不限于一时一地。在有着穿斗传统的南方，是什么时候开始做空斗墙并且让砖的尺寸特别适合于空斗墙的呢？有可能砖的尺寸并非一开始就是这样与空斗墙相匹配的，而是伴随着民居进程中不断进行的各种尝试发生了变化，直到空斗墙成为一种稳定的做法。

除了用于砌墙和装饰墙面的青砖之外，砖雕和漏花窗也常用青砖（图6-3）。砖雕多位于墀头等处，其所用青砖主要根据雕刻的要求，规格非常灵活。而漏花窗可见于沙湾留耕堂、小谷围穗石村林氏大宗祠、大岭村凝德堂等祠堂中，漏花窗所用青砖尺寸、形状也很多样，并不拘于规格。另外，墀头及边路衬祠天井中的墙壁上常会放置砖雕。

※图6-2　祠堂建筑中的全顺青砖外墙（东莞南社）
（来源：自摄）

※图6-3　祠堂建筑中的青砖漏花窗（大岭村显宗祠、小谷围穗石林氏大宗祠）
（来源：自摄）

3. 石

岭南多雨，而石材耐潮湿，所以在许多容易遭受雨水的部位多采用石构件，例如檐下的石柱、柱础、勒脚等处；为避免水分通过毛细作用导致木门窗变形，门边和窗户四周都用石头包边；石材的热物理性能对于地面降温有利，故庭院、天井、青云巷等处的室外地面都采用石材铺砌。祠堂中的石构件主要包括基座台明、塾台、月台、踏步、垂带石、抱鼓石、石勒脚、前后檐柱（包括侧廊檐柱）、柱础、石柁墩、石雀替、虾公梁、门边包石、窗边包石、石门臼、水井四周、露明地面的铺地条石、石阑干、夹杆石、水井、集水口以及各处的石雕（石狮、貔貅、柱头人物等）。

广州府祠堂建筑中常用的石材有红砂岩、鸭屎石、花岗石多种（图6-4），其中红砂岩和鸭屎石的大量使用是广州府的特点，且可依此帮助判断祠堂的建造年代。红砂岩是南方广泛存在的砂质泥岩、泥质砂岩、砂岩及页岩等沉积类的岩石，因富含氧化物而呈红色或褐色。红砂岩主要呈粒状碎屑结构和泥状胶结结构，相对容易风化、崩解甚至泥化，硬度受胶结物质构成和风化程度影响较大。番禺莲花山和东莞石排燕岭都曾经是红砂岩的采石场，而且明清时期都处于开采之中。莲花山古采石场开采时间自西汉初年一直延续至清代道光年间，据信西汉南越王宫殿和南越王墓的绝大部分石料即采自于此，明万历七年（1579）及清乾隆二十九年（1764）曾勒碑禁采。东莞燕岭古采石场位于东江南岸丘陵中段，组成岩石为第三纪棕红色细砂质粉砂岩，间夹有少量棱角状砾石，结构紧密。东莞寮

1［宋］《端溪砚谱》，四库全书版。著者不详，或云为叶樾所撰。
2 见2009年2月19日《南方日报》。

※图6-4　祠堂建筑中的鸭屎石柱、花岗石和红砂岩墙面
（来源：笔者摄于番禺、东莞）

步横坑钟氏祠堂、中堂潢涌黎氏大宗祠、茶山南社谢氏大宗祠、广州钟落潭镇龙岗村曾氏大宗祠、番禺穗石的林氏大宗祠、陆氏宗祠（诒燕堂）、雅乐黄公祠、贝岗邵氏家祠、顺德杏坛前所何公祠等都使用了红砂岩，用作塾台、檐柱、勒脚、隅石、门边包石、庭院及青云巷的铺地等的材料。广州府的祠堂在明代和清初广泛采用红砂岩，得取材之利，在东莞、番禺更为常见，清中后期才开始使用硬度更高的花岗石（麻石）。从目前保留的使用红砂岩的祠堂建筑来看，普遍有明显的风化迹象，且遭受雨水冲刷的地方常泛出黑色，表面有粗疏的孔洞。

鸭屎石又称咸水石，采自海边。鸭屎石硬度偏软，因此较易开采，但多杂质，深灰色中泛鸭屎绿，《端溪砚谱》中曾提到："子石嵓中有底石，皆顽石，极润不发墨，又色污杂不可砚，端人谓之鸭屎石。"[1]鸭屎石虽然不是制作砚台的好材料，但在建筑中却有着比较广泛的应用。顺德碧江尊明祠（兹德堂）、杏坛大街苏氏大宗祠、逢简刘氏大宗祠、北滘桃村黎氏大宗祠、乐从沙边何氏大宗祠（厚本堂）、番禺石楼大岭显宗祠（凝德堂）、花都鸭一村罗氏宗祠、蓬江良溪村罗氏大宗祠等祠堂的檐下石柱均采用鸭屎石，鸭屎石檐柱常用八边形。另外，也有祠堂建筑将鸭屎石用于铺地、台阶、塾台、门边包石和栏杆等处。康熙年间的海禁之后停止开采鸭屎石，因此使用鸭屎石的祠堂建筑通常不会晚于清初。目前尚未明确鸭屎石的集中开采之处，南海西樵山石燕岩洞穴新近发现了大型水下采石场，已有初步判断认为可能是鸭屎石采石场。[2]

花岗石，民间又称麻石。天然花岗石由长石、石英和云母组成，其成分以二氧化硅为主，属酸性岩石。天然花岗石为全晶质结构的岩石，按结晶颗粒的大小，有细粒、中粒和斑状数种，常呈浅灰色、米黄色和红色等。优质的花岗岩晶粒细而均匀，构造紧密，石英含量多，云母含量少，不含黄铁矿等杂质，长石光泽明亮。天然花岗石岩质坚硬密实，硬度高，密度大，很难风化，因为这些物理力学性能，花岗石被用于建筑的许多需要坚固材料、隔绝潮湿或表达坚固感与永恒意味的部位。

花岗石从清初开始越来越多地出现于广府的祠堂建筑和民宅之中，在清代中期以后获得了广泛应用，逐渐替代了红砂岩和鸭屎石。这一转变很可能得益于明末清初的战争，在战争中得到发展的铁器制造技术在战争逐渐平息以后转移到了建筑工具的改进中，从而使得比红砂岩和鸭屎石硬度更高的花岗石的开采和加工成本相对降低。另外，在民间可以听到一种流传广泛却有待证实的说法：红砂岩呈红色即朱色，朱是明朝的国姓，民间用红砂岩来表达对明朝文化的坚守和反清复明的意愿，而清廷则因此禁止使用红砂岩，导致清代中叶以后建筑中不再用红砂岩。

从使用石材的部位可以看到，祠堂建筑中使用石材不仅有结构强度、防雨水侵蚀和抗风化能力、开采加工和运输、建造成本等技术上的原因，也有文化上的原因。

4. 瓦、琉璃、大阶砖

在广州府的宗祠建筑中，取材于土、经火而烧制的材料除了砖之外，尚有陶制的瓦和大阶砖。瓦主要包括陶瓦和琉璃瓦（图6-5），其中最富有广州府地方特色的是清代盛行一时的“石湾瓦”。

明清时期的陶制瓦件有板瓦、筒瓦、瓦当、滴水等多种，与客家地区和江西、江南所用的黑色小青瓦不同，广州府绝大多数的宗祠建筑屋顶与大量本地区的民居建筑一样，主要采用浅赭色的板瓦和筒瓦，不过因为裹垄灰外常常刷成黑色，所以容易误以为广州府的宗祠建筑瓦顶为黑色，而忽略了真实的浅赭色。

少许的宗祠建筑也使用琉璃瓦剪边和釉面的瓦当、滴水等，例如番禺练溪村萧氏宗祠等，但很少见到大面积使用琉璃瓦面甚至完全使用琉璃瓦面的明清宗祠，许多今天看到的多个实例如东莞横坑钟氏祠堂、石排塘尾李氏大宗祠等都是近年来重修时更换了瓦面材料的结果，只有南社百岁坊的较为可信，瓦垄和剪边用琉璃，正脊亦用陶塑瓦脊，但瓦沟处仍然使用平常的板瓦[1]。

而琉璃中最特别的便是产自石湾镇的陶塑脊饰，广州府俗语有云：“石湾瓦，甲天下。”这里的“石湾瓦”并非指一般的瓦面材料，而是具有结合了戏剧内容、强烈装饰效果的陶塑，最常见的琉璃装饰是正脊或者侧脊上点缀的鳌鱼、麒麟等寓意吉祥的瑞兽，以及正脊中央的宝珠。最特别的当属整条脊饰都采用陶塑的“花脊”，其内容往往是戏剧人物和场景，结合了花鸟虫鱼、亭台楼阁，其中的人物俗称“瓦脊公仔”。清代中叶以后，石湾瓦脊达到了鼎盛时期，不仅在佛山祖庙、德庆悦城龙母祖庙、南海西樵山云泉仙馆和广州陈家祠等重要建筑中采用，甚至行销东南亚的马来西亚、新加坡、越南、泰国、缅甸等国，产生了文如璧、宝玉荣、均玉等著名的陶塑店号。瓦脊原本大多用于庙宇之中，其后为宗祠建筑借用，现存祠堂中，广州陈氏书院仍完整地保留着瓦脊，其中聚贤堂的陶塑正脊长27m,高度达3m,双面均为陶塑，刻画了“群仙祝寿图”、“尉迟公金殿争帅印”、“龙凤楼阁”等场景、鸟兽和人物（图6-6）。石湾所产陶塑瓦脊釉色以蓝、绿、褐、黄居多，肃穆庄严之中不乏喜庆之气。

1 均为笔者在现场调查时通过访谈修缮的主事者而获知，并且从其所用材料的成色、花饰和工艺也可判断这些琉璃瓦乃近年所产，有明显的错用痕迹。

※图6-5　祠堂屋顶使用的琉璃瓦和陶瓦
（来源：笔者摄于东莞、佛山）

※图6-6　广州陈家祠的陶塑瓦脊（局部）
（来源：自摄）

大阶砖是在广州府的宗祠建筑中广泛用于室内铺砌的材料，最常见的是尺二方砖（边长一尺二寸，约36~38.4cm）和尺四方砖（边长一尺四寸，约42~44.8cm），厚度约为20~50mm,少见尺七（边长一尺七寸，约51~54.4cm）以上规格的方砖。其吸湿性好，很适合与石材搭配，用在潮湿的气候环境中。石材多用在露天的部位和重要的檐下空间，而大阶砖则位于相对更靠近室内的部分和廊下的地面。

另外，宗祠建筑中也多见使用尺二灰砖和水泥花砖的实例，花砖是近代以后受到西方影响而出现的硬度较高的铺地材料。后文中在兆祥黄公祠案例介绍中有相对详细的描述。

5. 蚝壳与海月

广州府有着漫长的海岸线，大量的田地都是在海边沉沙造成，沿海虽有海岸残丘，但石少而贝多，因有就地取材之便，一些海洋动物的壳就被用于建筑，尤其在番禺、顺德、香山、东莞等地，蚝壳和海月成了富有地方特色的建筑材料。

蚝是广州府极为常见的海鲜，既有天然所生，也有人工所种，东莞、新安等地皆有蚝田，蚝壳随处可得。有《打蚝歌》云：“一岁蚝田两种蚝，蚝田片片在波涛。蚝生每每因阳火，相叠成山十丈高。”蚝壳坚硬、耐久，俗语有“千年砖、万年蚝”的说法，故此造价低廉而颇实用。早在唐末刘恂的《岭表异录》中就有记："卢循背据广州，既败，余党奔入海岛野居，惟食蚝蛎，垒壳为墙壁。"屈大均《广东新语·介语》云："蚝，咸水所结，其生附石，磈礧相连如房，故一名蛎房。……以其壳累墙，高至五六丈不仆。壳中有一片莹滑而圆，是曰蚝光，以砌照壁，望之若鱼鳞然，雨洗益白。"[1]如屈大均所言，蚝壳最常被用于砌筑整片墙面，与土、木共用，可砌筑高大建筑的外墙。蚝壳墙坚固耐用，可经风历雨，亦无虫蛀之忧；边缘锋锐，可防御盗贼；外观优美，色泽悦目，"一望皓然"，作外墙时并不需另加批荡。蚝壳墙除常见于寻常民宅之外，在祠堂建筑中亦有较多的应用，其中最为壮观者当属蚝壳较大、砌筑工艺成熟的番禺石楼、化龙、新造、沙湾一带。"番禺茭塘村多蚝，有山在海滨曰石蛎，甚高大，古时蚝生其上，故名。今掘至二三尺即得蚝壳，多不可穷，居人墙屋率以蚝壳为之，一望皓然。"[2]现存祠堂建筑中使用成片蚝壳墙的实例有番禺石楼大岭村两塘公祠和朝列大夫祠（及斋堂）、沙湾留耕堂、小谷围北亭村陈氏宗祠、珠海唐家镇宗亲祠堂、斗门南门村菉漪堂、中山大涌光裕堂、小榄积厚街舜举何公祠、涌口西堡奇峰祖祠、长洲黄氏大宗祠、宝安沙井步涌村江氏大宗祠、顺德均安沙头黄氏大宗祠、北滘桃村金紫名宗等，大多用于砌筑山墙、后墙和院墙。番禺临珠江口一带使用的蚝壳较大，一般长度可达到二十余厘米，宽约6~8cm,可砌高墙，其灰白的色彩在黝色的民居群中有灿然之感，墙面在阳光下呈现出良好的节奏感和自然的肌理，格外动人。蚝壳还可用于砌筑井壁，壳中蚝光可砌照壁，但已罕见遗迹。

海月，又名海镜、蠔镜，因其可镶嵌在屋顶或门窗上，故又称"窗贝"或"明瓦"。[3]早在东晋时期，谢灵运就曾在《游赤石，进帆海》一诗中咏道："扬帆采石华，挂席拾海月。"此处的海月并非指海上的月亮，而是一种海生动物。《太平御览》卷九四二有载："海月，大如镜，白色，正圆，常死海边。其指如搔头大，中食。"《宝庆四明志》卷四载："海月，形圆如月，亦谓之海镜。土人鳞次之，以为天窗。"《淳熙三山志》卷四有二有着几乎相同的记载："海月，形圆如月，亦谓之蛎镜。土人刮磨其表，以通明者鳞次以盖天窗。"福建、浙江的多处地方志和笔记均有相似的记载。张心泰《粤游小志》中说："粤产蠔镜，取饰窗户，可代玻璃，谓之明瓦。"[4]可见在东南沿海各省，以海月为天窗是较为普遍的现象。

广东沿海尤其是新安、香山多有海月[5]，澳门最初的地名蠔镜澳即源自当地盛产的这一物种。[6]海月蛤"多产于暖海海域。贝壳一般较大，极扁平，壳极薄，半透明或不透明，多呈圆形或亚圆形。""它的所有种类都分布在热带和亚热带海，在我国沿海分布北界，为台湾南部及广东潮阳一带，多栖息在潮间带至潮二十米左右的浅海底，自由生活在海底表面，或微埋入沙中或泥沙中。……有的种贝壳平薄、透明，具云母光泽，可用作工艺品或装饰品的原料。"[7]

明代岭南大儒陈献章就曾收到过友人宗廉所赠的用海月制成的屏风，并作诗以答："小中虽异大中同，明处韬光暗处通。三直五横真本子，人间无路献重瞳。"[8]

1《广东新语》卷二三，蚝。

2 同上。

3《闽中海错疏》卷上："海月，岭南谓之海镜，又曰明瓦"。

4 杭州古籍书店影印光绪《小方壶斋舆地丛钞》本，312。

5《太平寰宇记》卷一五七："东官郡故城，晋义熙中置，以宝安县属焉。多蚶、蛎、蚼、海月、香螺、龟。"

6 张渠《粤东闻见录》卷上："澳门，地名蚝镜。在香山东南百二十里，地形如莲蓬插入海中，有南、北二湾，海水环之"。汤开建先生《澳门诸名刍议》一文中说："澳门半岛最早出现的地名，就是濠镜或濠镜澳"。"据部分学者称：濠镜的正确写法应作蚝镜"。"而蚝镜澳得名应是指澳门附近因产蚝镜这一水生动物而得名。"引自：王颋. 西域南海史地考论［M］. 上海：上海人民出版社，2008：463.

7《中国动物志—软体动物门—双壳纲［M］. 北京：科学出版社，1981：288-289.

8《陈白沙集》卷九《宗廉送明瓦屏风至，次韵答之》，文渊阁《四库全书》本，42。

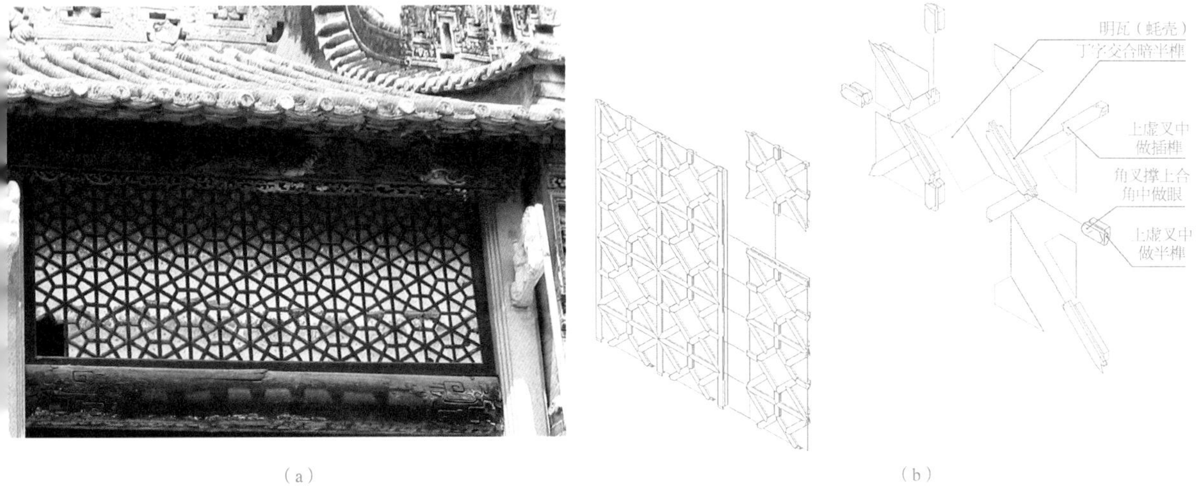

※图6-7　使用海月窗户的实例
（来源：自摄）
（a）顺德碧江楚珍苏公祠镶嵌海月的横披窗
（b）海月窗正面构造示意图

因为海月的尺寸并不大，常见的直径约5~8cm，因此镶嵌海月片而成的窗户通常有较密的木格，最常见的是连续的六边形和三根沿对角线的木格交织而成的形状（图6-7）。在番禺大岭永思堂、钟村屏二黄氏大宗祠、顺德碧江楚珍苏公祠、沥滘心和卫公祠等建筑之中，现仍有保存完好的以海月制作的窗户或者横披。

6. 其他

明清时期广州府的宗祠建筑中亦用土、铁、竹等建筑材料，使用的主要辅料有贝灰、石灰、沙、砾石、糯米浆、沥青、乌烟、油、漆等。

宗祠建筑是村落中最重要的建筑类型，因此很少有使用土坯砖和版筑墙的，但在相对早期或者等级不高的祠堂中，也有使用土坯墙的例子，靠近客家地区的村落中也保留了部分使用土坯墙的祠堂建筑。另外，蚝壳墙中需要同时使用蚝壳与生土，以加强墙的稳定性和便于摆放蚝壳。

宗祠建筑中的铁件主要见于窗户外的盖板、防护栏杆和排水天沟、水落管，也有利用铸铁做结构支撑构件的实例，例如广州陈氏书院和开平风采堂。

珠江三角洲乃是泥沙为主的冲积平原，石灰石资源并不丰富，石灰主要来自山地较多的粤西和粤北等地区，主要用于重要的建筑之中，至清代方才相对普及，因此以贝灰、沙为主的灰浆和糯米浆就成了建筑中常用的黏结材料，糯米浆和水磨青砖的配合使用产生了广府建筑中精美的“丝缝”。

二、建造工艺及其地方性色彩

基于不同的建筑材料，产生了不同的加工工艺，即古建筑中所说的“作”，参照宋李诫《营造法式》，主要涉及大木作、小木作、砖作、瓦作、石作、土作、陶作、彩画等，此外尚有部分本地独特的工艺，前人对此多有归纳和相关研究，本书更加关注材料与构造的地方性特点，以及前人研究相对较少之处。

联系材料和工艺的正是建造的实施者——工匠，工匠依据所加工的材料对象可以区分成不同的工种，广州府祠堂建造中最重要的四个工种是木工、石工、泥水工和油漆工，合称“四行”[1]。与材料相应的加工工艺在古建筑中被称为“作”，在广州府，木工是所有工种的中枢，往往负有确定整座建筑各部分的尺寸和协调其他工种的职责，并完成大木作、小木作以及以木为材料的雕作；石工负责石作，包括石雕；泥水工则完成砖作、瓦作、陶作、土作等；而其他的一些零星的工作则大多由族人或者请帮手完成。

1. 木作

明清时期广州府的宗祠建筑绝大多数是硬山建筑，因此也就没有悬鱼、博风板、藻井，室内亦无天花，因此大木作主要包括了柱、梁、瓜柱、檩、桷、斗栱、雀替、柁橔、水束等结构构件，也有个别的宗祠建筑涉及藻井。

宗祠建筑中的檐柱大多采用石柱，而金柱则采用木柱，这是适应本地多雨、潮湿气候而做出的选择。

梁包括了纵横两个方向，其中与进深方向平行的横向梁架是梁架的主要部分，普遍采用抬梁式，由架在柱间或者墙与柱之间的大柁以及其上的层层瓜柱、梁、柁墩等构成，斜向的连接用水束，尤以东莞较为多见。与开间方向平行的纵向梁架主要加强各横向榀架之间的联系。在较为考究的宗祠中，柱与主要的梁、额之间会使用雀替。

屋架部分的大木作包括檩、桷板和桷头等，檩分为撩檐檩、檐檩、金檩、脊檩等，其中最重要的无疑是脊檩。脊檩之上铺设桷板，相邻的两根桷板之间的间距被称为一桁，这可以被看成是广府建筑的基本模数。承担檐口部分瓦面重量的是桷头，类似官式建筑中的飞椽。

广州府的宗祠建筑中虽有较多使用斗栱的例子，斗栱常见于各卷棚顶下，如意斗栱见于各头门或仪门的檐下。可以说宗祠建筑中使用斗栱的意义更多在于作为较高形制建筑的象征，其结构作用并不重要，如意斗栱的使用则同时结合了装饰的需要。

小木作包括门、窗、罩、挂落、花格、封檐板、屏风、独立的装饰性木雕以及神橱、神楼、神主牌、供桌等室内的陈设。其中尤以门的做法极为考究，也具有鲜明的地方性特色。

“九十九道门”是广府许多宗族在夸耀本族宗祠时常常提到的说法，说明规模较大的祠堂往往设有很多门。中路上有正门、仪门、中堂屏风门、寝堂槅扇门和各座建筑通向青云巷的边门，青云巷正面一般设有巷门，有边路的祠堂则会有连接天井和青云巷的门以及侧堂、厨房、衬祠的房门以及从天井通向户外的侧门。一般而言，祠堂中的门都是双扇的，但有时次间上的门受开间尺寸的限制，会出现中央用双扇门、两侧用单扇门的情形。

1 详见后文对茶山南社简斋公祠重建祠堂碑记的分析。

成书于明代的《鲁班经正式》在安徽、江苏、浙江、福建、广东一带流布广泛，书中有一段“装修祠堂式”详细说明了祠堂中各门的做法：

> 凡做祠宇为之家庙，前三门次东西走马廊，又次之大厅。厅之后明楼茶亭，亭之后即寝堂。若装修自三门做起，至内堂止。中门开四尺六寸二分阔，一丈三尺二分高，阔合得长天尺方在义官位上。有等说官字上不好安门，此是祠堂，起不得官义二字，用此二字，子孙方有发达荣耀。两边耳门三尺六寸四分阔，九尺七寸高大，吉财二字上，此合天星吉地德星，况中门两边，俱合格式。家庙不比寻常人家，子弟贤否，都在此处种秀。又且寝堂及厅两廊至三门，只可步步高，儿孙方有尊卑，毋小欺大之故，做者深详记之。
>
> 装修三门，水椹城板下量起，直至一穿上平分上下一半，两边演开八字，水椹亦然。如是大门二寸三分厚，每片用三个暗串，其门笋要圆，门斗要扁，此开门方向为吉。两廊不用装架，厅中心四大孔，水椹上下平分，下截每矮七寸，正抱柱三寸六分大，上截起荷包线，下或一抹光，或斗尖的，此尺寸在前可观。厅心门不可做四片，要做六片吉。两边房间及耳房，可做大孔田字格或窗齿可合式，其门后楣要留，进退有式。明楼不须架修，其寝堂中心不用做门，下做水椹带地栿，三尺五高，上分五孔，做田字格，此要做活的，内奉神主明先，春秋祭祀，拿得下来。两边水椹，前有尺寸，不必再白。又前眉做亮格门，抱柱下马蹄抱柱，此亦用活的，后学观此，谨宜详察，不可有误。

各种《鲁班经》的版本多在江南和华南地区刊印，这一地区的明清民间木构建筑以及木装修、家具，保存了许多与《鲁班经》的记载吻合或相近的实物，说明在工程实践中得到了广泛的采用。对照《鲁班经》，可以看出广州府祠堂建筑中的许多考究可与之相印证，但也有明显的不同。

先看祠堂的格局：前三门、东西走马廊、大厅、明楼茶亭、寝堂。三门即山门、头门，书中所说的格局与广府祠堂的常见格局相近，只是广府祠堂不用明楼茶亭。

中门是进入大门后的屏门，也称“挡中”，若以32cm为一营造尺，则书中所说中门尺寸为1.4784m宽，3.96m高，如此才能位于大尺的官、义二位，以求族中子孙发达荣耀。书中所言耳门的尺寸为1.1648m宽、3.104m高，合于鲁班尺上的吉、财二字。《鲁班经》郑重其事地说明，工匠在为祠堂建筑做门时应抱有庄严、审慎的态度。从寝堂至厅、两廊至正门，门的尺寸应逐级升高，寓意步步高，以明尊卑。书中对山门的做法进行了详细的说明，对水椹、门板厚度、门笋及门斗形状等都一一言明。此外，还分别提到了两廊、厅心门、两边房间和耳房、明楼、寝堂重心等处门的做法和应注意之处。

2. 砖作

明清时期广州府宗祠建筑中的砖作与一般民居中的砖作相比，工艺相对丰富和考究，例如砖墙有多种厚度，山墙形式较丰富，脊饰类型更生动，头门正面较多采用磨砖对缝的水磨青砖墙面，使用砖雕的部位较多、面积较大、雕工更精细，在清代初期较多使用青砖花格窗等。

砖作工艺中，根据青砖的种类而有所不同。水磨青砖一般用于祠堂建筑头门的外墙正面作为装饰之用，其做法非常考究，分为切块、修边、粗磨、开槽、细磨等各个工艺流程，然后用糯米浆黏结起来作为承重墙之外的装饰墙面，磨砖对缝的部分不需要承受屋顶的荷载，主要承受自重。由于水磨青砖的规格在高度、厚度、长度等方面都较承重墙所用青砖不同，一般厚度约10cm,这会影响墙体的整体厚度。一般单面使用水磨砖墙的磨砖对缝墙体厚度约32~34cm,而双面使用水磨青砖磨砖对缝砖墙的墙体厚度约46~48cm,如佛山兆祥黄公祠头门山墙。

承重墙大多采用淌白的做法，外观效果、物理性能良好。前节中论及了广州府的青砖规格对空斗墙砌法的适应，采用一块丁砖作为厚度的空斗墙一般厚度为26~28cm,这种情形较为常见；采用一顺一丁青砖为厚度的空斗墙厚约39~42cm,如塱头以湘公祠头门山墙；两块丁砖厚度的空斗墙体厚约52~56cm,如番禺石楼大岭村两塘公祠头门山墙。最厚的墙通常出现在头门和正厅的两侧，此处正是放置墀头砖雕的位置。广府的空斗墙通常采用多层一丁的有眠空斗墙的做法，每间隔五、七、九层顺砖做一层丁砖最为常见。虽然习惯上称空斗墙，但广府地区几乎不用斗砌的做法。

为何在气候炎热的广州府，祠堂建筑要采用如此厚重的外墙？似乎又一次与常识不符，因为厚重的外墙初看起来不利于散热，所蓄的热量将会在夜晚辐射到四周而导致室内温度居高不下。这又是将当代常识简单移至历史语境中所产生的误会，实际上，外墙的厚重与空斗墙关系密切，因为墙内空气层的存在，厚墙起到了很好的隔热效果（图6-8）。而建筑间距狭小，通过形体遮阳产生浓重的阴影，形成良好的微气候，巷道和天井中的微风会带走外墙所蓄的部分热量。所以厚重的外墙在明清时期的广州府村落中是合理的选择，相反，如果采用较薄的外墙，热量将会较快辐射至室内，对室内的舒适性产生不利的影响。

内墙因为不需要像外墙那样承担隔热的作用，纵向的墙体一般不承重，因此墙体的厚度也就相应较薄，此时一般采用全顺的砌法，砌法多用丝缝或淌白。

镬耳山墙是广东尤其是广州府盛行的山墙形式，镬耳山墙很有可能伴随着梳式布局的形成而在广州府逐渐普及，因为只有在布局相对致密、整齐的村落中，镬耳山墙才会有效地起到防火和导风的作用，而且形成壮观、深远、富有节奏感

(a)

(b)

(c)

※图6-8　从残破的墙体看青砖的规格以及空斗墙的砌法
(来源：自摄)
(a)东莞石排塘尾村的残墙
(b)同宽的完整墙体
(c)番禺大岭村的坊门

的空间效果。前文讨论过广州府所用青砖与周边地区所用砖的区别，假如说广府的砖不是独立发明的话，这个地区被使用其他规格和其他砌筑方式的地区所包围，那么，它就应该是穿过了包围圈而来到广府地区的，最相似的是徽州地区的用砖。这个猜想如果成立，那么就可能支持另一种猜测：广府地区最早的祠堂甚至民居建筑都受到了徽州建筑的较大影响，从镬耳山墙与封火山墙的相似性来看，这一猜测有可能成立，当然，由于二者功能相近，所以各自独立发展出这一形式也并非不可能。

除内外墙体之外，砖作还涉及铺地、砖雕、脊饰和花格窗等部分。大阶砖广泛用于铺地，并可作为墙檐和阳台栏杆的压顶。无论是博古脊还是龙船脊，正脊往往由砖作和瓦作共同完成。青砖花格窗往往采用专门定做的特殊规格的青砖。

广州府宗祠建筑的青砖墙上的灰缝普遍较江西、徽州等地窄，推究其原因，除了审美上对精致的要求之外，与降低墙体的毛细作用以尽量隔绝潮气有关。

3. 瓦作

瓦面铺设于各建筑单体的屋顶、室内的卷棚顶、镬耳山墙的两侧，同时也用于正脊和侧脊。广府民间建筑的屋面做法较为简明，浅赭色的板瓦直接放在桷板上，没有苫背层，室内也没有天花板，板瓦是朝室内露明的，因此要求瓦面整齐、美观，施工仔细（图6-9）。为了防止台风，筒瓦上糊黑色的裹垄灰，由此造成了深色屋面的印象。瓦从心间起铺，中轴线上铺瓦坑，施工误差在两尽端分配，而瓦坑的数目以“桁”计，这成为计算祠堂开间宽度的基本模数。祠堂建筑中的瓦面一般都由仰瓦（板瓦）、筒瓦、瓦当和滴水构成，较早的祠堂建筑中有时采用琉璃瓦剪边。由于瓦面之下并无其他防水构造，因此只铺设单层板瓦的屋面一般采用叠七露三的铺法，至檐口时或密铺为叠八露二，而部分祠堂采用铺两层瓦面的做法，此时从室内可以看到底层的仰瓦会采用叠六露四甚至露出更多的做法。

※图6-9 番禺穗石村林氏大宗祠屋顶的桷板与仰瓦
（来源：自摄）

瓦作中有时会产生一些特殊的做法，例如因为用勾连搭、风兜等形式而取相应的瓦面铺法，有时也会采用海月作为亮瓦以增加室内的亮度。

4. 石作

石材在广府地区的建筑中发挥着重要的结构、构造和装饰作用，产生了许多成熟的工艺做法。

作为结构构件的条石基础、石柱、柱础、虾公梁和磉墩间的连接条石等一般采用完整的石材加工而成，但也有在旧的石柱上接上一段以适应新建祠堂高度的情形，其典型的实例便是番禺石楼大岭村的显宗祠（凝德堂）。作为铺地和踏步的条石、栏杆（包括望柱和栏板）、塾台台明、旗杆夹石、门墩石、抱鼓石、石柁墩等也用有一定厚度的较完整的石材制作，有连接的需要时往往采用榫接。门臼、牵边、貔貅、窗框包边石等尺寸相对较小，虽然对雕工要求精细，但加工较为方便。

较为有趣也颇富地方性特色的是门边的贴脸石、框顶石、勒脚等部位的石作，因为这些部位的石构件主要起构造和彰显家族富有程度的作用，结构上不必采用较厚的石材，因此多为较薄的石板包裹于砖墙之外，实际上并不起承重的作用。在绝大多数清代中叶之后的例子中，书写祠堂题额的框顶石在背面相对应的位置是青砖，砌有砖拱券，将上方的荷载传递至大门两侧的墙体上（图6-10）。

无论是采用红砂岩还是花岗岩、鸭屎石的祠堂，其中的石雕非常丰富，大多结合结构构件如柱、梁、雀替、柁墩、柱础等分布于祠堂各处。

5. 蚝壳墙、雕作、绘作

在祠堂的其他工艺中，蚝壳墙的砌筑极具地方特色，前节中已经讨论过蚝壳墙的优点，墙身坚固，足可用于承重，亦可防止盗贼撬墙进屋，且能经风雨，不惧虫蛀，颜色明亮醒目，热物理效果良好，在近海一带的祠堂建筑中较为常见。蚝壳墙俗称“壳花墙”，其具体的做法是先做好青砖墙脚，然后将数个蚝壳粘结在一起，侧向竖立起来整齐排放，为形成稳固的墙体，内侧会使用生土与蚝壳灰混合筑成的墙体，有时也用清水砖墙，蚝壳较尖锐的尾端嵌入土中，较钝的一端则朝外，垂直方向上，每隔一段距离水平放置木棍以加劲墙体，墙隅也多用青砖墙体。蚝壳墙体的厚度一般为50~60cm,厚的甚至可以达到80cm（图6-11）。

雕作和绘作在广州府的祠堂中亦大量存在，这些主要用于装饰的工艺虽然很发达，需要专门的匠人来完成，但总体上可以说仍然依附主要的工种而存在，在下文中对简斋公祠碑记的解读中将可以看到例证，在此不另赘述。

6. 广州府宗祠建筑中的组件

广州府宗祠建筑的建造形成了不同的工种，木工、泥水工、石工等工种各司其职，各自加工基于不同材料的构件。对于各个单独的工种来说，构件是建造中的基本概念，哪怕是很小的构件，也有独立的命名，这说明每个构件都有其特定的功能——无论是结构功能、构造作用还是装饰功能，也说明会有专门的工匠负责进行加工。但是祠堂建筑各个工种并不是完全独立工作的，不同材料、不同工艺通过形成成组的部分即“组件”，共同构成了完整的祠堂建筑。因此，如果说总

※图6-10　番禺石楼大岭村两塘公祠的大门正面与背面
（来源：自摄）

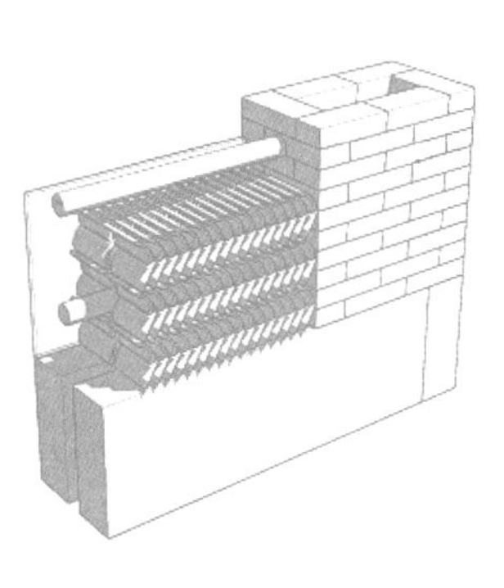

（a）

（b）

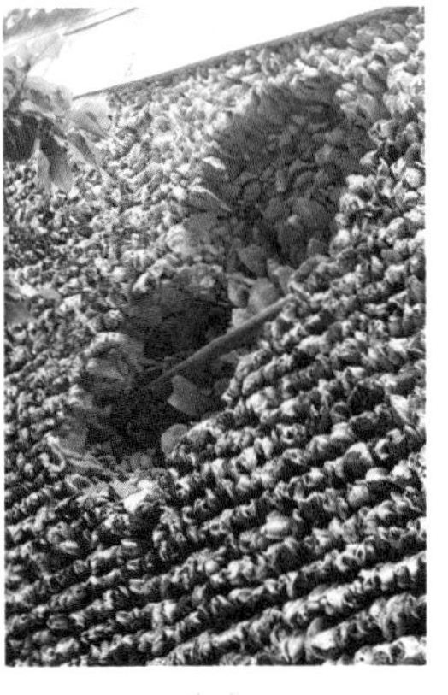

（c）

图6-11　大岭村中的蚝壳墙
（来源：a为卢嘉明绘，b、c为自摄）
（a）蚝壳墙构造做法示意
（b）大岭村两塘公祠蚝壳墙
（c）朝列大夫祠墙面

体格局或者形制是各个单体建筑之间的组织方式与相互关系，那么对于祠堂中的各单体建筑则是组件之间的组织方式与相互关系。组件的概念之中包含了不同材料之间的协作，可以和当代建筑理论中经常讨论的“建构”进行类比。不仅各种材料和工艺之中存在着广州府的地方性，组件的观念中也包含了对地域气候、文化和社会经济状况的适应性。

广州府的祠堂形制多样，变化繁多，不同时期和地方的建筑用材与形式风格也存在着显著的差异，本节仅以清代中后期宗祠中的厅堂为例，按照台基、屋身、屋顶三部分的分划，对建筑中的组件进行分析和说明。

台基部分的常见组件有台阶组件、月台组件、塾台组件、栏杆组件等。因为台基要隔绝地基的湿气，同时还要承受位于其上的屋身和屋顶的重量，经历风雨的直接冲刷，故此绝大多数宗祠建筑中厅堂的台基均以石作为主，结合了土、沙、大阶砖、磉墩等，需要考虑的构造关系是石与其下的土或沙、石与其上的墙或柱的相接。在形制上，台阶有东西阶（或左右阶、宾阶与阼阶）的区别，但在构造上左、右阶却并无二致。看似简单的台阶，实际上是由许多构件构成的，其中往往以头门的台阶最为复杂，包括了踏步石、牵边、侧板，有时还有石狮。塾台与月台类似，其组成构件一般包括台明、盖板条石、束腰等。

屋身部分的组件包括门组件、窗组件、墙身组件、梁架组件等。门的组件非常复杂，涉及的构件繁多，是由木、石、砖协同工作的典例，后文中有展开的论述。窗组件一般包括窗框、窗扇（包括梃、槛、格、玻璃等）、栏杆、百叶及旋杆、窗边石、窗楣等构件以及一些五金件和连接件，面向内院时会采用满周窗或者槅扇窗，外墙上的窗数量较少且开窗面积较小，有些只是为了便于通风而开设了很小的洞口，窗边包石的作用在于隔绝砖与不耐潮湿的木窗框之间的毛细作用，而出于防卫的目的，床上一般会有铁栏杆甚至整块铁板。墙身组件包括了勒脚、不同砌法的墙体、墀头、压顶、檐口叠涩和顶部的萱草饰带等，勒脚是由石和砖共同构成的，一般并非与墙体同厚的块石，外侧为有一定厚度的片石，包在青砖墙的外侧，因为很注意转角处的形状和雕饰而容易被误认为是整块的条石，墙身内侧用片石和只用青砖的例子都很常见，勒脚下与地梁石相接，外则接石质的散水。梁架组件可分为横向的榀架和纵向的梁架，横向梁架一般包括石柱、木柱、成组的梁、雀替、柁墩、瓜柱和水束，柱又包括柱础、柱身和插件，纵向梁架一般包括柱、阑额和斗栱等。

屋顶部分包括屋面组件、屋脊组件、檐口组件和一些因为特殊的做法而产生的组件如风兜等。屋面组件由檩、桷、瓦沟和瓦垄组成，下与梁架相接，上需完成遮风避雨的功能，尽快将雨水排走，并承受台风的吹袭。屋脊分正脊和侧脊各由不同的构件组成，正脊一般由砖、瓦、灰、琉璃共同构成，用花脊的则由陶塑和灰组成，侧脊的构件有瓦脊、压脊、瓦当、滴水和陶塑以及灰塑雕饰等。檐口的构件包括檐檩、桷头、瓦沟、瓦垄、瓦当、滴水、压檐和封檐板等。

广州府夏天较长，一年之中有很长时间处于阳光强烈、空气温度高的天气状态中，所以如何利用建筑来形成阴影进而通过空气温度差形成微风，以及利用建筑材料和建筑构造来帮助降低空气中的温度就成为本地区的建筑需要面对的主要问题之一。加之常年湿度高，降雨频繁，在构造上如何隔绝湿气、阻止毛细作用对木门窗、地面和墙身的破坏也导致了一些具有本地特点的构造做法的产生。

不同材料有着不同的物理特性，木材可形成承重的框架结构，在承托屋面重量的同时获得开敞的空间感，且色泽柔和，手感温润，加工方便，易雕琢，但相对不耐潮湿和白蚁。石材承受压力和抵抗风雨的能力较强，可用作过梁，亦可雕琢出精美的装饰，材料致密，可隔绝雨水的渗透，但因其厚重而不易搬运，红砂岩易风化，遇含杂质的水易变黑。砖适宜用作承重墙体和隔断墙体的材料，可通过拱券、平拱等形式来传递荷载，结合空斗墙构造，其隔声、隔热效果良好，因粉末细腻故可用于非常精细的雕刻，但存在明显的毛细作用现象，经雨水冲刷或浸泡之后容易受到侵蚀。土不耐广州府春夏频繁的暴雨，但取材十分便利，价格低廉，可以和蚝壳结合使用，且用于筑墙时易于平整，另外，土遇水会板结，不宜直接用于铺地的垫层，沙遇水不板结，且易平整，故可用做地面垫层。陶制构件如瓦、瓦当、滴水、大阶砖等是将土经过烧制以后所获得，因此不惧雨水，且形状肯定，易搬运和施工，但其强度不高，遭硬物撞击时容易破裂，台风时瓦片可能被部分刮走。灰的可塑性强，可以用于制作灰塑，但硬度较差，易遭损毁。

不同材料搭配使用的目标是实现材尽其用，既让每种材料都发挥其自身的性能特点，又使得不同的材料之间可以相互取长补短，协同工作，实现建筑整体的良好性能，尽量延长建筑的使用寿命。结合广州府宗祠建筑的实际情形来看，各种组件内部或者组件之间经常产生构造组合主要有木与石、木与砖、砖与石、木与瓦、砖与瓦、瓦与灰、蚝壳与土、石与土、大阶砖与沙等。

在各种组件中，祠堂的正门可以说集中反映了不同材料之间的协作以及从构件到组件的清晰逻辑。祠堂的门和中国传统中其他重要建筑的门一样，有着一整套完整的、复杂而精巧的做法，每一道门都由十数甚至数十个各有其名的构件组合而成。最为考究的当然是整个建筑群的正门，因为关系到家族的荣耀，所以尺寸最大，用材和做工最考究，组合的构件最多、最复杂。其他位于外墙上的门在构造上需要考虑雨水和潮湿地面可能带来的影响，室内的中门、槅扇门和仪门更加注重装饰和色泽，而内墙上的门相对简单，即使如此，最简单的门通常也由门槛、门臼、门边包石、门楣、门扇、雨檐等构成。

正门又称头门，位置极为重要。广府民居明间的正门常采用三件套，即腰门、趟笼门和板门，但作为宗族公器的祠堂是使用时间较为特定的仪式性空间，而非日常性的生活空间，所以祠堂门不设更有利于通风的腰门和趟笼门，而只设板门。早期的祠堂头门一般由门墩石、门框、门边石、门顶石、门槛、门板、门簪、门枢、门杠、门臼、门基石等构成，门扇又由边梃、门板、门闩、铺首、门枢等构成，多采用拼板门的做法，朝外的门扇上，总要绘上一对威武的门神。头门常见上下两档门的做法，平时只开启较矮的下档，进出之人弯腰才能通过，以示对祖先的恭敬，上档的大门扇只有在大祭时才开启，但在规模较小的祠堂中，往往只用一档门扇。

清初之后，由于祠堂规模差异较大，做法考究的祠堂大门会有较高的门墩石且上置抱鼓石或石雕，装饰也更加精巧繁复，沙湾留耕堂、广州陈氏书院和乐从沙滘本仁堂可谓其中的登峰造极者；规模较小的凹肚式祠堂往往不做门墩石。因为门板较大，所以需要采用上好的木材（如花梨木、柚木、楠木等）做成实木门，否则容易受潮而变形，同时，因为门板的重量较大，所以对门框、门臼和门下承重的条石都有较高的要求。广州陈家祠的头门门扇高约六m,宽2.5m,大门下的长条石是一整块。

正门是祠堂内外空间的分野，内外两侧差别明显，向外一侧显然具有更加重要的美学和精神作用，而向内一侧更注重结构和构造的技术性支持（图6-12）。外侧门板光洁平整，内侧则有门闩、门杠等突出门板的构件。内外之别不仅表现与门板，也与四周的墙面和构架颇为相关。

外侧门边最常见的做法是设门墩石且在门框外有较宽的门边石，门框正上方的整块石板镌刻祠名，或设铁钩悬挂匾额，两侧的贴脸石和正面墙上的门边石是悬挂正门楹联之处，通常用整块石头加工而成以显气派非凡，但用多块石板拼接的实例也颇为多见。另外，正面的门边石在墙的背面对应的往往并非石材而是青砖，说明门边石的厚度并不是与墙体同厚，只是通过精细的设计和良好的工艺，造成整块条石的印象，而实际上只是一层石板，包在青砖墙体的外边而已。门边石内是石门框，其内侧为木门框。有的祠堂头门用几乎通高的木门，或者占据整个明间的宽度，这种情形下不用门边石而将门直接安装在木结构构件上，如小谷围穗石村的林氏大宗祠。

在门的背面，门扇上方用水平放置的门顶石作为过梁，门顶石是固定门扇的重要构件，有时设有门簪，门顶石上方常用砖砌成拱券以减轻门顶石的受压，将荷载传递到门两侧的砖墙上，如此则减少了石材的用量。石门臼、石门槛和门边包石有着重要的构造作用，在潮湿多雨的广府地区，这些石构件将木门与墙面和地面隔绝开来，避免水分通过毛细作用渗进门框从而引起木构件的弯曲变形和腐烂。石门臼和石门槛还以其耐磨而可长时间使用，无需频繁进行维护，这些构造措施一起尽量保持了门的美观，延长大门的使用寿命。

从组件的角度分析正门，可以看出广州府宗祠建筑中不同材料、不同工种之间的协同与配合，正是通过不同的组件，应对了气候、技术、经济和文化等方面的条件，形成了建筑的地域特征。

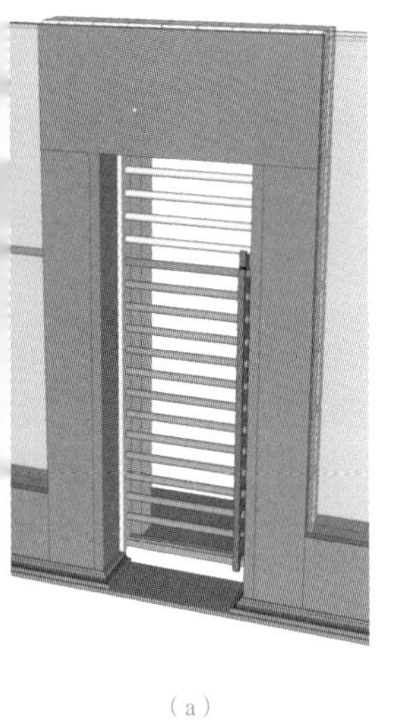

（a）

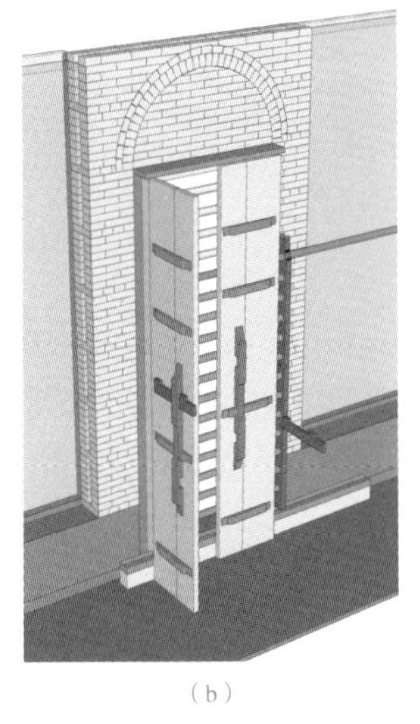

（b）

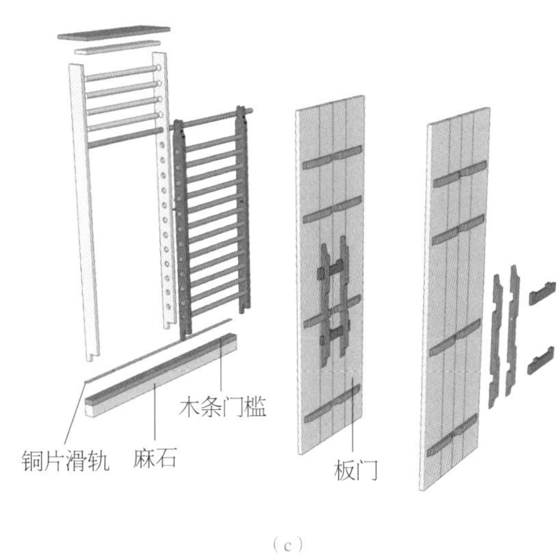

（c）

※图6-12 广州府的典型正门组件（来源：华南理工大学东方建筑文化研究所）
（a）大门正面
（b）大门背面
（c）大门构件图

三、从南社简斋公祠重建碑记看宗祠建造中的料与工

许多祠堂仍然保留有兴建或者重修时的碑刻，其中或多或少提及了修建的费用，一般包括基地、材料和付给工匠的报酬等部分，碑刻内容大多同时记载于族谱之中。

在广州府，不同时期、不同地方的建筑材料和工钱显然会存在一定的差异，此节重点讨论的是作者自行记录和标点的东莞茶山南社简斋公祠（图6-13）的碑文，该碑文较为详尽地记录了重建宗祠的情形和各种支出，从中可以一窥光绪年间东莞一带祠堂建造的材料、工种和造价（图6-14）。简斋公祠是一座三间两进的祠堂，始建于清乾隆十八年（1753），重修于光绪三年（1877），奉祀谢姓简斋公。谢简斋生于明嘉靖三十九年（1560），卒于万历四十六年（1618），始建祠堂之时距其去世已经135年，此时建造祠堂的主事者都不可能亲见过其音容笑貌，谢

※图6-13 南社简斋公祠头门正面（来源：自摄）
※图6-14 碑记中关于工料的记载（来源：自摄）

简斋亦未有获得了功名的记载，因此其子孙应建祠应是为了追祀本房先祖。现在所见的简斋公祠为2004年重修，已辟为茶山民俗陈列馆。祠堂面宽9.4m，通进深15.25m，头门用一门两塾，檐下虽用红砂岩柱，横额和柁墩仍用木，应是东莞清代早期做法的延续。

在重修祠堂的碑记中，有以下一段非常详细的关于题捐和工料支银的记载：

捐题芳名列左

少房

兆荣兄弟捐银叁佰叁拾捌两伍钱叁分捌厘供膳来往小费不计

一、时英捐银贰两　一、泽远公捐银壹两　一、作士公捐银壹两

爱房

一、信重捐银叁佰叁拾捌两伍钱叁分柒厘供膳来往小费不计

一、暖枝捐银捌两　一、晃勋捐银陆两　一、凤岐祖捐银肆两

一、奕良捐银贰两　一、润明公捐银壹两

已上共捐银柒佰零弍两零柒分伍厘

怀房各裔孙分厘无捐

进各祖坐主银壹佰壹拾伍两正内有数主不捐例者，其人或青年通籍，或采藻流芳，使之寂然身后，我等诚不忍焉。今祔坐于祠，庶其名历久而弥光，不与其身同归澌灭也。

费用计开

支买西怀公祠场契银贰佰肆拾捌两正，另辅补签书银壹两肆钱肆分正

西怀公祠场尚存银伍拾叁两，兆荣兄弟与信重当日本愿捐出交兑，但伊子孙说遽接斯银，诚恐易耗，惟要暂将土名鸭屎坭尝田税壹亩六分作价银伍拾叁两，拟借伍年，期满方得收赎，盖欲缓缓访买田地，以为乃祖尝产云云。然是时我简祖已无别业，筹画即聚众浼，到兆荣兄弟与信重将此经按之业借出递年，除纳粮照税均分租银与伊，收回以应清重祭墓使用，兹者祠既落成，工已告竣，所费之数亦皆清妥，不必叫他加捐，嗣后凡我子孙有志兴复旧业者，备银赎回，以垂久远，是所厚望也。

一、支各店木料银壹佰柒拾捌两壹钱肆分伍厘

一、支同利松椿银柒两肆钱四分四厘

一、支其合、茂昌红、麻石碑文银伍拾柒两肆钱九分五厘

一、支绍兴、和昌、源兴瓦料银伍拾壹两叁钱零六厘

一、支各店木油、乌烟颜料铜、铁器银壹拾玖两捌钱弍分伍厘

一、支各店灰料青砖银叁拾肆两贰钱贰分伍厘

一、支各店碎物银壹拾两零壹钱叁分柒厘

一、支罗经择日上梁双工、功德禩用银拾两零六钱九分式厘

一、支子孙抬打舂、托杉、砌塘勘食用银捌两伍钱叁分壹厘，与请工人无几

一、支担各欸材料工钱银壹拾肆两零壹分七厘

一、支在京写匾字送礼银叁两正

一、支顺兴搭寮厂银壹拾两正，供膳

一、支岑芹老揿木匠工金银肆拾两正，另补银叁拾陆两捌钱八分正

一、支梁晋开揿石匠工金银贰拾贰两正，另加工银壹拾九两肆钱四分

一、支燦端揿泥水工金银贰拾肆两正，另补银壹拾捌两正

一、支茂昌麻石工金银壹两肆钱正，供膳

一、支油漆铺金约银贰拾两正

一、支进火大吉约用银贰拾两正

一、支各行开工节例上梁、柱补食用钱银壹拾肆两零九分八厘祃期在内

祠场契现银壹佰玖拾陆两肆钱四分

通共支出材料使用银肆佰伍拾捌两玖钱壹分五厘

四行工金银壹佰陆拾壹两柒钱贰分

另青砖壹仟零

百岁祠送来旧柱木壹对，共值银壹拾余两

石柱一对半

光绪三年岁次丁丑十二月吉日承众命二十一传孙遇熊谨识

用于建造简斋公祠的银两来自族中各房的捐银和供奉神主牌所需的坐主银。各房共捐银702.075两，其中少房342.538两，爱房359.537两，怀房则分文未捐；此外，坐主银115两，加上捐银共计银817.075两。

修建简斋公祠时购买的是西怀公祠的场地，也许这正是怀房分文未捐的原因——将本房的祠堂基地卖出总不是一件光彩的事情，购买场地共支付了248两白银，在碑文的最后，统计出了材料的花费是458.915两，工钱共计支出161.72两，此外还有一些零星的花销，足见在光绪年间的祠堂建造中，材料占据了最大的份额，约占五成，其次是购买基地的费用，占了近三成，而工钱则占全部费用的不到两成。除去购买土地的费用，整座祠堂的建造成本约620.635两。据横坑《重建钟氏祠堂碑记》，钟氏祠堂为开通祠前的甬道和周围的巷道，一共花费了四百零六两八钱银子和好几丈地，看来自乾隆以来，东莞村落之中可用于建造的土地都所值不菲。

购买材料的记载中包括了店号、材料和所花费的银两，但未说明规格和具体的数量。其中列明的各项材料花费总计只有333.084两，与合计中的材料银相去

尚有120余两。木材是所有材料中花费最巨的一笔，在现场看来，祠堂所用的梁架应以坤甸为主，而屋架为杉木[1]，本文中列明的用于购买木材的支出计158.589两，另外，百岁祠还送来旧木柱一对，值银十余两。花费其次的是石材，共计用银57.495两，其费用为木材的约三分之一，除了碑刻使用麻石以外，其他的石材均为红砂岩，即碑文中所说的“红石”。其次相对较大的支出是瓦和砖，分别用银51.306两和34.225两，油漆、乌烟和五金共用银19.825两，另外，碑文的最后还提到了部分旧料，如青砖一千余块，石柱一对半等。从材料的准备来看，木材仍然是祠堂建造中最重要的材料，其次为石、瓦、砖，而其他的用料相对来说耗费较少。

与材料相对应的便是各工种，碑文中提到的“四行”指的就是不同的工匠，因为工作的重要性程度、难度和工作量的不同，其工钱也有所不同。碑文中提及的需要支付工钱的对象包括择吉期的阴阳先生、材料搬运工、打脚手架和凉棚的搭寮厂、木工、石工、泥水工、刻工和油漆工，此外，尚要为族中帮忙打搘、托杉和砌塘墈的子孙以及部分工匠提供膳食。一位叫岑芹的老木匠负责整个祠堂的木工活，木工需要同时承担大木作和小木作，同时负责整座祠堂的尺寸控制，工钱为76.88两，大大超过其他工种；梁晋开则领衔石工，石工负责利用红砂岩建造基础、台基、石柱、勒脚、墙隅、踏步以及制作其他石质构件、铺设石质地面，工钱计41.04两；燦端领衔泥水工，承担砖墙的砌筑、砖铺地面和屋顶瓦面的铺设等，工银共42两，与石工几乎相同。此外，油漆工的工钱约20两，搭脚手架的费用10两，写匾上的字润笔费3两，为碑上刻字的刻工支付的费用为1.04两，还有一些零星的支出。

从碑文的内容和实际支付的银两来看，四行指的是在祠堂建造中最重要的四个工种，即木工、石工、泥水工和油漆工，其中前三行都与建筑的结构相关，木构的梁架是建筑的主要结构框架，石构提供基础和檐下的承重，而砖则提供承重的墙体。油漆工和木材的大量使用紧密相关，为了延长木构件的使用寿命，无论结构性木构件、小木作还是装饰性木构件，都需要油漆的保护。

碑文中甚至详细列出了书写匾字、刻写该碑文等细碎的支出，而未单独说明在祠堂中有着重要作用的木雕、石雕、灰塑等项工钱的支出，由此推断，雕饰的工作根据材料的类型归入了各主要工种，即木雕由木工统筹，石雕由石工统筹，灰塑由泥水工统筹，墙面的绘饰由油漆工统筹，祠中未见繁复的砖雕。也就是说，从简斋公祠的实例里看，到了清代末年，虽然雕饰已经极为发达，但在当地并未作为大的独立工种，而是依附于主要的四行。

简斋公祠提供了清末广州府乡村地区宗族祠堂造价的一个参照，即三开间两进的敞楹式宗祠其工程造价约为六百余两白银，而土地大约为工程造价的四成左右。龙华上游松游氏家祠中的《游氏建祠碑记》为某房五世孙油职大等所立，其中记述

1 碑文中提及族中的子孙帮忙“托杉”，应是指屋架的上檩。碑文中还专门列出了购买松、椿的事项，根据陈志华先生在《宗祠》一书，为了取“百子同春”的谐音，有些浙江宗祠会在大厅中使用柏、梓、桐和椿四种木材的柱各一，但笔者在简斋公祠调研时不能确定该祠是否使用了松木和椿木的柱子，也未听闻本地有讨“松柏同春”口彩的习俗。因为松木的受力与其他硬木相去较远，且易遭白蚁啮咬，因此推断松木和椿木被用于其他用途。再则，从百岁祠的两根旧木柱值银十余两，而购买松、椿的支出为柒两肆钱四分四厘，也说明松、椿可能并非用于制作木柱。

2 参见：谭棣华，曹腾骈，冼剑民编. 广东碑刻集［M］. 广州：广东高等教育出版社，2001：169页。

3 由于兆祥黄公祠现位于兆祥公园内，祠堂的周边环境被重新设计过，已经无法确知原来的用地范围。

4 黄氏后人继承了祖业，如意油的制炼传承是：黄元吉——黄兆祥（黄祥华）——黄奕南——黄颂陶——黄凝鎏——黄启昌。1950年，黄凝鎏在香港分店设厂生产，供货给港澳各药房销售，并以“黄祥华流行堂帆船牌万应如意油”的名称，先后在新加坡、马来西亚、印度尼西亚等国家和地区注册，从此“黄祥华如意油”又行销世界各地。黄凝鎏现为香港药行商会会长、香港国际中医药总会永久会长。

了游姓家族于乾隆丙子年修建三栋厅堂奉祀曾祖，其后被乡人认为有碍风水而拆除了头门和祭堂，只剩下了寝堂，游职大联合念房伯举公子孙筹划另建宗祠宇，但因遗产仅余数石而需从长计议，经过二十余年的积累，尝产达到了八十余石，终于可以鸠工庀材，于嘉庆四年创立家祠二栋。[2]从碑文中的叙述来看，游氏家祠也是三开间两进的祠堂，以清末一石米约值银一两计，尝产八十余石意味着每年可以获得约八十两的烝尝银，七八年便可积蓄五六百两白银，足够建造祠宇了。

第二节　案例分析：佛山兆祥黄公祠

佛山是岭南中成药的发祥地之一，老城内有很多相关的遗存，兆祥黄公祠即为其一。该祠是著名中成药“黄祥华如意油”的创始人黄大年的祠堂，为其子黄奕南于光绪三十一年（1905）始建，建成于民国9年（1920），是佛山老城现存规模最大、形制最完整的祠堂建筑。

兆祥黄公祠坐西朝东，建筑部分占地约3060m^2，[3]建筑群东西长67.57m,南北宽31.40m,总平面布局为三路四进（图6-15）。根据1923年绘制的佛山历史地图，其头门前原来应有池塘，现状被改建为有栏杆的方形水池。中轴线上布置头门、拜亭、正厅（祭堂）、寝堂、后座等主体建筑，较为独特的地方有两处，一是在一进院落与享堂之间有一座歇山顶的拜亭，二是在寝堂之后尚有一进天井院和一座两层的主体建筑，且后座建筑从细节做法和材料上明显不同于前几进建筑，建设年代应稍晚。两侧的边路对称布置衬祠，以青云巷与主体建筑连接，为广府地区清末民初祠堂较为典型的做法。中路上的主体建筑除拜亭为歇山顶、最后一进为两层楼外均为单檐硬山顶，面宽、进深各三间。建筑气魄较为宏大，设计精巧，工艺考究，是南番顺地区颇具代表性的祠堂建筑。

抗战期间，各地的黄祥华如意油店铺纷纷倒闭，后店铺改号迁往香港[4]。在近百年的历史变迁之中，黄氏家族的后人大多移居港澳和海外，兆祥黄公祠亦失去

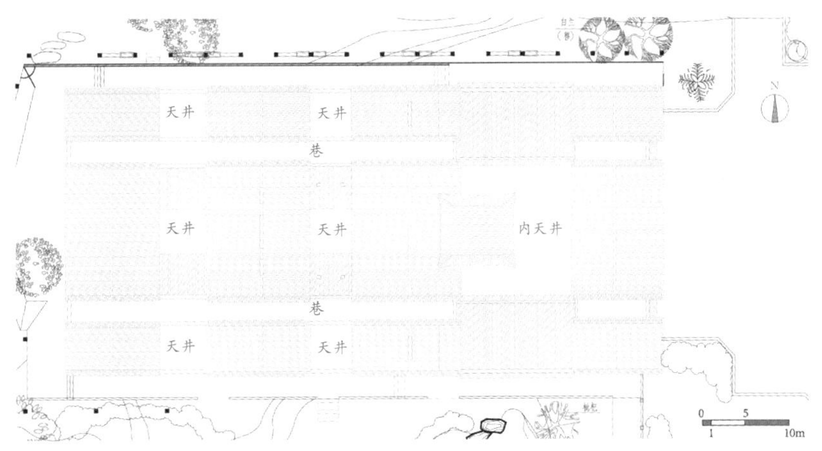

※图6-15　兆祥黄公祠现状总平面图
（来源：华南理工大学东方建筑文化研究所，经笔者整理）

了原有功能，长期被闲置，也曾先后作为国民党南海县党部和军队的驻地，两度进行了不合理的加建。“文化大革命”中，祠堂的很多构件遭到严重破坏，头门檐下梁架上的木雕遭到砍斫和火烧，大量装饰构件失散。1985年，一名部队战士在学习开汽车时撞折了头门的石檐柱，导致头门屋顶大面积坍塌。但在经历了战乱、社会变革和大规模城市建设活动的冲击之后，兆祥黄公祠仍能幸存并且基本保存完整。2000年吴庆洲教授主持了该祠的修缮设计，笔者参与始终，本节的相关记录、图纸、照片均完成于本次修缮过程之中。

一、兆祥黄公祠中的地方性材料

1. 木

在兆祥黄公祠中，主要的木材包括坤甸木、东京木、波罗格、杉木和花梨木。坤甸木主要用于柱、梁、脊檩、斗栱、瓜柱、柁墩等重要结构构件，而东京木被用来加工成中路主要建筑的檩、桷板和桷头，杉木用于边路建筑的楼板、檩和桷板。头门梁架为三间十三架，拜亭为卷棚歇山顶。正厅、寝堂和后座二层结构均为三进柱网，且檐下均为六檩卷棚，中跨为九架，脊檩至后檐墙间为九架。部分主要木结构构件的尺寸见表6-1，包括主要建筑的心间脊檩、檐檩、大柁和后金柱尺寸。

兆祥黄公祠部分木结构构件尺寸一览 表6-1

部位	心间脊檩		檐檩	大梁		后金柱	
	跨度（m）	直径（mm）	直径（mm）	跨度（m）	高（mm）	高度（m）	底径（mm）
头门（头座）	5.76	380	240	4.42	395	6.86	443
拜亭（仪亭）	—	—	240	6.85	335	—	—
正厅（祭堂）	5.76	390	240	6.36	410	7.62	448
寝堂	5.76	390	240	6.02	410	8.07	400
后座	5.76	372	236	5.10	392	5.41/4.91	440/440
厢房	5.53	270	180	—	—	—	—

注：1. 拜亭为卷棚歇山顶，四角均为石柱。
2. 后座后金柱尺寸分别表示一层/二层的尺寸，大柁采用的是二楼的尺寸。
3. 头门为纵墙与后金柱之间的六架梁，正厅、寝堂和后座主楼的梁均为前后金柱之间的九架梁，其长度值包括前金柱半径和出后金柱的梁头。

整个祠堂共有木柱22根，均用坤甸木，其中头门2根，正厅、寝堂各4根，后座每层4根共8根，前院侧廊每侧2根共4根。从表6-1中的后金柱尺寸可见，头门、正厅、寝堂的柱高逐渐升高，寝堂后金柱的柱高达8.07m。柱的底径一般为440mm左右，只有寝堂后金柱尺寸略小，为400mm。

不计拜亭的角梁，则兆祥黄公祠中共有木梁96根。头门纵深方向有两榀梁架，每榀有梁10根，其中前进4根，中进5根，后进用单步梁1根；前院侧庑每座用梁6根；拜亭四个方向各用1根主梁，另有角梁四根；祭堂、寝堂、后座均为两榀梁架，祭堂和寝堂每榀有梁9根，后座二层每榀有梁8根。各主要建筑前金柱和后金柱所承托的沿进深方向的大柁因为需要支承其上的层层梁架，是截面尺寸最大的梁，故又称大梁，而头门的大梁则位于纵墙与前檐柱以及纵墙与后金柱之间。祭堂和寝堂的大柁均为九架梁，跨度分别达到了6.36m和6.02m,大柁截面高度同为410mm。因为跨度较小，头门和后座的大柁截面高度也相应略小。在开间方向，各建筑共用阑额27根。其中头门后金柱上每跨有木阑额1根，计3根；两侧庑每跨各用阑额1根，计6根；祭堂、寝堂、后座二层各用阑额6根，且前金柱上的阑额结合前进的卷棚顶，后金柱上的阑额上则支承襻间斗栱。

从纵剖面（图6-16）和屋顶仰视平面图（图6-17）可以看到柱、梁架和屋顶木构件的基本情形，包括其位置和大小。和官式建筑相比，兆祥黄公祠的梁架上使用的雀替和斗栱并不多，屋顶的构成也并不复杂。除拜亭的屋顶形式为卷棚歇山顶之外，头门、祭堂、寝堂和后座均为硬山屋顶，屋顶均为双坡，屋顶的木构

※图6-16　兆祥黄公祠心间纵剖面（左侧为头门）
（来源：华南理工大学东方建筑文化研究所，经笔者整理）

※图6-17　兆祥黄公祠屋顶仰视平面（左侧为头门）
（来源：华南理工大学东方建筑文化研究所，经笔者整理）

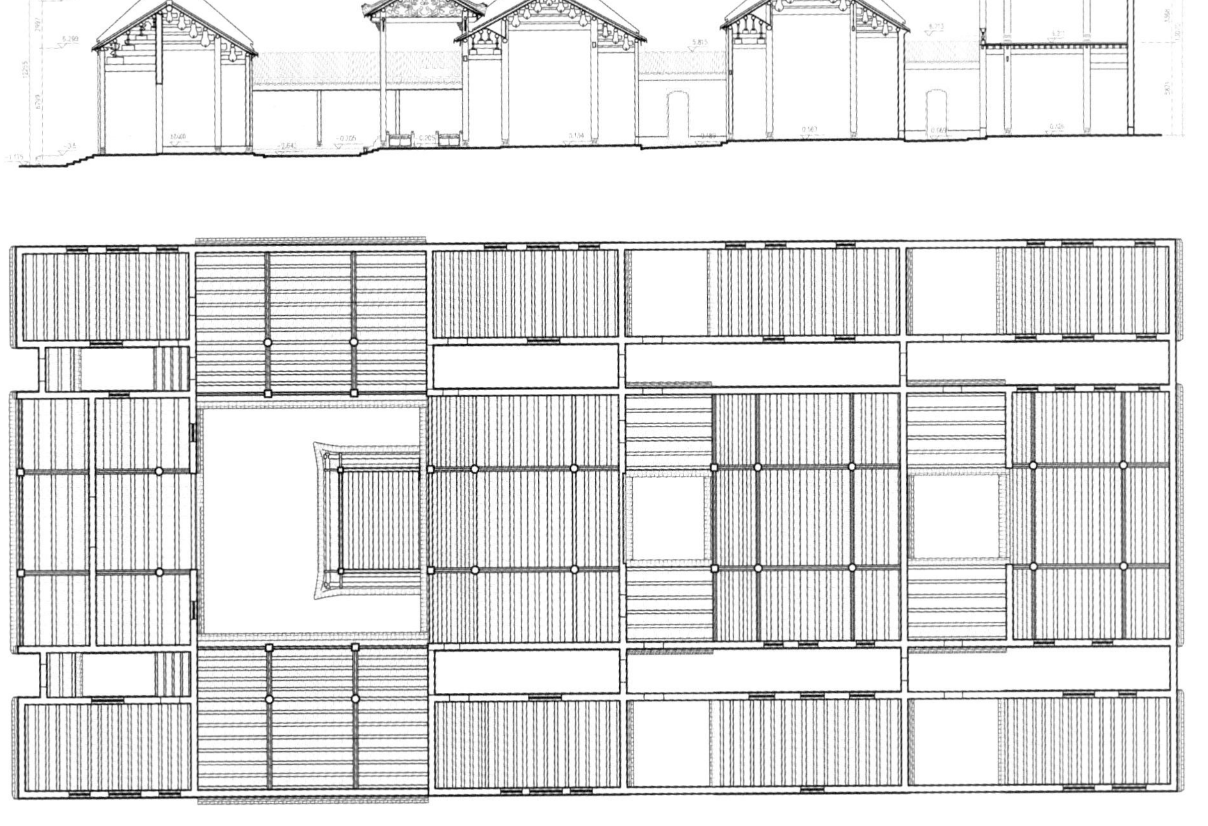

架部分由与开间方向平行的脊檩、金檩、檐檩、桷板和桷头组成，屋架除脊檩之外的其他部分均使用东京木。此外，各主要建筑的前进使用卷棚屋顶则是共同的特点。

兆祥黄公祠共用檩424根，檩的长度随开间宽度而相应有所不同。其中头门每跨用檩13根，计用39根；拜亭共用檩14根；祭堂、寝堂各用檩54根合108根，后座二层用檩45根。这些主要厅堂的檩采用东京木，共计206根。而边路建筑共用檩218根，其直径相对较小，材料为杉木。从脊檩的尺寸可知栋梁之材的大小，兆祥黄公祠中路建筑的心间跨度为5760mm,次间跨度为4420mm,因此心间的脊檩比次间脊檩尺寸略大，其中直径最大的是祭堂和寝堂的心间脊檩，直径均为390mm。相比之下，檐檩的尺寸一般只有120mm,厢房的檐檩直径甚至只有90mm。

除坤甸和东京木之外，祠堂中还使用了波罗格、柚木、花梨木、杉木等木材。波罗格用于雀替、走廊尽端的漏花板等兼具装饰和结构作用的构件，柚木则用于需要精细雕刻的构件，例如挂落、封檐板、襻间上的花格窗等（图6-18）。阁楼的楼板为杉木板，两块企口的木楼板中间夹着竹筋，承重的矩形木枋、木栏杆、扶手亦用杉木。

祠堂的大门的用材是花梨木，尺寸为1210mm×4140mm;其他木门为修缮时所加。

2. 砖

兆祥黄公祠墙身所用均为青砖，用于墙面砌筑和装饰，尺寸有多种，规格可以分为砌墙砖和水磨青砖两种，其中水磨青砖仅仅用于头门大门之外的墙面和边路的正面，其他部分内外均为不加批荡的清水砖墙。

除明显为部队驻扎期间加建的部分所用的红砖和灰砖之外，在修缮现场记录下来的用于砌筑承重空斗墙的砖有五种规格（单位均为mm）：

a. 253×110×57；b. 253×110×53；c. 254×110×57；d. 257×110×61；e. 262×110×62。

这几种规格比较接近，应是同一种规格在烧制时产生误差的结果，其尺寸比东莞大青砖略小。

用于头门正面磨砖对缝墙面的水磨青砖尺寸一般为280mm×110mm×（62/40）mm,剖面形状为不规则的楔形，除正面磨得平整光洁之外，其他各面均凹凸不平；头门山墙东端转角处的水磨青砖平面为梯形，从坍塌之后的断垣可以清楚地看到此处青砖的形状和构造做法（图6-19，图6-20）。

另外，墀头及边路衬祠天井中的墙壁上有多处砖雕，亦用砖材，但建造中一般为单独的工种。

※图6-18　封檐板所用的柚木
（来源：自摄）

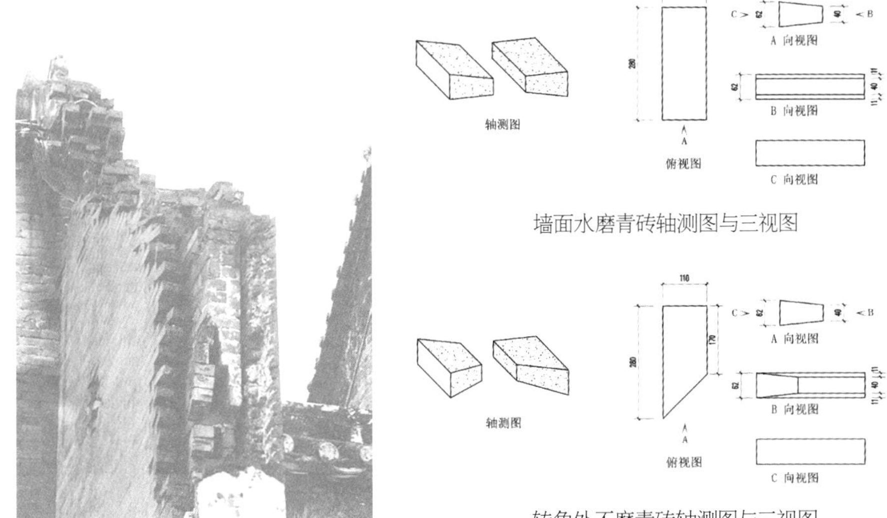

墙面水磨青砖轴测图与三视图

转角处不磨青砖轴测图与三视图

※图6-19　头门坍塌处所见墙身断面
（来源：自摄）
※图6-20　头门水磨青砖规格
（来源：自绘）

3. 瓦、方砖

兆祥黄公祠的瓦件一共包括仰瓦（板瓦）、筒瓦、瓦当和滴水四种，全部为陶制，滴水和瓦当的端面为釉面，滴水及瓦当的后部、仰瓦、筒瓦均为陶瓦本色（图6-21）。

板瓦用于铺设在桷板之上，其尺寸为210mm×210mm×10mm，弯曲程度不多，颜色为淡赭色。筒瓦的长度为210mm，宽度（直径）为110mm，用于铺设瓦垄，后端半径稍小，便于前后搭接，有时有用来钉瓦钉的小孔。滴水和瓦当的端面分别为如意形和圆形，瓦当端头的直径为110mm，滴水的如意形部分宽215mm，高110mm。

室内地面铺砖有灰色尺二方砖（360×360×6）、红色尺四大阶砖（470×470×20）以及200×200×5有几何装饰图案的花砖（图6-22）。

兆祥黄公祠各次要房间和阁楼处为灰色尺二方砖斜45°错缝密铺，不勾缝；

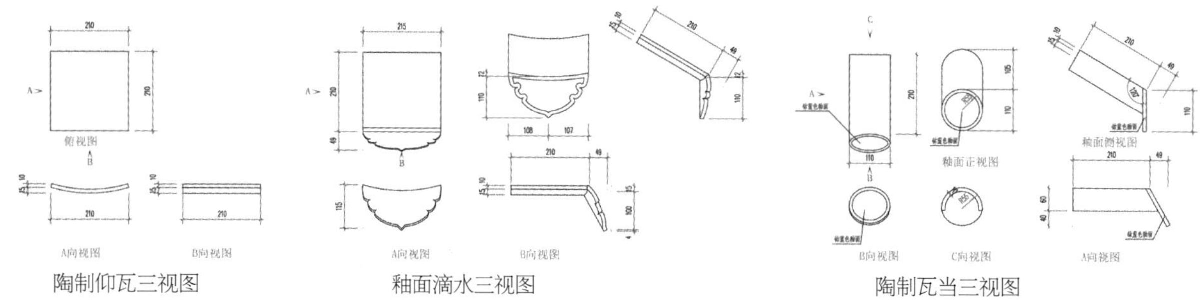

陶制仰瓦三视图　　釉面滴水三视图　　陶制瓦当三视图

※图6-21　瓦件一组
（来源：自绘）

中路主要单体建筑采用红色尺四方砖错缝拼缝密铺。因宽度和厚度合适，尺四方砖也被用来做围墙叠涩檐口的压顶，以及陶瓶栏杆的压顶。拜亭地面采用装饰性很强的花砖，拼合成完整的几何图案。

※图6-22　拜亭地面花砖图案
图中尺寸：400×400（mm）

4. 石

黄公祠的石构件均为花岗石，主要包括各进基座台明、墪台、石勒脚、檐柱、全部柱础、石驼峰、虾弓梁、墙体的勒脚、门边包石、窗边包石、石门臼、水井四周、露明地面的铺地条石、石栏杆、集水口，以及各处的石雕。图6-23是祠堂中的几种石构件。

中路上各进建筑开敞的檐下均用石柱支撑，其中最长的是支撑拜亭的四根花岗石檐柱，长度达8.21m，前檐柱截面尺寸为300mm×300mm，而靠后的两根与正厅共用的石柱截面尺寸为400mm×400mm。

铺地条石均为花岗石，规格统一为350mm宽，长度则变化较大，最长的条石为拜亭前石阶的整块踏步，长达5.6m。

5. 其他

兆祥黄公祠中的铁件使用并不多，主要见于阁楼窗户的防护栏杆、小五金件、排水天沟和水落管，栏杆用直径30mm的圆铁，至今只有一层很薄的铁锈，局部还可看到柔和的光泽。在室内的铺地层以下，使用了大量的河沙，沙具有良好的吸湿特性而且吸湿后不膨胀。墙面和侧庑压檐上使用了灰塑。各处正脊均已被毁，

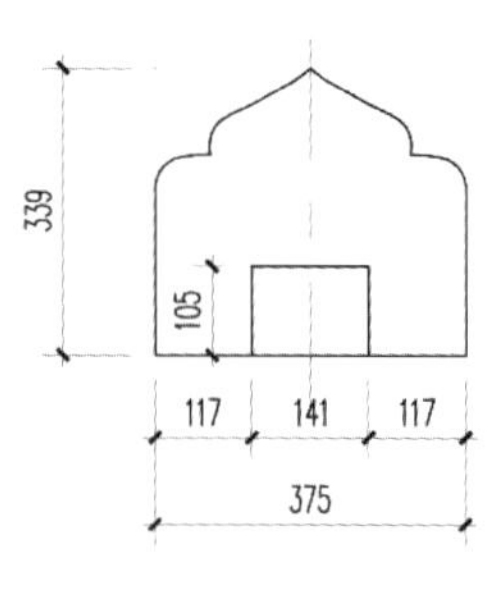

正门托门石俯视

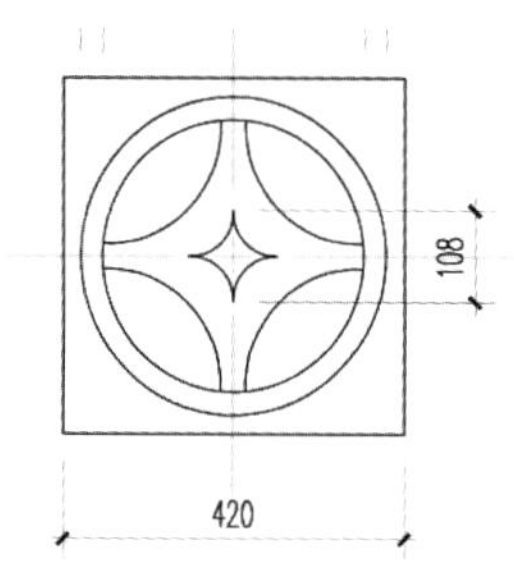

石制集水口平面

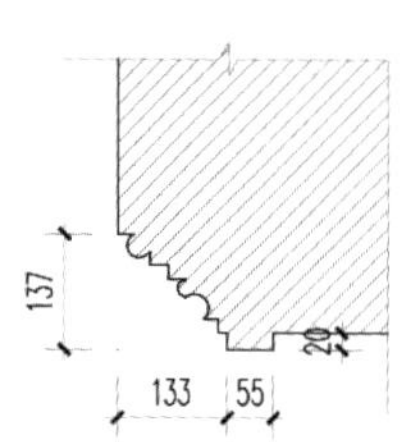

正门门框西侧剖面细部

※图6-23　石构件一组
（来源：自绘）

未见陶塑装饰。

二、兆祥黄公祠的地方性工艺

兆祥黄公祠建造于清末民初，已经吸收了广州府祠堂中的一些地方习惯和适应湿热多雨气候的做法。在形制上，兆祥黄公祠采用了敞楹式的头门，祭堂和寝堂均无前檐墙，在祭堂之前设拜亭也是适应湿热气候的结果，可以在雨天进行祭祖活动。

1. 大木作

兆祥黄公祠的木结构体系是广府地区清末民初祠堂建筑中较为常见的一种，正厅、寝堂前檐下的一进均为卷棚，卷棚后檩直接落在前金柱上（图6-24）；后两进为抬梁式的做法，纵向（此处为与开间方向垂直的南北方向）用斗栱，而横向梁架则用瓜柱，但各主体建筑中除头门之外并未使用广州府宗祠建筑中常见的水束的做法。

结构上较为特别的是正厅前的拜亭和后座两层高的主楼。拜亭为卷棚歇山顶，其屋顶部分的主要承重构件为与开间方向平行的檩，结构上以纵深方向的双坡屋顶为主，因为是卷棚歇山顶，所以没有脊檩，也并不收山。直接用桷板承托瓦面，筒瓦位置与桷板对应，而檐口则用四个方向的檐檩和桷头来完成歇山的造型和承托屋面的重量，和仔角梁一起使翼角形成很细微的起翘（图6-25）。后座的两层使用了各自独立的木梁架体系，一楼用密集的矩形木枋支撑楼板，二楼的金柱和柱础直接落在楼板上，类似官式楼阁建筑中的缠柱造。

根据对木结构构件和门窗尺寸的分析，推算出营造尺应为31.2cm。

2. 砖作

由于祠堂有着重要的精神意义，所以建筑正面的装饰非常考究。兆祥黄公祠三路建筑正面的所有墙面均采用磨砖对缝的工艺，以获得光洁、整齐的视觉效果，饰面青砖之间的灰缝非常细，即当地所称的“丝缝”，且正面墙上不开窗。

水磨青砖是专门用于装饰的一层构造，实际上边路厢房的东侧外墙达到了400cm,头门外墙厚度更是达到了470mm。头门外墙的构造共4层，中间两层为承

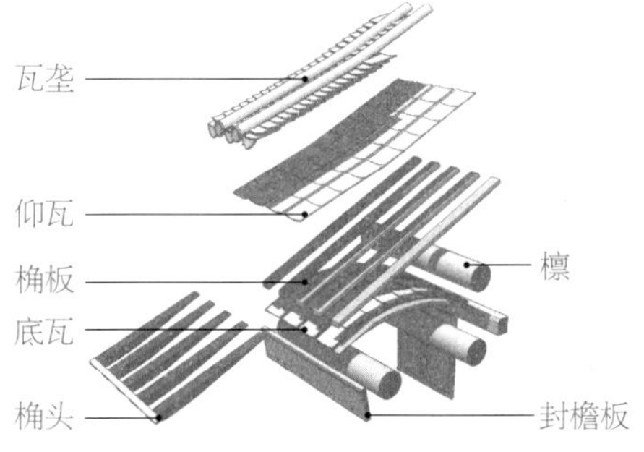

※图6-24　前进卷棚构件分解图（来源：华南理工大学东方建筑文化研究所）

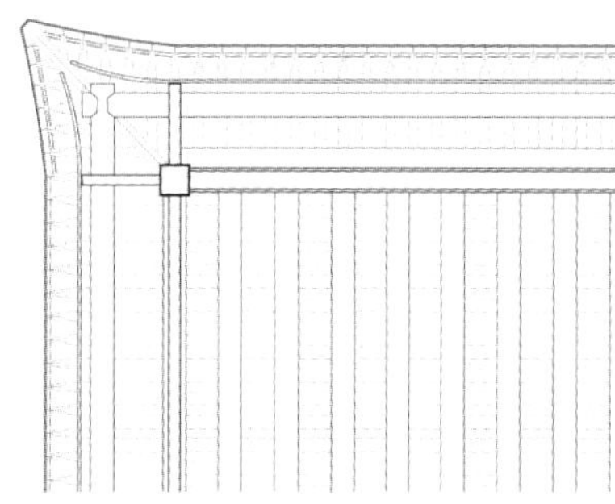

※图6-25　拜亭角部仰视图（来源：华南理工大学东方建筑文化研究所）

重的空斗墙（图6-26），所用青砖的规格与用于饰面的水磨青砖不同。而磨砖对缝的砖也包括了两种做法，比较特殊的是转角处采用了俗称“碰角”的做法，即两个相互垂直的墙面上的砖以梯形的尖锐角部相接，而非一般情况下采用的丁砖、顺砖相互搭接的做法。

其他外墙一般厚度为400mm,是一块顺砖和一块丁砖相加的厚度。外墙采用每隔五层顺砖放一层丁砖的做法，砖的平整度稍逊于正面的磨砖对缝墙面，灰缝也稍宽。室内则是全顺的淌白做法，表面并不批荡[1]，由此获得了深色的墙面和水平向的方向感和深远感。这也是广府地区祠堂外墙的通常做法，外侧的五层一丁砌筑方式形成的有眠空斗墙既比较经济，又能很好地适应本地的湿热气候，而内侧的全顺砌法则主要是为了更好地承重。内墙因为不用砌空斗墙，所以亦用全顺的砌法。

室内地面的大阶砖下，是厚达1m的沙，没有土、石灰等任何其他材料，这种做法有利于隔绝来自地基的湿气和保持地面的平整。

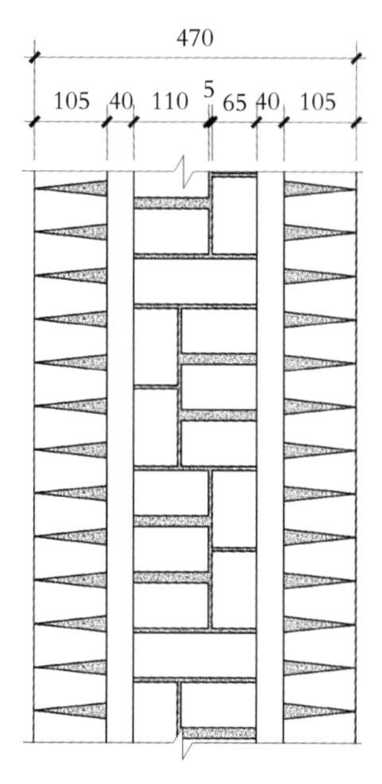

※图6-26　头门山墙墙身构造

3. 石作

兆祥黄公祠较多使用了石材，使得整座建筑看起来显得更加体面，同时也在结构和构造上完成了重要的技术功能。

和广州府的大多数宗祠一样，兆祥黄公祠是浅基础，地脚梁就是带槽的石条。而所有墙身底部都有石勒脚，从正面来看，边路的勒脚和基座的高度达到了1705mm,中路则有760mm高的基座，基座的台明和顶面均为石板，塾台上的石勒脚高度为1125mm。头门的前后檐柱均为石柱，心间无阑额而只有木雕封檐板，如此则获得了开阔的视觉效果，可以从外清楚地看到祠堂的大门，显然石柱也比木柱更能经受风雨的冲刷和侵蚀。次间则有虾公梁，也用石材，虾公梁应是由月梁演变而来，架在檐柱和山墙之间，梁上用石狮托住檐檩。因为青砖的毛细作用较为明显，靠近地面的位置又容易受潮，而且砖墙受潮之后容易结硝和长苔藓，影响其承重效果和视觉上的美观，所以墙身底部使用石材可以有效隔绝潮湿，保护墙身（图6-27）。

黄公祠门窗四周均有石边框，一般门窗的石框宽度均为110mm。这些包边石和石勒脚有着相似的作用，顶部的石条兼有过梁的作用。祠堂大门的门边贴脸石宽度为1.07m（含石门框），顶部宽度为1.46m,除了帮助固定巨大的门扇之外，亦有炫耀财富之意。木门的门枢置于门臼石上，既保护门枢，也便于开关沉重的实木门。

石柱础则可以有效保护木柱，兆祥黄公祠共有仰莲、圆锥和雕刻有杨桃的鼓镜形三种，均为圆形且较敦实，而石柱下的柱础则为方形，较为纤秀。

4. 瓦作

兆祥黄公祠的头门、祭堂和寝堂心间共有29个瓦坑，而次间则各为15个。

1 广东称墙面粉刷为批荡。

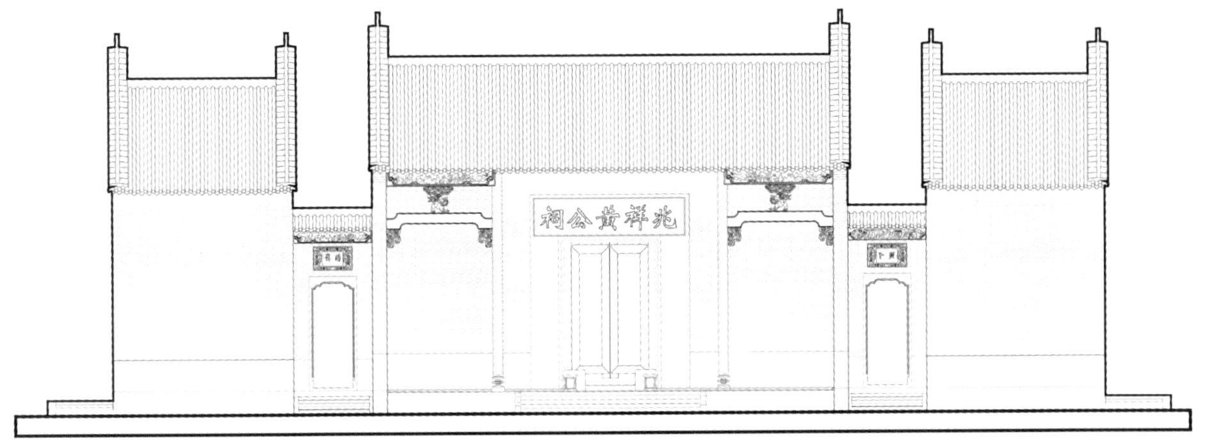

※图6-27　兆祥黄公祠正立面修缮设计图（来源：华南理工大学东方建筑文化研究所）

拜亭和南北分坡的侧廊使用了卷棚顶，中路上的厅堂多处使用了室内的小卷棚。在二进厢房还采用了风兜的特殊构造（图6-28），瓦面靠近檐口约三分之一处断开，前端形成卷棚，而后部的瓦面与前端卷棚的后坡之间形成了窗户，这就是广州府风兜做法之一种。风兜是通过两层不同标高的屋面来引导顺坡而起的凉风进入室内的做法，是增加自然通风的有效方式。为解决好风兜的排水，上部的檐口向前略微延伸，前部卷棚的后坡上做出排水沟，将雨水排至山墙侧的出水口。

而黄公祠的檐口所用仰瓦有七层之多（图6-29），搭接方式较为复杂、巧妙，对垂铺时的顺序、屋面的平整度和瓦垄的直顺度都有较高的要求，檐口的构造也相对精细，筒瓦、板瓦、桷板、桷头、檐檩、封檐板、梁架和檐柱之间经过精细的配合还完成檐口的承重和造型。各硬山建筑的山墙均为人字脊，脊顶亦用瓦檐，形成很小的保护山墙的小檐口。

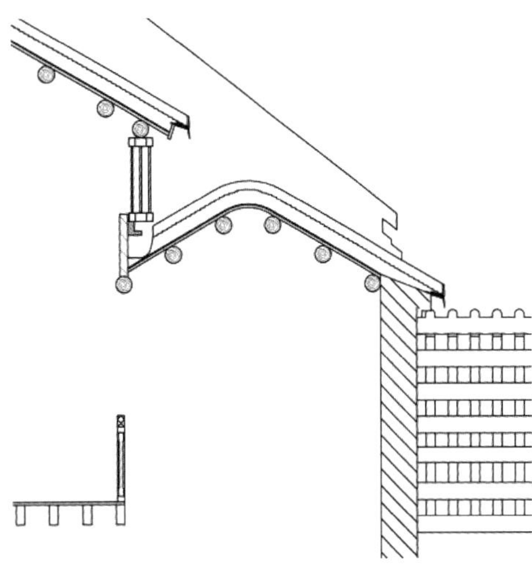

※图6-28　二进北厢房上的风兜及其剖面（来源：笔者拍摄、绘制）

※图6-29 头门檐口断面
（来源：笔者拍摄并注解）

第三节　沙湾绎思堂寝堂的木构架与榫卯

一、道大祠乎，祠大道乎？

绎思堂是一座始建于明代的规模较大、用材十分考究的三路三进三开间祠堂，位于番禺沙湾镇西村桃园路1号，是沙湾望族之一王氏宗族为曾登宋淳化七年进士的某位四世祖而修建的功德祠。绎思堂现存遗构建于清初，因年久失修，仅存中路的祭堂和寝堂，头门与边路已毁，加之几乎是孤立于村口田垄边，景象颇为寂寥（图6-30）。

回到绎思堂刚刚建成的嘉靖三十六年（1557年），则是另外一番光景。曾任刑部主事的族人青萝子王渐逵深以之为荣，认为"斯祠也，轮焉，奂焉，美矣，良矣"，还请时年92岁的硕儒湛若水（甘泉子）撰写了祠记。湛若水不吝溢美之词，他不仅记述了祠堂形制之完备、用材之美，而且用不少笔墨讨论了祠堂主要构件的象征意义：

> 观祠之胜。柱，何柱矣？曰：铁力。甘泉子曰：美哉，材乎！夫铁力者，铁力！窗棂，何窗棂矣？曰：铁力。栋，何栋矣？曰：铁力。榱桷，何榱桷矣？曰：（铁力。）[1]铁力[2]，天下之良材也。虽然，水也闻之，固有天下之材之美五，而丹楹刻桷山节藻棁不与焉，子闻之乎？一曰道；二曰孝；三曰敬；四曰恪；五曰睦。此五者，天之经、地之义、人之美、材之美者也。是故君子营其祖祠，必以道为柱，以孝为梁，以敬为栋，以恪为榱桷，以睦为窗棂，是之谓天下之美材，而丹楹刻桷不与，山节藻

1 此处原文似遗漏了"铁力"二字。
2 原文写作"铁也"。
3 梁鼎芬等修，丁仁长等纂.［民国］番禺县志. 广东历代地方志集成·广州府部（二一）民国二十年（1931）刻本. 岭南美术出版社，卷五，建制三，一五八.
4 梁思成. 清式营造则例［M］//梁思成文集. 第六卷. 北京：中国建筑工业出版社，2001：13.

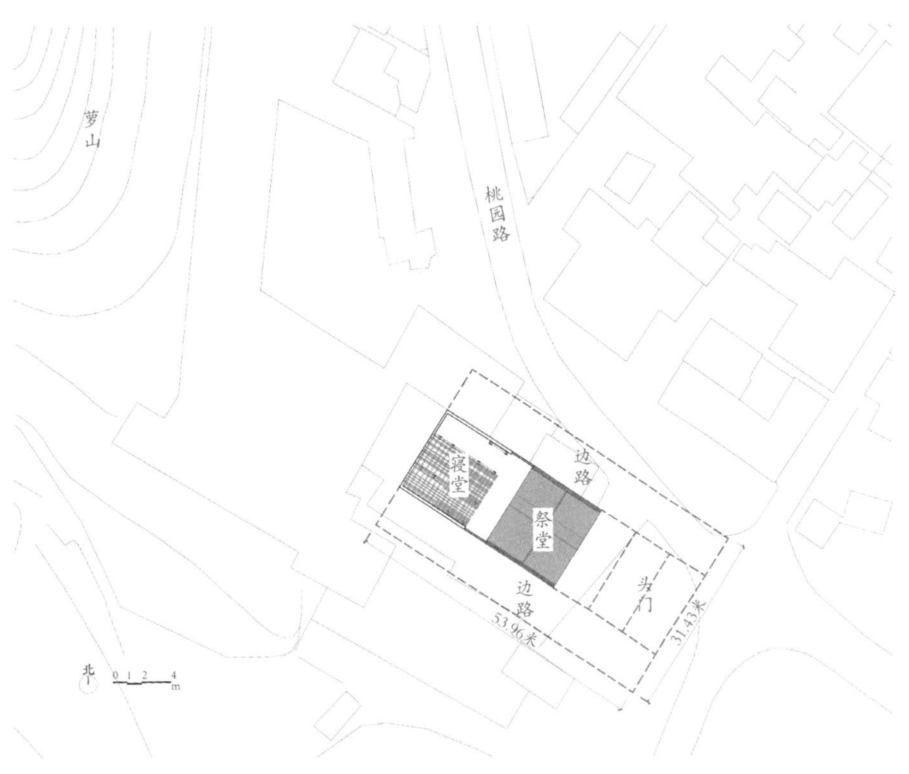

※图6-30　绎思堂现状测绘总平面（虚线部分为推测）

棁不与焉，夫然则祖考享之，子孙保之，斯祠为不朽矣。是故致乎道而祖考若蹈焉；致乎孝而祖考若欢焉；致乎敬而祖考若存焉；致乎恪而祖考若著焉；致乎睦而祖考若和焉。故五材之为祠，极天下之美之良也。[3]

湛若水在祠记中提出了一个问题："道大祠乎？祠大道乎？"柱、梁、栋、桷和窗棂五种木构件被赋予了明确的象征意义，分别对应着道、孝、敬、恪、睦五种美德。木材均用铁力木，材之美喻示着人伦之美。

湛若水关于祠与道的讨论在建筑构件和美德之间建立了联系，如此，则构件之间的榫卯连接是否也因此具有了某种象征性意味?

正如梁思成先生所言，中国的传统木结构是科学和美学的双重成功，"这全部木造的结构法，也便是研究中国建筑的关键所在。"[4]可以说，木构架的榫卯连接方式是木构加工研究中的关键所在之一。

现存的绎思堂已然不是湛若水赞美过的那座建筑了，在目前暂未有更多史料和修缮记录的情况下，初步判断现存建筑应该是康熙海禁复界之后重修的，但是其格局和用材仍然和湛若水所描绘的相似。清初重修的绎思堂规模依旧宏大，在2002年11月的卫星地图中，仍然可以看到尚未坍塌的寝堂屋面和边路衬祠。现存祠堂祭堂正面次间有檐墙，寝堂正面为敞轩。祭堂正面墙基为麻石，其他墙基均为红砂岩。整个木梁架装饰精美，雕刻较深峻而图案简洁流畅。这些形制和材料上的特点，印证着该祠为清初遗构。

绎思堂现状仅存祭堂和寝堂（图6-31、图6-32），寝堂面阔3间，进深16桁用4柱。受屋面构造和地域建造习惯的影响，与同时期官式木构建筑相比，桁数多、桁间距较密。前檐廊空间内原有卷棚吊顶，有排山梁架并用八柱（4根石檐柱和4根木柱），上施莲花托斗栱、柁墩和水束承托卷棚顶，卷棚以上为草架。中跨和后檐廊无排山梁架，只有2根内金柱和2根后檐柱，梁上用瓜柱承檩，后檐墙从后檐柱向外推出少许，形成了容纳神橱的后部空间。但现存梁架桷板以上瓦面已全部无存，部分构件也已脱落或因安全原因被拆除，仅剩余整个木构梁架和两侧山墙，不过，这正好提供了观察和测绘其榫卯形状、尺寸和交接方式的机会。

二、绎思堂寝堂的木构架组件

受建筑等级限制，广府祠堂建筑多为硬山搁檩的结构形式[1]，其主要受力构架为两侧山墙和中间的木构梁架，有时也会有排山木构梁架来辅助砖墙承重，绎思堂即是如此。绎思堂寝堂木构架形式与《营造法式》一书中的厅堂类似，横向木构梁架既在结构上承担主要的荷载，也成了祠堂构架形式的基本型（即侧样）。与大多数广府祠堂类似，绎思堂寝堂的木构架从上至下依次是桷、檩、瓜柱、梁、额、柱等主要结构构件，辅以斗栱[2]、水束、柁墩、雀替等具有装饰性的构件，通过榫卯连接体系共同形成的木构架组件（图6-33）。

绎思堂寝堂的木构架组件在材料、构造、雕饰等方面能够代表明清广府祠堂的一些共同特征，其结构和构造上的基本特点如下：

1. 架数多

与大部分广州府祠堂一样，绎思堂寝堂在进深方向桁数多、桁间距较密，这样的做法不仅减小了檩上桷板所受的弯矩，同时也节省了檩与桷板的材料截面宽度，除了脊檩檩径约450mm明显较大以外，其他檩径基本都在200~290mm。

如果按照清式木构的命名习惯，绎思堂寝堂进深16桁，中跨大柁为七架梁，这种情况只有在很高等级的官式建筑中才会出现。为避免误解，本书沿用“大柁、二柁、三柁”的中跨梁架命名方式。另外由于前檐廊为卷棚吊顶，檩数与后檐廊有奇偶之别，为区别见，前檐廊梁以“架数”计，后檐廊梁则仍以“步数”计。

2. 桷承瓦

绎思堂寝堂木构架主要由桷板而非椽子承接瓦顶，这是广府乡土建筑通行的做法。桷板是扁方形的窄长条木板，相比椽子更为省料，厚度也比圆形的椽子小得多，因此多用钉直接固定在檩上面，檐口处有飞桷钉在桷板之上。

3. 柱承檩

与官式木构中常见的抬梁式结构不同，除了少数装饰性较强的部位外，绎思

1 在受到客家民系影响的地区常见悬山的屋顶形式，在旧番禺县等地可见到头门正面屋角模仿歇山顶屋角的做法，不过总的来说传力方式都与硬山搁檩的形式相同。

2 绎思堂的斗栱基本只有装饰性作用，故后文中的讨论只涉及与四架梁相接的斗栱。

※图6-31　绎思堂现状测绘平面图
（寝堂广15.95m，深13.73m，其中心间广6.23m）

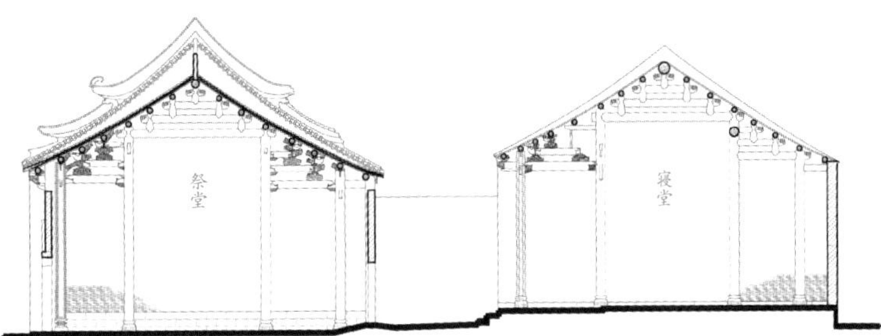

※图6-32　绎思堂现状测绘横剖面图
（以祭堂室内地坪为±0.000m计，寝堂大柁下皮标高为8.085m，心间脊檩下皮标高为9.936m）

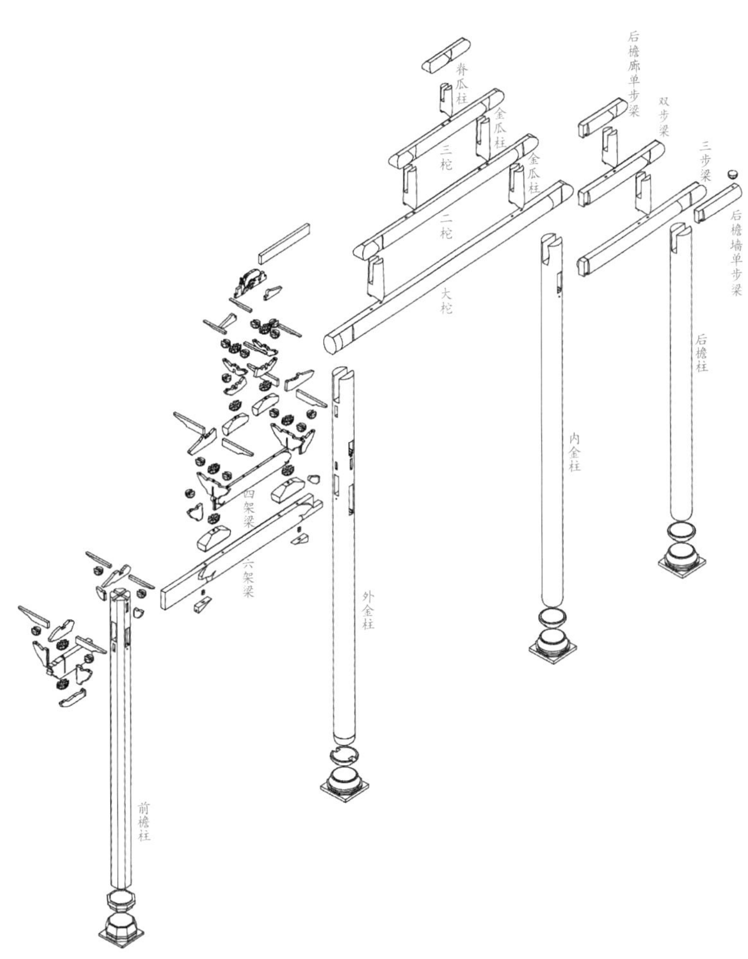

※图6-33　绎思堂寝堂心间单榀梁架拆解图
（注：后檐柱通过单步梁与后檐墙搭接，是将后檐墙向外推出的结果）

堂寝堂木构架多用柱头直接承接檩[1]，“瓜柱承檩”尤为常见。绎思堂寝堂瓜柱都位于祠堂梁架的中跨和后廊部分，梁架构造清晰、简明。瓜柱既抬梁又承檩，省去了较为复杂的斗栱组件，用瓜柱一个木构件便代替了官式大木中“驼峰+斗栱”或是“角背+瓜柱”的木构组件，还可以根据建筑的尺寸以及审美的偏好做出高矮肥瘦的相应变化。

梁思成先生认为：“在梁或顺梁上，将上一层梁垫起，是达到需要的高度的木块，其本身之高大于本身之长宽者为瓜柱”[2]。多地将民居中置于腰梁上的柱称为瓜柱，不一定是瓜的形状，而在广府祠堂里，除了少数圆柱状的瓜柱以外，多见瓜状的瓜柱，绎思堂便是如此。

4. 砖、石、木的结合使用

绎思堂寝堂梁架不是纯粹的全木梁架体系，而是结合了石檐柱和青砖墙，因此，如果只提取祠堂构架组件中的木制部分，对于榫卯的讨论来说并不完整。绎思堂寝堂用石制檐柱、木制内柱，是明清敞楹式祠堂中常见的现象。寝堂只有前檐廊部分出现排山梁架，后端用后檐墙承重而未用檐柱。砖和石用于檐下或者外墙，是适应潮湿多雨气候和特定社会语境的实用选择。

三、绎思堂寝堂木梁架榫卯

“中国木造构架中凡是梁，栋，檩，椽，及其承托、关联的结构部分，全部袒露无遗；或稍经修饰，或略加点缀，大小错杂，功用昭然。”[3]梁思成先生提到的四种结构构件都在湛若水所说的“五材”之列。对于绎思堂寝堂来说，梁架上的榫卯主要与檩（包括栋即脊檩）、梁、瓜柱和柱有关，其中前两者为水平承重构件，后两者为垂直承重构件。

1. 两种主要水平承重构件：檩与梁

绎思堂寝堂现有16根檩（图6-34），其中前檐廊梁架有5根（卷棚下原对称的3根檩已拆卸，屋面坍塌前前檐廊应有8根檩），中跨7根，后檐廊4根[4]。

绎思堂寝堂共有10种梁，就横向的单榀梁架而言，前檐廊卷棚下方有六架梁和四架梁各一根，卷棚上方有单步梁一根；其中六架梁为挑尖梁；中跨有大柁、二柁、三柁和丁华抹颏各一；后檐廊有单步梁、双步梁和三步梁各一；后檐柱与后檐墙之间有单步梁一根（图6-35）。

2. 两种主要垂直承重构件：瓜柱与柱

作为连接梁、檩的单个构件，绎思堂寝堂的瓜柱及其榫卯方式极具地方特色。与同样使用瓜柱的江南地区木构建筑不同的是，广府祠堂中的瓜柱多兼有“承檩”的作用，用瓜柱一个构件连接两根檩和上下两根梁一共四个构件，因此在瓜柱上端会做出很深的卯口与梁相接，而江南地区木构建筑的瓜柱[5]则大多只起“抬梁”的作用。

1 杨扬在其硕士论文《广府祠堂形制演变研究》中提到，早期广府祠堂案例中柱檩交接部位会在柱顶刻出栌料，安装替木，这种形式与《营造法式》中“单料只替”的做法在形式上较为接近，是一种形式演变的过程。如果此种演变成立，柱头直接承檩就可以视作其简化的结果。

2 梁思成. 清式营造辞解［M］//梁思成文集. 第六卷. 北京：中国建筑工业出版社，2001：71.

3 同上，18.

4 这种屋面前后檩数量不对称的情况常见于广府祠堂前进有轩的建筑之中。

5《营造法原》一书中多称童柱，亦名矮柱。

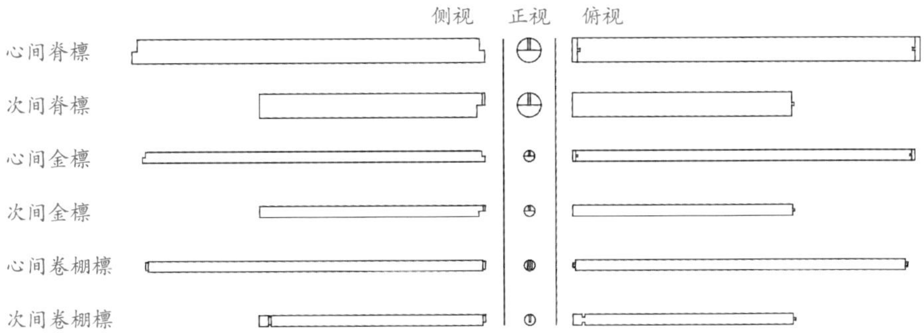

侧视
正视
俯视
心间脊檩
次间脊檩
心间金檩
次间金檩
心间卷棚檩
次间卷棚檩

※图6-34　绎思堂寝堂的檩

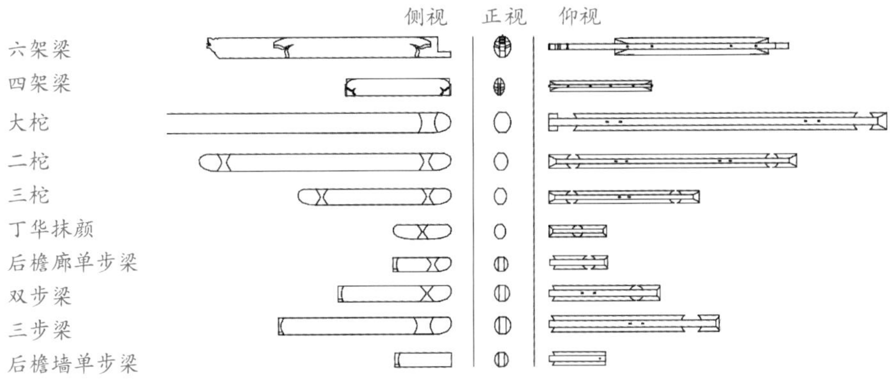

侧视
正视
仰视
六架梁
四架梁
大柁
二柁
三柁
丁华抹颜
后檐廊单步梁
双步梁
三步梁
后檐墙单步梁

※图6-35　绎思堂寝堂的梁

绎思堂寝堂瓜柱主要集中在中跨和后廊，共14根（图6-36）。

绎思堂寝堂有木金柱8根、石檐柱4根（图6-37）。柱头通过桁椀与檩相接，金柱与石柱础间施木柱櫍。柱身卯口主要对应梁身榫眼，只有顶部与檩的交接方式不同，使用桁碗。

3. 绎思堂寝堂木梁架的三类榫卯

绎思堂寝堂硬山搁檩的结构形式决定了其榫卯种类相较官式木构榫卯种类较少，除局部水束使用斜向榫卯以外，大多都为水平和垂直方向的榫卯。另外，主要榫卯形式也有所不同，多为几种榫卯形式的组合应用。图表中榫卯类型主要依据分布位置命名，每种类型都同时包括了榫和卯：I类是与檩有关的榫卯，包括Ⅰ-a和

※图6-36　绎思堂寝堂的瓜柱
※图6-37　绎思堂寝堂的柱

大柁瓜柱
二柁瓜柱
三柁瓜柱
双步梁瓜柱
三步梁瓜柱
侧视
正视
俯视

前檐柱
外金柱
内金柱
后檐柱

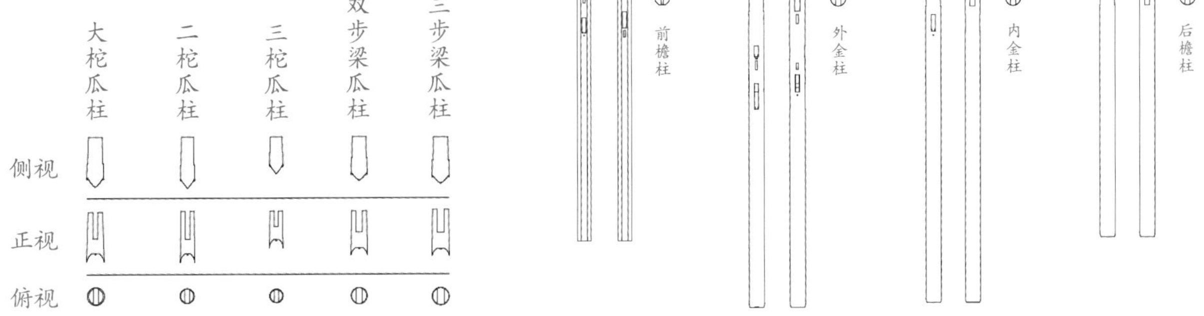

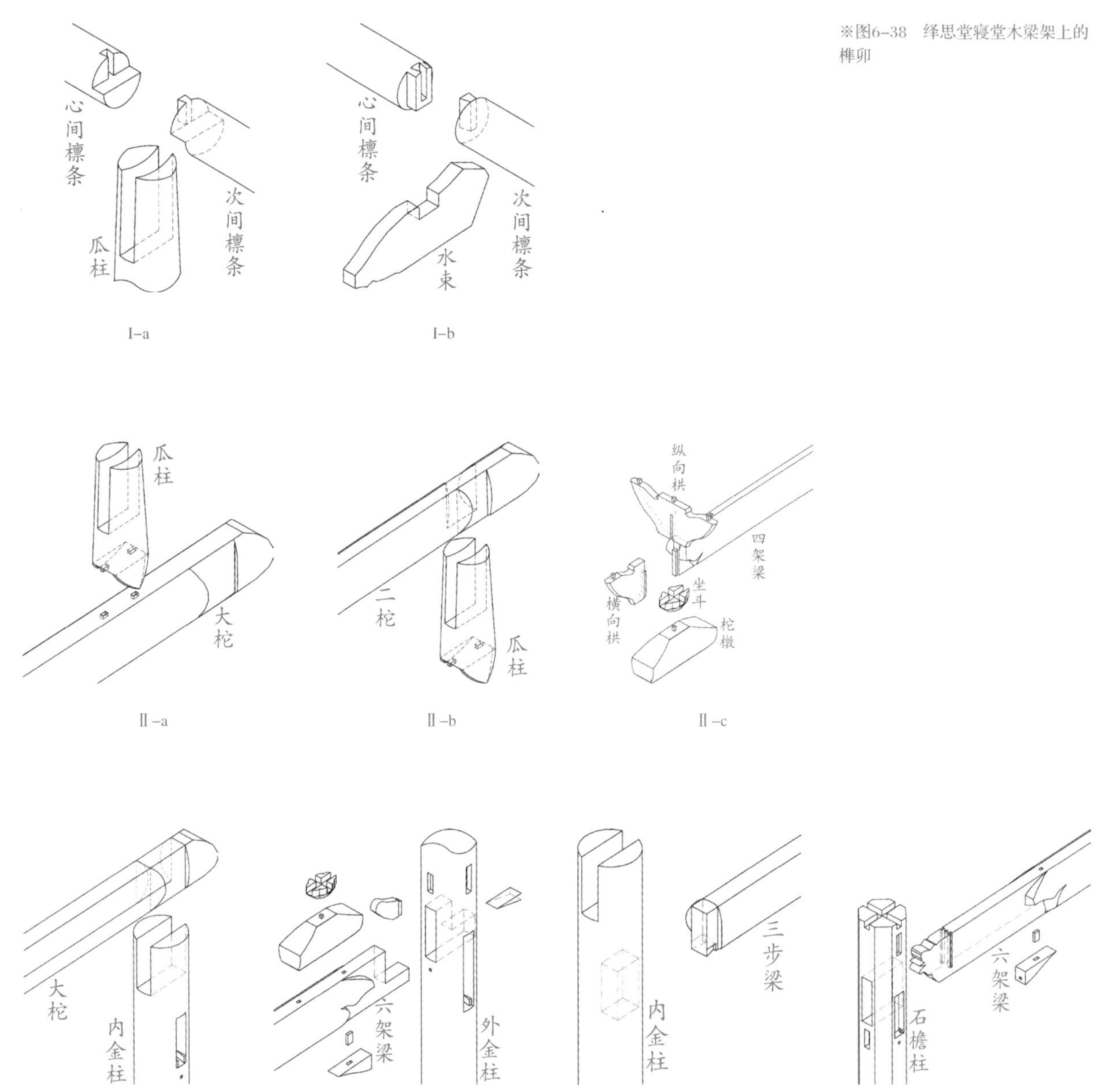

※图6–38　绎思堂寝堂木梁架上的榫卯

Ⅰ–b两种型；Ⅱ类是梁与梁架上部垂直构件相交接时所用榫卯，包括Ⅱ–a到Ⅱ–c三种型；Ⅲ类是柱与梁、枋相交接时的榫卯，包括Ⅲ–a至Ⅲ–c三种型（图6–38）。

由于目前尚未整理出广府祠堂木构榫卯的命名系统，下文对主要承重构件榫卯做法的讨论较多借用官式木构的榫卯名称。[1]

与檩有关的I类榫卯做法主要有两种情形：一种用于由瓜柱或柱（不包括石檐柱）直接承托的檩，另一种用于与水束枋交接的檩。前者（Ⅰ–a型）位于梁架中跨和后廊的位置；后者（Ⅰ–b型）集中在前廊轩的位置。前者是一种合掌榫与燕

1 此处官式木构榫卯的种类和名称主要参考马炳坚先生的《中国古建筑木作营造技术》和井庆生先生的《清式大木作操作工艺》。

2 梁思成. 梁思成文集. 第六卷. 北京：中国建筑工业出版社，2001：38.

3 王世襄先生的《明式家具研究》中提到“扎榫”为南方匠师的叫法。

尾榫结合的形式，这与作者2013年夏在天水麦积山石窟所见正在落架维修殿宇的木构檩榫接方式完全一致，心间和次间的檩榫接后直接放在柱顶的桁椀上，因为大部分金檩直径较小，不需要使用斗栱和替木就能靠柱径遮挡檩间接缝。而后者是一种官式木构少见的榫卯形式——凹字形与燕尾榫结合，这与不同类型的木构建筑构件尺寸的差异有关。广府祠堂的栱相较官式木构的栱要薄得多，替木也明显较薄，只能起辅助承重的作用，因此凹字形榫口就直接搁放在其下的水束枋或栱上，这样不仅依靠斗栱和柁墩所组成的组件将压力向下传递，也因为较为复杂的连接方式隐藏了水束与檩的接口，可谓一举多得。广府木构的因栱较细较薄，因此其榫接不使用“十字卡腰”的连接方式，而用穿带式的“燕尾榫”相接在一起。

梁与梁架上部垂直承重构件之间交接时的II类榫卯包括三种情形：梁与上承瓜柱、梁与下方瓜柱、梁与斗栱，均是梁出榫头，垂直承重构件开卯口。

瓜柱与檩的交接方式就是在瓜柱顶端做出桁椀，与梁的交接榫卯则上下有所不同：瓜柱上端所承托的梁头做出箍头榫，榫口两边切出弧形的侧耳包裹住瓜柱身以形成美观的接口，瓜柱身则由上向下切出卯口（Ⅱ-a型）；瓜柱下端与梁身相接，则在柱中做出对应梁顶宽度的截面，由两个栽销固定，垂直方向的两侧则切出类似椀口的侧耳以包裹住梁身（Ⅱ-b型）。与此不同，官式木构瓜柱下端多用双榫的形式相连，且“都有角背支撑”[2]。前檐廊四架梁和横向栱通过细长的燕尾榫与纵向栱相连，并放置在下方坐料的十字形卯口内，下部再由六架梁上方的柁橔承接（Ⅱ-c型）。

绎思堂寝堂的柱与梁多直接榫接，与金柱交接的梁有前檐廊六架梁、中跨大柁、后檐廊三步梁，它们在横架方向基本对称，但标高不同。大柁与金柱通过箍头榫相连（Ⅱ-a型），由于前廊有轩，大柁在前端位于草架内，并未做出卷云状的梁头；前檐廊六架梁采用透榫的方式与金柱相连，并用楔子固定（Ⅲ-b型）；后檐廊三步梁、双步梁和单步梁用半榫与燕尾榫组合的方式连接后檐柱（Ⅲ-c型）。这类半榫在下端两侧销出了一个小小的燕尾榫，而柱身对应的卯眼要比榫口稍高，额枋插入后向下放就可以通过这个小燕尾榫固定在柱身之上，安装方便且牢固，设计思路类似于木制家具中的“走马销或扎榫”[3]。

与石檐柱交接的主要结构构件包括柱顶的檩、纵向的额枋和横向的六架梁。石檐柱与额枋的连接方式与木柱的相同，均为半榫与燕尾榫的结合（Ⅲ-c型）；前廊六架梁与石檐柱以透榫的方式连接，在石檐柱中做出穿透的方形卯口（Ⅲ-d型）。这样的卯口对石檐柱的破坏性较大，因此广府祠堂的石檐柱多见上端断裂的现象。

与外金柱交接的主要结构构件包括檩、额、六架梁和大柁；与内金柱交接的主要结构构件包括檩、额、大柁、单步梁、双步梁、三步梁；与后檐柱交接的主要结构构件有三步梁和连接后墙的单步梁；相应的榫卯类型和交接方式前文已述及。

寝堂内纵向的额枋高度略低于六架梁，但榫口并未完全错开，由于额枋在梁架结构中的主要起纵向连接作用，使用半榫和燕尾榫结合的形式与金柱相接，也许是因为燕尾较小而无法承担常年较大的拉力，绎思堂内的额枋脱落得比梁严重。

根据上文统计的主要结构构件的各类榫卯类型、名称、数量和位置见下表。需要说明的是，并没有统计暗榫，Ⅱ-c型燕尾榫的数量统计只限于与主要结构构件有关的部分。

绎思堂寝堂主要结构构件榫卯统计 表6-2

类型	名称	数量（处）	位置
Ⅰ-a	合掌榫+燕尾榫+椀	22	瓜柱承托的中跨/后檐廊的檩之间
Ⅰ-b	凹字形榫+燕尾榫	20	水束承托的前檐廊卷棚檩之间
Ⅱ-a	栽销+椀	14	梁与上承瓜柱之间
Ⅱ-b	箍头榫	14	梁与下方瓜柱之间
Ⅱ-c	燕尾榫	8	四架梁与斗栱之间
Ⅲ-a	箍头榫	6	柱与大柁之间
Ⅲ-b	半榫+燕尾榫	4	柱与后檐廊梁/额枋之间
Ⅲ-c	透榫+楔子	20	外金柱与六架梁之间
Ⅲ-d	透榫	4	石檐柱与六架梁之间

建祠之初，绎思堂被认为是“天之经、地之义、人之美、材之美”的化身，是整个宗族精神的象征。如果从建构文化的角度去理解绎思堂的木构体系，其榫卯连接方式理应是精心设计和精心制作的部分。通过对绎思堂寝堂主要结构构件上的榫卯做法的记录和梳理，可以认为绎思堂不同构件之间的榫卯连接的确是建造中得到精心考虑的部分，虽然从现状遗存未见得能完全感受到湛若水所论的道德高度，但显然榫卯的做法建立在工匠对整体建造体系的充分把握之上，而且总体上契合材料的物理特性，其做法代表了广州府清初祠堂的基本特征。不过，通过调研对比，发现榫卯连接在施工过程亦有草率之处，尤其是在较为隐蔽的部位，随意的处置并不少见。

从这个意义上说，湛若水的祠记是以道德促进建筑精细施工的言说。

本章小结

经历数百年的建造经验，从最初对宗庙和官式建筑的模仿到逐渐寻找到适应本地地理、气候和生活习惯的建造观念、技术和程序，广州府的祠堂建筑逐渐形成了较为稳定的材料和工艺传统，建立了地方性特色。

在广州府的祠堂建筑中，主要使用的材料既包括在尺寸和品种上具有地域特点的多种青砖、陶瓦与琉璃瓦、以铁力木和坤甸木为代表的木材、红石和白石，也包括来自乡土传统的蚝壳和海月等。以材料为基础形成了以“四行”即木工、石工、泥水工、油漆工为主的建筑工种，与材料搬运工、搭脚手架和凉棚的搭寮工和刻工等共同构成了建造的工匠群。工种对应着构件的加工，不同的工种之间相互配合，由构件形成组件，组件构成部位，不同部位形成建筑单体进而组织成完整的建筑群。

本章选取了两个建于清代的案例对广州府宗族祠堂建造的地域性进行了讨论。东莞南社简斋公祠的碑记记录了祠堂建造的详细过程和各项花费，由此可一窥光绪年间东莞一带祠堂建造过程的概貌。兆祥黄公祠是佛山地区的代表性祠堂，其用材、形制以及檐口和风兜等做法中显示出了广州府祠堂建筑对地域气候和材料运用的思考和智慧。

第七章

广州府宗族祠堂纪念性的转移

国之大事，在祀与戎[1]。祭祀具有非常丰富、复杂的意义，但神圣的纪念性往往并不孤立存在，而伴随着一定的现实需要和理想诉求。

作为容纳祭祀活动场所的祠堂，是道与器的合一，需要小心地应对制度的约束，寻求礼与工、意与形、质与文的平衡。如果说广州府的宗族是造族运动的结果、一种文化的发明，那么宗祠就是这一发明中不可或缺的重要环节，纠缠着文化和社会的目的。历史上，建祠的初衷多有变化，但总体而言，都包含了纪念性、思想性和现实性三种成分。

纪念祖先是宗祠最基本的功能，在社会伦理中对应着孝道，孝道的提倡又常常与继统中的特殊情形有关，当继任的帝王与前任帝王之间存在宗法上的不连续性时，孝道就容易成为巩固政权的利器而加以额外的宣扬。思想性是建造者对家族或主事者们的共同理想和所认同的意识形态的表述，用于教育后人或作为一种永恒的心灵慰藉。祠堂的现实意义是作为制度设计的一部分，建造祠堂往往是为了宗族的发展所而作出的务实选择，以利于宗族的管理，宣示宗族的定居权、开发权和继承的正统性，谋求经济和社会地位。

不同时期的祠堂，承载着不同的纪念性，也有着不同的世俗功能，祠堂的建造始终在精神寄托与务实之间摇摆。不同的建祠目的导向不同的形制选择。对不同时期纪念性和世俗功能的考察，是探究广州府祠堂形制变迁原因的一把钥匙。

第一节　广州府宗族祠堂的社会文化意义

一、宗族祠堂的精神意义

祠堂最基本的功能和最名正言顺的目的便是祭祀祖先，可以视为远古时期祖先崇拜的延续，是对具有血缘关系的祖先的纪念。但祖先的肉身既已不存，则祭祀的便是属于祖先的某种或抽象或可触摸的精神或物质价值，例如光耀了宗族的功名、养育子孙的恩泽、惠及后世的财富。

“祠堂关系重矣，祀先祖于斯，讲家训于斯，明谱牒于斯，会宗族于斯，而行冠告嘉莫不余斯。”[2]祠堂中发生的主要活动包括祭祖、聚会、议事、听训、修谱、成人礼以及将各种重要事件告知祖先等，这些事件都包含着不同程度的精神意味，其中最为庄严、仪式性最强的当属祭祖了。

祭：有酒肉的祭祀，即牲祭。

祀：向神或神明供奉食物、酒类、香烛或珍贵物品作为祭祀的行为或举动。

《周礼·天官·酒正》中有大祭、中祭、小祭之说。郑司农注谓，大祭指天地，中祭指宗庙，小祭指五祀。贾公彦疏：天神称祀，地祇称祭，宗庙称享。

唐玄应《一切经音义》：祠，祭也，天祭也。祀，地祭也。

1《左传·成公十三年》。

2 嘉靖壬子（1552年）骆尧知撰．骆族祠堂记［M］//谭棣华，曹腾骓，冼剑民编．广东碑刻集．广州：广东高等教育出版社，2001：94.

3 同上，94页。

《礼记·祭统》：祭者，所以追养继孝也。

祭祖强化了子孙与祖先的血缘关系的精神意义，也是孝道的表现。在历朝历代对孝道的提倡之下，在宋明理学的影响之下，到了明清时期，广府人最虔诚的内心，似乎并非献给众神，而是奉予祖先的。对共同祖先的祭祀，被视为实现宗族和睦的有效方式。许多祠堂的碑刻上都有关于立祠祭祖的理论依据：

> "夫鬼神之游散也，每萃聚于祠庙，人心之涣散也，每萃于孝享，故家礼仪节，凡祀先祖者，不分远近亲疏，皆合享于一堂，合祀死者，所以萃聚生者也。况夫张子有千袷之义，而程子又云收族之义，只为祭祀相及，不然周之五百家之党，何以有荣，百家之族何以有辅，此亦先王教民睦也，甚矣。吾人之心固以孝享而聚，若夫聚而无礼，犹弗聚也，是必登斯堂者，祀神有节，而致爱致懿焉。长幼有序而起敬起让焉，诚如是也，则神无不格矣，人无不和矣。……万季此礼乐，万年此嘉会矣，吾族之益大也，不以是哉！"[3]

在广州府，祭祖除表达对祖先的崇敬外，精神上还承载着遥远的故乡记忆，随着袅袅上升的青烟，思绪似乎也和祖先以及原来的定居地产生了某种奇异的关联。

祭祖作为最重要的公共事件之一，需要相应的建筑、场地和陈设来容纳祭祀的仪式，放置祭品、祭器、祭台、祭坛、祭幛等，祠堂充当了祭祖仪式发生的场所。祠最初为动词，后来名词化，成了建筑的称谓。

祠堂的意义首先是对于宗族的，在宗族成为一个整体之后，宗族—家族—房—家庭的层级关系得以建立。对于一个家族来说，祭祖是加强凝聚力和认同感的有效方式，加强宗族的组织程度有利于宗族在社会中的竞争力和在生产、生活中的效率。借助祭祖可以树立和传达家族的意识形态，在通常情况下，家族的价值观往往与国家的意识形态一致，但正如很多学者已经注意到并且阐释过的那样，宗族有时也会故意曲解国家的政令、利用国家意识形态达成宗族的目标。祭祖是确认宗法尤其是具有象征意义的宗子身份的形式，并且通过组织祭祖活动来维护士绅阶层对宗族的管理。

祠堂对宗族和国家具有不同的意义，祖先崇拜被国家的治理者利用，这是政治对信仰的借用的另一种形式，国家的统治者通过将祭祖风俗化而不是制度化，使得相应的观念渗透到日常生活之中，从而实现了国家对基层社会的组织和管理。

除了祭祖之外，还有许多公共事件在祠堂中发生，例如合族的庆典、议事、聚会等，而且往往只有祠堂可以提供足够宽敞的空间，祠堂首先成为空间上进而成为精神上的联系纽带，把族人和许多重大的事件关联在一起，由此达成敬宗睦族的目的。族人在祠堂的纪念性和公共性氛围中，以及在教育、赡养老人、赈灾等方面的福利性支持之下，逐步形成了对宗族的情感联系和心理上的归属感。

祠堂不仅对于作为一个集体的宗族，而且对于这个集体中的每个族人都有着精神上的意义。由于子孙后代被看作是祖先精神和生命的延续，因此许多重要的事件都需要在祠堂里告知祖先，既作为一个庄严时刻的见证仪式，也在祈求祖先的赐福。正德时方豪思作《郑氏祠堂记》，除在祠堂中冬至祭始祖、立春祭先祖外，“而又元旦、中元、元宵、除夕、朔望、忌日之以时告，而又冠婚、丧葬、焚黄、生字、远出、远归以事告，而又祀田之出入、祀品之罗设、祀仪之周折、祀章之裁创、宗誓之丁宁，纤细不遗，称量举当，其制可谓定矣。”[1]“告”是个人与祖先在精神上产生联系的重要方式，除了一年之中的主要节日、纪念日和每月的朔望要在祠堂中举行仪式之外，宗族中的添丁、成年、结婚、出远门和远出归来等都要到祠堂中告知祖先，并因此产生了一系列的礼仪。有学者注意到了《朱子家礼》的宗教意义[2]，正是因为有如此多的“告于祠堂”，祠堂被设定为家庭礼仪空间的核心。祠堂成为个人重要时刻和重要事件在空间上的必然参与者，因此而对个人产生了重要的精神价值，祠堂也就因此而具有了神圣性，赋予族人以勇气、力量和安全感。

也就是说，无论对于整个宗族还是对于每个族人来说，祠堂通过空间所承载的活动以及空间本身，在情感和心理上维系着个人与宗族、现世与先祖之间的紧密关联。

二、广州府宗族祠堂的世俗功能

为什么会产生敬宗收族的需要？

在广州府尤其是珠江三角洲地区，明代初年的村落以多姓村为主，到了明代中叶以后，逐渐产生大量的单姓村或者有主导姓的多姓村，这种格局上的变化表明，在原来的多姓村落里，显然经历了不同姓氏宗族之间的竞争或者有其他姓氏迁徙到了新的定居地。有组织、有管理的宗族在社会竞争中往往占有相对的优势，苏州范家花树、韦家义门、陈家天下被视为成功的范例，不过，在一般的观念里，家族成功的标志并不一定为富贵，而是后代枝繁叶茂的礼义之族。“陈之为大族者，非徒以其有富贵，而子孙众也，以其有礼义而子孙贤也。”[3]在广州府则不同，为了在沙田开发的竞争中获得相对优势，就有必要集中家族的力量——无论是资金还是劳动力。建立祠堂也是一种文化权利，宣示宗族的定居权、开发权和管理宗族的正当性。

广州府在明末清初逐渐转向以单姓村或者有主导姓的血缘村落为主，足见经过了祠堂组织的宗族在经济和社会发展中拥有相对优势。后文关于花县塱头的案例分析展示了从开基祖到始立宗祠时男丁数量的变化，说明事实上存在着整合家族的需要。

1 转引自：常建华. 明代福建兴化府宗族祠庙祭祖研究——兼论福建兴化府唐明间的宗族祠庙祭祖［M］//中国社会历史评论.（第三卷）. 北京：中华书店，2001.

2 罗秉祥. 儒礼之宗教意涵——以朱子《家礼》为中心［J］. 兰州大学学报（社会科学版）第36卷第2期，2008，3.

3 骆族祠堂记［M］//谭棣华，曹腾骓，冼剑民编. 广东碑刻集. 广州：广东高等教育出版社，2001：94.

宗族组织性的加强除了有经济收益作为驱动力之外，还需要建立相应的宗族内部秩序，也就是实现睦族。睦族并非强调族人的平等，而是以礼教的推行来建立缙绅主导的宗族秩序和乡村秩序。祠堂是商议家族公共事务、实现宗族自治的处所，宗族在税收、赋役的管理等方面具备基层政府的行政职能，甚至具有司法功能。“国有国法，家有家规”，根据这一逻辑，家族拥有了一定的司法权。对于明清时期的广州府来说，总体上以无讼为社会理想，以此作为社会清明的表征。在家族内部没有纷争是不可能的，此处的无讼是指不要到衙门打官司、不进入官方的司法程序，进入诉讼被视为对家族的名誉不利。“家丑不可外扬”，尽量将纷争或者有违礼法的事件在家族内部解决，成为大多数宗族共同的观念。解决族内纷争和违礼违法事件的地点便是宗祠，在宗祠内处理相关事宜被看作“当着祖先的面”，似乎有祖先的眼睛在看着所有的当事人，促使主事者公正决断，有纷争的双方能据实承情，做出不轨举动的族人能坦白自己的过错并承担应得的惩罚。由于祖先在精神上的在场，在家法的执行过程中，给予了祠堂威严的空间感。

祠堂是家族的修谱之所，尤其是祖祠和重要的房祠，通常设有谱房，修好的家谱世代相传，放置在谱房或者头门阁楼上。一般来说，只有遇到族中出现了较为杰出的人物带动了家族的兴旺，或者在相对清平的时代得到朝廷提倡，宗族才会大规模修谱或续修家谱，谱修成以后，要郑重其事地分派给各房派，在祠堂里举行庄重的仪式。

祠堂也是家族的宴庆之所，在端午节等节庆时合族或合房的人就会聚集到祠堂聚餐，即分馂，俗谓“吃祠堂饭”。三路的祠堂中通常在一侧边路布置有厨房，在家族聚会时为参与的族人提供饮食，家族的聚会还具有合爨的象征意味。大祠堂中的燕饮有时规模非常之大，合族老少均出席，桌椅摆满了正厅、两廊檐下甚至庭院之中。其风气影响至今，在广州府近年来的联宗活动中，数千人参加聚餐并不罕见，常常要开设三百桌甚至更多的流水席，以显示家族的兴盛与和睦。

祠堂也是财产继承的形式表达，祖先的恩泽除了赋予后人以生命之外，还在于开创了家族的基业，诒燕后世，最直接的表现便是包括了土地、银两、房舍、店铺等在内的遗产。宗族的共同财产最初由宗子继承，但随着世代的增加而出现了房、支，也就出现了各房支的共同财产，这一部分财产由入伙的族人继承，而相对独立在大宗之外。由于祠堂是尝产的管理者和公共福利的提供者，也是管理公共事务的场所，因此无论出于功能需要还是为了感念祖先的恩德、在精神上提高各成员的凝聚力，更多的房支祠堂得到了建设。随着宗族的发展和财富的积累，有些家庭直接从祖、父辈继承了财产，为了感念祖泽，而将祖屋改成私伙厅。

进入祠堂被看成一种权利，有时甚至会发生有人贪图家族福利而养螟蛉子的事情，以至于引起族人的反感，南头大新涌下村升平里郑氏宗祠里立有《养子不得入宗祠以乱宗派碑》，这块碑立于乾隆五十八年二月，碑文云：“朝廷例有明禁，我族先年宗支别派，历无混杂，近因听妇人言，不择本家兄弟之子立继，招取外姓外乡之子归养作子，此大违律例，有玷宗族。斌等不忍坐视其弊，即邀本族襟耆集祠公论，嗣继不得外取螟蛉，以乱宗派。即外乡同姓之子，亦不得择取。如有外取者，其子孙永远不许入祠，所有产业胙肉，不得颁领。若敢持顽抗拗，许我族合志攻讦，执规鸣官纠治。”[1]有趣的是，这块碑后来在咸丰七年被人打碎，光绪十四年又按照原样重立。

三、从配享标准看纪念性的指向

《礼记·祭法》中的一段文字在广州府祠堂碑文和族谱中得到了广泛的引用：“夫圣王之制祭祀也，法施于民则祀之，以死勤事则祀之，以劳定国则祀之，能御大菑则祀之，能捍大患则祀之。”这段话往往被用来作为建立祠堂的“理论依据”之一，也向族人表明哪些人的牌位可以进入祠堂配享先祖。

明清时期，配享祖祠的现实标准通常建立在对宗族甚至对祠堂的贡献之上，概言之，有三个标准：德、功、爵。《礼记·祭法》中的人物的共同特点就是德被天下、功盖千秋，神农殖百谷，后土平九州，“帝喾能序星辰以着众，尧能赏均刑法以义终，舜勤众事而野死，鲧鄣鸿水而殛死，禹能修鲧之功，黄帝正名百物，以明民共财，颛顼能修之，契为司徒而民成，冥勤其官而水死，汤以宽治民而除其虐，文王以文治，武王以武功，去民之菑，此皆有功烈于民者也。”[2]当然，他们也因这些贡献，而成为部落甚至王朝的领袖，不仅有功、有德，而且成为封爵者。

虽然《礼记·祭法》并非针对宗族祠堂而言，但由德、功、爵共同构成的祖祠配享标准，构成了宗族祠堂所崇尚的基本价值观。不独广州府，在徽州、江苏、江西、福建等地，也遵循着大致相似的标准，常常被列入宗族的典章之中，江苏宜兴篠里任氏宗祠一本堂，奉祀始祖，袝祀二世至十一世祖先，十二世以降的先人配享，于康熙五年（1666）、嘉庆四年（1899），先后议定，视其德、功、爵的情况来定：“十二世以下，论德、论爵、论功，率众论者配享”。[3]

德、功、爵是抽象的标准，具体执行中有没有更加明确的标尺？

关于“德”，明代曾任曲靖知府、制定了小祠堂之制的南海人庞嵩族祠中有崇德龛，供奉“隐而有德，能周给族人，表正乡里，解讼息争者；秀才学行醇正，出而仕，有德泽于民者”，也就是说，有德者的标准是能够周济族人、堪为乡里表率、能够平息纷争，秀才出仕并有恩泽于民者也归于有德者之列，至少在文字上，德高望重被看作最优先的能够配享祖祠的标准。

至于“功”，最初更多地指向始迁祖、开基祖等对宗族的繁衍和开枝散叶具有开创性功绩的人，以及在纂修族谱、建设祠堂、宗族经营与谋划等公共事务中有

1 谭棣华、曹腾騑、冼剑民编．广东碑刻集［M］．广州：广东高等教育出版社，2001：194.

2《礼记·祭法》，上海中华书局据相台岳氏家塾本校刊。

3 民国《宜兴篠里任氏家谱》卷二之四、五。转引自：冯尔康．清代宗族制的特点［J］．社会科学战线．1990（3）：175-181.

4 同上。

5 同上。

6 引自：李文治，江太新．中国宗法宗族制和族田义庄［M］．北京：社会科学文献出版社．2000：304.

重要贡献者，甚至可以只是长寿，后来逐渐转变成向祠堂所捐银两的多少，不同时期、不同家族、不同类型的祠堂会制定不同的具体标准，如前述宜兴任氏宗祠就规定，文官八品、武官四品皆交银40两，从九品官员70两，吏员90两，无职者100两[4]。合族祠就更直接地体现为用银两购买供奉牌位的权利，如广州的陈氏书院，所收取的银两数还与牌位所处的位置有关。

至于“爵”，在前述任氏宗祠里，指的是文官七品、武官三品以上的官员，[5]在广州府，这一标准也大同小异。

从现实的角度来看，只有那些有功名者、掌握了一定的宗族管理权和具备较好财力者——即有爵者和有功者——具有建造祠堂的便利条件，有德者反而不一定能支付建造祠堂的费用，因此德、功、爵的排列顺序还是体现了崇尚德望的观念，“爵”被放在最后表明宗族看重族人是否对家族有实际贡献。在实际的操作中，德是最抽象的标准，与“有德”相对的是“失德”或者“无德”，往往只要没有大过，不致失德或与宗族失和，大多数男性逝者的牌位可以进入祠堂。

在宗族和祠堂庶民化之后，始迁祖、开基祖往往在祖祠中得到祭祀，主要房、支的开宗立派者也被视为当然的祭祀对象。同治六年所刊南海县《潘氏典堂族谱・家规》中规定了从祀大宗祠的原则：“大宗祠体宜尊崇。自始祖考妣而下，应止妥祀长二三四房二世神主，以序昭穆，敬存房分，其余各主陪祀，或以功论，或以捐资，原非常例。嗣后各房欲陪祖祀者，只许陪祀小宗，便足以神诚敬，永为遵照。”[6]潘姓宗族实行的是大宗小宗制，家规批评了之前以功德或者捐资之名义而陪祀始祖的做法，规定二世以后的神主只能放置于各小宗祠堂。

在祠堂日渐普及之后，能够建立以自己为名的祠堂被视为一种多数人非常钦羡的身后荣耀，祠堂的奉祀对象也往往依据德、功、爵的标准。因为绝大多数祠堂为子孙所建，所以这事实上鼓励了在世者力争获得成功，追求德行、功名或者财富，并更多为子孙和宗族或者房支着想，为子孙留下更多的精神和物质财产，以获得良好的身后评价。在东莞南社的谢氏大宗祠中，奉祀的是开基祖以及后世的主要房头、功名获得者和德高望重者，而各主要房派的开创者有都有自己的祠堂，配享的是各房支中的历代祖先。花县塱头黄氏祖祠奉祀的是十一世乐轩公，十二世三大房头配享，获得了功名的两位乡贤反而并未进入始祖祠。后人又分别为三大房头各立祖祠，各房中放置着本房历代先祖的神主，那些获得功爵者的牌位放置在所属房派的祠堂中，并不能超越三大房头而配享黄氏祖祠。而且，黄准虽为进士和皇帝旌表的乡贤，也为家族重修了《塱溪黄氏族谱》，后世却没有为之立祠。

到了清代中后叶，建祠的倾向越来越转向对财富的纪念，开枝散叶虽然是宗族繁盛的象征，但同时也说明宗族内房派林立，大宗祠的凝聚力和现实作用反而下降了，各房支甚至个人在祠堂的建设中逐渐扮演了更加重要的角色，而财力雄厚的家庭纷纷建造家祠，佛山兆祥黄公祠即黄奕南为其父黄大年所建的家祠[1]。黄大年，字兆祥，原经营“五福”灯饰店，后改营药油，咸丰年间创设祖铺于祖庙大街文明里。黄大年四子黄奕南制成既保存原有药方特效又能医治一般常见疾病的药油，可以搽食兼用，特别是对四时感冒、肠胃不适、风痰咳嗽以及小儿腹痛、烫火刀伤、蚊虫蜇伤等疗效甚佳，定名为“黄祥华万应如意油”。据说，光绪十年（1884）李鸿章巡视广东，随行眷属因水土不服而染疾，服搽如意油后病除，李鸿章赠给黄奕南“韩康遗业”四字[2]，黄祥华如意油从此驰名，在广州、汕头、江门、上海、香港、新加坡等城市纷纷开设店铺，黄氏遂成佛山首富。

更有甚者，有人在世时便为自己建造生祠，如塱头谷诒公祠就是在赈灾中发家的黄挺富于道光三年（1823）所建的生祠，这就是赤裸裸的对财富的炫耀了。

第二节　广府祠堂表达纪念性的方式

一、广州府祠堂建筑中表达纪念性的元素

抽象的纪念性如何表达于祠堂建筑之中？对祖先的纪念虽然存在着高度的稳定性，但无论内容还是形式都有着明显的演变，祠堂建筑又如何因应纪念性的转移？

从祠堂的选址、总体形制、空间氛围、室内陈设到题额、楹联、画像、神主牌等，纪念性渗透在祠堂建筑的许多环节和细节之中。以时间为线索，祠堂建筑的形制、规模等存在着逐渐庶民化、小型化的过程；从空间的线索，受到地形、经济发展水平和其他微观环境的影响，珠江口东翼和北侧山地较多、有较多客家人定居，东莞、新安、增城、从化等地的祠堂与位于珠江三角洲西翼的南海、番禺、顺德、香山等地的祠堂存在着一定的差异。但是，无论是随着时间的流逝还是循着空间的变换，广州府的祠堂对于纪念性的表达方式存在着相当程度的一致性和一贯性。而对于同一时期、同一地域的祠堂来说，细微的差别主要与祠堂在宗族中的结构层级以及所追祀的先祖有关。

祠堂纪念性最直接的体现便是祠堂的题额、堂号、悬挂的祖先画像以及所供奉的列位祖先的神主牌，牌匾、楹联、碑铭也是通过文字传达纪念性的常用媒介。文字在祠堂中具有不可替代的作用，建造祠堂的主事者们通过文字讲述本姓、本宗或本房支的历史典故，往往追根寻祖，纪念家族从中原至广州府的辗转迁徙，寄托对中原故乡的牵挂，这些文字代代相传，希望子孙不忘祖先故地。又或者记录本房本族中那些曾经光宗耀祖的往事，无论是取得过功名、德望的先贤，还是得到了官方旌表的忠孝节烈甚至长寿的事迹。虽然这种讲述和记录中难免加入了些许的想象和藻饰，但却作为成文的宗族记忆积淀在了族人的心中。

1 据《广州日报》2006年5月9日。
2 此故事见于1930年代的“安宫牛黄丸”说明书，引自《佛山日报》2006年4月21日。

在头门的门楣石上，题刻着祠堂之名，祠堂的名字需要传达的信息包括宗姓、祠堂在宗族祭祀体系中的层级，不同等级的祠堂所奉祀的对象亦不同。悬挂于正厅中的匾额上写明的是祠堂的堂号，可谓祠堂的点睛之笔，用最浓缩的词汇表达出本宗本房所崇尚的价值理念或者祖先曾经的荣耀（图7-1）。

以东莞的南社村为例，谢姓为南社村的主导姓。位于中央水塘北岸、始建于嘉靖三十四年（1555）的“谢氏大宗祠”（崇恩堂）是南社整个谢姓宗族的大宗祠堂，相应地，寝堂中供奉着开基祖谢尚仁以来历代祖先的牌位，门口立有谢家所有获取了功名的子弟的旗杆夹，不过，因为从宋至明的世系并无准确的记录，以至在“宋朝始祖考东山谢公府君”和“始祖淑德吉氏孺人”的牌位之后，就是明朝的二世祖了，按照左昭右穆的方式放置牌位，直至十一世祖。在池塘的南岸，有一座“谢氏宗祠”，是小宗的祠堂。而晚翠公祠（仰徽堂）、社田公祠（绎思堂）、任天公祠（敬思堂）、简斋公祠（敬康堂）、樵谷公祠、照南公祠、念庵公祠、东园公祠、应洛公祠、晚节公祠（敬爱堂）、孟俦公祠、少简公祠、云野公祠等则是各房支的祠堂，晚翠公祠供奉着明朝七世祖谢晚翠至民国廿四世祖谢春棠的牌位，任天公祠中供奉的是十三世谢泽端至廿五世祖谢柱广的牌位。村中较为特别的是位于水池北岸中部的百岁祠（仁寿堂），头门结合了一座百岁坊，始建于万历二十年（1592），当时谢彦眷夫妻都已超过百岁，成为人瑞，东莞县令李文奎报知朝廷，得准建祠，因此这是一座旌表长寿的祠堂。另外，村中还有一座谢遇奇家庙，是为曾随左宗棠征战、被封为建威将军的谢遇奇所建的祠堂。在南社，神主牌均按照左昭右穆的次序摆放，在多个祠堂中，远祖的神主牌采用较大的尺寸，而近代祖先的神主则相对较小。南社多个祠堂中均放置有红布包裹着的神主牌，是为尚未谢世的族中老人准备的。

在花县塱头村，黄氏祖祠是奉祀村落开基祖的宗祠，而渔隐祖祠、景徽祖祠、云涯祖祠是奉祀十二世三大房头的房祠。而栎坡乡贤公祠、友兰公祠、雅溪公祠、以湘公祠等以“公祠”结尾的祠堂则是以各支的分支祖或者有功名的先祖命名的支祠。而云伍公书室、充华公书室、爱仙公书室、友连公书室、耀轩公书室、沛霖公书室等以“书室”为名的则是家祠，俗称“书房厅”。关于塱头村，后文中有较为深入的案例分析。

除了大门题额和正厅的堂号之外，仪门上的匾题以及大门和正堂、寝堂各处的对联也是表达纪念性的重要方式，实际上，在中国传统建筑中，文字扮演着极其重要的角色，既记录着浓缩的家族历史尤其是给家族带来光荣的典故，也是家族理想的表达和知书达礼的象征。

番禺沙湾的留耕堂的仪门上南面的题额刻有陈白沙所书的“诗书世泽”四字，源自何氏远祖中有多位“学而优则仕”者，据《何氏族谱》，沙湾何氏初祖何砦是宋代翰林学士，三世何玺庵官封承事郎，四世何德明为佥判恩封承务郎，

(a)

(b)

(c)

(d)

※图7-1　东莞南社村四座祠堂中放置神主牌的龛位
不同类型的祠堂中所祭祀的先祖和世代各不相同，但都遵循昭穆制度
（来源：自摄）
（a）崇恩堂
（b）敬思堂
（c）仁寿堂
（d）懋本堂

五世何起龙是进士、太常寺正卿，何斗龙是省元，何跃龙是从事郎，何翊龙是文林郎，故题书“诗书世泽”以显示家族的荣耀；仪门的北面石额上刻有“三凤流芳”，其典故来自北宋政和年间同时考中了进士、人称“何家三凤”的何棠、何椝、何榘三兄弟。花都塱头栎坡乡贤公祠的大门对联“叁藩传铁汉，五桂嗣燕山”所说的便是曾经担任云南左参政的十三世黄皞，因为不肯趋炎附势而被称为铁汉公，后人显然以此为荣，故写成对联悬挂于大门。广州府大多数地方的对联均与大门朝同一方向悬挂，其中比较独特的是东莞部分村落的对联悬挂方式，例如东莞茶山南社村，享堂和寝堂中的檐柱和前金柱上对联一般朝向建筑的中轴线相向悬挂。

仍以南社为例，不同的祠堂其对联的内容和所表达的意愿也各有差异，谢氏大宗祠（崇恩堂）因为是大宗祠，其对联更加强调了整个谢姓宗族的共同历史和共同愿望，祠门的对联是：“乌衣世胄；玉树临风”。

而正厅的多幅长联则是家族迁徙历史的记录：

随父宦以至南雄想当年冠服翩翩玉树家声崇追两晋

避宋难而迁东莞迨四传孙曾勃勃乌鸡神梦兆报五雏

从业安居开基独识南畬荫

间关越险寄迹先从芦荻墩

对联将本族的历史追溯到了南京乌衣巷的两晋望族，也写明了始迁祖在宋末随父亲赴任而迁至东莞，辗转到南社开基，还记载了祥瑞托梦的传说，为村中后来五大房派的产生加上了天命所定的意味，另外，对联还告诉了后人南社故名南畬。还可以读出历代对家族历史的续写：

来自会稽我祖之传已逾廿世

居于南社大宋而后又历三朝

卜筑记当年由南雄而南社三渡关山源远流长已传廿五枝蕃

诒谋缘积日自大宋至大清四更朝代甲乙两榜辉映后先文武

对联中不仅有对祖先的尊崇，还表露出对族人的殷切期盼，渴望着族中人丁兴旺、人才辈出。堂内有联云：“千枝由大本；五派溯同源”。显然是在告诉族人不同房派之间应和睦相处。而各房派祠堂的对联除了承袭大宗祠中的“乌衣”、“玉树”、“祖泽”、“科甲”、“同源”等主旨之外，还会叙述本房派曾经的光荣，表达本房派的愿望和价值观。七世晚翠祖祠的对联：

修谱起冲龄迄今四百余年支派详明功归创始
承宗恢旧绪历公一十五世云礽蕃盛事重诒谋

说明晚翠公在谢氏族谱的第一次修纂中扮演过重要的角色，且为子孙进行了长远的谋划。谢遇奇家庙的对联更加直接："荣膺一品；祀享千秋"。社田公祠（绎思堂）即百岁翁祠，其联云："寿延三万六千日；福荫一堂数百人"，后人更因本房的祖先能够配享大宗祠而倍感自豪：

德泽著乡闾当年筑建有功大宗配享
云礽崇祀典昔日创垂兼善后礼蒙庥

至于祠堂中的碑刻（图7-2、图7-3），往往记载有祠堂修建或者重建的缘由、风水、建造经过、花费等，以及族人为建祠而捐的款项，有时碑刻还会结合祠规。

盖闻万物本乎天，人本乎祖。世德溯东山，簪笏焕乌衣之绪。宗支衍南粤，彝尊绵凤羽之传。喜祖庙之方新，宛尔堂阶数仞；奠先灵而有主，庶几俎豆千秋。粤稽我十世祖简斋公迄今三百余年，历十一传矣。向来原未有祠室，而考之尝簿，公遗田产颇丰，使当日之继世者念切本源，将遗产所出租银，权其子母，预为经营之计安在，不足以购堂基与土木，乃数传，而后未开以建祠，为议者竟至有因官讼之需，鬻去其遗产大半，所存者仅十之二三。洎道光二十一年，又有设为是谋者，做得崇恩堂银会贰份，欲供满之日，统收此会银，将以鸠工庀材，大营宗祏，讵知人有不齐，志难尽合，半途之际，不肖者竟将会银瓜分，反累致同治二年，特请银会填偿，而此谋遂息。爰及佐勋、壮能等，深维祖德，永念宗功，欲创造，以无基尚踌躇而有待。同治十一年，我乡萧墙构衅，同族相戕，左臂右肱，助难偏袒；南邻北舍，势竟牵连。猥以我房尝产无多，只得悉按焉，以供如许之讼费。是祖祠之营未成，而祖业之遗已无矣。明年，嫌隙复萌，邑侯辱临，官兵蹂躏，西怀公之祠宇一炬堪怜，雕梁委于灰飞，大厦化为焦土，惟留周围墙壁，为风雨所飘摇，尔来有五年矣。而其子孙弗能重建，欲将基址概售与人，遇等闻之，怦然心动，于是默体前志，曲为转移，拟买为我公祠基，而仍虑西怀公木主无依许，附坐于祠内，庶谊联一脉，安乐与共焉。光绪二年二月吉日，兆荣兄弟与信重，不惜重赀，先捐以市其祠场，而后聚我房亲，大家酌议，醵金营建，集腋成裘，共得银两。既备良材，廼徵大匠，揆地势以廓规模，顺天时而兴版筑。肯堂肯构，咨革故于初秋；美奂美轮，占鼎新于腊月。兹者筑成既落，祖考孔安，云礽毕集，飞介寿之兕觥，验将兴于燕贺。行见瓜绵椒衍，门祚蕃昌，凤翥麟翔，宗祊赫奕，始快我等刱建之至意。而祖荫灵长，于此益昭矣。

是为铭

在文字之外，祠堂建筑在空间上也散发出了浓郁的纪念性气息，从宏观的选址，到建筑的形制、室内的陈设都渗透着营建者的匠心。

祠堂因为其特殊的精神性意义而在村落或城镇中有着特别的选址，例如，在中心式的聚落格局中位于组团的中央（以东莞横坑钟氏祠堂、沙湾何氏大宗祠留耕堂、黄埔村胡氏大宗祠为代表），或者在梳式布局中占据面对水塘或河涌的第一排（以花都塱头黄氏祖祠、南海西樵松塘村东山祖祠、中山南朗左步阮氏宗祠、三水乐平大旗头村郑氏宗祠、东莞茶山南社村谢氏大宗祠、增城中新镇下境村竹隐陈公祠、从化神岗钟楼村欧阳仁山公祠为代表），又或者孑然独立于水口、村口、桥头附近的显要处，其中的代表包括番禺大岭村的显宗祠、乐从沙滘陈氏大宗祠本仁堂、顺德碧江尊明祠、广州小洲村简氏大宗祠等。祠堂因为是家族命脉之所系，在风水上最为考究，在祠堂中的碑记、对联和族谱的记载中往往能看到对风水的描绘。显赫的位置、泮池形的水塘、宽敞的天街、开阔的视野、挺拔的旗杆夹，从一开始就赋予了祠堂以重要的地位和纪念性的氛围，让靠近祠堂的人

※图7-2　南社简斋公祠内的石碑（局部）
（来源：自摄）
※图7-3　简斋公祠碑文（局部）
（来源：笔者记录、整理）

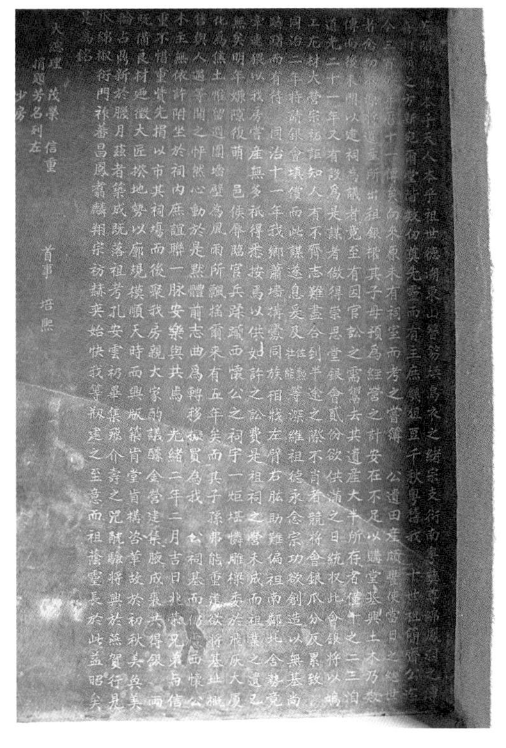

蓋聞萬物本乎天人本乎祖世德溯東山簪笏煥烏衣之緒宗支衍南粵彝尊綿
鳳羽之傳喜祖廟之方新宛爾堂階數仞莫先靈而有主庶幾俎豆千秋粵稽
我　十世祖簡齋公迄今三百餘年曆十一傳矣向來原未有祠室而考之嘗
簿　公遺田產頗豐使當日之繼世者念切本源將遺產所出租銀權其子母預
為經營之計安在不足以購堂基與土木乃數傳而後未開以建祠為議者竟至
有因官訟之需鬻去其遺產大半所存者僅十之二三洎道光二十一年又有設
為是謀者做得崇恩堂銀會貳份欲供滿之日統收此會銀將以鳩工庀材大營
宗祏詎知人有不齊志難盡合到半途之際不肖者競將會銀瓜分反累致　同
治二年特請銀會填償而此謀遂息爰及　等深維祖德永念宗功欲創造以無
基尚躊躇而有待　同治十一年我鄉蕭牆搆釁同族相戕左臂右肱助難偏袒
南鄰北舍勢竟牽連猥以我房嘗產無多只得悉按焉以供如許之訟費是祖祠
之營未成而祖業之遺已無矣明年嫌隙複萌　邑侯辱臨官兵蹂躪西懷公之
祠宇一炬堪憐雕梁委於灰飛大廈化為焦土惟留周圍牆壁為風雨所飄搖爾
來有五年矣而其子孫弗能重建欲將基址概售與人遇等聞之怦然心動於是
默體前志曲為轉移擬買為我　公祠基而仍慮西懷公木主無依許附坐於祠
內庶誼聯一脈安樂與共焉　光緒二年二月吉日兆榮兄弟與信重不惜重貲
先捐以市其祠場而後聚我房親大家酌議醵金營建集腋成裘共得銀　兩既
備良材廼徵大匠揆地勢以廓規模順天時而興版築肯堂肯構咨革故于初秋
美奐美輪占鼎新于臘月茲者築成既落祖考孔安雲礽畢集飛介壽之兕觥驗
將興于燕賀行見瓜綿椒衍門祚蕃昌鳳翥麟翔宗祊赫奕始快我等刱建之至
意而祖蔭靈長於此益昭矣是為銘

大總理　茂榮　信重　首事　培熙

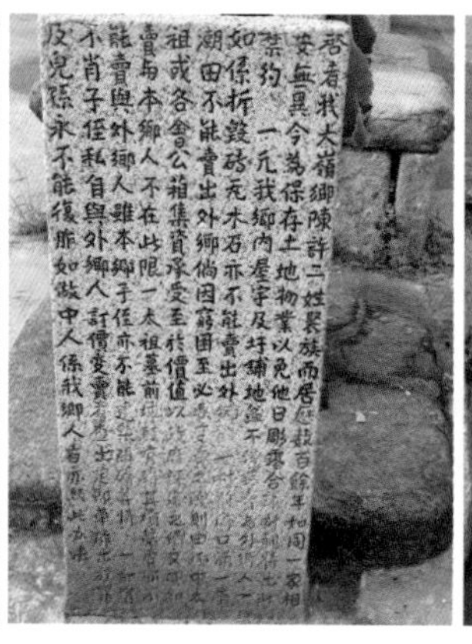

(a)
(b)
(c)

※图7-4 大岭村的旗杆夹石和石碑（来源：自摄）
(a) 道光己巳恩科庶吉士陈泰旗杆石
(b) 柳源堂前陈、许二姓立石
(c) 柳源堂公禁碑

趋于专注，心怀静穆之情，酝酿了追念祖先的思绪。相形之下，城市中合族祠的选址受到环境上的更多限制，更加看重区位的方便程度和空间的实用程度，唯有位于城郊的广州陈氏书院等少数例外。

除了彰显家族荣耀的旗杆夹之外，在宗祠前的地堂上，有时立有具有警示或者教育作用的石碑（图7-4）。在番禺石楼大岭村的陈氏大宗祠（柳源堂）之前的方场上，由陈、许二姓立有一块内容特别的石碑，说明村中的屋宇、圩铺地盆乃至拆毁的砖瓦木石均不得卖与外村人[1]。另一块立于光绪二十六年，写明："凡有我乡祖山前后左右余地本族子孙不得借口本房之地出卖及任意开穴如违革胙例在必行"。在显宗祠（凝德堂）前，有一块立于光绪十八年的石碑，是关于不得私开川梁口水口的通告。

在空间序列上，沿着纵深轴线的组织方式形成了强烈的纪念性，明暗交替的空间转换营造了视觉的层次和精神，也指引了路径，庭院和屋顶一起形成了对仰望天空的视线引导和约束，通过围合和屏蔽获得纯净的天空，有利于营造庄重的纪念性氛围。在室内，祖先画像、香案、对联、仪仗等陈设都烘托了空间的肃穆感，室内建筑材料的使用也显示出了同样的用心，深色青砖之间的水平向白色灰缝加强了深远的感受，墙面顶端多见黑色的饰带，柱、梁多采用色彩较为稳重的油漆，屋顶下不设天花，桷板和板瓦交替而成的平行线条形成了鲜明的节奏，建筑的装饰也多表达与礼仪孝悌有关的内容。

《礼记·王制》："大夫士宗庙之祭，有田则祭，无田则荐，庶人春荐韭，夏荐麦，秋荐黍，冬荐稻，韭以卵，麦以鱼，黍以豚，稻以雁。祭天地之牛角茧栗，宗庙之牛角握，宾客之牛角尺。诸侯无故不杀牛，大夫无故不杀羊，士无故不杀犬豕，庶人无故不食珍。"现在，在广州府各处见到的祭祖几乎都是以金猪献祭，少有以羊为牺牲的情形，可见大多数宗族在这一点上都谨守"士礼"。

记载了家族历史与理想的文字、画像、肃穆的空间、宗教感的陈设和建筑装饰用不同的方式无声地表达着祠堂的纪念性，将宗族的信息默默传递给所有到祠

1 碑文：启者我大岭乡陈许二姓聚族而居历数百余年如同一家相安无异今为保存土地物业以免他日凋零合议计划特出此禁约 一元我乡内屋宇及圩铺地盆不得典卖与外乡人 一如系折毁砖瓦木石亦不能卖出外乡 一村前门口涌一带潮田不能卖出外乡倘因穷困至必要变卖之口则由乡中太祖或各会公箱机子承受至于价值以政府评定之价交回如卖与本乡人不在此限 一太祖墓前口有碍其坟墓者亦不能卖与外乡人虽本乡子侄亦不能建筑阻碍等情 一如有不肖子侄私自与外乡人订价变卖者查出定即革胙出族罪及儿孙永不能复胙如做中人系我乡人者亦照此办法。
2 参见许倬云《西周史》第八章第七节。
3 同上。

堂来参加各种仪式和活动的族人。

二、广州府宗族祠堂中的仪式

子曰：祭如在，祭神如神在。参与祭祀仪式的族人，心中须怀有对祖先的虔敬。《诗经·小雅·楚茨》记述的正是上古时期宗庙祭祀中神人交接、亲族联欢的景象：

济济跄跄，絜尔牛羊，以往烝尝。
或剥或亨，或肆或将，祝祭于祊。
祊事孔明，先祖是皇，神保是飨。
孝孙有庆，报以介福，万寿无疆。

执爨蜡蜡，为俎孔硕，或燔或炙。
君妇莫莫，为豆孔庶，为宾为客。
献酬交错，礼仪卒度，笑语卒获。
神保是格，报以介福，万寿攸酢。

这是从诗中节选的第二、三章。分别叙述了为祭祀准备牺牲以及祭祀中众人与扮作祖先的神保饮食、笑语的情景。祖先由替身来扮演，称为“尸”，祖灵参加到了祭祖的飨宴之中，享受了美食佳肴，并降福子孙。[2]尸后来先被塑像、然后被神主取代。

许倬云在《西周史》中讨论了生活礼仪对周人尤其是贵族生活的重要性，降生、成年、婚嫁、去世，都设立有专门的礼仪，正如他所说，“周人的生命仪礼中，不论哪一种，事实上都由族群成员共同参加，其重要性也是群体的。”[3]而这些仪礼，都具有浓重的宗族色彩，表现社会关系的意义大于个人情感的意义，这些仪式的进行也大多与宗庙相关，因为宗庙是将相关的人和事相告祖先的场所，也代表着这一仪式经历了祖先的见证，并获得祖先的赐福。

男子成年的冠礼见载于《仪礼》“士冠礼”及《礼记》“冠义”，加冠凡三次，其中第一次加冠（爵弁）是在祭祀的场合。婚嫁则据《仪礼》“士昏礼”，婚礼的次日需要“庙见”，意味着婚礼并非新婚夫妇两个人的结合，而是结两姓之好、延续宗嗣，承载有家族的诸多期望和责任。这一点在用雁纳采时和新郎父亲的醮辞中就已经体现出来。丧礼则根据“士丧礼”，棺柩中的铭文和神主牌是其灵魂永久的依凭，而短暂依附则栖于献祭用的粥饭。丧礼也是厘定亲疏、伦序、等级等社会关系的重要场合，是为了建立祖先与生者之间的过渡。

一系列的仪礼，建立了人与灵的沟通、祖先与子孙的联系、宗亲之间的情义，是建立同族之谊、加强宗族认同感和凝聚家族成员的纽带，当然同时也是明确等级秩序和亲疏关系的有效方式，而宗庙则是举行典礼的重要场所，通过敬宗实现收族，这关乎整个宗族的福祉和成败。后世许多礼制方面的规定以及祠堂在宗族组织、见证宗族重大事件和见证宗族成员人生重要时刻的作用都可以追溯到西周时期。

孔子是礼的提倡者，他说："夫礼，先王以承天之道，以理人之情，失之者死，得之者生。故圣人以礼示之，天下国家可得而正也。"在孔子看来，礼是天道也是治国之道。《论语·学而》中记载了有子的话："君子务本，本立而道生，孝弟也者，其为人之本与！"曾子说："慎终追远，民德归厚矣。"表达了孝悌和崇敬祖先的观念，为后世的祭祖提供了理论支撑。由于历代统治者对儒家的尊崇，礼也因此成为国家意识形态。礼序云："礼也者，体也，履也。统之于心曰体，践而行之曰履。"礼不仅是观念，还要身体力行。在建筑上，用于祭祀的宗庙建筑具有非常崇高的地位，以致《礼记》中说："君子将营宫室，宗庙为先，厩库为次，居室为后。重先祖及国之用。"

到了明清时期的广州府，在祠堂中发生的仪式已经日渐稳定为风俗，不过在不同地区甚至同一地区的不同宗族之间，仍然存在着一些细小的差异。

祠堂建造或重修完工之后，要举行"入伙"（也称"进伙"）仪式，即将要在该祠堂中祭祖的所有族人都要到祠堂吃汤圆、饮酒、聚餐，以表明自己是该祠堂的成员，享受祠堂提供的福利也接受祠堂在道德以及公共事务方面的约束和管理。同一族人名义上可以在不止一个祠堂入伙，例如可以在本支的祠堂入伙，也可以在本房祠堂和大宗祠入伙，不过一般而言，大宗祠和规模较大的房祠会采用配享的制度。在祠堂小型化以后，大量的日常公共事务在房祠甚至支祠管理，大宗祠更多的是精神上的象征意义。

关于祭祖的时日，北宋程颐在《祭说》中规定：冬至祭始祖（"冬至，阳之始也。始祖，厥初生民之祖也"），立春祭先祖（"立春，生物之始也。先祖，始祖而下祖"），季秋祭祢（"季秋，成物之始也"）。[1]虽然大多数家族都在族谱中声称祭祖的时日依据《朱子家礼》，但实际上各地甚至各家都有一些不同。在广州府，大致为春冬两大祭加上一些特殊的时日。春祭多在清明，立春、元宵主祭也较多见。在农历每月朔望、大年初一、中元节、祖先冥诞和忌日等时日也会有祭祀活动。

广州府的春节旧俗中，"初一人拜神，初二人拜人"，另外，正月初二"抢头牙"，老人杀鸡拜祖宗，到元宵节时，把灯挂到祠堂中，供族人观赏，东莞寮步横坑村的钟映雪在乾隆二十八年癸未七月所撰《重修钟氏祠堂碑记》中，记述了幼时"孟春正月，则购鳌山灯景，以栏杆护之，男女游赏不绝"的情景。清明时节，节前四五天便在祖先的牌位前放上杨柳枝，清明当天必在家中祭祖，但通常更看

1 转引自：李秋香主编、陈志华撰文. 宗祠［M］. 北京：生活·读书·新知三联书店. 2006.

重墓祭，行青结束之后，回到祠堂颁胙，俗称“太公分猪肉”。端午节期间，五月初一祭祖，初四晚在祠堂吃“龙船饭”招待桡手。

广府素有“冬至大过年”的说法，冬至是一年当中最隆重的祭祖之日，显示祭祖在广州府百姓心中无可替代的重要地位。在冬至这天，全部的家族成员都要尽量赶回家中祭祖，各家备酒肉三牲、果品、汤圆，祠堂中则举行一系列的仪式，如舞狮、上香、祭文、颁胙、宴饮、演戏酬神、宣读祖训等。在广州府，祭仪的流程包括请祖先神主、主祭者（通常是宗子）拜祭、向与祭者读祝文并共同赞拜、众人依序上香行礼、送回神主、颁胙，每个环节都有特定的意义和相应的空间要求。

首先，主祭者请出藏有祖先神族的木椟并置于盘中，捧椟至祭仪举行处，打开木椟取出神主，按昭穆之序陈设，并在两侧摆放祔主。民间祭祖大致遵循《大明会典》，而《大明会典》主要依据《朱子家礼》，祭祀仪式的主要在祭堂中举行，后进的寝堂平时存放四代祖先的神主或装有神主的木椟，其他已迁祧的神主则用纸主，因此，《大明会典》中的请神主应该是从寝堂请到祭堂之中。而从现存的广州府祠堂来看，关于祭祀世代的规则并没有得到严格的执行，许多宗族早已开始常奉开基祖甚至始迁祖的牌位，供奉的神主太多，如果按照《大明会典》的仪程，请神主就会变得很冗长，因此请神主的仪式进行了变通，多数改为在祭祖前将神主牌擦拭干净，祭祖时在寝堂中的神橱内重新按顺序摆放，大为简略。

神主摆放整齐之后，由执事进馔，众人行赞礼。主祭者跪香案前，上三炷香，向祖先献酒、奠酒。由主祭者先行完成的这一系列的礼节，是主祭人和先祖之间的单独交流，这一过程也是祖先意志传递到主祭人的过程。在这一环节完成之后，读祝人诵读完祝文，主祭者带领众人行赞拜礼。然后主祭者回到原位，和主妇行两次拜礼。其后还有两道献礼，和之前的过程相似，只是不再读祝文。礼毕，在中庭中焚烧祝文，然后将神主牌放回到木椟之中。祭堂中的集体仪式结束之后，族人依序逐一进入寝堂，在此上香并作揖，表达自己的敬意，同时祈求祖先的庇佑。

颁胙，即俗话所说的“太公分猪肉”（图7-5），是祭祖的重要环节之一，也是祠堂提供公共福利的最重要的表现形式之一，主事者将祭祖用的金猪切成很多分，分给入伙了本祠堂的族人，各祠堂根据自己的情形决定颁胙的对象和数量。

因为祭祖被认为是神圣的仪式，所以存在着各种各样复杂的禁忌和限制。例如女子不得与祭；属相或者生辰与入伙、祭祀时日有冲突的不得与祭；未成年的不得与祭；品行不端、犯过法的不得参祭等。

合族祠产生以后，由于许多合族祠位于城市，远离聚族而居之地，宗族成员不可能同时出现在乡间的祠堂和城中的合族祠，所以约定一些特别的时日到合族祠祭祀。

※图7–5　佛山张槎大江村陈氏宗祠中献给祖先的金猪、香火和果品等
（来源：自摄）

三、祠堂的日常管理

许多祠堂中单独以石碑的形式立有祠规，申明祠堂的使用和管理应遵循的原则，有些甚至有详细的处罚规定。东莞茶山南社村的晚节公祠（敬爱堂）祭堂内的西侧后墙上，就镶嵌有一块石碑，写明了祠规。笔者整理、标点如下：

> 一、祖祠务须清肃，以妥先灵，每遇朔望日，祠使清晨洒扫，请众行礼，不得有违。
> 一、每月朔望，耆贤分班行礼，以昭诚敬，若有争嫌事故，投众分处，息事宁人，亦所以安祖先之灵奕也。
> 一、祖堂乃礼法所在，值事者司匙关锁，以杜闲人杂沓，至若延师设帐，冠宾丧祭，以及兴造土木等类，权欲在祠工作，亦许通容，但领匙者谨须提防，毋致有伤墙壁枱櫈，若有损坏，遵众议赔，不得有违祖例。
> 一、祠内所置枱櫈物件，以备祭祀庆灯用，私家不得擅借，倘有大事，权宜借用，事毕谨理扛回，如违罚钱者贰百文。
> 一、先年有不知者，在祠安顿私家物件，甚致妄行私宰，大干法纪，今合力重修，断不能任踵从前流弊，若有安顿者，罚钱叁百文，即行搬回，屠宰者罚银壹两马，如抗送究。
> 乾隆四十四年己亥孟冬吉日立石

第一条提到“祠使”，说明有专人负责祠堂的管理和洒扫，大姓宗族的祠堂中往往有专人值守，多是家族中身强力壮甚至会武功的世仆，被称为“祠堂隶”[1]。祠堂应保持干净和清肃，尤其是朔望之日即每月的初一和十五，祠使负责洒扫庭院，族中的耆老和贤良则分班行礼。出了祭祖之日外，祠堂平素杜绝闲

1 参见：苏禹，《碧江讲古》。
2 参见：李秋香主编，陈志华撰文．宗祠［M］．北京：生活·读书·新知三联书店．2006.
3 何汝根等．沙湾何族留耕堂经营管理概况［M］//广州文史（五十四辑）．广州：广东人民出版社．1998.
4《陔余丛考》三十二卷，祠堂。

杂人等的进入，保持静穆。祠规中也提到了在一些特殊的情况下例如延师设帐、冠宾丧祭以及兴造房屋时可以借用祠堂，但须维护祠堂的物件。由于广州府村落中大量的民宅采用三间两廊的形式，缺少容纳大量宾客的空间，因此遇到特别的场合时常需借用祠堂。最后一条中说明了在祠堂中放置私家物件和屠宰者应受到惩罚。

天启年间，岭南凌氏立祠规，以“宗祠、祖墓、尝产，为立族根本”，宗祠更是居于其首。新安南头黄氏所立族规云：“祖宗祠宇乃所以妥先灵，行礼祭，宜洁净也。……吾族姓宗人，于堂寝廊庑，不许堆积杂什物及系牛马，致坏垣墙、秽处所，夫然后体统尊严而先灵永安矣。”[2]祠堂因为其纪念性而具有了崇高的地位，虽然有世俗的活动在其中进行，但以不损害纪念性为前提。

而豪门望族的大宗祠在管理上就更加复杂和精细，沙湾的何族在洪武初年已有三千口之众，分为十四房，有沙田数百顷，宗族的尝产收入甚巨，主要用于分荫、助学、养老、恤孤、治安和管理等用途，以期实现生有所养、长有所教、老有所赡、死有所恤，因此成立了树本堂、留耕堂等来管理宗族的公共事务，在祠堂中议事和进行家族事务与祠堂管理的有族正、保正、监收、总理、值事、书写等人[3]，从事管理的人员之多说明了宗族事务的庞杂和管理的精细。

第三节　广府祠堂纪念性的转移

一、广州府宗祠社会文化意义的嬗变

随着历史的发展，会不停地出现新的社会条件、新的宗族观念和新的宗祠制度，祠堂因之而出现了新的社会文化意义，祠堂的主要功能和纪念性的内涵不断发生转变。需要说明的是，祠堂的每一次社会文化意义的改变并不总是意味着时代的绝对分野或者说发展连续性的中断，许多前代的意涵也沉淀在了后世的祠堂之中。

清代学者赵翼认为，“近世祠堂之称，盖起于有元之世”[1]，足见在宋元时期，祠堂的称谓都尚不确定，可知当时的祠堂建造并不普遍。从文献和遗存的整体情况来看，在宋元时期建造的广府宗祠只是为数很少的官宦之家的个案。

范仲淹所创设的义庄和文彦博等人建立的家庙可能激发了部分在广州府定居的官僚设立祠堂和烝尝的愿望。受到家庙制度的限制，无论是对礼制的遵守上还是在宗族的人口规模、经济能力上，能够建宗祠、置族田的只能是官僚地主，相应地，此时的宗族主要是血缘共同体而不是政治性共同体。虽说当时的广州府乃至整个岭南都处于天高皇帝远的边陲地带，从历史发展的基本情形来看，宋元时期的广州府并不普遍存在建造宗祠的社会动力。在国内学者所列的“宋代族田表”中，东

莞陈氏、新会张浚、新会建安郡王赵必迎等在南宋时已经设立了族田[1]，但未说明这些家族建祠的情形，现存的赵建安郡王祠为赵氏后人所建，始建于嘉靖三十七年（1558）。南宋时期设立族田义庄的主要目的是为了“以赡宗族”、“辟塾延师，聚族教养”，在门阀制被废除、科举考试成为获取功名的主要途径时，集中家族的财力提供一定的公共福利，有利于族中子弟在科举考试中获得成功，以科考为进身之阶取得官爵，从而维持家族的社会地位和经济繁荣。对于广州府的宗族来说，宋元时期的品官祠堂还承载着遥远的故乡记忆，维系着对钟鸣鼎食、世家大族的精神向往。

明代初年是广州府乡村的宗法宗族制初步确立的时期，宗祠处于品官家庙与地方豪族创立烝尝并行的情形。品官家庙既是对功名的彰显，也在表明自己叙述历史的权利，所以其纪念性也主要奉献给了功名和近代祖先的功德。而地方的豪门大族违制修建祖祠，则是对世家风范的追求，力图通过宗祠的建设、乡礼和家礼的推行，实现敬宗收族的目的，完成从乡豪到士绅的转变，争取王朝体系中的文化权利。

明代中叶之前，随着战事的平息和社会的逐步稳定，许多村落陆续开基并已相传数代，随着族中男丁数目的增加和土地、财产的开发与积累，逐渐产生了管理宗族的现实需要，尤其是在人丁兴旺的宗族，祠堂由此得以兴造，纪念祖先的开创之功，对族中有德望者予以肯定，成为彰显价值观的载体。在精神意义上，这时的宗祠是献给祖先的，并以祖先之名，行凝聚宗族、谋求发展之实。在沙田的快速拓殖时期，宗族的确起到了组织宗族以获取相对竞争优势的作用，在开发、生意和械斗中显示了集团力量，祠堂也成为家族凝聚力的象征。明代中叶出现了较多的祖祠和大宗祠，许多家族纷纷推出历史上的显祖，珠玑巷的传奇也盛行一时，祠堂成了宗族定居权和开发权的证物。

嘉靖十五年庶民冬至祭始祖开禁之后，一方面出现了追溯共同始祖的大量联宗现象，另一方面祠堂开始迅速小型化，在乡间普及，祠堂所表达的纪念性随之变得丰富，显祖、始迁祖、开基祖等远代祖先和近代祖先共同成为纪念对象。大宗祠和祖祠以纪念远代祖先为主，而房支的宗祠以纪念近代祖先为主。祠堂大量增加，其祭祀对象中对功劳、德行、功名的纪念性因素共同存在。能否在去世以后拥有祠堂或者配享祖祠、大宗祠被看成是否在德、功、爵三者之一中获得成功的标志，虽然功名仍然占据着主导地位，但因为家族的公共财富名义上不再由宗子管理而是被分化到更多的房派继承人名下，对财富的纪念逐渐增加。房祠、支祠的建设成为了村落和宗族中的重要事件，祖祠或者大宗祠的管理反而因此受到影响。

因为朝代之变而停滞的宗祠建设以及因为迁界禁海而遭到破坏的许多宗祠建筑在海禁结束以后迅速复苏，其现实目的是为了重新确立在沿海无主之地定居和开发的话语权，在新的资源分配和土地开发中占据优势，康熙年间重修或者扩建

1 参见：李文治，江太新. 中国宗法宗族制和族田义庄［M］北京：社会科学文献出版社，2000：52，原书中所写“赵心迎（建安郡主）”为“赵必迎（建安郡王）”之误。

了许多尚有明代宗祠遗风但装饰更加华美、工艺更加精湛的祠堂，也许是为了避免与前朝过于直接的关联而受到官府的追究，此时祠堂的祭祀对象大多追溯到明代之前的先祖或者显祖，也以祠堂的始建时期作为祠堂的建造时间——无论是否在原址重建，也无论对原来的祠堂进行了多大的改动。沙湾的留耕堂奉祀的就是宋代的始迁祖，其所夸耀的家族记忆也是宋代的人物。再如大岭村的显宗祠，宣称建于嘉靖年间，即使这真的是祠堂最初的始建时间，但实际上整个建筑的格局和建筑的梁架、装饰都具有明显的康熙年间的特点。也就是说，康熙年间处于观望中的广州府宗族在建造祠堂时将纪念性献给了远代先祖和显祖。

乾隆、嘉庆、道光年间，家族内部的分化加剧，宗族内的财产继承方式更加多样化，祠堂体系的层级相应增加，祠堂建筑也就进一步小型化，小宗祠堂、房祠、支祠的修缮和兴造再一次达到高潮，私伙太公日渐普及，由于这些祠堂祭祀的世代较短，大多是近代祖先，纪念性的主要内容也就成了亲情和财富。

在整个国家处于风雨飘摇之中的清代末年，广东的商业与贸易尚维持在相对较好的程度，整个广州府正在逐步迈向近代化，城市成为许多原本定居在乡间的宗族的关注点，省城中的合族祠渐渐兴起，正如前文所说，合族祠其实是以共同先祖尤其是始迁祖的名义，以尊贤配享的形式构成的同姓地缘共同体，以出钱购买牌位的形式筹集建设费用，因此其纪念性相对模糊。

概言之，随着历史的发展和社会情形的变化，广州府宗祠的纪念性并非一成不变，而是因应时势，产生了多次的转移。纪念性的嬗变与广州府的开发进程和祠堂的现实功能密切相关，并体现在祠堂的名称、奉祀对象、形制诸方面。

二、案例分析：花县塱头

塱头的地理位置和浮木鹅圈地的故事已经在第三章中述及，这里讨论的是村落内部的房派分化所导致的纪念性的转移，及其在祠堂形制、装饰等方面的反映。

塱头的旧屋区位于村落的南部，分塱东、塱中和塱西三大房。旧村被一个南北较长的水塘分为两部分，塱东和塱中位于该水塘以东，塱西位于水塘以西。在建筑群的南面相对应的有两个大水塘。村中的建筑均大致坐北朝南，偏西约10°。临南面大水塘是一排并列着的多达二十六座的祠堂和三座更楼，蔚为壮观。每一座祠堂都引领着一列整齐的三间两廊民居，整个村落形成了极为典型的梳式布局。到清末民初，全村已有巷道17条，其中塱西自西向东有西华里、福贤里、泰宁里、仁寿里、益善里、永福里6条，塱中自西向东有廷光里、安居里、兴仁里、秀槐里（现农家乐里）4条，塱东有石室古巷、大巷里、光迪里、业堂里、敦仁里、新园里、善庆里7条（图7-6），除永福里较短外，沿巷道两侧大多分布有15间左右的三间两廊民宅，进深可达100～120m,在巷中可以看到整齐的镬耳山墙，颇有无尽深远之感（图7-7）。

※图7-6　塱头旧村结构示意
（来源：自绘）
※图7-7　塱头村的巷道
（来源：自摄）

三大房形成于十二世，其房头分别为塱西云涯公、塱东渔隐公、塱中景徽公[1]，除了空间上相互有一定的独立性之外，各自的发展也走上了不同的道路，塱西、塱东以科举见长，塱中则重务农和经商。

黄家最引以为傲的是十四世祖黄皞，正是从他开始，塱头出现了父子两乡贤、七子五登科、公孙八科甲的盛事，也产生了关于木鹅、接旨亭和青云桥的掌故。

“父子两乡贤”：黄皞和黄学准均为朝廷旌表的乡贤。

“七子五登科”：黄皞共有八个儿子，除幼子过继他人之外，其他七个儿子中二子黄学裘、五子黄学准考中进士，三子黄学矩、四子黄学玲、七子黄延年考中举人，黄延年甚至得中解元。

“公孙八科甲”：黄皞、五位儿子考取功名，孙辈中又有两人中举。

黄皞及其后人通过对族谱的书写而获得了观念上的话语权，黄皞在京城为官时编成了塱溪《黄氏族谱》，其子黄学准于嘉靖辛酉年（1561）解官东归之后，对族谱进行了续修（即《塱头黄氏传芳录族谱志》），于嘉靖四十一年（1572年）修成，此时距其父始撰族谱已68年。族谱中说，“近世诸公有名大家，每一修谱则引秦汉唐宋诸名公之人为远祖，刻传于世，以夸耀于人。”表达了对时人附会名人或显贵的不屑，而通过正本清源建立起对自家先祖的追思，从而激发族人的自豪感，彰显与勤劳、勤学、宗族和睦相应的价值观。村中后人没有再附会他人，却神化了黄皞，把许多传说都附会到他身上，对祖先的纪念渐渐染上了追逐功名的色彩。

1 云涯公，黄庆，字景赐，乐轩公第二夫人所生长子；渔隐公，黄俊才，字景才，三夫人次子，进士；景徽公，黄良，字良才，五夫人所生，进士。
2 编号为笔者所加，以便于描述。
3 由此推测此祠堂应为台华公之孙修建，因此供奉了修建者的祖父两辈。

在塱头，宗祠成为一种有效、有力的建筑类型，最初用于加强宗族的凝聚力，表达对某种价值观的崇尚，其后几百年里，塱头建起了大量的宗祠和书室，现存的祖祠、房祠（往往以“某某公祠”为名）、支祠和书室尚有三十余座，其中沿水塘的二十余座排列整齐且保存至今，在广府地区殊为罕见。在漫长的历史过程中，建造祠堂的目的、建成之后的作用和意义都发生了复杂的嬗变，甚至产生了许多与初衷相矛盾的现象，建筑材料、形制和装饰也产生了各种细微的变化。塱头的单座祠堂虽然规模都不大，但是在村落的形态格局和生活中起着至关重要的统领作用，并且与整个村落的沉浮关系紧密，是探讨塱头村落发展史的关键性形态空间和社会空间。

塱头最引人注目的是沿着村南大水塘的一排建筑，一共33座，包括更楼3座，可认定为祖祠的1间，房支祠7间，书室17间，其余几间或者已经倾圮，或者是近二十年来修建的房舍。其中塱西从西向东依次是（图7-8，图7-9）：

（1）W15，红砖平房，近年所建；[2]

（2）W14，以湘公祠树德堂，咸丰丁巳季秋重修；

（3）W13，佚名，三间两廊太公屋；

（4）W12，佚名，三间两廊太公屋；

（5）W11，佚名，三间两廊太公屋；

（6）W10，菽圃公书室，同治四年乙丑秋重修；

（7）W9，友兰公祠绍贤堂，嘉庆陆年辛酉孟冬重修。仪门内有接旨亭，门口有龙眼、旗杆夹一对。封檐板雕花精美，内容为松、兰、荷、菊、诗文等；

（8）W8，台华公书院务本堂，乾隆辛丑仲冬重修，供奉十八世台华、十九世开运、开禧、九如、开圣；[3]

※图7-8　沿水祠堂的分布
（来源：根据现状地形图绘制整理）

※图7–9　朢头村的临水建筑（来源：自摄）

（9）W7，稚溪公书院；

（10）W6，原建筑已拆除，建为两层小楼；

（11）W5，原建筑已拆除，建为两层小楼；

（12）W4，乡贤栎坡公祠·作述堂，光绪乙亥八月重修。头门有双塾，檐下石柱上的青石雕刻为番鬼形象，木雕内容为戏文、岭南瓜果（荔枝、杨桃）；

（13）W3，云涯公祠，道光癸卯季秋重修，后部已被朢头小学改建，头门无塾；

（14）W2，黄氏祖祠敦裕堂，同治岁次辛未夏鼎建，头门有双塾；

（15）W1，西社东门楼经纬阁。

位于村落东侧的朢东和朢中临水塘建筑自西向东分别是：

（1）E18，东社西门楼；

（2）E17，□□书室，西侧与门楼重叠；

（3）E16，景徽公祠爱荆堂，道光乙巳仲秋重修；

（4）E15，南野公书室，仅余头门；

（5）E14，俭齐公书室；

（6）E13，□□书室，同治癸亥立，已改建；

（7）E12，无头进建筑；

（8）E11，文湛公书室；

（9）E10，应为D8附属建筑；

（10）E9，谷诒书室报本堂，祠堂格局，镬耳山墙。道光丙戌岁次重修，头门檐下木雕有异兽、洋人、带佛珠胡人形象；

（11）E8，留耕公祠，嘉庆四年、同治八年夏重修，镬耳山墙；

（12）E7，单开间，已改建，应为D8附属建筑；

（13）E6，云伍公书室，临池有大树；

1 参见：陈忠烈．“众人太公”与“私伙太公”——从珠江三角洲的文化设施看祠堂的演变［J］．广东社会科学．2000（1）。

（14）E5，旧屋区43号；

（15）E4，耀轩公书室毓桂堂；

（16）E3，□□书室，临池有大树（细叶榕）；

（17）E2，渔隐公祠燕誉堂，光绪戊子重建。二进院落三进建筑，镬耳山墙。门前立旗杆夹两对。西：咸丰乙卯科乡试中式第十六名举人黄湛莹；东：同治三年补行己未恩科考选第一名恩贡生黄璇章立；

（18）E1，门楼，"宣重光"，二层平顶，门前有井，东侧有细叶榕一株，同治六年建，2000年四月十八日刻碑记重修事；现供财神、土地。

还有十余座书室或者书院散布于村落中，仅仅从命名来看，似乎这里是一个文风鼎盛、书声琅琅的村庄。事实上，这些书室绝大多数是托名书室的家祠，都拥有祠堂的堂号。在广府，这是较普遍的现象，有许多以书院、书塾或书院命名的建筑其实并非供家族子弟读书之用，而是俗话所说的私伙太公或书房太公[1]，也就是小的房派为本房的祖、考所建的家祠，但因为没有功名，或者缺少足够的财力，因此不用敞楹式的头门而大致按民居的形制建造，或者直接使用祖屋。建筑的教育功能通过建筑自身、在建筑中举行的仪式活动以及建筑所表征的意义来实现，而非直接为读书提供场所。虽然书院和祠堂都是朝廷实施教化的重要手段，塱头众多的书室实质上是祠堂文化的一种体现，而非从字面上获得的书院文化印象。

从建筑来看，塱头的祠堂没有特别之处，规模不大——没有五开间的祠堂，进深也不超过三进——工艺和装饰也并不见得格外精致，但是祠堂的类型和数量较为丰富。祠堂显然主导着村落的形态格局，这些排列如此整齐的祠堂是在什么规则之下形成的？塱头不同类型的祠堂从尺度到造型都较为相似，蕴涵了一种时间和空间上的连续性，从建造者、建造的时间和供奉的对象中，可以清楚地看到不同时期祠堂纪念性的转移，以及不同层级祠堂之间的微小差异。

村落看起来秩序井然，可是在不平静的历史进程中事实上不可避免地存在着各种各样的波动，从宏大的历史视野来到位于塱草边的村落，能否将时代的大势复制到乡村聚落的尺度上？虽然总体上乡村比较稳定，我们仍然不能轻易地做出这样的论断，因为从祠堂的建造地点和建筑的形制之中，可以找到许多具体的差别，这些差别并不仅仅因为某种偶然性因素而产生，而存在着更加深层的原因，关乎村落中的权力分配、家礼的规定和各房的经济实力，以及不同时代的建造习惯。

结合族谱的记载和现存的建筑实物，可以将塱头的祠堂依据意义或者层级分为四类：祖祠、房祠、支祠和书室，意义的差别投射到了形制之上，但意义的类型和形制的类型也并非一一对应，而是存在着较多的变化。载于黄氏族谱的祖祠、房祠和支祠见表7-1，书室见表7-2。全村的祠堂建筑共有近40座，以从地形图上可判读的旧村建筑来计，祠堂约占全村建筑数量的十分之一，其中祖祠1间、房祠3间、支祠5间，而书室则有29间。这一数据可以纠正中国传统聚落中缺少公共空间的观点，至少在塱头为代表的广府村落中，公共建筑占有相当高的比重，虽然这种公共性有一定的局限，例如常常仅供一房一支所用，但显然村落的公共生活和社会秩序通过祠堂为代表的建筑类型得到不断强化，而这些公共或者准公共建筑事实上建立了村落公共空间体系的基本框架。

塱头村祖祠、房祠、支祠建筑一览 表7-1

	塱东	塱中	塱西	小计
	—	—	黄氏祖祠敦裕堂	1
十二世	渔隐祖祠燕誉堂	景徽祖祠爱荊堂	云涯祖祠	3
十三世	留耕公祠	—	—	1
十四世	—	—	栎坡乡贤公祠作述堂	1
十五世	—	—	友兰公祠绍贤堂 雅溪公祠	2
十六世	—	—	—	0
十七世	—	—	—	0
十八世	—	—	以湘公祠树德堂	1
合计	2	1	6	9

塱头村书室建筑一览 表7-2

	塱东	塱中	塱西	小计
十三世	琴泉公书室 东庄公书室爱善堂	梅昌公书室 竹坡公书室 翠平公书室 杰生公书室	—	6间
十四世	云伍公书室 充华公书室 爱仙公书室应善堂 友连公书室 耀全公书室毓善堂 耀轩公书室毓桂堂 沛霖公书室毓仁堂	俭齐公书室 （其兄弟断记）	—	8间
十五世	可参公书室君茂堂 可佑公书室君俊堂 可信公书室君本堂	南野公书室	淑圃公书室	5间
十六世	启诒公书室 宜保公书室 大保公书室 二保公书室	文湛公书室	—	5间
十七世	启裕公书室	—	—	1间
十八世	—	—	台华公书院 湛宇公书室 玉宇公书室	3间
二十二世	谷诒书室报本堂	—	—	1间
合计	18间	7间	4间	29间

注：关于书室的重修，道光年间仅友连1间；同治有塱东琴泉、东庄、云伍、充华、耀全、耀轩、启诒、沛霖等8间，塱中梅昌、俭齐、南野、文湛等4间，塱西淑圃、台华2间，共计14间；光绪有塱东爱仙、可参、可佑、宜保、大保、二保6间。

按照族谱的记载，黄氏祖祠（敦裕堂）是十一世乐轩公为供奉开基始祖所建，但事实上现在供奉的是十一世乐轩公和十二世的三大房头，房祠共3间，分别奉祀塱东、塱中、塱西的分房祖渔隐、景徽、云涯，并且均以“祖祠”为名，实际上是三大房的房祠，而支祠则分别以各支的分支祖或者有功名的先祖为名，分别是栎坡乡贤公祠（作述堂）、友兰公祠（绍贤堂）、雅溪公祠、以湘公祠（树德堂），均以“公祠”为名。

乐轩公黄宗善建造黄氏祖祠大约在永乐年间，出于收族之需。正德至万历间，十二世至十六世建造了多座房祠和支祠，当宗族中开始出现考取功名的族人时，祠堂成为彰显功名、光宗耀祖的一种形式，通过这种形式，各房支的竞争得到了具体的物质体现（图7-10，图7-11）。塱西是建祠堂最多的一房，正是通过科举和顺应朝廷所提倡的价值观念，在宗族内部获得了最崇高的地位。从十三世开始，塱头有了迁居他处的现象，可以看作是竞争造成的结果。

现在所见的祠堂，全部都是清代重修的，重修的活动从乾隆一直延续到光绪，乾隆、嘉庆、道光、咸丰、同治和光绪年间都有重修（表7-3），这也为我们提供了一个时间上相对连续的样本链，有助于解读本地的祠堂随时间的推进而发生的细微变化。

从修建的时序上看，首先被修建起来的主要是祖祠和分祠，除了黄氏祖祠外，为十二世三大房头修建的云涯祖祠、渔隐祖祠、景徽祖祠和为十三世的两位进士留耕公和东庄公、十四世栎坡公修建的祠堂出现在了临水塘的重要位置上。

从重修和修缮的时序上看，在两轮的波浪起伏中存在着相似的先后顺序，先祖祠、分祠而后书室，这不仅与建筑使用的年代长短而破损的程度相关，也与祖祠、分祠在观念上的影响力有关。嘉道间，共重修了6座祠堂，其中5座以“公祠”为名，谷诒书室也采用了相似的形制，可见祖祠和分祠具有全房甚至全宗的影响力，因而得到了优先的考虑。大部分以书室为名的“私伙太公”或“书房太公”是同治和光绪年间重修的，受建筑使用时间的影响，同治年间所修缮的大多是较

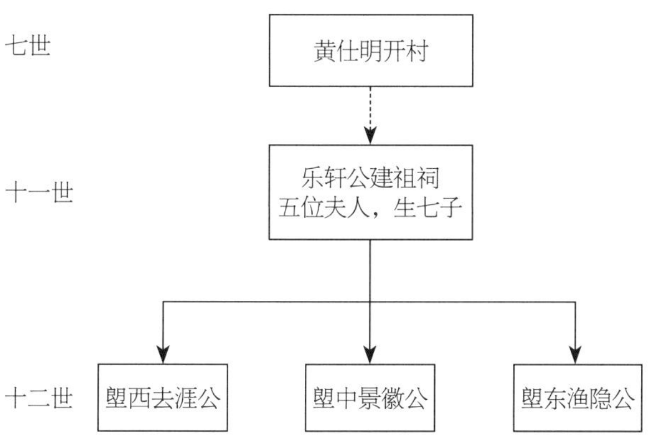

※图7-10　塱头村的主要房派与建祠活动
（来源：自绘）
※图7-11　黄氏祖祠内供奉的神位
（来源：自摄）

早的书室，而光绪年间不仅维修了建造较晚的书室，也再次整饬了渔隐公祠和乡贤栎坡公祠。

沿水建筑的重修时间 表7–3

时间	经历了重修的建筑
乾隆	W8（台华公书院务本堂）
嘉庆	D8（留耕公祠）；W9（友兰公祠绍贤堂）
道光	D9（谷诒书室报本堂）；D16（景徽公祠爱荆堂）；W3（云涯公祠）
咸丰	W14（以湘公祠树德堂）
同治	D1（门楼）；W2（黄氏祖祠敦裕堂）；W10（菽圃公书室）
光绪	D2（渔隐公祠燕誉堂）；W4（乡贤栎坡公祠作述堂）

塱头村历代男丁数目简表 表7–4

世代	男丁数量			中科举人数
七世	1			
八世	1			
九世	4			
十世	8			
十一世	15			
十二世	31			3
十三世	35			2
	塱东	塱中	塱西	
十四世	7（断记）	1（断记）	4	1/0/1
十五世	4	3	8	0/0/5
十六世	5	6	20	0/0/2
十七世	失记	失记	31	0
十八世	2（断记）	失记	4（断记）	0
十九世	失记	5（断记）	8（断记）	0
小计	2间	1间	6间	

注：根据族谱统计。

按照修建的大致顺序，最初建造的是明初的黄氏祖祠，因为之前的黄家并无考取功名之人，而且此时塱头男丁仅二十余人（见表7-4），可以认为此时的祖祠相当简陋，其建造位置也可能与现存的黄氏祖祠敦裕堂并不相同。从表7-4可以看到，塱西房因为掌握了族谱的书写，所以会出现漏记（失记或断记）其他房支的情况，只有十三世以前的相对完整。这一统计揭示了何时产生建祠的必要性，当男丁迅速增加时，宗族就面临着越来越多的公共事务，例如田产、房屋宅基地、应役等问题，乐轩公草创祖祠，为宗族事务的处理提供了空间，整个宗族以祖先的名义实现了管理的权威感、责任感和精神上的归属感。到十二世时，在宗族内部明显出现了房支之间的竞争。有趣的是，后来的三大房头云涯、渔隐、景徽均为乐轩公之子，可见乐轩公通过建祠活动确立了话语权，现在供奉在祖祠中的正是乐轩公和他的三个分地立村的儿子。因为云涯年长，所以他所挑选的塱西有可能便是祖宅所在之地。

族谱中有记载的祖祠、房祠和支祠全部能够保存至今，说明了这一类的祠堂在村民的心目中有着特殊的地位。被拆除或者改建的书室则有十余处，固然有地位不如祖祠、房祠、支祠之故，也因为这些书室是各家自己的产业而非一房或者全族的公产，拆除的时候除了需要背负舆论压力之外，并无太多掣肘。祖祠、房祠和支祠在形制上较为接近，大多包括头门、祭堂和寝堂三座主要建筑以及前庭和后庭，头门均为三开间并且全部为敞楹式，这也是广府地区清代祠堂的常见做法。大部分祠堂都是乾隆后重修的，所以这种相似性应该部分来自于祠堂重修时采用了乾隆后已经比较稳定的祠堂形制（图7-12，图7-13）。稍有不同的几座包括只有两进主要建筑的乡贤栎坡公祠和留耕公祠，以及前庭中比其他祠堂多了一处拜亭、门口多了两株龙眼树的友兰公祠，此外，黄氏祖祠和栎坡公祠头门有塾台，其他祠堂则无。

族谱中所载书室的书室共有29间，其中塱东18间，塱中7间，塱西4间。若按照世代来分，则十三世6间，十四世8间，十五世5间，十六世5间，十七世1间，十八世3间。书室主要包括两种形制，一种是民居形制的太公屋，大多从带前庭的三间两廊或者带单进三间祖屋改建而来，这种太公屋有时也有做出两进建筑的情形，例如南野公书室，不过头进建筑虽为民居样式，但进深很小，仅12块顺砖，实为门；另一种则采用祠堂式的头门，例如谷诒公祠，但从目前保存的情况来看，无一例外的是，书室的形制都不如祖祠、房祠和支祠严整，最多只有两进主要建筑。即使富如谷诒公，祠堂可以采用昂贵的材料和精美的装饰，但也只有头门和祭堂两座主要建筑。塱东因为考取功名的人较少，故书室最多而支祠较少。

从门口的树到各堂的平面布局、造型再到用材、梁架、装饰、细节等，都可以看到相似的类型中存在着细微的差别，这表明祠堂的建造者（无论是出资建造

（a）

11700 22360 谷诒书室

14200 48830 黄氏祖祠

13840 47445 渔隐公祠

12645 25286 乡贤栎坡公祠

（b）

12590 35745 友兰公祠

12345 26830 云崖公祠

12345 37090 景徽公祠

11480 18435 留耕公祠

※图7-12　不同类型祠堂的平面形制比较

※图7-13　五座祠堂的头门形制比较
从左至右：乡贤栎坡公祠、云涯公祠、友兰公祠、以湘公祠、黄氏祖祠（来源：自摄）

者还是工匠）注重了每座祠堂的主体性。

祠堂的名称改变和形制变化除受到官方祠堂制度的影响之外，深层原因之一便是修建祠堂的目的发生了改变，从祖祠、房支祠到太公屋甚至生祠的类型的变化，折射出了从对祖先的纪念到对功名的纪念到对平民（家庭财富）的纪念的转移。

乐轩公立祖祠是试图通过对先祖的纪念达成敬宗和收族，为已经历数代繁衍、逐渐枝繁叶茂的宗族提供凝聚力。建祠可以说成为一种宗族权力的表征，如前所言，族谱中所记乐轩公始建祖祠，但有趣的是，现在黄氏祖祠中追祀的是当初的建祠者乐轩公，而非村落的开基祖七世黄仕明。

在十二世开始形成三大房以后，通过为各房的房头修建分祠形成了塱西、塱中和塱东的基本格局，并且确立了主要房支在村落中的地位，祠堂变成了宗族裂变为各房以及展现各房竞争力的标志，这种裂变并不表明各房之间不再有紧密的联系或者相互敌视，而只是表明村落结构中增加了一个层级——房祠或说小宗祠堂。各房以下，三代可立支派，因此又出现了为各分支祖而建造的支祠。

随着在科举考试中获得功名的人数渐渐增加，为考取功名的人建设的祠堂也明显增加，这类祠堂往往形制较高。祠堂在对先祖的纪念之中加入了炫耀功名的因素，甚至逐渐转向了对功名的纪念。塱西因为黄皡及其子孙在科举中的成功而掌握了书写塱头族谱、引导村落价值观的话语权。值得注意的是，虽然十三世东庄公也考中了进士，却没有立祠，同样，黄皡的子孙中有7位举人、进士，也有敕封的乡贤黄学准，他们都未被单独建祠奉祀，而只是将神位合祀于栎坡乡贤公祠中，说明当时考取功名并不一定会得到建祠奉祀的殊荣，是否开创房支也是重要的标准。

嘉靖十五年之后，因为不再禁止庶民建家庙，村落的财产继承模式从宗子、各房头转向了更小型的家庭单位：支，甚至最基本的单位：家，随之产生了数量众多而规模更加小型化的家祠、书室（图7-14），祠堂更加明确地转向了对平民的纪念，实际上是对所继承财产的赐予者的纪念。祠堂和书室几乎完全统治了村落的形态格局，在同一个祖先的名义之下，貌似完整、统一的村落风貌之中，其实隐藏着宗族在逐渐走向瓦解的实质，众多的私伙太公表明了财产继承权、家庭事务管理权的日渐分散和公共生活的逐渐涣散。以至于黄学准在重修族谱的时候感慨道："夫族称祠堂，即先大夫所谓家庙也。先大夫时，子姓繁衍，而未为极盛。神主藏于宗子家，欲有为，未之逮也……今子姓蕃盛，岁时致祭，涣而不萃，情好日疏近者。诸侄有小宗之议，意则甚美，而议稍迂僻，约以后五年丁丑方可□工。予贫，不能首倡，且老病交侵，桑榆之景，又知能几时书之于此，以为贤后人果断之耳。"他显然更加怀念以前合族齐心协力的

※图7-14 五座书室
从左至右：俭斋公书室、南野公书室、文鋕公书室、耀轩公书室、云伍公书室
（来源：阮思勤等摄）

情形，并且也认为家族的涣散始于嘉靖："先大夫之时，人不及今之半，每有门户之事，一鼓而集成，议定而行无先后者，心相孚，力相一也。故当时各事就绪，论老优逸从容……嘉靖之中稍力不如前，然，典型未远矩度尚存，无偾事也。"

祠堂建设活动在明末清初的战争和改朝换代中陷于停顿。因为不再有考取功名的族人，进入清代以后，除了屈指可数的几座书室之外，塱头村几乎没有新建的祠堂。明代发生的关于祠堂的修建活动在清代的重建中几乎按照原来的顺序重演了一变，乾隆、嘉庆、道光年间各祖祠、房祠和支祠得到了重修或者整饬，而同治、光绪年间先后重修了大量的书室。其中特别需要提到的是生祠谷诒书室，据村史载，二十二世黄挺富生于乾隆四十二年，因为救灾而发家，后来拥有良田一百零八顷，建造了积墨楼的石室巷建筑群，并于道光三年兴建了生祠，祠堂成了炫耀财富的载体。

本章小结

宗祠的"德、功、爵"配享标准表明了广州府宗族纪念性的指向，纪念性的转移表明广州府的村落在平静的表象之下，其实有着丰富的变化，许多潜流在村落的整合、弱化甚至分裂的过程中发挥着影响，对宗族和睦的诉求渐渐被各房甚至个人对功名和经济成就的追逐所取代。祠堂与族谱、族田一起，成为书写、修改和重建村落历史的重要载体，塱头的案例是个极好的印证。

祠堂通过其对纪念性的表达，在村落中的形态作用一直在强化，但是其功能作用却发生着微妙的变化，在纪念性的转移中纪念碑性也在不断地变化。

结语

一、广州府的开垦、聚族而居与宗祠衍变之间的关联

明清时期，广州府总体上经历了从西江、北江、东江的河谷地带到上部三角洲民田区再到下部三角洲沙田区的开发过程，受地形条件的影响，不同地区开垦、耕耘和拓殖的方式不同。

在艰苦的开垦进程中，自明代初年开始，广州府涌现了一批在学术和政治上具有全国性影响力的士大夫，在朝廷的意识形态、政治手段和地方社会的现实情形之间建立起桥梁，因此主导了广州府乡村的社会秩序和文化规范的建立，宗族和宗祠就在这样的历史背景中悄然兴起，随之产生了聚族而居的定居方式，宗族乡村纷纷出现。宗族是一种"文化的发明"，最初由官宦和士绅推动，以设立烝尝为主要形式。在黄佐《泰泉乡礼》以及众多广州府籍士大夫的影响之下，借助嘉靖时期的推恩令和打击淫祠，广州府的儒化和濡化日渐深入乡间，逐步建立起了较为成熟的礼教体系，宗族迅速庶民化。

明代中叶开始，广州府营造宗族的具体方式是鼎建宗祠、订立家规、修筑祖坟、建立族产、修族谱、兴族学等，并以族田、族谱和宗祠为根本。作为系子孙之思的重器，宗祠以建筑物的形式为家族的精神和凝聚力提供载体，容纳家族的重要活动，见证族人的重要时刻，成为村落中的关键性形态空间和社会空间。

在宗族村落的形态格局中，宗祠具有结构性的作用。在地方史志、典籍和族谱的记载中，岭南从宋代起即有建设宗祠的活动，虽然目前广府地区并无宋元时期的宗祠遗构，但南宋时宗族和祠堂已经开始初现端倪了。

明清时期需要大量资金和劳力投入的沙田开发是促成广州府宗族发展的重要原因，沙田区内少有宗族村落，但绝大多数沙田都控制于宗族村落之手。康熙年间的迁海结束后，一批宗族加入了复界过程中对定居权和沙田开发权的争夺，沿海建立了更多的宗族村落，建造高大精美的祠堂，旨在将其作为一种文化资源，宣示自己的权利。随着广州一口通商带来的商业机会，许多同姓宗族在省城建设合族祠，产生了一种远离定居地的特殊祠堂类型。

总体上，在广州府的开垦过程中，存在着一个从多姓村逐步转向单姓村或者有主导姓的宗族村落的过程，宗祠则从品官家庙发展到层级丰富、遍布各地的庶民祠堂。

二、广州府的聚族而居、村落格局与宗族祠堂

本书通过对地方志中的舆图进行解读，分析了广州府的聚居条件和地理特征，以及宗祠在村落格局中的主导作用。村落在选址中遵循水、土、安全的优先原则，为适应地形，广州府的村落一般选址于高地中的低地和低地中的高地，遵循近浅水原则，同时在不同的地点有不同的合理耕作半径和日常生活圈范围。

广州府的村落存在着中心式、梳式和线形三种基本范型，中心式和梳式布局是宗族村落的常见格局，中心式的村落布局早于祠堂居前的梳式布局，而沙田区中非宗族村落的线形布局出现最晚。庶民祠堂在明代中后期的大量兴起，促使了祠堂居前的梳式布局的形成，宗祠在梳式布局中具有结构性的意义，主要占据村落前排，以青云巷组织纵深方向的建筑，这区别于之前已经出现的祖堂居中的棋盘式布局或者以水平向为主要组织方向的军营式布局。嘉靖之后，祠堂居前的梳式布局逐渐取代向心式布局，成为广州府尤其是珠江三角洲地区宗族村落最常见的格局，这是庶民宗族和庶民祠堂快速发展的结果，是由宗族主导的社会形态在空间上的投影。

从《佛山脚立新村小引》和三水大旗头村、花县塱头村、从化钟楼村等实例来看，在清末和民国初年，广州府一带尤其是在地势平坦的地方有较多的新建村落，或者对原有村落进行了重新整理，当时的主事者对村落格局有着十分清晰的筹划，并非任凭村落随机、“自然”地生长，而具有程式化的特征，广州府的乡间已经建立了从格局擘画、街巷组织到建筑形式的完整章程，发展到非常成熟的程度。梳式布局渗透到了广州府许多村落的形态格局之中，即使那些经营了多年的村落，在新的建设中也会在局部采用梳式布局。

三、宗族祠堂的形制与建造

1. 广州府的宗族祠堂的形制渊源与衍变

本书为广州府宗祠的形制建立了进行描述与分类的语汇和句法体系，分析了构成广州宗族祠堂形制的基本元素，包括堂、廊、衬祠、牌坊、照壁、戏台、钟鼓楼等建筑元素和水、地堂、庭、院、天井、月台、巷等户外元素，并通过路、进和头门开间数梳理了府宗族祠堂的基本范型，以路与进相结合的描述共有九种常见的总体格局，其中一路两进、一路三进、一路四进和三路三进为基本形制，而以路、进、间相结合的描述则共有14种格局，其中9种为基本范型。

通过对古代文献和礼仪制度的回顾，探讨了广州府庶民宗祠形式制度的来源，认为古代宗庙中的门塾、堂、室、序、夹、厢、庑、坫、阶等制度或多或少地在广州府后来的宗祠制度中得到了保留和体现，针对广州府宗祠中常见的门塾现象对门塾制度进行了专门的讨论。在纵深方向上，宗族祠堂遵循门——堂——寝即头门——祭堂——寝堂的基本形制，头门有着丰富的屋顶形式，且暗示了牌楼与头门相结合的历史线索；正脊有龙船脊、博古脊、灰塑脊和陶塑脊等形式，侧脊有多种镬耳山墙、人字脊和博古脊等；造型上头门存在敞楹式和凹肚式两种主要形式，头门的正面装饰程度最高、工艺最为讲究，镬耳山墙有可能兴起于明末清初；结构体系上，以间、进、架、桁作为构建祠堂单体建筑的基本单位。

基于以上建立的基本描述体系，第五章详细地梳理了广州府宗族祠堂形制的衍变。明代初年制订的《大明集礼》和颁布的《圣谕六条》中仿《朱子家礼》确立了品官家庙的制度，此时广州府的一些地方望族已经建立烝尝和祠堂，到明代中叶，本地的品官家庙开始在材料、结构和构造等方面探索对本地气候条件和自然资源条件件的适应。嘉靖初年的“议大礼”和十五年的“推恩令”极大地改变了广州府乡间的祠堂建造和村落格局，“推恩令”可谓关于祠堂的一次极为重要的制度性变革，直接导致了民间祠堂建设的蓬勃兴起。祠堂的兴建并非简单的技术性建造活动，而是关乎到村落格局和乡村社会组织的大事件，与宗族的公共事务管理、赋税策略、继承制度和心理认同等重大议题攸关，加上沙田开发、打击淫祠和本地士大夫们的因势利导，事实上提供了一次重整乡村社会组织和村落格局的动力和机会。

推恩令被广州府的诸多宗族看作宗祠建设的合法理由，之前主要依照官式建筑修建的品官家庙逐渐开始庶民化，掀起了广州府宗祠建设的第一个热潮。明清鼎革之际受战乱和清初的迁界禁海的影响，祠堂建设陷入停顿，至康熙、乾隆年间，随着经济的复苏以及禁海令的解除，广州府经济和社会发展趋于稳定，因战争而得到发展的制造、运输等技术被转移到了各种工具的制造之中，导致了对青砖、花岗石、硬木等多种坚硬材料的加工能力增强，建造成本相应降低，带来了建筑材料和装饰上的诸多转变，广州府进入祠堂建造的另一个活跃期。至嘉庆、道光间，小祠堂制度已经得到了普遍的推行，祠堂的形制逐渐稳定，一些地方性的建筑特征在这一时期也趋于定型，形成了日后广州府最常见的祠堂形制，而祠堂所追逐或者宣示的内容也发生了深刻转变，在纪念性转移的同时，对纪念性建筑的重视程度逐渐超越了对内在纪念性的虔敬。清代末年，广州府再次掀起了建造宗族祠堂的高潮，呈现出合族祠与私伙太公两极分化的特征。

有清一代，随着广州府工商业经济的进一步发展和交通的日益便利，联宗现象普遍，从清初始，在广州城内就出现了一种特别的祠堂，那就是常以书院为名的超越了血缘关系而以同姓为纽带的合族祠。合族祠往往分布在城市之中而不再依附于乡村的家族定居地，大多兼具祠堂和书院的特点，其实质并非血缘共同体，而是同姓的地缘共同体。其中最著名者当数广州陈氏书院，往往规模宏大、形制特别、装饰华丽、敢于采用新的材料、形制和图样，甚至请著名建筑师设计。合族祠虽有违礼制，却创造了装饰艺术价值最高和规模最大的祠堂实例。通过对陈氏书院的议建过程、格局与形制、实际使用的讨论，本书阐明了合族祠在本质上与一般宗族祠堂的区别。

2. 广州府的宗族祠堂建造中的地域适应性

从明初对宗庙和官式建筑的模仿到尝试寻找到适应本次地理、气候和生活习惯的建造观念、技术和程序，广州府的祠堂建筑逐渐形成了较为稳定的材料、工艺和形式传统，建立了自身的地方性特色。通过东莞南社简斋公祠和佛山兆祥黄公祠两个建于清末的祠堂案例，本书对广州府宗族祠堂建造的地域适应性进行了深入的讨论。

广州府祠堂建筑中大量使用了具有地域适应性的建筑材料和建造技术，建筑材料如来自海边的蚝壳、海月以及本地出产丰富的贝灰、红白石（红砂岩与花岗岩）、适宜砌筑空斗墙的多种规格的青砖、大阶砖、陶瓦与琉璃瓦等，坤甸木和东京木等酸性硬木虽大量来自东南亚等地，但因为能够适应湿热气候和较好防止白蚁而成为广州府祠堂建筑地方特色的一部分。以主要材料为基础，形成了建造祠堂的主要建筑工种，合称“四工”，即木工、石工、泥水工、油漆工，与阴阳先生、材料搬运工、搭脚手架和凉棚的搭寮工和刻工等共同构成了建造的工匠群。工种对应着构件的加工，不同的工种之间相互配合，由构件形成组件，组件构成部位，不同部位组合成建筑单体进而组织成完整的建筑群。东莞南社简斋公祠的碑记详细记录了祠堂建造的过程和各项花费，由此可一窥光绪年间东莞一带宗族祠堂建造过程的概貌。

广州府的宗祠建筑中发展了适应湿热气候特点和宗祠氛围要求的建造技术，如空斗墙、风兜、青云巷、水面的运用、石构件对木构件的保护等，体现了基于微气候的建筑设计理念和规划理念。兆祥黄公祠是佛山地区的代表性祠堂，其用材、形制以及檐口和风兜等做法中显示出了广州府祠堂建筑对地域气候和材料运用的思考和智慧。

3. 广州府宗族祠堂纪念性的转移

广州府宗族祠堂的纪念性并不纯粹，早期通过敬宗来实现收族本身就带有明显的功能性色彩。从最初的祭祀始祖，逐渐演变成祭祀近代祖先，而后发展成以功、德、爵作为配享祖祠的一般标准，宗祠的纪念性变得多元，功名在很长时间内是宗祠所表彰和追逐的对象。在宗祠小型化的过程中，纪念性转向了对财富的纪念。

纪念性的转移表明了广州府的村落在平静的表象之下，其实有着丰富的变化，许多潜流在村落的整合、弱化甚至分裂的过程中发挥着影响，对宗族和睦的诉求渐渐被各房甚至个人对功名和经济成就的追逐所取代。祠堂与族谱、族田一起，成为书写、修改和重建村落历史的重要载体，塱头的案例是个极好的印证。

祠堂通过其对纪念性的表达，在村落中的形态作用一直在强化，但是其功能作用却发生着微妙的变化，在纪念性的转移中纪念碑性也在不断地变化，由此产生了对宗祠建筑在形制、造型和装饰等方面的影响。

四、宗族祠堂的当代意义

虽然广州府发生了多次大的移民，但在每一次移民风潮之后，宗族不仅没有被冲淡，反而更加牢固地把握了广州府的社会和文化命脉，成为非常有凝聚力的社会组织方式。即使受战争和经济的影响在特定的时期无力建造祠堂，但建祠的热望从未稍减，在时间的变化和空间的转换中，祠堂成为维系宗族的不变的精神纽带。在民国建立之后，乡间的祠堂建设活动渐趋停滞，一些新的纪念建筑以完全不同的形式出现。祠堂在形式上虽然变化了，但是其纪念性实质则没有改变，如先施、永安等著名工商业企业的创始人们在中山的乡间所建造的纪念堂（一元堂、沛勋堂等），这些建筑的形制和造型采用了与过去的祠堂完全不同的新艺术运动的风格或者中西建筑元素并用的风格，但是一元堂的碑铭则将其祠堂的实质显露无遗。

祠堂以其旺盛的生命力和独特的魅力在广府地区今天的村落空间形态和日常生活尤其是公共生活中发挥着重要的意义，对于乡土社会的组织起到了特殊的作用。在当代社会，宗族内的等级秩序和宗族间多少有些敌意的竞争已经逐渐弱化，祠堂不再是宗族内部的司法场所，而主要保留了心理依托和追思祖先的精神价值，成为村落中的公共空间。在广州府大大小小的宗族村落中都很容易发现，宗祠在社会生活中仍然发挥着难以替代的作用。

宗祠作为岭南文物保护单位的主要亚类型，承载了许多重要的历史信息，包括材料、构造、工艺、气候适应性技术等，对于今天的地区建筑学具有十分积极的意义。祠堂被看作是广州府地方性文化的重要载体，这种文化因为对近现代中国具有特殊意义而将古代与现代、地方与国际连接了起来。

本书以区域社会经济史的特殊视角，通过基于田野调查的深度案例分析，结合了社会空间和形态空间两种维度，衔接了传统民居研究和乡土聚落研究，剖析了区域开发进程中广州府村落和祠堂建筑的关系，对关于岭南村落和祠堂的一些基本问题进行了阐释，是动态研究方法在地域建筑史研究中的尝试和应用。

附录：广府主要城市各级文物中的宗祠[1]

1. 广州市

序号	名称	位置	时代
全国重点文物保护单位			
1	陈家祠堂	中山七路恩龙里34号	清
2	广裕祠	从化太平镇钱岗村	明—清
广东省文物保护单位			
3	沥滘卫氏大宗祠	海珠区南洲街道沥滘振兴大街	明
4	留耕堂	番禺沙湾北村承坊里	清
5	纶生白公祠	新滘镇龙潭村	清
6	玉嵒书院与萝峰寺（含钟氏大宗祠、诰封将军祠、钟氏六宗祠等）	萝岗街萝峰社区	清
7	邓氏宗祠(包括邓世昌衣冠冢)	海珠区龙涎里直街2号	清
8	刘氏家庙	广州大道北2号	1900
9	藏书院村谭氏宗祠	花都区炭步镇藏书院村	清
10	茶塘村古建筑群（包括洪圣古庙、明峰汤公祠、南寿家塾、万成汤公祠、肯堂书室、乡约）	花都区炭步镇茶塘村	清
11	塱头村古建筑群（包括友兰公祠、乡贤栎坡公祠、留耕公祠、云伍公书室）	花都区炭步镇塱头村	清
广州市文物保护单位			
12	黎氏宗祠	番禺市南村镇板桥上街	清
13	宋名贤陈大夫宗祠	白云区石井镇沙贝村	明
14	庐江书院(何家祠)	西湖路流水井29号之一	清
15	黄氏宗祠	中山七路320号	清
16	简文会状元之墓（含简氏宗祠）	白云区太和镇白云山乡岭盘福路	明、清
17	湛怀德祠	增城新塘	明末
18	横沙民俗建筑群	黄埔横沙村横沙大街罗氏宗祠一带	清
19	宋防御使钟公祠	从化市太平镇屈洞村	明—清
20	邓氏祠堂	从化市神岗镇邓村	明
21	谭氏宗祠	花都区炭步镇文岗村	明
22	陈氏宗祠	番禺区石楼镇一村西街	明
23	孔尚书祠与阙里南宗祠	番禺区石碁镇大龙村	明
24	曾氏大宗祠	白云区钟落潭龙岗村	明
25	卢氏大宗祠	白云区神山镇中八村	明—清
26	圣裔宗祠	白云区萝岗镇暹岗村	清
27	周氏大宗祠	白云区龙归镇南村	清

1 本表所涵盖的区域大致对应于明清时期广州府的行政辖区，受资料限制，香港、澳门文化遗产中的祠堂未列出，龙门、清远、珠海为不完全统计。

续表

序号	名称	位置	时代
28	崔太师祠	增城市中新镇坑背催屋村	清
29	南溟黎公祠	海珠区新滘镇伦头乡	清
30	屈氏大宗祠	番禺区化龙镇莘汀村头	清
31	高溪村民居	花都区花东镇	清
32	熊氏祠堂	增城市派潭镇腊田布村	清
33	拜庭许大夫家庙	越秀区高第街许地	清
34	李忠简祠	番禺区沙湾东村青萝大街	明
35	后山黄公祠	番禺区化龙镇塘头村村心大街	明
36	刘氏大宗祠	增城市石滩镇麻车村	明
37	颜村陆氏大宗祠	从化市太平镇颜村	明
38	秦氏大宗祠	黄埔区南岗街南岗西路	清
39	龙潭村古建筑群	海珠区华洲街龙潭村	清
40	招氏大宗祠、仲山招大夫祠	白云区金沙街横沙大街8号	清
41	蒲氏宗祠	黄埔区黄埔街珠江村下街西	清
42	三捷何公祠	萝岗区联和街八斗村	清
43	寅堂祖祠	开发区萝峰村龙田街西五巷	明
44	黄氏大宗祠	番禺区钟村镇屏二村玉树大街	明
45	鉴湖张大夫家庙	番禺区沙湾镇龙岐村大巷街	清
46	林氏大宗祠	番禺区小谷围岛穗石村穗石大街	清
47	莲溪村麦氏大宗祠	番禺区黄阁镇宿国新街	清
48	崔氏宗祠	番禺区小谷围岛北亭村渭水大街	清
49	练溪村古建筑群（包括淡隐霍公祠、霍氏大宗祠、萧氏宗祠、关氏宗祠等）	番禺区新造镇练溪村	清
50	徐氏大宗祠、默奄徐公祠	花都区新华镇三华村中华社	清
51	友兰公祠	花都区炭步镇塱头村塱西	清
52	三吉堂古建筑群（包括鑑泉清公祠）	花都区花东镇三吉庄村	清
53	姚氏宗祠	增城市石滩镇三江金兰寺村	明清
54	稼宝堂	增城市三江镇张岗尾村	清
55	存理李公祠	从化市鳌头镇象新村下塘	清—民国
一般不可移动文物			
56	大江埔村古建筑群	从化市江埔镇，包括能缘公祠、武馀公祠、怀山公祠、乐秋公祠和居贤公祠	明

续表

序号	名称	位置	时代
57	晴川苏公祠	天河区东圃镇车陂村祠前大街	清
58	梁家祠	荔湾区龙津西路梁家祠街	清
59	西溪祖祠与松柏堂村	从化市街口团星村	清
60	钟楼村古建筑群	从化市神岗镇，包括欧阳山公祠等	清
61	张氏大宗祠	黄埔区南岗镇庙头村	清
62	凌氏宗祠	黄埔区长洲镇深井村	清
63	梁氏宗祠	花都区北兴镇京塘村	清
64	古氏大宗祠	番禺区石碁镇傍东村	清
65	官洲岛陈氏大宗祠	海珠区官洲岛	清
66	钟氏大宗祠	开发区萝岗街萝峰村	明
67	诰封昭勇将军祠	开发区萝峰村径子自然村（现萝峰小学内）	明
68	钟氏大宗祠	开发区萝峰村径子自然村（现萝峰小学内）	明
69	培兰书院	番禺区南村镇罗边村东胜大街1号	明
70	襟湖李公祠	番禺区钟村镇谢村第一工业区	明—清
71	陆氏宗祠	番禺区小谷围岛穗石村西约大街20号	明—清
72	谷诒书室	花都区炭步镇朗头村	清
73	任氏祖祠	花都区炭步镇水口村	清
74	镜波黄公祠	白云区松洲街槎龙行政村仁德里	清
75	田心村麦氏大宗祠、嘉祥麦公祠	花都区赤坭镇田心村	清
76	招村清代民居	芳村区冲口街招村东八巷1—2号	清
77	陈氏宗祠	白云区均禾街石马村二片	清
78	景祚樊公祠	天河区龙洞街龙洞东大街108号	清
79	敬祖麦公祠	黄埔区穗东街南基社区南湾村南约大街17号	清
80	陆氏大宗祠	黄埔区文冲社区东坊大街28号	清
81	胡氏宗祠	番禺区石碁镇石岗西村	清
82	怀爱堂（陆氏）	番禺区小谷围岛穗石村西约大街22号	清
83	梁氏宗祠	番禺区小谷围岛北亭村北亭大街87号	清
84	关氏宗祠	番禺区小谷围岛南亭村南亭大道8号	清

资料来源：根据广州市文广新局提供资料整理。统计截至广东省公布第八批省级文物保护单位。

注：1.“文物保护单位名称”一栏中与祠堂关系不紧密的内容未列出。

2. 存理李公祠公布为民国建筑，实际建于清代，壁画为民国时期所绘。大江埔村古建筑群公布年代为明，该村元末明初开基，但祠堂建筑均为清代所建。类似情形未一一注明。

2．佛山市

序号	名称	位置	年代
全国重点文物保护单位			
1	东华里民居群（含祠堂一座）	禅城区福贤路	清—民国
广东省文物保护单位			
2	兆祥黄公祠	禅城区福宁路	民国
3	曹氏大宗祠	南海区大沥区曹边村	明—清
4	崔氏大宗祠	南海区沙头镇城区	明
5	绮亭陈公祠	南海区西樵山简村	清
6	何氏大宗祠	顺德区乐从镇沙边村	明—清
7	陈氏大宗祠	顺德区乐从镇南村	清
8	黄氏大宗祠	顺德区杏坛镇石滩村	清
9	金楼及古建筑群	顺德区北滘镇碧村	清
10	大旗头村古建筑群（含振威家庙等）	三水区乐平镇大旗头村	清
11	霍氏古祠建筑群（含霍勉斋公家庙、椿林霍公祠、霍氏家庙等）	禅城区隔塘大街	清
12	尊明苏公祠	顺德区北滘镇碧江村	明
13	逢简刘氏大宗祠	顺德杏坛逢简村根大街	明
14	桃村报功祠古建筑群	顺德北滘桃村桃源大道	清
15	梅庄欧阳公祠	顺德区均安仓门村	清
16	平地黄氏大宗祠	南海大沥盐步平地	明
17	察院陈公祠	顺德区龙江新华西北华	清
18	钟边村钟氏大宗祠	南海大沥钟边	明
19	杏坛苏氏大宗祠	顺德杏坛大街七巷口	明
佛山市文物保护单位			
20	蓝田冯公祠	禅城区六村正街	明
21	李大夫家庙	禅城区新风路	清
22	沙岗张氏大宗祠	禅城区石湾沙岗	清
23	莲峰书院	禅城区石湾镇中路	清
24	海口庞氏大宗祠	禅城区张槎海口村	清
25	石头霍氏家庙祠堂群	禅城区澜石石头乡	明—清
26	黎涌陈氏大宗祠	禅城区澜石黎涌下村	明—清
27	秀岩傅公祠	禅城区卫国路第三中学内	民国

续表

序号	名称	位置	年代
28	傅氏家庙	禅城区隔塘大街	民国
29	隆庆陈氏宗祠及古官道	禅城区南庄罗南隆庆	清
30	三华罗氏大宗祠	禅城区南庄紫洞三华村	明—清
31	康宁聂公祠	禅城区澜石深村	明—清
32	平兰陈公祠	禅城区澜石湾华	清
33	石梁梁氏家庙	禅城区澜石石梁村	明—清
34	大江罗氏宗祠	禅城区张槎大江村	明—清
35	大沙杨氏大宗祠	禅城区张槎大沙东西村	清
36	朝议世家邝公祠	南海大沥大镇	明
37	泮阳李公祠门楼	南海罗村寨边	明
38	联星江氏宗祠	南海罗村联星	清
39	遁叟江公祠和江氏宗祠	南海桂城叠滘	清
40	颜氏大宗祠	南海大沥盐步河西颜边	明
41	杜氏大宗祠	南海大沥黄岐白沙村	清
42	吴氏八世祖祠	南海大沥沥东	清
43	烟桥何氏大宗祠	南海九江烟桥	清
44	泗源郑公祠	南海里水和顺贤寮	清
45	凤池曹氏大宗祠	南海大沥凤池	清
46	黄岐梁氏大宗祠	南海大沥黄岐黄岐村	清
47	潊表李氏大宗祠	南海大沥黄岐潊表	民国
48	七甫陈氏宗祠	南海狮山官窑七甫村铁网坊	明
49	华平李氏大宗祠	南海狮山小塘华平村	清
50	松庄仇公祠	顺德陈村石洲文海隔基路	清
51	月池公祠	顺德伦教羊额连州街	清
52	扶闾廖氏宗祠	顺德勒流扶闾社祥街	清
53	豸浦胡公家庙	顺德均安鹤峰豸浦玉堂街	清
54	南浦李氏家祠	顺德均安南浦天期	清
55	星槎何氏大宗祠	顺德均安星槎兴隆	清
56	大良罗氏大宗祠	顺德大良蓬莱路	明—清
57	大墩梁氏家庙	顺德乐从大墩村玉堂北便街	清
58	路州周氏大宗祠	顺德区乐从路州村周家塘边坊	清

续表

序号	名称	位置	年代
59	路州黎氏大宗祠	顺德区乐从路州村东头坊	明
60	良教祠堂群（含湛波何公祠、何氏家庙等）	顺德区乐从良教	清
61	漱南五公祠	顺德杏坛古朗世祖巷	明
62	杏坛梁氏大宗祠	顺德杏坛光华德彦大道牌坊边	清
63	北水尤氏大宗祠	顺德杏坛北水北昌东	清
64	冯氏六世祖祠	顺德容桂马冈马东村马东路江佩直街	清
65	广教杨氏大宗祠	顺德区北滘广教林港路西	清
66	桃村袁氏大宗祠	顺德区北滘桃村怡谋街	明末清初
67	林头郑氏大宗祠	顺德区北滘林头粮站路状元坊	清
68	莘村梁大夫祠，含东梁义学、磐石书楼	顺德区北滘莘村	清
69	莘村曾氏大宗祠，含宗圣南支、大学堂、曾氏家塾	顺德区北滘莘村武城街	明
70	张氏九世祠	顺德区龙江坦西坦田大街	清
71	克勤堂古民居群	顺德区龙江仙塘朝阳农场东侧	清
72	龙江石龙里古民居群	顺德区龙江石龙里	明—清
73	北街古村落	顺德区杏坛桑麻北街	清
74	南村牧伯里古民居群	顺德区乐从沙滘	清末民初
75	宋参政李公祠	顺德区杏坛逢简明远塘头大街	清
76	梅氏大宗祠与陈氏宗祠	顺德区龙江陈涌小陈涌尾	清
77	碧江泰兴大街祠堂群（含尊明祠、澄碧苏公祠、从兰苏公祠、逸云苏公祠、何求苏公祠）	顺德区北滘碧江泰兴大街	明—清
78	碧江村心祠堂群（含峭岩苏公祠、黄家祠、源庵苏公祠、楚珍苏公祠）	顺德区北滘碧江村心大街	清
79	上村李氏宗祠	顺德区均安上村	清
80	黎氏家庙及民居群	顺德区杏坛昌教	清
81	范湖邝氏大宗祠	三水区乐平范湖片池东村	清
82	居德林公祠	三水区大塘六和深坑	清
83	奉政大夫家庙	三水区乐平大旗头村二巷	清
84	裕仁郑公祠	三水区乐平大旗头村南一区	清
85	郑大夫家庙	三水区乐平大旗头村北一区	清

续表

序号	名称	位置	年代
86	西村陈氏大宗祠	三水区西南杨梅旧西村	清
87	梁士诒生祠	三水区白坭冈头村	清
88	朗锦祠堂群	高明区更合朗锦村	明—清
89	西梁梁氏宗祠	高明区荷城西梁村	清
90	深水古民居群	高明区更合深水村	清
91	艺能严氏宗祠	高明区荷城塘肚村	明

资料来源：《佛山历史文化名城保护规划》（2015）。现佛山市行政辖区范围包括了明清时期的顺德县、三水县的全部范围和南海县的部分地区。高明现属佛山，明清时属肇庆府。

佛山尚有众多保存状况良好、具有较高历史价值的祠堂并未列入文物名单，例如南海松塘和黎边、顺德杨滘等村的多处祠堂。

3．东莞市

序号	文物保护单位名称	位置	年代
全国重点文物保护单位			
1	南社村（村中有祠堂25间，含谢氏大宗祠和谢遇奇家庙等）和塘尾村（村中有21座祠堂、19座书室）古建筑群	茶山镇南社村、石排镇塘尾村	明—清
广东省文物保护单位			
2	黎氏大宗祠及古建筑群（含黎氏大宗祠、京卿黎公家庙、荣禄黎公家庙）	中堂镇潢涌村	明—清
3	苏氏宗祠	南城区胜和社区蚝岗村	明—清
4	方氏宗祠	厚街镇河田村	明
东莞市文物保护单位			
5	黄氏宗祠	企石镇江边村	明—清
6	叶氏宗祠	大岭山镇金桔村	明
7	单氏小宗祠	石碣镇单屋村	明
8	王氏大宗祠	石排镇中坑村	明
9	埔心村古建筑群（含王氏大宗祠、王氏宗祠等）	石排镇埔心村	明—清
10	恬甲村古建筑（含棣甫张公祠等）	南城区胜和村	清—民国
11	慕香书室	凤岗镇凤德岭村	清
12	郑氏宗祠	虎门镇白沙村	
13	礼屏公祠	虎门镇村头村	
14	江边村古建筑群（含一江公祠、隐斋公祠、经国公祠、沂川公祠、乐沼公祠、冠堂公祠等）	企石镇江边村	明—清

续表

序号	文物保护单位名称	位置	年代
15	迳联村古建筑群（含罗氏宗祠）	桥头镇迳联村	
16	钟氏祠堂	寮步镇横坑村	明
17	西溪村古建筑群（含成德堂、尹氏宗祠、凯庭公祠、觉非公祠、敬宗堂、尹氏祠堂等）	寮步镇西溪村	
18	半仙山村古建筑群（含朱氏宗祠、景林公祠、西山公祠、景辉公祠、叶祯公祠等）	横沥镇半仙山村	清
19	颂遐书室	常平镇桥沥村	清
20	桥梓村古建筑群（含周氏宗祠、秀祉宗祠、浣微书屋等）	常平镇桥梓村	明—清
21	陈氏家祠及胜起家祠	中堂镇凤冲村	清
22	大井头村古建筑群（含诚士书室等）	大朗镇大井头村	明—清
23	鸡啼岗黄氏宗祠	黄江镇鸡啼岗村	明
24	丁氏祠堂及丁屋村古围墙	东坑镇丁屋村	明
25	彭氏大宗祠	东坑镇	明
26	殷氏宗祠	大岭山镇大沙村	清
27	太公岭村抗日旧址（含邝氏宗祠、洪裕邝公祠等）	大岭山镇太公岭村	明—民国
28	孙中山先代故乡旧址（含孙氏宗祠）	长安镇	清—民国
29	霄边农会旧址（含蔡氏大宗祠、蔡氏宗祠、廷玉蔡公祠）	长安镇	明—民国
30	翟氏宗祠	莞城区	明—清
31	宋氏宗祠	南城街道水濂社区大雁塘村	清（1902年）
32	李氏大宗祠	南城街道白马社区铺前村	清
33	陈氏宗祠	南城街道袁屋边社区平乐坊	清
34	何氏大宗祠	万江街道大汾社区向南坊	明—清
35	陈氏大宗祠	万江街道拔蛟窝社区	清
36	元信陈公祠	万江街道大汾社区向南坊	清
37	莫氏祠堂	麻涌镇新基村八宅坊	明
38	郡驸公祠	厚街镇河田社区	民国
39	节度陈公祠	厚街镇桥头村	清
40	李氏宗祠	东坑镇塔岗村	

资料来源：《东莞历史文化名城保护规划》，统计截至2014年9月。

4. 中山市

序号	文物保护单位名称	位置	年代
全国重点文物保护单位			
1	茶东陈氏宗祠群	南朗镇榄边茶东村	清
广东省文物保护单位			
2	长洲黄氏大宗祠	西区长洲村	明—民国
3	珠江纵队司令部旧址（古式宗祠）	五桂山镇南桥槟榔山村14号	—
中山市文物保护单位			
4	舜举何公祠	小榄镇积厚街	明
5	仆射何家祠	小榄镇云路街	明—清
6	郑氏宗祠	石岐厚兴直街31号	清
7	功建铁城梁公祠	南区沙涌村文笔山	明—民国
8	黎氏大宗祠	黄圃镇镇一村北头南街	明—清
9	王氏大宗祠	黄圃镇三社社区	明—清
10	魏氏宗祠	古镇海洲麒麟村中心大街	清
11	林氏宗祠	大涌镇安堂村	明—清
12	日东祠	三乡镇古鹤村	清
13	南朗祖庙	南朗镇南朗正街	清
14	贞义堂	南朗镇翠亨村	清
15	冯氏宗祠	南朗镇翠亨村	清
16	何家祠	小榄镇云路街	明
17	黄氏大宗祠	西区长洲村	明
18	古氏宗祠	五桂山镇槟榔村	清

资料来源：华南理工大学，中山城市规划勘测设计研究院，中山市历史文化名城保护规划. 2015。

5. 珠海市（不完全统计）

序号	文物保护单位名称	位置	年代
全国重点文物保护单位			
1	陈芳家宅（含陈氏大宗祠等）	香洲区梅溪村	清
广东省文物保护单位			
2	菉猗堂及建筑群（含赵氏祖祠、逸峰赵公祠、崑山赵公祠）	斗门区南门村	明—民国
3	杨氏大宗祠	南屏镇北山村	清
4	荔山村黄氏宗祠建筑群（含月轩黄公祠、黄氏大宗祠和黄氏明贤祠）	斗门区荔山村	清

续表

序号	文物保护单位名称	位置	年代
珠海市文物保护单位			
5	会同村（栖霞仙馆、北碉楼、莫氏大祠堂、会同村祠、调梅祠）	唐家湾镇会同村	清
6	兆六容公祠	南屏镇南屏村	清
7	瑞芝祠	唐家湾山房路	清
8	蔡氏宗祠	香洲区北岭村石井街	清
9	卢公祠	金鼎镇北沙村	清
10	邓家祠	金鼎镇北沙村	清
11	自石公祠	乾务镇乾北村	明
不可移动文物			
12	沥溪简氏宗祠	前山街道南溪村	清
13	刘思远堂	前山街道前山村	清
14	界涌陈氏大宗祠	前山街道界涌村	清
15	神前毛氏大宗祠	香湾街道神前村	清
16	保遐杨公祠	南屏镇北山村	清
17	澄川祠	南屏镇北山村	清
18	东池祠	南屏镇北山村	清

资料来源：珠海市人民政府。统计截至2015年12月10日广东省公布第八批省级文物保护单位。

6．深圳市

序号	文物保护单位名称	位置	年代
广东省文物保护单位			
1	曾氏大宗祠	宝安区沙井街道新桥社区	清
2	绮云书室	宝安区乡街道乐群社区	清
市级、区级文保单位和文物保护点			
3	黄氏宗祠古建群	宝安区新安街道上合社区	清
4	燕川村古建群（包括祠堂5座）	宝安区松岗街道燕川社区	清
5	东方村文氏大宗祠	宝安区松岗街道东方社区	明—清
6	沙井智熙家塾	宝安区沙井街道壆岗社区	清
7	沙井江氏大宗祠	宝安区沙井街道步涌社区	清
8	麦氏大宗祠	宝安区公明街道合水口社区	明—清
9	廖氏宗祠	宝安区龙华街道清湖社区	清

续表

序号	文物保护单位名称	位置	年代
10	王大中丞祠	宝安区西乡街道乐群社区	清
11	壆岗陈氏大宗祠	宝安区沙井街道壆岗社区	清
12	万丰潘氏大宗祠	宝安区沙井街道万丰社区	清
13	万丰钟岗公祖祠	宝安区沙井街道万丰社区	清
14	塘尾村邓氏宗祠	宝安区福永街道塘尾社区	明
15	福永村陈氏宗祠	宝安区福永街道福永社区	明
16	福永村梁氏宗祠	宝安区福永街道福永社区	明
17	福永村庄氏宗祠	宝安区福永街道福永社区	明
18	桥头村林氏宗祠	宝安区福永街道桥头社区	明
19	桥头村陈氏宗祠	宝安区福永街道桥头社区	明
20	怀德村潘氏宗祠	宝安区福永街道怀德社区	元
21	怀德村谦吾公家塾	宝安区福永街道怀德社区	清
22	怀德村梅桃松三公祠	宝安区福永街道怀德社区	明
23	白石厦村文氏宗祠	宝安区福永街道白石厦社区	明
24	白石厦村石琚公祠	宝安区福永街道白石厦社	清
25	德辉陈公祠	宝安区沙井街道衙边社区	清
26	辛养陈氏大宗祠	宝安区沙井街道辛养社区	清
27	沙井陈氏宗祠	宝安区沙井街道沙四社区	清
28	宗汉公家塾	宝安区沙井街道步涌社区	清
29	宣玉钟公祠	宝安区沙井街道沙头社区	清
30	冼氏宗祠	宝安区沙井街道黄埔社区	清
31	潘氏宗祠	宝安区沙井街道万丰社区	清
32	述岗祖祠	宝安区沙井街道万丰社区	清
33	圣学祖家塾	宝安区沙井街道万丰社区	清
34	信国公文氏祠	南山区南头街道南头古城内	清
35	汪刘二公祠	南山区南头街道一甲社区	清
36	南园吴氏宗祠文物保护区	南山区南山街道南园社区	清
37	解元祠	南山区南山街道南园社区	明—清
38	墩头叶氏宗祠	南山区南山街道向南社区	清
39	女祠	南山区桃园街道塘朗社区	清
40	悦富郑公祠	南山区桃园街道塘朗社区	清
41	黄思铭公世祠	福田区沙头街道下沙社区	清

续表

序号	文物保护单位名称	位置	年代
42	怀德黄公祠、天后宫	福田区头街道上沙社区	明—清
43	下梅林梅庄黄公祠、龙母宫	福田区梅林街道上梅林社区	明—清
44	下梅林郑氏宗祠	福田区梅林街道下梅林社区	清
45	新洲简氏宗祠	福田区沙头街道新洲社区	清
46	石厦碉楼及宗祠（含潘氏、赵氏宗祠）	福田区沙头街道石厦社区	清
47	沙栏吓吴氏宗祠	沙头角街道中英街	清

资料来源：深圳市人民政府网站www.sz.gov.cn/whj/ghjh/wwbw/200809。深圳明清时属新安县。

7．清远市（不完全统计）

序号	文物保护单位名称	位置	年代
广东省文物保护单位			
1	东坑黄氏宗祠	佛冈县佛水头镇莲瑶村	明—民国
清远市文物保护单位			
2	彭家祠	英德市明迳镇坑坝村	清
3	邓氏宗祠	英德市白沙镇潭头村	明
4	陆氏宗祠	英德市下镇沙岗村	明
5	吴氏宗祠	英德市青塘镇赤木洞	清
6	接湾麦公祠	清城区麦围大街	清

资料来源：清远市人民政府。现清远市所辖范围在历史上大多不属于广州府。

8．龙门县（不完全统计）

序号	文物保护单位名称	位置	年代
广东省文物保护单位			
1	功武村古建筑群（含廖氏宗祠等）	龙门县沙迳镇功武村	清
惠州市/龙门县文物保护单位			
2	官田村王屋古建筑群（含文祐王公祠）	永汉镇官田村王屋	清
3	凤岗村古建筑群（含纫兰家塾、化南家塾、碧梧书室、廖氏宗祠等）	麻榨镇凤岗村	清
4	东埔村古建筑群（含廖氏宗祠等）	麻榨镇东埔村	清
5	水坑村古建筑群（含孟盛李公祠、谊亮二公祠等）	龙华镇水坑村	清
6	江厦谭家祠	龙城街道办事处江厦村	清
7	竹溪廖公祠	沙迳镇长滩村	清

资料来源：龙门县人民政府网站，http://www.lmx.gov.cn/

参考文献

古代文献、方志

1. [清]陈梦雷编，蒋廷锡校订. 古今图书集成-家庙祀典部. 上海：中华书局，1934.
2. [后汉]崔寔. 四民月令. [清]严可均辑. 全后汉文. 北京：商务印书馆，1999.
3. [清]黄以周. 礼书通故. 北京：中华书局，2007.
4. [明]黄佐. 泰泉乡礼. 台北：商务印书馆，1969.
5. [明]焦竑编，国朝献徵录.
6. [宋]李诫. 营造法式. 涉园重刻本，1925.
7. 梁鼎芬等修，丁仁长等纂. [民国]番禺县志. 广东历代地方志集成·广州府部（二一）民国二十年（1931）刻本. 广州：岭南美术出版社.
8. [清]梁廷枏总纂，袁钟山校注. 粤海关志（校注本）. 广州：广东人民出版社，2002.
9. [清]林昌彝撰. 三礼通释. 北京：北京图书馆出版社，2006.
10. [清]罗天尺. 五山志林. 北京：商务印书馆，1937初版.
11. [明]黄佐. 广东通志. 广东省地方志办公室誊印本，1997.
12. [清]屈大均. 广东新语. 北京：中华书局，1985.
13. [清]阮元. 广东通志. 广州：广东人民出版社，1994.
14. [清]同治五年刻本. 广东图.
15. [明]王圻，王思义. 三才图会. 上海：上海古籍出版社，1988.
16. [清]吴荣光纂修. 佛山忠义乡志. 苏州：江苏古籍出版社，1992，据清道光十一年刻本影印.
17. [明]午荣. 鲁班经. 海口：海南出版社，2006.
18. [明]颜俊彦. 盟水斋存牍. 北京：中国政法大学出版社，2002.
19. [明]叶权. 贤博篇. [明]王临亨. 粤剑篇. [明]李中馥. 原李耳载. 北京：中华书局，1987.
20. [宋]赵汝适. 诸蕃志校释. 北京：中华书局，2000.
21. [清]赵翼. 陔余丛考. 北京：中华书局，2006.
22. [明]郑岳. 山斋文集. 卷二四. 族祠祭祀，影印文渊阁四库全书本.
23. [清]朱庆澜，梁鼎芬，邹鲁等编. 广东通志稿.

中文专著

1. 蔡凌. 侗族聚居区的传统村落与建筑. 北京：中国建筑工业出版社，2007.
2. 蔡易安编著. 清代广式家具. 上海：上海书店出版社，2000.
3. 曹春平. 闽南传统建筑. 厦门：厦门大学出版社，2006.

4. 常建华. 明代宗族研究. 上海：上海人民出版社，2005.
5. 常建华. 清代的国家与社会研究. 北京：人民出版社，2006.
6. 陈其南. 传统制度与社会意识的结构——历史与人类学的探索. 台北：允晨文化，1998.
7. 陈戍国. 中国礼制史（元明清卷）. 长沙：湖南教育出版社，2002.
8. 陈献章集. 孙海通点校. 北京：中华书局，1987.
9. 陈志华. 新叶村. 重庆：重庆出版社，1999.
10. 陈志华撰文. 李秋香主编. 宗祠. 北京：生活·读书·新知三联书店，2006.
11. 程建军. 开平碉楼——中西合璧的侨乡文化景观. 北京：中国建筑工业出版社，2007.
12. 程美宝. 岭南地域文化与国家认同：晚清以来"广东文化"观的形成. 北京：生活·读书·新知三联书店，2006.
13. 程维荣. 中国近代宗族制度. 上海：学林出版社，2008.
14. 程维荣. 中国继承制度史. 上海：东方出版中心，2006.
15. 费成康主编. 中国的家法族规. 上海：上海社会科学院出版社，1998.
16. 冯尔康. 中国宗族社会. 杭州：浙江人民出版社，1994.
17. 冯尔康. 中国古代的宗族和祠堂. 北京：商务印书馆，1996.
18. 冯尔康. 十八世纪以来中国家族的现代转向. 上海：上海人民出版社，2005.
19. 冯江，刘虹. 中国建筑文化之西渐. 武汉：湖北教育出版社，2008.
20. 黄海妍. 在城市与乡村之间——清代以来广州合族祠研究. 北京：生活·读书·新知三联书店，2008.
21. 黄淼章. 陈家祠. 广州：广东人民出版社，2006.
22. 黄仁宇. 万历十五年. 北京：生活·读书·新知三联书店，1997.
23. 黄淑娉主编. 广东族群与区域文化研究. 广州：广东高等教育出版社，1999.
24. 井庆生. 清式大木作操作工艺. 北京：文物出版社，1985.
25. 赖德霖. 中国近代建筑史研究. 北京：清华大学出版社，2007.
26. 李国豪主编. 建苑拾英——中国古代土木建筑科技史料选编（第三辑）. 上海：同济大学出版社，1999.
27. 李龙潜. 广东明清社会经济研究. 上海：上海古籍出版社，2006.
28. 李卿. 秦汉魏晋南北朝时期家族、宗族关系研究. 上海：上海人民出版社，2005.
29. 李秋香，陈志华. 流坑村. 石家庄：河北教育出版社，2002.
30. 李文治. 江太新. 中国宗法宗族制和族田义庄. 北京：社会科学文献出版社，2000.
31. 梁庚尧. 南宋的农村经济. 北京：新星出版社，2006.
32. 梁启超. 中国近三百年学术史. 天津：天津古籍出版社，2003.
33. 梁思成. 清式营造则例. 梁思成文集. 第六卷. 北京：中国建筑工业出版社，2001.
34. 凌建. 顺德祠堂文化初探. 北京：科学出版社，2008.
35. 刘先觉，陈泽成主编. 澳门建筑文化遗产. 南京：东南大学出版社，2005.
36. 龙炳颐. 香港古今建筑. 香港：三联书店（香港）有限公司，1992.
37. 龙庆忠. 中国建筑与中华民族. 广州：华南理工大学出版社，1990.
38. 陆元鼎主编. 中国民居建筑. 广州：华南理工大学出版社，2003.
39. 陆元鼎主编. 民居史论与文化. 广州：华南理工大学出版社，1995.
40. 罗一星. 明清佛山经济发展与社会变迁. 广州：广东人民出版社，1994.
41. 马炳坚. 中国古建筑木作营造技术. 北京：科学出版社，1991.
42. 潘安. 客家民系与客家聚居建筑. 北京：中国建筑工业出版社，1998.
43. 钱杭. 中国宗族制度新探. 香港：中华书局，1994.
44. 沈弘编. 西人眼中的中国建筑（1906—1909）. 北京：百花文艺出版社，2005
45. 司徒尚纪. 岭南历史人文地理. 广州：中山大学出版社，2001.

46. 苏禹．碧江讲古．广州：花城出版社，2005.
47. 谭棣华．清代珠江三角洲的沙田．广州：广东人民出版社，1993.
48. 汤国华．岭南湿热气候与传统建筑．北京：中国建筑工业出版社，2005.
49. 王静．祠堂中的宗亲神主．重庆：重庆出版社，2008.
50. 王铭铭．社会人类学与中国研究．北京：生活・读书・新知三联书店，1997.
51. 王铭铭．村落视野中的文化与权利——闽台三村五论．北京：生活・读书・新知三联书店，1997.
52. 王世襄．王世襄集：明式家具研究．北京：生活・读书・新知三联书店，2013.
53. 王双怀．明代华南农业地理研究．北京：中华书局，2002.
54. 王威海．中国户籍制度——历史与政治的分析．上海：上海文化出版社，2005.
55. 巫纪光，柳肃主编．中国建筑艺术全集・第11卷,会馆建筑．北京：中国建筑工业出版社，2003.
56. 吴庆洲．中国古城防洪研究．北京：中国建筑工业出版社，2009.
57. 吴庆洲．建筑哲理、意匠与文化．北京：中国建筑工业出版社，2005.
58. 吴庆洲．广州建筑．广东省地图出版社，2000.
59. 吴庆洲．中国客家建筑文化（上、下）．武汉：湖北教育出版社，2008.
60. 吴郁文编著．广东经济地理．广州：广东人民出版社，1999.
61. 徐扬杰．中国家族制度史．北京：人民出版社，1992.
62. 杨方泉．塘村纠纷：一个南方村落的土地、宗族与社会．北京：中国社会科学出版社，2006.
63. 杨鸿勋．宫殿考古通论．北京：紫禁城出版社，2001.
64. 杨宽．西周史．上海：上海人民出版社，2003.
65. 杨永生．建筑史解码人．北京：中国建筑工业出版社，2006.
66. 杨志刚．中国礼仪制度研究．上海：华东师范大学出版社，2000.
67. 姚承祖原著．张至刚增编．刘敦桢校阅．营造法原．北京：中国建筑工业出版社，1986.
68. 曾昭璇，黄伟峰主编．广东自然地理．广州：广东人民出版社，2001.
69. 赵春晨．岭南近代史事与文化．北京：中国社会科学出版社，2003.
70. 赵冈．中国传统农村的地权分配．北京：新星出版社，2006.
71. 赵冈，陈钟毅．中国土地制度史．北京：新星出版社，2006.
72. 周大鸣等．当代华南的宗族与社会．哈尔滨：黑龙江人民出版社，2003.
73. 朱光文．岭南水乡．广州：广东人民出版社，2005.
74. 佛山地区革命委员会编．珠江三角洲农业志．1976.
75. 广州市文化局，广州市文物博物馆学会编．广州文博论文，第2辑．广州：广州出版社，2005.
76. 广州市越秀区地方志办公室，广州市越秀区政协学习文史委员会编．广州越秀古书院概观．广州：中山大学出版社，2002.
77. 香港大学建筑系测绘图集（上、下）．北京：中国计划出版社，1999.
78. 北京图书馆藏家谱丛刊・闽粤侨乡卷．北京：北京图书馆出版社，2000.
79. 华南理工大学教师论文集（上）．北京：中国建筑工业出版社，2002.
80. 广东民间工艺博物馆编，黄淼章主编．广东民间工艺博物馆文集．福州：海风出版社，2004.
81. 浙江大学古籍研究所编．礼学与中国传统文化．北京：中华书局，2006.

学位论文

1. 陈楚．珠江三角洲明清时期祠堂建筑的初步研究．华南理工大学硕士学位论文，2005.
2. 黄海妍．清代以来广州的合族祠．中山大学博士学位论文，2002.

3. 邝慧清．近代西、北江下游河网区市镇形态研究．华南理工大学硕士论文，2005.
4. 林垚广．梅县桥溪乡土建筑研究．华南理工大学硕士学位论文，2006.
5. 刘定坤．越海民系民居建筑与文化研究．华南理工大学博士学位论文，2000.
6. 邱衍庆．明清佛山城市发展与空间形态研究．华南理工大学博士学位论文，2005.
7. 阮思勤．顺德碧江尊明祠修复研究．华南理工大学硕士学位论文，2007.
8. 邵陆．住屋与仪式——中国传统居俗的建筑人类学分析．同济大学博士学位论文，2004.
9. 石拓．明清东莞广府系民居建筑研究．华南理工大学硕士学位论文，2006.
10. 谭刚毅．两宋时期中国民居与居住形态研究．华南理工大学博士学位论文，2005.
11. 王健．广府民系民居与建筑文化研究．华南理工大学博士学位论文，2006.
12. 谢红宇．从血缘文化与宗庙角度进行岭南祠堂建筑的探讨．华南理工大学硕士学位论文，1989.
13. 许玢．肇庆地区西江流域广府村落形态研究．华南理工大学硕士学位论文，2008.
14. 杨扬．广府祠堂形制演变研究．华南理工大学硕士学位论文，2013.
15. 余英．中国东南系建筑区系类型研究．华南理工大学博士学位论文，1997.
16. 周毅刚．明清时期珠江三角洲德城镇发展及其形态研究．华南理工大学博士学位论文，2005.

英文专著

1. Arthur P. Wolf edited. *Religion and Ritual in Chinese Society*. Stanford University Press, 1974.
2. David Faure（科大卫）& Helen F. Siu（萧凤霞）edited. *Down to Earth: the territorial bond in south china*. Stanford University Press, 1995.
3. Emily Martin Ahern. *Chinese Ritual and Politics*. Cambridge University Press, 1981.
4. Francesca Bray（白馥兰）. *Technology and Gender: fabrics of power in late imperial China*. University of California Press, 1997.
5. Francis L. K. Hsu（许烺光）. *Under the Ancesters' Shadow: kinship, personality & social mobility in China*. Stanford University Press, 1967.
6. Helen F. Siu（萧凤霞）. *Agents and Victims in South China: Accomplices in Rural Revolution*. Yale University Press,1989.
7. Hung, Wu（巫鸿）. *Monumentality in early Chinese art and architecture*. Stanford University Press,1995.
8. Jerry D. Moore. *Visions of Culture: an introduction to anthropological theories and theorists*. AltaMira Press, 1997.
9. Lindsay Asquith, Marcel Vellinga edited. *Vernacular Architecture in the Twenty-First Century: Theory, Education and Practice*. Taylor & Francis, 2006.
10. Maurice Freedman. *Chinese Lineage and Society: Fukien and Kwangtung*. New York: Humanities Press Inc. 1971.
11. Peter Blundell Jones. *Modern Architecture through Case Studies*. Architectural Press, 2002.
12. Robert B. Marks（马立博）. *Tigers, Rice, Silk, and Silt: environment and economy in late imperial south China*. Cambridge University Press, 1998.
13. Robert Redfield. *The Little Community and Peasant Society and Culture*. The University of Chicago Press, 1989.
14. Spiro Kostof. *The City Assembled: the elements of urban form through history*. London: Thames & Hudson, 1992.

15. Stephan Feuchwang (王斯福). *An Anthropological Analysis of Chinese Geomancy*. Bankok: White Lotus Press, 2002.

译著

1. [美]本尼迪克·安德森. 想象的共同体：民族主义的起源和散布. 吴叡人译. 上海：上海人民出版社，2005.
2. [美]费正清. 中国：传统与变迁. 张沛译. 北京：世界知识出版社，2002.
3. [日]谷川道雄. 中国中世社会与共同体. 马彪译. 北京：中华书局，2002.
4. [美]黄仁宇. 十六世纪中国之财政与税收. 阿风，徐卫东等译. 北京：生活·读书·新知三联书店，2001.
5. [美]黄宗智. 中国研究的范式问题讨论. 北京：社会科学文献出版社，2003.
6. [日]井上徹. 中国的宗族与国家礼制. 钱杭译. 上海：上海书店出版社，2008.
7. [美]拉普波特. 宅形与文化. 常青等译. 北京：中国建筑工业出版社，2007.
8. [日]濑川昌久. 族谱：华南汉族的宗族·风水·移居. 上海书店出版社，1999.
9. [德]雷德侯. 万物——中国艺术中的模件化和规模化生产. 张总等译. 北京：生活·读书·新知三联书店，2005.
10. [美]明恩溥. 中国乡村生活. 陈午晴，唐军译. 北京：中华书局，2006.
11. [美]施坚雅主编. 中华帝国晚期的城市. 叶光庭等译. 北京：中华书局，2000.
12. [美]施坚雅. 中国农村的市场和社会结构. 北京：中国社会科学出版社，1998.
13. [日]斯波义信. 宋代江南经济史研究. 方键，何忠礼译. 南京：江苏人民出版社，2001.
14. [美]梅尔清. 清初扬州文化. 朱修春译. 上海：复旦大学出版社，2004.
15. [美]巫鸿. 武梁祠：中国古代画像艺术的思想性. 柳扬，岑河译. 北京：生活·读书·新知三联书店，2006.
16. [美]巫鸿. 礼仪中的美术——巫鸿中国古代美术史文编. 郑岩等译. 北京：生活·读书·新知三联书店，2005.

期刊/论文集/学术会议论文

1. 陈忠烈. “众人太公”与“私伙太公”[J]. 广东社会科学. 2001(1)：70－76.
2. 曹劲. 乡土文化精神的复兴与延续[J]. 新建筑. 2004(6)：22-24.
3. 常建华. 二十世纪的中国宗族研究[J]. 历史研究. 1999(5)：140-162.
4. 冯江. 龙非了：一个建筑历史学者的学术历史[J]. 建筑师. 125期：40－49.
5. 冯江，郑莉. 佛山兆祥黄公祠的地方性材料、构造及修缮举措[J]. 南方建筑. 2008(1).
6. 冯江，阮思勤. 广府村落田野调查个案：塱头[J]. 新建筑. 2010(5).
7. 冯江，阮思勤，徐好好. 广府村落田野调查个案：横坑[J]. 新建筑. 2006(1).
8. 郭顺利. 广东南海曹边村曹氏大宗祠实测勘察与研究. 岭南考古研究(7)[C]. 中国评论学术出版社，2008.
9. 何慕华. 陈氏书院神龛和参加捐资兴建的县份之考辨. 广州民间工艺博物馆文集(第二辑)[C].
10. 何汝根，而已. 沙湾何族留耕堂经营管理概况. 广州文史[C]. 五十四辑.
11. 黄海妍，鲍炜. 从《陈氏宗谱》看清末广州陈氏书院的兴修. 广东民间工艺博物馆文集(第二辑)[C].

12. 黄佩贤. 清代广州的合族祠. 岭南考古研究论文集［C］. 广州：中山大学出版社，2001.
13. 黄志繁. 二十世纪华南农村社会史研究［J］. 中国农史. 2005（1）：116-124.
14. 科大卫. 明清珠江三角洲家族制度的初步研究［J］. 清史研究通讯. 1988（1）.
15. 科大卫. 国家与礼仪：宋至清中叶珠江三角洲地方社会的国家认同［J］. 中山大学学报（社会科学版，1999（5）.
16. 科大卫. 明嘉靖初年广东提学魏校毁“淫祠”之前因后果及其对珠江三角洲的影响. 周天游主编. 地域社会与传统中国. 西安：西北大学出版社. 1995：129-132.
17. 井上徹. 魏校的捣毁淫祠令研究——广东民间信仰与儒教［J］. 史林. 2003（2）：41-51.
18. 李海东等. 粤北区域经济地理的历史变迁［J］. 热带地理. 2003（4）：339-344.
19. 李龙潜. 族谱与明清广东社会经济史的研究——兼评所见族谱中的经济史料. 广东明清社会经济研究［M］. 上海：上海古籍出版社，2006.
20. 李文泰等. 珠江河口概况及其主要水利问题. 河口学习班论文集［C］. 1968.
21. 刘兵. 若干西方学者关于李约瑟工作的评述——兼论中国科学技术史研究的编史学问题［J］. 自然科学史研究. 2003,22（1）：69-82.
22. 刘东洋. 案例研究的要素与要点——民族志案例研究的若干要点及其对建筑研究的几点启示. 2006冬月青年建筑学术论坛论文，未刊稿.
23. 刘志伟. 附会、传说与历史真实——珠江三角洲族谱中宗族历史的叙事结构及其意义. 王鹤鸣编. 中国谱牒研究［M］. 上海：上海古籍出版社,1999.
24. 刘志伟. 系谱的重构及其意义：珠江三角洲一个宗族的个案分析［J］. 中国社会经济史研究. 1992（4）：18-30.
25. 刘志伟. 从乡豪历史到士人记忆——由黄佐《自叙先世行状》看明代地方势力的转变［J］. 历史研究. 2006（6）：49-70.
26. 刘志伟. 地域空间中的国家秩序——珠江三角洲“沙田－民田”格局的形成［J］. 清史研究. 1999（2）：14-24.
27. 彭全民. 深圳广府宗祠的调查与研究. 岭南考古研究（7）［C］，中国评论学术出版社，2008.
28. 钱杭. 关于同姓联宗组织的地缘性质［J］. 史林. 1998（3）：53-61.
29. 司徒尚纪. 岭南地名文化的区域特色［J］. 岭南文史. 1997（3）：4-9.
30. 王恩田. 岐山凤雏村西周建筑群基址的有关问题［J］. 文物. 1981（1）：75-78.
31. 王元林，林杏容. 明代西樵四书院与南海士大夫集团［J］. 中国文化研究. 2004（2）：90-98.
32. 叶汉明. 明代中后期岭南的地方社会与家族文化［J］. 历史研究. 2000（3）：15-30.
33. 叶显恩，谭棣华. 封建宗法势力对佛山经济的控制及其产生的影响［J］. 学术研究. 1982（6）：78-84.
34. 叶显恩，谭棣华. 关于清中叶珠江三角洲宗族的赋役征收问题［J］. 清史研究通讯. 1985（2）：1-4.
35. 文一峰，吴庆洲. 祭祀及宗教文化与建筑艺术［J］. 建筑师. 122期：70-74.
36. 吴正，王为. 曾昭璇先生的学术思想及其贡献［J］. 地理研究. 2007,26（6）：1069-1076.
37. 俞允海. 乡学至私塾：“塾”义变迁考［J］. 湖州师范学院学报. 2005, 27（5）：1-3.
38. 郑宪仁. 周代《诸侯大夫宗庙图》研究. 汉学研究. 24（2）：1-40.

谱牒、村史

1. 留耕堂·何氏族谱
2. 刘氏族史

3. 大江敦本堂陈氏族谱
4. 大岭村陈氏族谱
5. 东莞市寮步镇横坑村村民委员会,《横坑村发展史》编写小组. 东莞市寮步镇横坑村发展史——自元朝延祐年间至2003年. 广州：广东科技出版社，2004
6. 凤翔陈氏谱源
7. 佛山街略. 影印本
8. 江夏堂黄氏族谱牒
9. 黄族源流简介暨塱头村史
10. [明]黄学准修. 南海塱溪黄氏族谱
11. 开平县塘口区志（上、下）. 油印本，1988.
12. 骆伟编著. 岭南族谱撷录. 广州：广东人民出版社，2002.
13. 南雄县政协文史资料研究委员会，南雄珠玑巷人南迁后裔联谊会筹委会合编. 南雄珠玑巷南迁氏族谱、志选集. 1994.
14. [明]苏种德堂金精族谱
15. [清]碧江苏氏族谱
16. 民国三十六年版. 苏氏家谱
17. 沙文钟. 小洲村史. 广州：广州出版社，2004.
18. 钟家祺、钟兆文合编. 颖川钟氏东莞横坑族谱. 1997年稿，1998年修订.

其他

1. 华南理工大学东方建筑文化研究所. 兆祥黄公祠修复工程修缮报告，2000.
2. 华南理工大学东方建筑文化研究所. 顺德碧江尊明祠修复工程修缮报告，2006.
3. 华南理工大学东方建筑文化研究所. 三水大旗头村修复工程修缮报告，2005.
4. 华南理工大学东方建筑文化研究所. 佛山历史文化名城保护规划，2005.
5. 华南理工大学东方建筑文化研究所. 大岭村历史文化保护规划，2003.
6. 华南理工大学东方建筑文化研究所. 中山市翠亨村历史文化保护规划，2007.
7. 华南理工大学建筑学院. 中山市城市历史文化保护规划，2009.
8. 华南理工大学建筑学院. 东莞乡土聚落与传统建筑特征研究，2009.
9. 陆元鼎等. 从化钱岗广裕祠申报联合国亚太遗产文化保护奖申请文件，2003.
10. 吴庆洲等. 兆祥黄公祠申报联合国亚太遗产文化保护奖申请文件，2005.
11. 广州市规划局自动化中心，华南理工大学建筑学院. 黄埔古港周边地区综合整治研究，2009.
12. 广州市文物考古研究所编. 广州大学城（小谷围岛）第一次文物调查报告，2003.

图录

◇◇◇◇◇◇◇◇◇◇◇◇◇◇◇◇◇◇◇◇◇◇◇◇◇◇◇◇◇◇◇◇◇◇◇◇

◇◇◇◇◇ 第一章 ◇◇◇◇◇

图1-1 清代末年广州府的范围

◇◇◇◇◇ 第三章 ◇◇◇◇◇

图3-1 珠江三角洲的成陆过程
图3-2 珠江三角洲民田区与沙田区的大致分布
图3-3 望头村落与周边水系
图3-4 从历史地图看碧江陆地形态的演变
图3-5 碧江苏氏大宗祠种德堂与赵氏流光堂
图3-6 碧江苏氏的世系与宗祠建造

◇◇◇◇◇ 第四章 ◇◇◇◇◇

图4-1 宣统《番禺县续志》中的《番禺县总图》
图4-2 《番禺县续志》中舆图的图例
图4-3 清宣统《番禺县志》沙湾司图局部
图4-4 宣统《番禺县志》舆图小谷围岛局部
图4-5 2003年小谷围岛航片（局部）
图4-6 小谷围浅丘岗地与洼地交织的地形肌理
图4-7 围田区的地形肌理
图4-8 南海九江上东村、大谷村，基围农业区的典型地形肌理
图4-9 从舆图看顺德聚落的选址与分布
图4-10 以乐从为例看围田区相邻村落之间的距离
图4-11 番禺沙湾—市桥—莲花山台地的村落分布
图4-12 东莞茶山麦屋村的地形与选址
图4-13 从番禺东部看村落的选址原则
图4-14 从化太平钱岗村
图4-15 三水乐平大旗头村
图4-16 南海松塘村航拍图
图4-17 番禺汀根村的线形村落形态
图4-18 高要槎塘村卫星航拍图
图4-19 《桃溪村何氏族谱》所载的村落格局
图4-20 东莞南社的水塘与村落格局

图4-21　乐从大墩村现状总平面图
图4-22　大墩村的巷道走向
图4-23　大墩涌丰富的断面
图4-24　大墩村的建筑与水面的关系
图4-25　大墩村的巷道与水面的关系
图4-26　黄埔村现状总平面图
图4-27　黄埔村中的梳形片断
图4-28　黄埔村的宗族分布与形态肌理
图4-29　黄埔村中的祠堂与池塘
图4-30　根据夏言奏议中的文字所绘的家庙形制示意图
图4-31　横坑旧村航拍图
图4-32　横坑旧村格局分析
图4-33　佛山脚创立新村小引抄本
图4-34　根据文字所绘的新村总平面示意图，以横向6座、纵向7~9座为例
图4-35　三水乐平镇大旗头村航拍片
图4-36　大旗头村中的主要建筑与巷道肌理
图4-37　从大旗头村东面的水塘看村口

◇◇◇◇◇　第五章　◇◇◇◇◇

图5-1　广州府祠堂建筑的头门
图5-2　广州府祠堂建筑中的祭堂
图5-3　广州府祠堂建筑中的寝堂
图5-4　广州府祠堂建筑中的拜亭
图5-5　广州府祠堂中的牌坊
图5-6　祠堂地堂上的旗杆夹
图5-7　广州陈氏书院月台
图5-8　祠堂的路、间与进——以三路三进三开间设牌坊和拜亭的番禺南村光大堂为例
图5-9　不同形制的典型祠堂
图5-10　敞楹式头门与凹肚式头门
图5-11　门塾形式实例
图5-12　广州府祠堂的典型头门屋顶形式举例
图5-13　祠堂建筑中的镬耳山墙
图5-14　武梁祠后壁画像石
图5-15　费慰梅测量和复原的山东东汉祠堂
图5-16《钦定四库全书》中收录的家礼祠堂图
图5-17　山西凤雏村宗庙建筑遗址（左）及戴震所绘的宗庙图（右）
图5-18　山东平度版画“家堂神位”中供奉着三代宗亲
图5-19《岭南冼氏宗谱》所载的曲江书院形制图
图5-20　横坑村四座祠堂的规模与平面格局
图5-21　横坑村四座祠堂沿纵向轴线的剖面
图5-22　横坑村钟氏祠堂的柱础
图5-23　横坑村四座祠堂的正面
图5-24　沙湾何氏大宗祠留耕堂概貌
图5-25　沙湾何氏大宗祠留耕堂头门立面图
图5-26　沙湾何氏大宗祠留耕堂仪门立面图

图5-27　沙湾何氏大宗祠留耕堂寝堂立面图
图5-28　鲍希曼上世纪初所摄陈氏宗祠
图5-29　陈氏书院制《广东省城全图》
图5-30　陈氏书院头门三维点云图
图5-31　陈氏书院陶塑瓦脊三维点云图

◇◇◇◇◇　第六章　◇◇◇◇◇

图6-1　广州府祠堂建筑中的常见木材
图6-2　祠堂建筑中的全顺青砖外墙（东莞南社）
图6-3　祠堂建筑中的青砖漏花窗（大岭村显宗祠、小谷围穗石林氏大宗祠）
图6-4　祠堂建筑中的鸭屎石柱、花岗石和红砂岩墙面
图6-5　祠堂屋顶使用的琉璃瓦和陶瓦
图6-6　广州陈家祠的陶塑瓦脊（局部）
图6-7　使用海月窗户的实例
图6-8　从残破的墙体看青砖的规格以及空斗墙的砌法
图6-9　番禺穗石村林氏大宗祠屋顶的桷板与仰瓦
图6-10　番禺石楼大岭村两塘公祠的大门正面与背面
图6-11　大岭村中的蚝壳墙
图6-12　广州府的典型正门组件
图6-13　南社简斋公祠头门正面
图6-14　碑记中关于工料的记载
图6-15　兆祥黄公祠现状总平面图
图6-16　兆祥黄公祠心间纵剖面（左侧为头门）
图6-17　兆祥黄公祠屋顶仰视平面（左侧为头门）
图6-18　封檐板所用的柚木
图6-19　头门坍塌处所见墙身断面
图6-20　头门水磨青砖规格
图6-21　瓦件一组
图6-22　拜亭地面花砖图案
图6-23　石构件一组
图6-24　前进卷棚构件分解图
图6-25　拜亭角部仰视图
图6-26　头门山墙墙身构造
图6-27　兆祥黄公祠正立面修缮设计图
图6-28　二进北厢房上的风兜及其剖面
图6-29　头门檐口断面
图6-30　绎思堂现状测绘总平面
图6-31　绎思堂现状测绘平面图
图6-32　绎思堂现状测绘横剖面图
图6-33　绎思堂寝堂心间单榀梁架拆解图
图6-34　绎思堂寝堂的檩
图6-35　绎思堂寝堂的梁
图6-36　绎思堂寝堂的瓜柱
图6-37　绎思堂寝堂的柱
图6-38　绎思堂寝堂木梁架上的榫卯

◇◇◇◇◇ 第七章 ◇◇◇◇◇

图7-1　东莞南社村四座祠堂中放置神主牌的龛位
图7-2　南社简斋公祠内的石碑（局部）
图7-3　简斋公祠碑文（局部）
图7-4　大岭村的旗杆夹石和石碑
图7-5　佛山张槎大江村陈氏宗祠中献给祖先的金猪、香火和果品等
图7-6　塱头旧村结构示意
图7-7　塱头村的巷道
图7-8　沿水祠堂的分布
图7-9　塱头村的临水建筑
图7-10　塱头村的主要房派与建祠活动
图7-11　黄氏祖祠内供奉的神位
图7-12　不同类型祠堂的平面形制比较
图7-13　五座祠堂的头门形制比较
图7-14　五座书室

致谢

导师吴庆洲教授一如既往地支持了我研究自己感兴趣的选题，他宽容而又严谨的学术态度帮助我形成了建筑史研究的学术观。刘东洋博士将我引入了人类学之门，不仅在方法上，而且在论文的整体框架和细节把握上一直给予十分重要的帮助，及时提醒我注意了文字与内容的速度和节奏。在两位导师的教诲之下，本书致力于追求研究和写作的质感。

感谢程建军教授和唐孝祥教授提出的许多具体而有建设性的建议，尤其在一些关键问题上的提问启迪了本文的思考。感谢刘管平教授、田银生教授和郑力鹏老师分别在岭南传统聚落和城市史方面的指教。中山大学历史系刘志伟教授的论文启迪了本文的研究思路，他对建筑历史的热心关注鼓励了本文在建筑史与区域史之间建立对话的信心，十分感激他抱病来参加博士论文答辩。

意大利费拉拉大学的Paolo Ceccarelli教授鞭策了作者注意与当前国外相关领域的衔接；与加州大学伯克利校区的Peter Bosselmann教授在学术上的忘年交往帮助本文使用了具有宏观视野和穿透性的形态研究方法；感谢赖德霖先生对本研究的鼓励；德克萨斯大学奥斯汀校区的张明教授是我本科毕业设计的指导教师，我的博士论文写作再次引起他的关切，这让我相信历史中的确有许多无法预见的因缘际会。

本研究同样受益于东方建筑文化研究所的许多同事和同学，各种形式和内容的学术讨论都能在这里愉快而有效地开展，许多点滴之处都来自与冯树伉俪、肖旻、刘晖伉俪、费向克、苏畅、刘虹、张智敏、徐好好、万谦、刘剀、李炎、郑莉、杨力研、林垚广、莫浙娟、温墨缘、杨颋、许玢、陈广林、黄晓蓓、关菲凡、张振华、赵一澐、沈慷、周卫老师等的日常讨论。谢谢李华、曹劲、王方戟、黄全乐伉俪、王世福、张玉瑜、谭刚毅、周毅刚、潘莹、林哲、顾恺、史永高、方馥兰等许多在学术的道路上辛勤耕耘、默默前行的朋友们，他们让我看到了新一代建筑学人在面对学术时的庄重、诚恳与从容，带给我激励和同行的愉悦。

感谢那些愿意讲述祖先的故事的村民们和热忱提供资料的梁诗裕先生、苏禹先生、朱光文先生等，以及帮助完成了古建筑测绘的同学们。

再版后记

2010年，由我的博士学位论文修改而成的本书被纳入导师吴庆洲教授主编的“中国城市营建史书系”，定名为《祖先之翼》，与其他九本书一同出版。出版之后，我所尊敬的多位建筑史学者以不同的方式表达了鼓励、批评和建议，有些评论来自素不相识的艺术史研究者和历史学者，更多的读者则会在新媒体上提问或者当面讨论，这些评论和反馈促成了本书的再版。

感谢乡土建筑研究的拓荒者清华大学乡土建筑研究所的陈志华先生认真阅读了我的博士论文，陈先生引领了包括我在内的许多青年学人走上了乡土建筑史研究的路途；能够有机会与乡土所的李秋香、罗德胤、张力智诸位老师交流和讨论，由衷地感到愉快。我的人类学导师刘东洋先生在乙未年小雪那天拷问我的研究方法，追问研究经过的关键细节，鞭策我继续在这一学术领域扎实、耐心地耕耘，令我在雪天大汗淋漓。

承蒙导师吴庆洲先生为本书再版专门赐序，本次再版对全书内容重新进行了补充和订正，更新了附录、参考文献和部分插图。初版时，为了更加契合书系的城市主题，删去了博士论文中原来写宗祠建造体系的第六章，此次再版时不仅加入了该章内容，而且补充了在初版之后与我所指导的硕士研究生蒲泽轩共同完成的沙湾绎思堂寝堂木构架研究。沙湾也是中山大学历史学系刘志伟教授的学术田野，他所开展的历史人类学研究一直在源源不断地为建筑史研究提供灵感和启迪，激发了我和研究生们关于沙湾、沥滘等华南乡土聚落的研究与写作。在博士论文完成之后，亚热带建筑科学国家重点实验室自主课题资助了关于广府宗祠建筑四工匠作技艺的后续研究。再版的插图文件是由我所指导的硕士研究生陈轲整理的，感谢他的辛勤劳作和对细节的敏锐，还帮助发现了初版中的多处错漏。

感谢中国建筑工业出版社的徐晓飞先生和张明编辑，他们的细致工作帮助提高了本书的出版质量。

图书在版编目（CIP）数据

祖先之翼　明清广州府的开垦、聚族而居与宗族祠堂的衍变／冯江著. —2版. —北京：中国建筑工业出版社，2016.8
（中国城市营建史研究书系）
ISBN 978-7-112-19516-9

Ⅰ. ①祖… Ⅱ. ①冯… Ⅲ. ①城镇-城市建设-城市史-广州市-明清时代 Ⅳ. ①TU984.265.1

中国版本图书馆CIP数据核字（2016）第138784号

责任编辑：徐晓飞　张　明
书籍设计：张悟静
责任校对：王宇枢　党　蕾

中国城市营建史研究书系　　吴庆洲／主编

祖先之翼
明清广州府的开垦、聚族而居与宗族祠堂的衍变
第二版
冯　江／著
*
中国建筑工业出版社出版、发行（北京海淀三里河路9号）
各地新华书店、建筑书店经销
北京锋尚制版有限公司制版
北京顺诚彩色印刷有限公司印刷
*
开本：787×1092毫米　1/16　印张：22½　字数：437千字
2017年5月第二版　2017年5月第二次印刷
定价：98.00元
ISBN 978-7-112-19516-9
（28724）